结构集群健康监测
信息处理技术研究及应用

JIEGOU JIQUN JIANKANG JIANCE
XINXI CHULI JISHU YANJIU JI YINGYONG

何　坚　陈　峰◎著

暨南大学出版社
JINAN UNIVERSITY PRESS

中国·广州

图书在版编目（CIP）数据

结构集群健康监测信息处理技术研究及应用/何坚，陈峰著．—广州：暨南大学出版社，2018.7
ISBN 978－7－5668－2433－2

Ⅰ.①结… Ⅱ.①何… ②陈… Ⅲ.①建筑结构—监测—信息处理—研究 Ⅳ.①TU317－39

中国版本图书馆 CIP 数据核字(2018)第 148662 号

结构集群健康监测信息处理技术研究及应用

JIEGOU JIQUN JIANKANG JIANCE XINXI CHULI JISHU YANJIU JI YINGYONG

著 者：何 坚 陈 峰

出 版 人：徐义雄
责任编辑：古碧卡 姚晓莉
责任校对：刘雨婷
责任印制：汤慧君 周一丹

出版发行：暨南大学出版社（510630）
电 话：总编室（8620）85221601
营销部（8620）85225284 85228291 85228292（邮购）
传 真：（8620）85221583（办公室） 85223774（营销部）
网 址：http：//www.jnupress.com
排 版：广州市天河星辰文化发展部照排中心
印 刷：广州市穗彩印务有限公司
开 本：787mm×1092mm 1/16
印 张：4.5
字 数：83 千
版 次：2018 年 7 月第 1 版
印 次：2018 年 7 月第 1 次
定 价：25.00 元

前　言

传统结构健康监测系统多采用有线网络，针对单个工程结构构建，数据传输通过有线网络完成，各个结构健康监测系统之间表现为彼此孤立的“信息孤岛”。随着工程结构健康监测需求的日益增多，迫切需要一个能够有效实现多个工程结构（结构集群）实时健康监测的系统，但由于工程结构的地域分散性以及有线设备安装的复杂性，以往有线网络传输的监测方案不可避免地存在布线工作量大、监测设备体积大、成本高等缺点。

本书以无线物联为传输手段，以并行计算、并行存储为海量信息处理工具，以并行可视化三维显示技术精确展示结构细节，对结构集群健康监测系统的相关信息技术进行了研究。主要内容如下：

（1）基于无线物联的集群式结构健康监测系统架构设计。

在综合调研桥梁健康监测技术、物联网技术、集群技术的基础上，确定了以并行可视化集群技术构建海量信息处理平台，以无线物联技术实现结构集群监测数据远程无线传输的技术路线。在此基础上，设计了基于无线物联的集群式结构健康监测系统架构。

（2）基于无线物联的结构集群健康监测系统软硬件开发。

采用并行可视化集群技术，设计并建设了结构集群健康监测平台，将无线模块统一于 AT91SAM9G20 ARM 微处理器芯片，设计了桥梁健康监测系统下位机系统。采用 VC 软件，设计了桥梁健康监测中心上位机系统，从而实现了基于无线物联的结构健康监测数据的远程采集、本地存储和传输。

（3）结构健康监测并行三维可视化技术研究。

采用并行计算机集群技术，设计并建设了三维并行可视化集群用于结构健康并行三维可视化。之后，采用 CGLX 并行可视化中间件，以及 OpenSceneGraph 语言，以某钢构桥为例，建立了构建模型，开展了场景设计，并基于并行可视化集群，开发了结构健康监测并行三维可视化软件，开展了结构健康监测并行三维可视化的软硬件实现研究。

（4）基于无线物联的结构集群健康监测系统应用研究。

将基于无线物联的结构集群健康监测技术应用于两个实际工程项目。其中，西丽机楼结构健康监测系统为新建项目，通过应用自主研发的无线测控终端，将远程健康监测数据传回集群健康监测室，实现了房屋结构沉降的远程实时监测；新光大桥长期健康监测系统为改造项目，采用无线网关、VPN连接等现代通信技术，实现了远程数据访问；通过新建远程电源监控子系统，实现了原系统的远程维护；通过调整数据库表结构以及编写新的查询软件，实现了在原有系统改动最小情况下的数据库远程搬迁及优化。

两套结构健康监测系统统一部署于远端的结构集群健康监测室，以无线物联的方式实现与远端结构的数据访问，系统长期运行良好，有效验证了基于无线物联的结构集群健康监测系统的可行性，极大地便利了系统维护及结构数据的科学研究。

作者

2018 年 3 月

目　录

第1章　绪　论

1.1　研究意义

随着经济的快速发展，我国大型基础设施不断兴建，大量的建筑和桥梁等工程结构投入使用，满足了社会和经济发展的重大需求。与此同时，随着高负荷的使用和环境因素的影响，大量既有基础设施也面临着结构性能退化等问题，例如，我国桥梁总数的40%已属“老龄”桥梁。近年来结构垮塌事件时有发生，突发性、灾难性结构失效事故日益增多（见下表），给人民生命财产造成了严重损失。这些问题对工程结构健康监测提出了更高的要求。

近年新闻报道的结构安全事故不完全统计

时间	事故表现	后果
2009年6月27日	上海十三层新建楼房倒塌	1人死亡
2009年6月29日	黑龙江铁力西大桥垮塌	4人死亡，4人受伤
2009年7月20日	广西柳州3层拆迁楼房垮塌	2人死亡，13人受伤
2009年7月23日	石家庄晋州近200米在建电视塔雨夜折断	
2009年11月11日	深圳地铁3号线塌陷	13人死亡
2010年1月3日	昆明新机场在建桥梁坍塌	7人死亡，34人受伤
2010年1月12日	贵州福泉脚手架倒塌	8人死亡
2010年1月16日	南广高铁白云隧道重大塌方	5人死亡，1人失踪，4人受伤
2010年2月14日	四川洪雅铁索桥垮塌	28人受伤
2010年3月14日	贵阳国际会展中心工地发生垮塌事故	7人死亡，19人受伤
2011年7月14日	福建武夷山公馆大桥垮塌	1人死亡，22人受伤
2012年8月24日	哈尔滨阳明滩大桥引桥倾覆	3人死亡，5人受伤

结构健康监测系统采用应变（应力）、位移、速度和加速度等结构响应类

传感器，以及温度、湿度、风速和风向等环境类传感器构成传感网络，通过现代通信技术将采集信息实时传输到信息中心进行分析和处理，从而实现对结构健康状况的实时监测、分析与评估，对出现危险的结构及时发出预警。

传统的结构健康监测中心多建在监测对象所在场址附近，采用工业控制计算机，通过有线方式构建各自独立的结构健康监测系统，而监测服务则根据监测对象及行政管辖区域的不同，由业主公司、管养单位、专业监测公司、高等院校、科研机构或相关管理部门各自完成。各监测系统表现为相对封闭的“信息孤岛”，在技术和管理上均无法进行直接的信息交流。传统结构健康监测系统如图 1 - 1 所示。

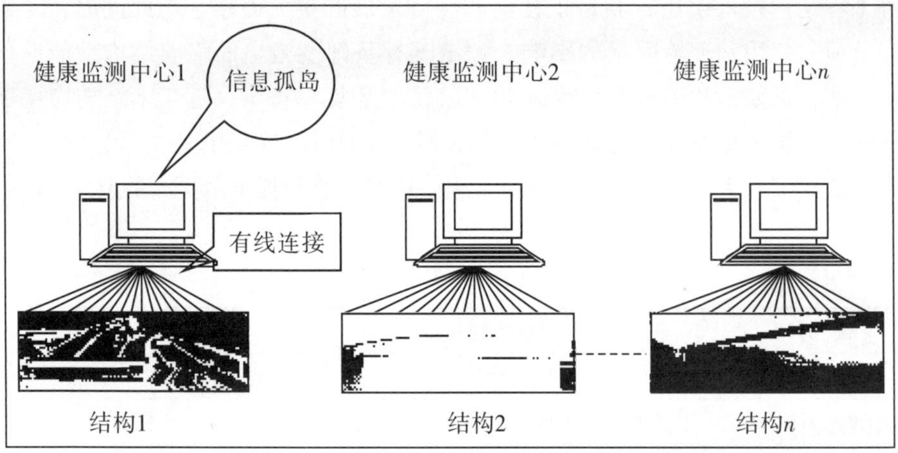

图 1 - 1　传统结构健康监测系统示意图

传统结构健康监测系统存在以下缺点：

（1）结构健康监测传感网络与结构健康监测中心之间通过有线网络连接，所用的传感器专用线缆多为昂贵的屏蔽线缆，人工布线及线材成本往往占到结构健康监测系统总造价的 30% 以上，系统布线成本高。

（2）针对单个结构健康监测对象建立各自的监测中心，系统重复投资严重，各个监测中心建设缺乏统一的规范标准，监测服务内容不明确，监测单位实力良莠不齐，一些监测系统甚至在建成之后长期处于闲置状态，造成极大的浪费。

（3）各个结构健康监测中心形成各自的“信息孤岛”，区域内结构健康监测数据难以共享，难以实现区域内多座建筑结构或桥梁结构的统一监测和管养。

随着工程结构健康监测需求的日益增多，迫切需要能够有效实现多个工程结构（结构集群）实时健康监测的系统，无线物联网的迅猛发展，为建设集群式结构健康监测系统提供了一种有效的技术手段。目前，无线网络已经覆盖中国多个大中型城市，为集群式结构健康监测提供了良好的通信网络基础。无线网络特有的覆盖面广、无缝漫游、大数据量、高速率等特点，特别适合集群式结构健康监测系统大范围海量数据采集的需要。

对于区域内结构集群健康监测所带来的海量数据分析、处理与图像显示问题，并行计算技术提供了一个良好的解决方案。并行计算技术利用大量的通过网络互联的分布式计算机构成强大的具有计算、存储功能的资源池，通过网络以按需、易扩展的方式提供所需的计算服务。基于并行图像处理的并行三维可视化技术，以通用计算机构建计算机集群，将整体液晶显示拼墙以四块屏为单元进行划分，在主节点计算机的统一调配、组织下，由子节点控制器将图像并行渲染到显存中，然后显示到高清 LCD 拼接显示屏上，可以实现超高分辨率的图像显示，以及在传输带宽允许下的屏幕无限扩展。这种基于 CUDA 技术的 GPU 云计算技术以有限的硬件设备，利用强大的服务器集群并行处理能力，实现大容量、复杂图像的快速渲染，从而实现大容量数据的快速展现，如图 1－2 所示。

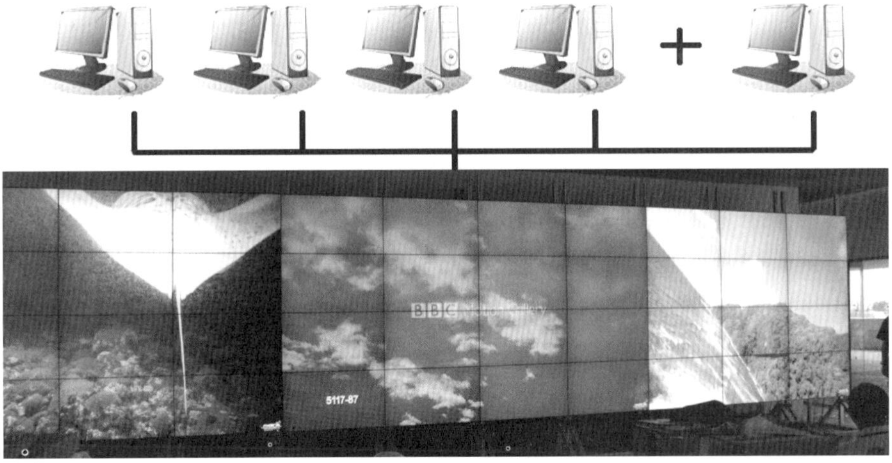

图 1－2　并行可视化三维展现示意图

本书将无线物联网络、嵌入式监测系统、基于云计算的数据分析与存储以及并行三维展示技术相融合，提出了建设基于无线物联的集群式结构健康监测平台的解决方案：采用嵌入式数据采集系统代替传统的工业计算机，实现监测数据的初步采集与滤波处理；以无线网络为基础，构成区域内工程结构健康监测传感器物联网络；以并行计算技术为基础，构建结构集群健康监测海量数据存储分析平台，同时建设并行三维可视化系统，快速展示复杂结构内部细节。基于无线物联的集群式结构健康监测平台架构如图1－3所示。

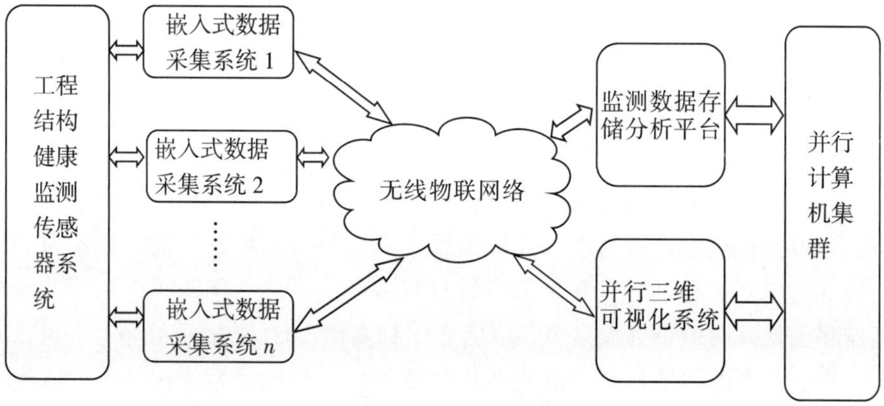

图1－3　基于无线物联的集群式结构健康监测平台架构

基于无线物联的集群式结构健康监测平台具有显著的经济效益和社会效益，主要表现在：

（1）可为区域内建筑、桥梁等工程结构健康监测和管理养护提供有效的技术手段，有效降低重大结构安全事故爆发风险。

（2）采用无线物联传输，具有数据无线传输的高效性和灵活性，有效降低了综合布线的成本，避免了多个监测中心的重复建设，节省了大量人力、物力。

（3）对一定区域范围内多座工程结构进行集群式监测，实现了区域内工程结构健康监测数据的共享与信息交互，提高了区域内结构健康监测系统的反应速度。

（4）在发生强台风、地震等突发性重大自然灾害时，系统可提供监测区域内所有受损结构的第一手资料，对应急抢险与防灾救灾具有显著的现实意义。

（5）中心数据库大量不同或相似结构的长期运营监测数据，可为工程结构的优化设计、损伤识别、安全评估提供大量宝贵的实例研究材料，从而有利于我国结构工程学科的发展。

1.2 国内外研究现状

1.2.1 结构健康监测系统研究现状

国际上结构健康监测系统的应用研究始于20世纪80年代。英国在总长为522米的三跨变高度连续钢箱梁Foyle桥上布设传感器，监测大桥运营阶段在车辆及风载作用下主梁的振动、挠度和应变等响应，同时监测风环境和结构温度场，该系统是最早安装的较为完整的监测系统之一，它实现了实时监测、实时分析和数据网络共享。此后，随着桥梁结构健康监测技术的发展，20世纪90年代之后，许多既有或新建的国外大跨度桥梁中都安装了长期结构健康监测系统，例如，挪威的Skamsundet斜拉桥（主跨530米）、美国主跨440米的Sunshine Skyway斜拉桥、日本主跨1 990米的明石海峡悬索桥（Akashi－Kaikyo Bridge）、丹麦主跨1 624米的Great Belt East悬索桥以及加拿大的Confederation桥等。

我国自20世纪90年代起也在一些重要的大跨度桥梁上建立了不同规模的长期监测系统，如香港的青马大桥、汲水门大桥、汀九大桥和昂船洲大桥，内地的南京长江大桥、润扬长江大桥、江阴长江大桥、东海大桥、苏通大桥以及新光大桥等。目前我国已经约有100座桥梁安装了结构健康监测系统，其中多数系统是在2000年后建成的。国内桥梁初期安装的监测系统多是传感器数量较少、类型较单一的简单系统，其中一些系统经过几年的运行后根据桥梁管理部门的要求进行了升级。近年来，桥梁健康监测系统的设计和实施越来越趋于实用化和大型化，几乎所有的大跨度桥梁都安装了或者正在考虑安装健康监测系统。

结构健康监测系统需要采集结构关键位置应力、应变、结构变形与振动等响应数据，以及温度、湿度、风速和风向等多种环境参数，需要建设庞大且复杂的传感系统。目前，国内外大型结构健康监测系统的数据传输多通过有线网络完成，或通过构建小范围无线局域网进行单个结构信息的数据交换，难以实现对多个大型结构（结构集群）健康状况的同时监测。

无线物联通信作为一种高效、低成本的无线分组数据业务，可通过移动终端与Internet网络自由联通，向移动通信用户提供高速可靠的数据业务。由于其具有无线传输、成本低廉、传输距离远、通信实时可靠等诸多优点，在银行、证券、保险等领域得到了广泛的应用。然而，国内外鲜见无线网络在结构健康监测系统中的应用报道。

1.2.2 物联网的发展趋势

业内专家认为，物联网一方面可以提高经济效益，大大节约成本；另一方面可以为全球经济的复苏提供技术动力。目前，美国、欧盟等都在投入巨资深入研究探索物联网。我国也高度关注、重视物联网的研究，工业和信息化部会同有关部门正在开展新一代信息技术方面的研究，以形成支持新一代信息技术发展的政策措施。

中国移动总裁王建宙提及，物联网将会成为中国移动未来的发展重点。他表示将会邀请台湾生产 RFID、传感器和条形码的厂商与中国移动合作。上海移动已运用物联网技术为多个行业客户度身打造了集数据采集、传输、处理和业务管理于一体的整套无线综合应用解决方案。最新数据显示，上海移动目前已将超过 10 万个芯片装载在出租车、公交车上，形式多样的物联网应用在各行各业大显神通，确保城市的有序运作。在上海世博会期间，“车务通”全面运用于上海公共交通系统，以最先进的技术保障世博园区周边大流量交通的顺畅；面向物流企业运输管理的“e 物流”，将为用户提供实时准确的货况信息、车辆跟踪定位、运输路径选择、物流网络设计与优化等服务，大大提升物流企业综合竞争能力。

此外，在物联网普及以后，用于动物、植物、机器和物品的传感器与电子标签及配套的接口装置的数量将大大超过手机的数量。物联网的推广将会成为推进经济发展的又一个驱动器，为产业开拓了又一个潜力无穷的发展机会。按照目前对物联网的需求，在近几年内就需要数亿计的传感器和电子标签，这将大大推进信息技术元件的生产，同时增加大量的就业机会。

要真正建立一个有效的物联网，有两个重要因素。一是规模性，只有具备了规模，才能使物品的智能发挥作用。比如，一个城市有 100 万辆汽车，如果我们只在 1 万辆汽车上装上智能系统，就不可能形成一个智能交通系统。二是流动性，物品通常都不是静止的，而是处于运动的状态，必须保证物品在运动状态，甚至高速运动状态下都能随时实现对话。

美国权威咨询机构 Forrester 预测，到 2020 年，世界上物物互联的业务，跟人与人通信的业务相比，将达到30：1，因此，物联网被称为下一个万亿级的通信业务。

1.2.2.1 物联网应用广泛

物联网用途广泛，遍及智能交通、环境保护、政府工作、公共安全、平安家居、智能消防、工业监测、环境监测、老人护理、个人健康、花卉栽培、水系监测、食品溯源、敌情侦查和情报搜集等多个领域。

国际电信联盟2005年的报告中曾描绘过物联网时代的图景：当司机出现操作失误时汽车会自动报警；公文包会提醒主人忘带了什么东西；衣服会“告诉”洗衣机对颜色和水温的要求等。物联网在物流领域内的应用则比如：一家物流公司应用了物联网系统的货车，当装载超重时，汽车会自动告诉超载了，超载多少，如果空间还有剩余，会告诉轻重货怎样搭配等。

物联网把新一代IT技术充分运用在各行各业之中，具体地说，就是把感应器嵌入和装备到电网、铁路、桥梁、隧道、公路、建筑、供水系统、大坝、油气管道等各种物体中，然后将物联网与现有的互联网整合起来，实现人类社会与物理系统的整合，在这个整合的网络当中，存在一个能力超级强大的中心计算机群，能够对整个网络内的人员、机器、设备和基础设施实施实时的管理和控制，在此基础上，人类可以以更加精细和动态的方式管理生产和生活，达到“智慧”状态，提高资源利用率和生产力水平，改善人与自然的关系。

毫无疑问，人类正走向物联网时代，但这个过程可能需要很长的时间。

1.2.2.2 中国移动结合物联网发展

物联网是基于互联网的“泛”网络。当前，物联网技术的重要基础和核心仍旧是互联网，必须接入各种有线、无线网络与互联网融合，才能将“物”的信息实时准确地传递出去。物联网上预先设置的传感器定时采集的信息必须通过网络传输，由于其数量极其庞大，形成了海量信息，在传输过程中，为了保障数据的可信性，必须适应各种异构网络和协议。

近些年，大量基于物联网的新概念层出不穷，“感知中国”、IBM的“智慧地球”等，其本质都是要实现物联网服务的应用。作为物联网服务实现的载体，无线通信至关重要，以目前的技术发展态势来看，无线无疑将是各国发展物联网的依托。作为我国自主知识产权的无线标准，中国移动TD－SCDMA无疑将在中国的物联网产业中发挥独特的作用。

2009年8月，温家宝总理视察江苏时明确指出：把传感系统和无线中的TD－SCDMA技术结合起来，在国家重大科技专项中，加快推进传感网（即物联网）发展。因此，物联网和TD－SCDMA相结合，具有十分重要的意义，将是物联网发展史、移动通信发展史的一个重大机遇。

首先，物联网与TD－SCDMA相结合，将对国内经济增长方式的调整与产业结构的升级产生极为重大的影响。有专家曾估算，物联网产业链会带动超过1 000亿元规模的GDP，而TD－SCDMA网络建设和运营也将带动一个巨大的产业市场。两个高科技产业相互依存、相互支撑，将有助于推动经济增长方式的调整与产业结构的升级。

其次，物联网与 TD－SCDMA 相结合，将对国家信息安全领域产生重要影响。与互联网一样，物联网同样面临信息安全的问题，而且物联网越发达、涉及应用领域越广泛，其牵涉到的信息安全问题就越突出。为此，使用掌握核心技术的无线标准、技术和设备以支撑物联网的发展，将有助于维护我国信息战略安全。

再次，物联网与 TD－SCDMA 相结合，将促进 TD－SCDMA 自身的发展建设。无线最为主要的特色业务，就是非语音领域。结合应用领域来看，物联网将对非语音业务产生极大的需求，因而将对无线自身的发展有很大的促进作用。同时，物联网的发展带动技术、设备等标准的制定，如果 TD－SCDMA 与物联网相结合形成系列完整的标准，将对 TD－SCDMA 自身建设极为有利。

与此同时，中国移动当前快速、深入的发展，也做好了全面融入物联网的准备：

（1）政策支持：TD－SCDMA 是我国掌握自主知识产权的无线技术，已得到政府和重点行业企业的扶植，将有助于促进中国移动在物联网产业链的话语权；

（2）标准先行：中国移动已开始着手制定终端和平台的协议标准，有助于引导物联网产业链的标准化与规范化；

（3）网络广覆盖：GSM 与 TD－SCDMA 融合组网方式的网络覆盖范围和质量已达到较高标准，加之与 WiFi 融合，将有助于形成高质量、全覆盖的网络环境；

（4）客户规模：拥有超过 5 亿的用户，客户群覆盖全面，在具有较强应用需求的移动信息化企业客户中占有绝对和相对规模；

（5）应用多领域：自 2002 年首次尝试在重钢生产过程中实施远程监控之后，2008 年推出电梯卫士、数字城管等多个产品，2009 年形成了 5 大类 18 项移动物联网产品体系，至 2010 年时，第一、第二、第三产业中的物联网应用领域都已初步显现中国移动的身影，并且其仍在不断地扩大应用领域和影响力。图 1－4 为物联网应用拓扑图。

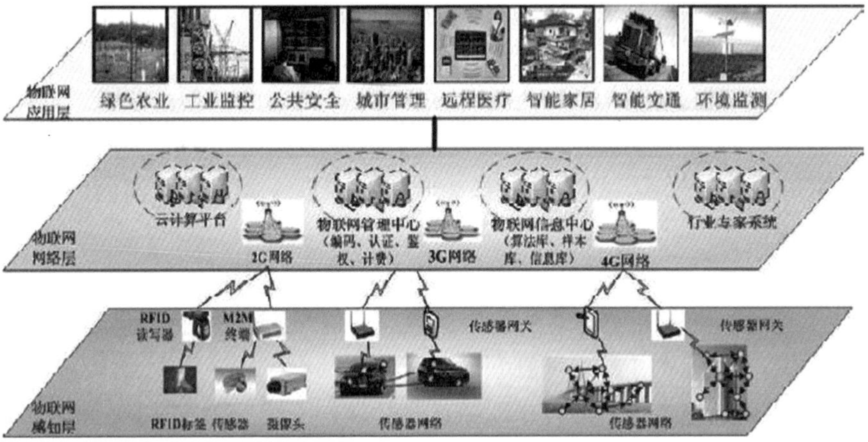

图1－4　物联网应用拓扑图

1.2.2.3　物联网的应用及挑战

物联网的研究和开发既是机遇，更是挑战。物联网是无线网络、嵌入式系统和智能控制系统的集成，由于物体的种类繁多，功能不同，并且数量巨大，需要解决各种传感器网络异构、信道复用、协同处理等问题。在物联网环境下，事件检测和决策操作凡是涉及空间和时间的都要准确无误，以保证应用层的命令准确执行。

另外，在已有的系统之上开发物联网系统，需要高昂的投入。在建立系统之后需要定期的维护，并且存在信息安全以及能源消耗的问题，如何建设经济、绿色的物联网，是对物联网技术的一大挑战。应采取以下措施：

首先，完善并逐步地扩大规模优势，特别是优质客户、集团客户、对移动信息化有特定需求的客户，以需求和应用为导向，构建业务丰富、需求细分、应用性强的物联网平台，并实现与现有平台的对接。

其次，以自主创新为契机，积极参与物联网标准的建设，赢得标准的话语权。从互联网发展史可以看出，美国由于率先制定了互联网的标准并拥有核心技术，因而对互联网的发展拥有了至高的发言权与主导权。

再次，进一步拓展应用领域，深入行业、地区和服务层次。物联网最大的贡献在于应用。应用领域的拓展、应用层面的深入标志着物联网发展的成熟。中国移动在现有业务基础上，应当不断推出适合第一、第二和第三产业发展特点的业务项目，如近海区域鱼苗、蟹苗的投放，大棚蔬菜的控温浇灌，煤矿系统中的瓦斯监控，城市公交系统的交通路况手机监控等，注重行业与物联网应用相结合。

（1）电子与建筑行业是切入点，产业链合力做多。

电子与建筑行业是未来物联网发展的起点和重点。对电信运营商来说，是产业融合带来的信息化应用；对科技界来说，是第三次信息革命；对企业来说，是上千亿元的“蛋糕”；对商家来说，是无所不在的电子商务；社会各界对物联网理解不一，说明其应用范围之广，要深入挖掘物联网的价值，产业链合力做多是未来的发展趋势。

（2）应用将由分散走向统一。

虽然物联网发展仍处于各自为政的状态，但技术的成熟度，为物联网的快速发展提供了物质基础。目前电子元器件技术作为传感网发展的基础，工艺已经十分成熟，且价格便宜，已经普及开来。另外，物联网的产业分工也非常明确，有专门做电子标签和射频识别的企业，也有专门做各种传感元器件的企业等。随着物联网发展的推动，诸多产业链上的企业，其生产的产品将越来越多地被汇聚在一起，应用将由分散走向统一。电信运营商作为产业链中的重要参与者，将在应用的推广和整合过程中起到关键作用。

（3）物联网的终极目标。

物联网的终极目标是达至全球物物互联的理想状态，在这个目标实现的过程中，物联网的各个局部网应用可先各自发展，最后形成一个事实的标准，从小网联成中网，再由中网联成大网，在此过程中逐渐解决遇到的技术、标准等各种问题。届时，物联网的产业链几乎可以包容现在信息技术和信息产业相关的各个领域。有关权威咨询分析机构预测，未来物联网的发展将经历四个阶段，包括：

阶段一：2010 年之前 RFID 被广泛应用于物流、零售和制药领域；

阶段二：2010—2015 年物体互联；

阶段三：2015—2020 年物体进入半智能化；

阶段四：2020 年之后物体进入全智能化。

物联网是当前最具发展潜力的产业之一，它将有力带动传统产业转型升级，引领战略性新兴产业实现经济结构和战略性调整，引发社会生产和经济发展方式的深度变革，具有巨大的战略增长潜能，是后危机时代经济发展和科技创新的战略制高点，已经成为各个国家构建社会新模式和重塑国家长期竞争力的先导力。

1.2.3 集群技术发展现状

目前，各国都投入了大量的资金进行集群技术的研究和集群基础设施的建设。许多科研院所和商业机构都意识到了集群技术的重要性，加大了集群技术领域的研究投入，掀起了集群研究热潮并取得了大量实质性的成果。IEEE 成立了 TFCC（Task Force on Cluster Computing）机构，专门组织专家对该领域展开研究。

近年来，美国和欧洲的研究机构和公司对集群技术的研究工作一直比较活跃，研发了许多著名的集群系统，如 NQS、ROCKS、DQS 等许多公用免费系统，这些系统是由美国的一些大机构或大学开发的，可以从网络上直接获得它们的源代码。商业化系统是由一些软件公司研发的，或者是硬件生产公司为自己的机器开发的，如加拿大 Platform 公司的 LSF，德国 GENIAS 软件公司的 CODINE，IBM 公司的 LoadLeveler，Microsoft 公司的 Windows Server 2003 HPC 等。

在国内，虽然集群技术处在发展初期，但是也出现了专门研究集群技术的机构和项目，如中国科技大学和西北工业大学都相继开展了高性能集群计算的研究。中国移动通信集团也于 2007 年由其下属研究院组织力量，开始建设名为“大云”的项目。大云建设包括两个方向：一是基础架构建设，二是平台及服务建设。基于这两方面，中国移动推出了“软件即服务”业务，目的是减少中小企业的 IT 投入成本和降低 IT 运营的复杂性，同时提供办公自动化解决方案，并于 2011 年正式发布了大云 1.5 版集群软件。

在并行数据渲染领域，可视化技术有助于工业过程一体化和流线化，有助于工程技术人员直观看到和了解生产过程中参数变化对整体运行的动态影响，从而达到缩短生产周期、节省工程费用的目的。可视化技术的应用十分广泛，几乎可以应用于自然科学、工程技术、金融、通信和商业等各种领域。医学数据的可视化，已成为数据可视化领域中最为活跃的研究领域之一。目前已实现在计算机上进行流体动力学的模拟计算，这就是计算流体动力学（CFD）。美国航空航天局阿姆斯研究中心的航空航天数字模拟设备，不仅将可视化技术用于 CFD 计算，同时也用于从风洞试验获得的二维图像重构三维流场，以进行计算结果与试验结果的比较分析。该中心还利用基于高度三维交互特性的虚拟现实技术构筑了“虚拟风洞”，为分析各种非定常流动中的复杂结构提供了直观的研究环境。我国大庆勘探开发研究院开发了地质数据可视化系统，可以全方位、方便灵活地对三维数据体中的断层、剖面、层面及其内部所包含的数据类别、地质属性进行立体显示，具有面向对象的开发环境，能满足用户的各种数据可视化要求。

随着我国社会经济的快速发展，区域内大型土木工程结构密度越来越高，面向区域内多座大型结构的集群式监测系统是结构健康监测的发展方向。本研究以无线物联为传输手段，以并行计算、并行存储为海量信息处理工具，以并行可视化三维显示技术精确展示结构细节，建立大范围结构健康监测云计算平台，实现对区域内重点工程结构集群健康监测，以低廉的使用成本提供高性能建筑结构和桥梁结构健康监测服务，将有力保障基础设施的正常运营，促进我国结构健康监测技术的发展。上述研究思路在文献调研范围内尚未见报道。

1.3 研究内容

1.3.1 研究目标

研究目标为：以 ARM 微处理器嵌入式采集为数据采集方式，以无线物联为数据传输载体，以并行计算技术为海量信息处理工具，以并行可视化三维显示技术为数据模型三维显示手段，建立集群式结构健康监测数据采集、传输和处理一体化平台，为实现区域内重点工程结构集群式健康监测提供技术支撑，以低廉的使用成本提供高性能建筑结构和桥梁结构健康监测服务，推进结构健康监测服务模式的根本转变，有力保障土木工程结构的安全运营，促进我国结构健康监测技术和土木产业的发展。

1.3.2 平台架构

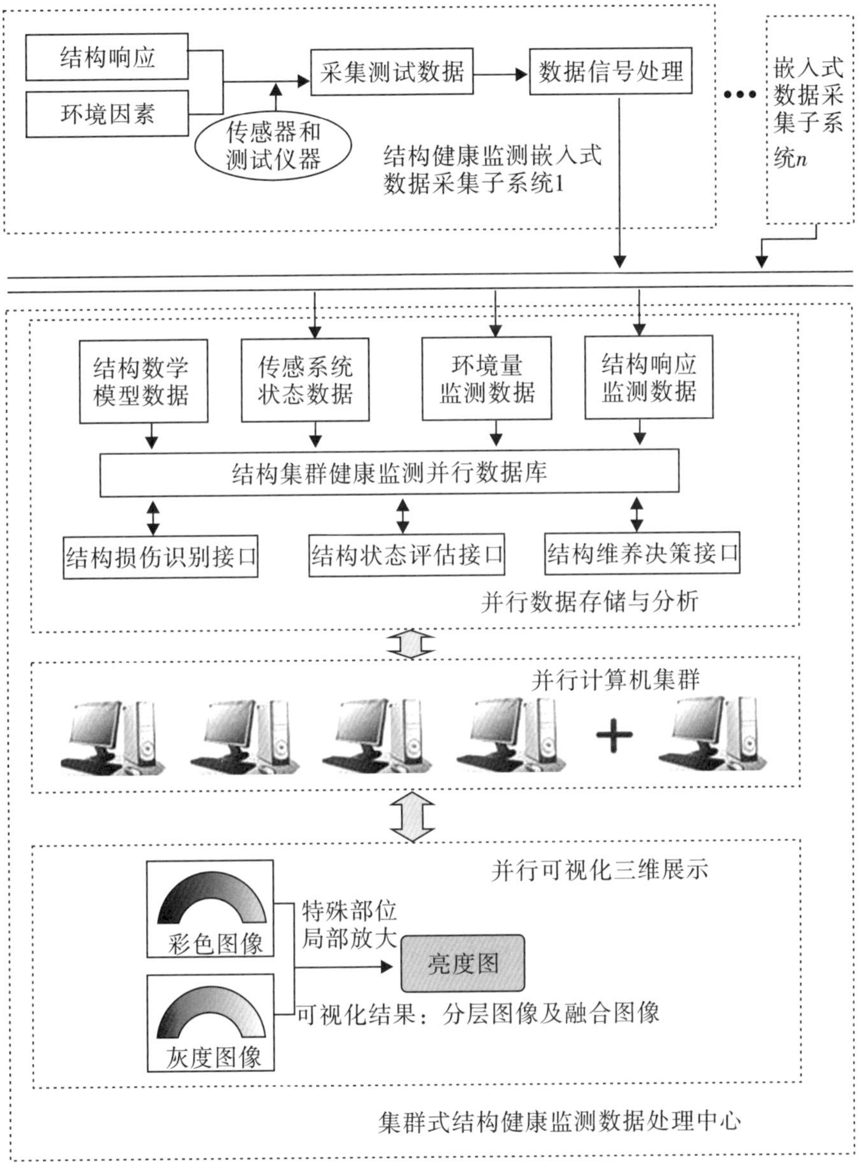

图1－5 基于无线物联的集群式结构健康监测平台模块组成

基于无线物联的集群式结构健康监测平台由多个基于ARM微处理器的监测数据采集子系统与一个集群式结构健康监测数据处理中心共同组成，多个数据采集子系统与数据处理中心之间通过无线网络实现数据交换，如图1－5

所示。结构集群健康监测数据处理中心以多台计算机构成的并行计算集群为支撑，实现海量数据的高效存储与分析、快速建模与三维细节精确展示，为实现区域内分散分布结构的集群式健康评估与维护维修决策提供计算分析平台。各系统模块功能概述如下：

（1）结构健康监测嵌入式数据采集子系统。

一般情况以单座工程结构为单位，采用 ARM 微处理器构建嵌入式数据采集与处理子系统，传感器数据量巨大的特大型建筑结构或桥梁结构可建立多个数据采集子系统，主要完成不同种类传感数据的前期采集、滤波处理和无线传输工作。

（2）集群式结构健康监测数据处理中心。

以并行计算集群为基础，根据不同的结构类型和数据来源，对海量数据进行高效存储与分析；根据分层可视化理论和各种检测设备的数据特点，应用并行可视化三维展示技术，实现结构健康评估信息的图形、图像和动画输出展示；为用户提供便捷、友好的数据与信息查询渠道。

（3）无线物联网络。

利用移动无线网络，基于无线物联传输协议，实现多个结构健康监测嵌入式数据采集子系统与集群式结构健康监测数据处理中心之间的数据实时传输。

1.3.3 主要研究内容

1. 基于 ARM 微处理器的嵌入式数据采集子系统研究

监测系统前端的数据采集子系统由基于 ARM 微处理器并集成了无线传输模块的嵌入式系统构成。该类子系统模块与传统的基于工控机的数据分理站相比，具有体积小、成本低、安装方便等特点。

本部分研究内容主要包括：

（1）适合集群式结构健康监测数据采集的硬件电路设计开发；

（2）各种传感器在 Linux 嵌入式操作系统下的驱动程序开发；

（3）针对不同传感器在不同工作环境中的采样要求，提出合适的采样和滤波算法。

2. 基于无线物联的结构健康数据实时传输研究

由于结构集群健康监测系统监测参数众多，不同数据的变化周期也各不相同，因此，需要根据各种参数的不同特点及无线网络的传输特性，制定相应的数据传输方案。

本部分研究内容主要包括：

（1）无线传输方案设计；

（2）结构健康监测不同类型数据传输协议设计与开发；

（3）传输数据可靠性评估与数据容错设计。

3. 基于计算机集群的并行处理平台研究

传统结构健康监测系统采用图表、曲线等方式展现结构变化状况和损伤信息，表达方式相对抽象。并行计算机集群可为结构信息的三维展示提供强大的硬件基础，基于GPU的并行图像处理和快速建模技术可实现结构健康评估信息的图形、图像和三维动画输出，精确展示结构细节，实现结构健康状况的快速三维直观展示。

该部分研究的主要内容包括：

（1）结构健康监测数据可视化方法研究；

（2）结构健康监测可视化并行交互软件开发。

第 2 章　基于无线物联的集群式结构健康监测平台设计

基于无线物联的集群式结构健康监测平台由基于可视化计算机集群的结构健康远程监测中心、基于无线物联的嵌入式数据采集和传输系统、无线物联网络，以及相关软硬件共同构成。平台结构见图 2－1，系统存储方式为建筑结构本地与远程监控中心双备份存储方式，在远程监控中心内部，设置拼接电视墙、交换机、数据服务器和磁盘阵列、工作站等相关显示、传输、存储单元。

各子系统设计如下：

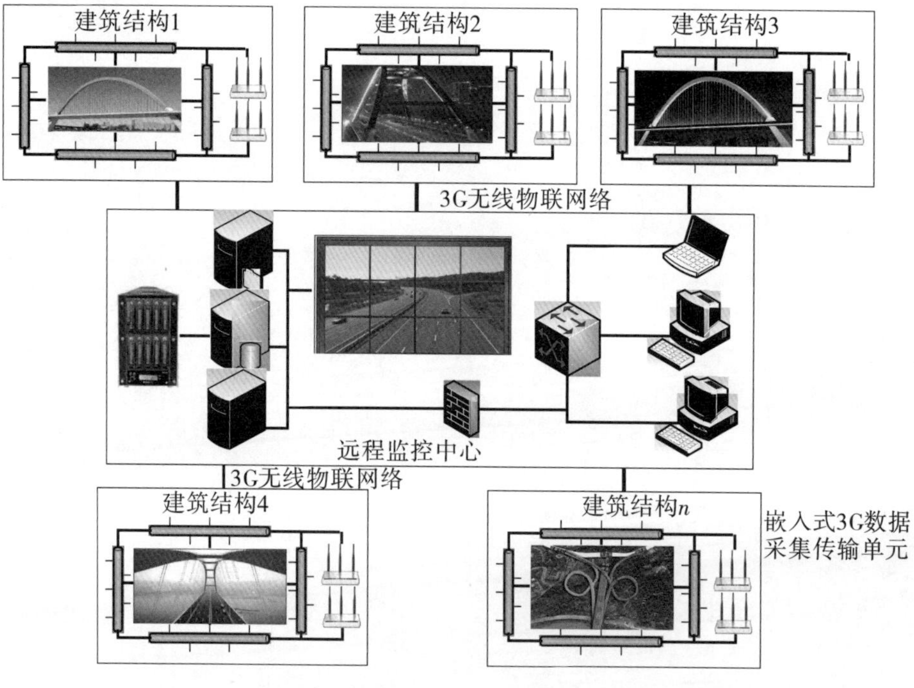

图 2－1　基于无线物联的集群式结构健康监测平台结构

2.1　基于可视化计算机集群的结构健康远程监测中心设计

2.1.1　中心存储容量设计

系统主要由远程数据传输、大屏幕显示及信息处理系统共同构成。考虑到目前的数据存储容量并不大（3T），设置通用文件服务器实现存储。大屏幕显示及信息处理系统与传统基于多屏拼接器的方案不同，采用基于高性能图像工作站的并行显示集群构建。该种构建方法一方面可省去使用多屏拼接系统所产生的高昂费用，另一方面，计算机集群不仅可用来进行大屏幕展示，也可用于进行并行计算、并行建模的教学和科研工作，更有利于促进高校教学和科研的发展。

系统存储容量计算如下：

以新光大桥为例，新光大桥是广州市跨越珠江的特大桥梁，主桥长 1 082 米，主拱为 428 米，两边拱均为 177 米，是三跨连续钢架拱桥。大桥宽 37. 62 米，双向六车道，通航净高为 34 米。健康监测系统主要由 8 台应力采集仪、3 台风速风向仪、18 台 GPS 定位仪、60 个加速度传感器和 4 台 IP 摄像系统构成。系统单日采集数据量见下表。

新光大桥日采集数据量

序号	监测领域	传感仪器	数量（台）	台次采集数据（K）	采集方式	日采集数据量（M）
1	应力	应力采集仪	8	1	1 小时 1 次	0. 192
2	环境	风速风向仪	3	0. 5	5 分钟 1 次	0. 432
3	静态应变	GPS 定位仪	18	0. 1	5 分钟 1 次	0. 518
4	动态结构	加速度传感器	60	0. 002	采集频率 256Hz，每小时 2 分钟	88. 5
总计						89. 642

由上表可看出，主要数据量集中在动态结构数据中，日采集数据量约 89M，其他静态采集数据不足 2M。考虑到一定的设计冗余，采集数据日存储容量设计为 100M。

桥梁结构数据中包含众多的桥梁健康信息，存储周期设计为 10 年。

依照以上估算，可得出单桥系统的存储容量：

结构数据存储容量：0. 1G × 365 × 10 = 365G

单座桥梁的数据存储容量为 365G，可选择容量为 500G 的单个电脑硬盘。考虑到多个建筑结构的数据存储需要，选用 6 × 500G 的服务器磁盘阵列作为系统的存储单元。

2. 1. 2 大屏幕显示及信息处理系统设计

大屏幕显示及信息处理系统由高性能计算机、千兆交换机、存储服务器，以及大屏幕显示系统共同构成。其中，四台高性能计算机与千兆交换机共同构成计算机集群，通过不同组件的选择可以建立基于 GPU 的视频集群及计算集群，可实现大屏幕集中展示、三维建模，以及大型结构的快速运算等。所建设的视频集群的结构图如图 2 - 2 所示：

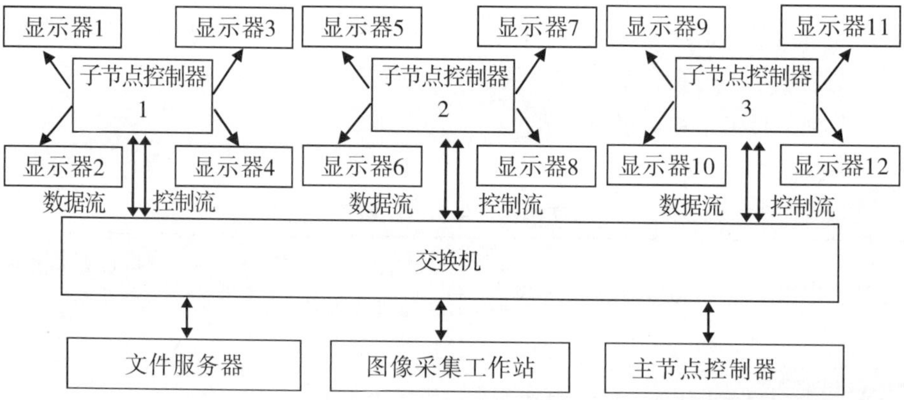

图 2 - 2 系统拓扑图

如图 2 - 2 所示，系统通过交换机构成一个整体局域网。主节点控制器和多台子节点控制器通过交换机接口接入局域网。不同格式的图像采集工作站也通过交换机接口接入局域网。主节点控制器负责对采集图像的多显示区域的坐标划分和时间调度进行管理。子节点控制器根据主节点控制器发出的指令对收到的图像进行分割，并对属于自己管理范围的图像进行放大、渲染处理。系统展示效果见图 2 - 3。

图 2－3　三行四列 46 寸液晶显示器拼接展示效果图

系统主要由以下几部分组成：

①超窄边液晶显示器；

②拼接架；

③节点控制器；

④主节点控制器；

⑤网络交换机；

⑥系统软件；

⑦简单扩声系统。

1. 超窄边液晶显示器

系统采用 NEC X461UN 超窄边液晶纯平显示器，该型号厚度仅为 128mm，是真正意义上的纯平显示器，图像显示无曲线失真，平整如一，单屏分辨率达 1 920 × 1 080，屏幕分辨率高、超薄超轻，可广泛应用于商场、超市、机场、展览馆、电影院等公共场合。

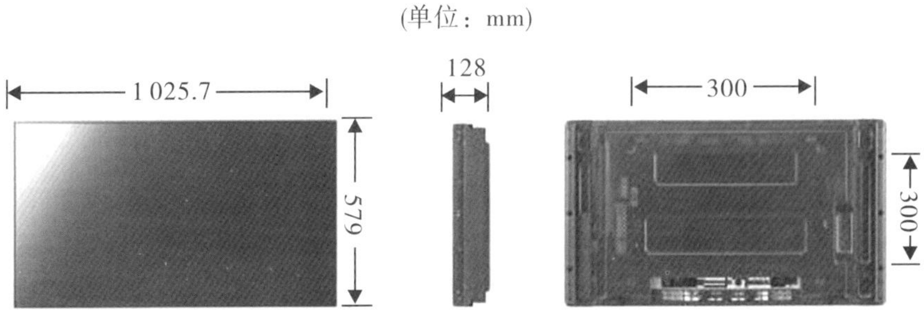

图 2－4　超窄边液晶显示器尺寸

2. 拼接架

安装机架采用模块化安装方式，通过模块化组合形成一个完整的拼接墙体，液晶屏通过固位螺丝可方便进行上下、左右及前后的调节，单屏维修时只需松开后面4个固位螺丝便可单个从正面取出。

拼接单元各部件在工厂进行喷涂等工艺处理，在现场进行组装，机架材质全部采用优质钢材，经过表面磷化酸洗、除锈、静电喷涂等处理，达到防锈、坚固、美观实用的功能和视觉要求。

由于采用了积木互连拼接技术，可针对不同的环境场合进行不同的组合，可根据需要随时更换组合方式，安装调整方便，12个显示屏组合安装只用两个工作日便可完成。

3. 节点控制器

目前每台节点控制器常规可连接4个显示单元。节点控制器与显示单元采用DVI连接线连接，通过高性能软件，实现对其控制的四块显示器进行图像渲染，实现超高清晰度的大容量图形图像的快速展示。

4. 主节点控制器

主节点控制器为专业高性能节点管理控制器。其主要功能为负责对该视频流的多显示区域进行坐标划分和时间调度管理。子节点控制器根据主节点控制器发出的指令对收到的图像进行分割，并对属于自己管理范围的图像进行放大、渲染处理。

5. 网络交换机

通过千兆网络交换机构成局域网，提供数据和控制命令的传输通道。

6. 系统软件

系统软件包括系统平台及接口、大屏控制及管理软件、大屏显示软件、客户端管理软件等。用户管理软件可安装于系统网络内的任意一台服务器，组成大屏管理服务器，通过一定的权限设置，实现用户对展示内容、展示区域、展示方式的任意编辑和管理。

2.2 结构安全监测嵌入式数据采集与处理子系统设计

无线传感系统硬件设计主要涉及无线传感层的ZigBee采集单元和TD网关层的无线处理单元。该两种单元均采用AT91SAM9G20作为核心处理单元，内嵌Linux操作系统，ZigBee模块采用TI公司的CC2530模块，无线模块采用华为公司的EM560。考虑到准确计时和批量保存数据的需要，扩展了I2C总线的外部时钟芯片1337并采用了备用电池供电的外部静态ROM存储单元 CY62157ESL。

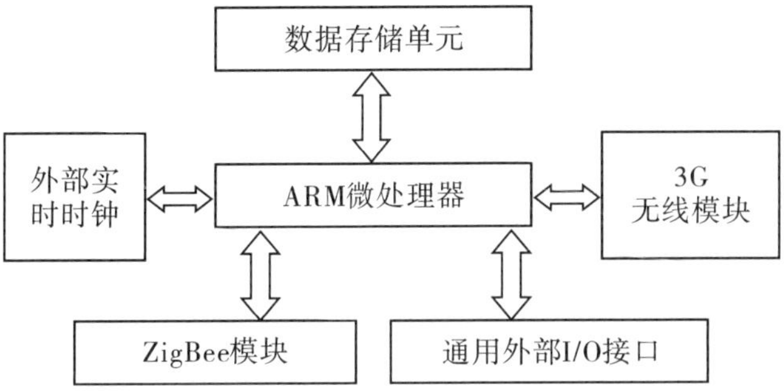

图 2-5　无线传感系统硬件结构

2.2.1　无线模块相关电路设计

无线模块选用华为 EM560、EM200、EM770W 模块系列。该无线模块系列的三种产品，分别支持 TD-SCDMA、CDMA2000、WCDMA 无线通信技术，通过简单的模块替换，即可兼容不同格式的无线网络。系统支持 AT 命令及增强 AT 命令，提供丰富的语音和数据业务等功能。

ZigBee 模块采用 TI 公司的 CC2530 模块。CC2530 是用于 2.4-GHz IEEE 802.15.4、ZigBee 应用的片上系统（SoC）解决方案。它能够以非常低的总材料成本建立强大的网络节点。CC2530 结合了领先的 RF 收发器的优良性能，拥有业界标准的增强型 8051 CPU，8KB RAM，系统内可编程闪存。

由于两种无线模块均通过 RS232 接口实现与主机的通信，因此选用了 SP3243E 作为 232 电平的转换芯片。其接口电路见图 2-6。图中左侧所接电路为无线通信模块的 RS232 接口，右侧电路接入 AT91SAM9G20 微处理器芯片串口 1 相关管脚。

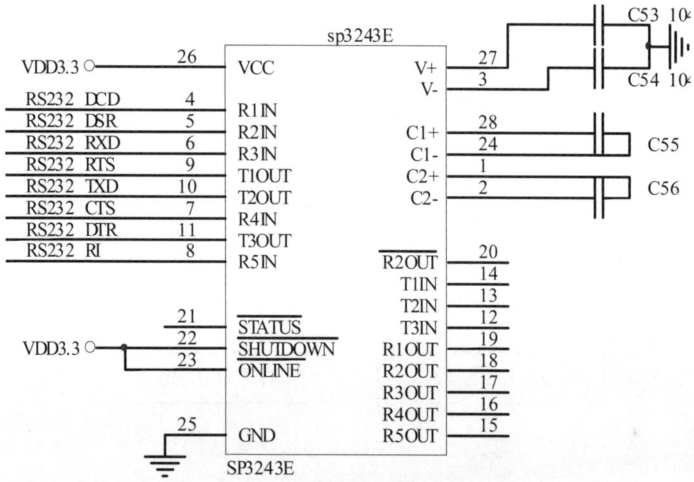

图 2-6　无线模块接口电路

2.2.2　系统通用 I/O 接口电路设计

AT91SAM9G20 接口功能丰富，拥有 8 路 12 位 ADC、PWM 输出以及多达 9 个外部中断。通过配置总线，最多可提供 76 个通用 I/O 接口。

由于无线和 ZIGBEE 无线串口占用了 16 个通用 I/O 接口，其他系统也占用了部分接口，因此将 P2 口的 P2.0 到 P2.31 接口设置为 32 个通用数字 I/O 接口，通过简单的寄存器设计设置为 16 入、16 出；将 P3 口的 P3.0 至 P3.9 接口设置为 10 路模拟输入接口。该种设计使得系统具备 16 路数字输入、16 路数字输出和 10 路模拟信号输入的能力，成为一台具有丰富 I/O 接口的通用测控平台。通用 I/O 接口框图见图 2-7。在无线传感网络中，只有担任主节点的采集单元需要通过串口 2 以无线通信的方式将数据发送到监控主机，担任从节点的采集单元只需要通过串口 1 将主节点数据发送到从节点。

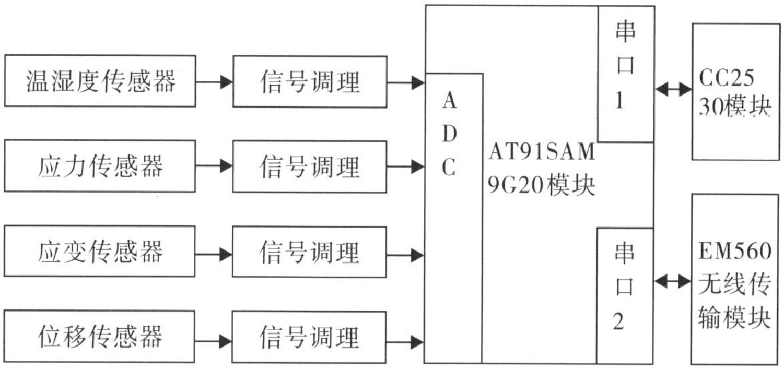

图 2－7　通用 I/O 接口数据采集结构图

图 2－8　无线测控终端

2.3　基于 ARM 的无线结构健康监测系统软件设计

软件系统主要围绕稳定可靠的无线通信和稳定的数据校验两方面展开。其中，无线通信程序主要参考国际通用的 AT 指令集，实现模块与微处理器的信息交换。

下位机数据采集及通信程序流程：

下位机数据采集及通信主要由两个部分构成：CC2530 的间歇式采集和无线数据通信。采用间歇式采集，一方面是因为 CC2530 在休眠时段的工作电流在微安级，可大大降低系统功耗；另一方面，桥梁健康监测数据多数为慢响应，采集频率降低，可有效减少冗余数据。间歇式数据采集流程见图 2－9（a），无线通信流程见图 2－9（b）。

系统通信流程如下：首先，进行串口等的初始化，然后通过串口信号线驱动 Modem，AT 指令集进行一系列 Modem 参数设置，并拨号到 GGSN，新建 PPP 任务进行数据链路层和网络层的协商，得到 IP，完成上网过程。此时可以建立发送数据任务，作为客户端向网络主机发送建立 TCP 连接请求，经过两次握手成功后，双方 TCP 连接状态都达到 Establish（建立连接）状态，此时便可以将搜集到的数据通过套接字传输回网络主机，完成传输任务。接下来可以结束任务，或等待下一次采集数据时间到来时再次进行传输。

系统数据校验采用 32 位 CRC 校验（循环冗余校验）方式：在发送端根据要传送的 k 位二进制码序列，以一定的规则产生一个校验用的 r 位监督码（CRC 码），附在原始信息后边，构成一个新的二进制码序列数共 k + r 位，然后发送出去。在接收端，根据信息码和 CRC 码之间所遵循的规则进行检验，以确定传送中是否出错。该种校验方法检错能力强，占用系统资源少，用来检测或校验数据传输或者保存后可能出现的错误，是一种很好的检测数据传输差错的手段。

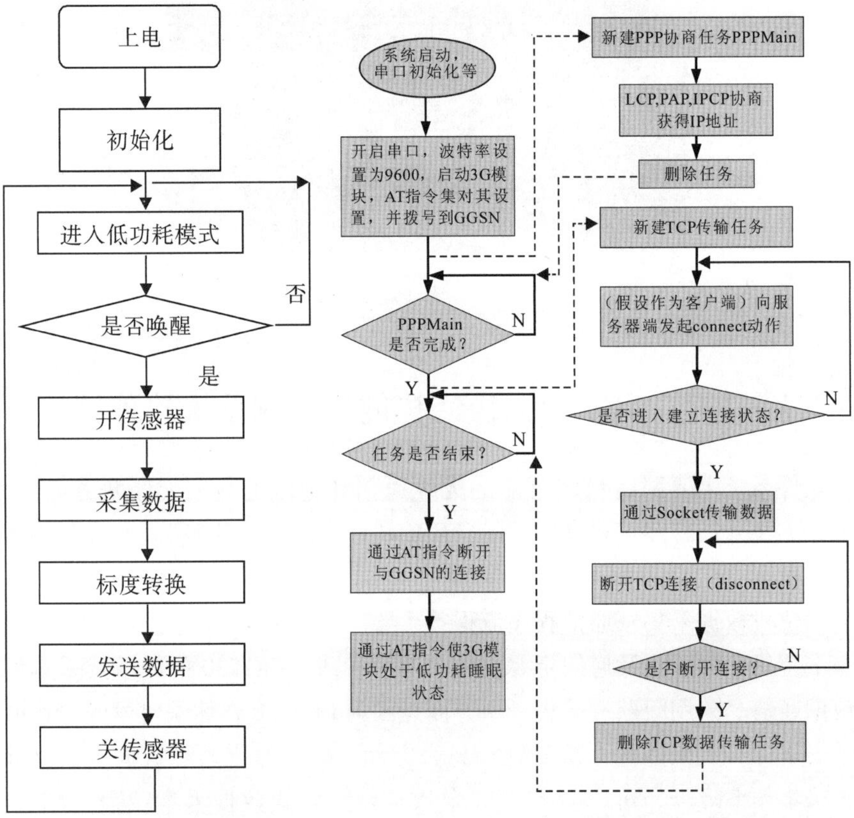

（a）数据采集流程　　　　（b）无线通信流程

图 2－9　下位机数据采集及通信流程

桥梁集群健康实时监测中心的上位 PC 机要具有数据的存储与处理、数据的可视化、物联网的管理功能。以 Microsoft VC + +6.0，SQL Server 2000 数据库为开发工具。整个系统采用 C/S 架构，普通用户可以进行数据的查询与可视化，权限用户可以进行传感器网络的管理。软件结构如图 2 - 10 所示。

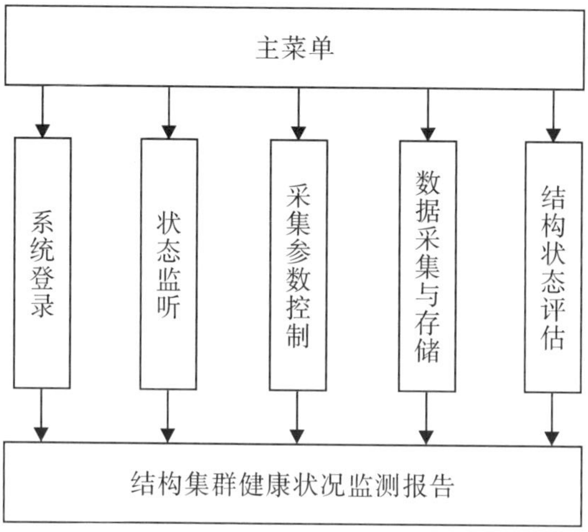

图 2 - 10　结构健康监测中心软件结构

监测中心软件主菜单界面、实时数据接收与控制界面分别如图 2 - 11、图 2 - 12 所示。

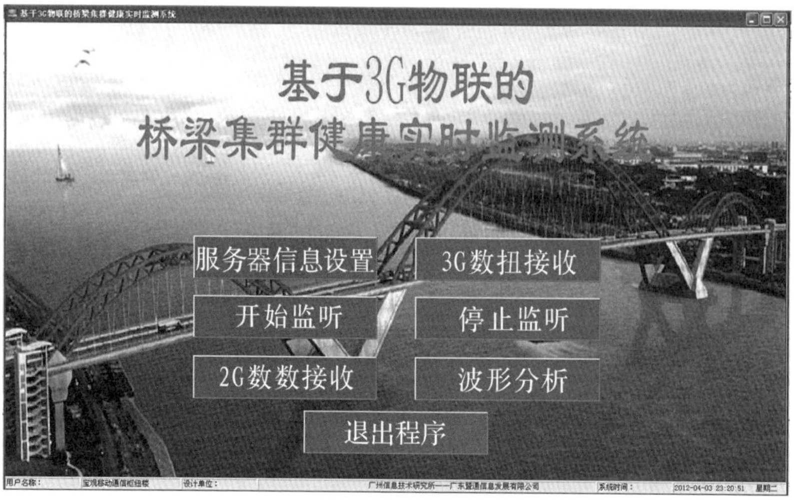

图 2 - 11　监测中心软件主菜单界面

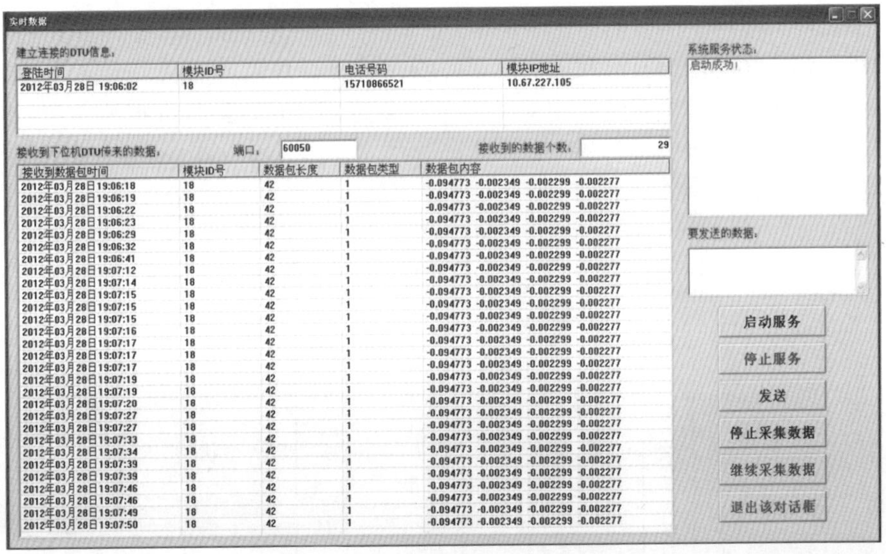

图 2－12　实时数据接收与控制界面

图 2－13 为结构动力特性实时采集界面，图 2－14 为 80 个无线采集单元 15 天（21 600 分钟）试运行在线率统计结果。

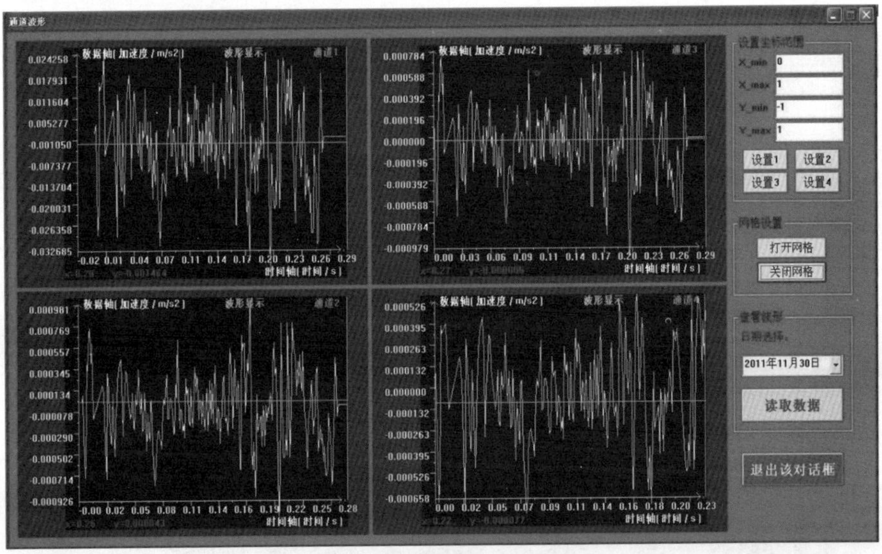

图 2－13　结构动力特性采集界面

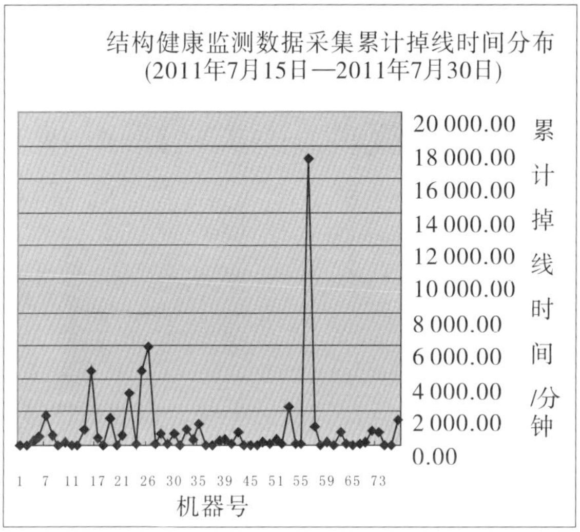

图 2－14　系统试运行在线率统计

2.4　小结

本章采用计算机集群和嵌入式技术，设计和开发了基于无线物联的集群式结构健康监测平台。

在充分调研结构健康监测数据容量的基础上，采用高性能图像工作站，以及相关网络、存储设备，设计了以并行图像集群为基础的可视化结构健康远程监测中心硬件系统，可实现多座远程结构健康监测数据的统一存储和大屏幕可视化展示。

将无线模块统一于 AT91SAM9G20 ARM 微处理器芯片，嵌入 Linux 操作系统，设计了桥梁健康监测系统下位机系统。采用 VC6.0 软件，设计了桥梁健康监测中心上位机系统，从而实现了基于无线物联的结构健康监测数据的远程采集、本地存储和传输。

第3章　结构健康监测并行三维可视化技术研究

3.1　概述

桥梁健康监测是一个多学科交叉的大型综合集成系统，在多通道信息采集、海量信息传输、结构分析与评估、友好的显示界面展现过程中，涉及海量信息处理，不同结构分析算法得出的结构状态信息往往具有较大差异性，通常需要借助工程经验进行直观判别。然而，当前揭示结构状态的方式普遍是曲线或图表形式，不能直观显示结构信息，需要专业的工程技术人员才能初步判断，传统桥梁健康监测系统的监测直观性差，研究成果也不利于大规模推广应用。因此，开展桥梁健康监测三维可视化方法研究意义重大。

3.2　三维可视化技术

可视化技术指的是运用计算机图形学和图像处理技术，将数据转换为图形或图像显示出来，并进行交互处理的理论、方法和技术。它涉及计算机图形学、图像处理、计算机视觉及人机交互技术等多个领域。数据可视化概念首先来自科学计算可视化，科学家们不仅需要通过图形图像来分析由计算机算出的数据，而且需要了解计算过程中数据的变化。随着计算机技术的发展，数据可视化概念已大大扩展，它不仅包括科学计算数据的可视化，而且包括工程数据和测量数据的可视化。学术界常把这种空间数据的可视化称为三维可视化技术。

三维可视化技术的主要方法有以下几种：

（1）空间三维图形：不同图形元素的组合变换映射为不同的数据维解释。把一个可视化空间结构和一条数据信息对应起来，通过图形的密度和颜色的分布，大致能够了解数据的分布、数据之间的相似性和数据之间的关系。

（2）颜色图：分为彩色图和灰度图。彩色图的每一种颜色，对应着不同的属性维；灰度图可以利用颜色的深浅来标记数据量的属性值的大小，颜色越深，数值越大，或者用它来强调某种特别的信息，它通常需要预设很好的映射定义。

（3）亮度：对于特定的区域，用不同的亮度来辅助人眼对视点的观察。

（4）数学的方法：利用数学中统计的方法，先对数据关系进行分析，得到数据的大体分布信息，然后再结合其他可视化方法来进行细节数据分析，或者利用数学中统计的方法对数据中的关系进行映射，映射成图形图像关系来帮助分析。

传统可视化技术的维度较少，一般限于三维以下的应用，其实现技术主要有二维的等值线法、三维的等值面法和体绘制法，在应用中一般不涉及降维过程。但是，随着可视化技术的发展，对高维问题处理的需求日益显著，如参数优化问题，工程技术人员在进行优化设计时，需要掌握目标函数 $F=(f_1)$ 随着参数 $X=(x_1, x_2, \cdots, x_n)$ 的改变所产生的变化情况。这是一个比较困难的问题，也是当前科学可视化研究的热点。

长期以来，由于计算机技术水平的限制，不能对计算过程进行干预和引导，只能被动地等待计算结果的输出。而大量的输出数据也只能以人工方式处理，或者使用绘图仪输出二维图形。这样不仅不能及时地得到有关数据直观、形象的整体概念，而且还有可能丢失大量信息。

近年来，随着计算机的运算能力迅速提高，内存容量和磁盘空间不断扩大，网络功能日益增强，基于 GPU 的并行计算技术可用硬件来实现许多重要的图形生成及图像处理算法。运用数据可视化技术直观、形象地显示海量的数据和信息，并进行交互处理成为当前可视化技术发展的潮流和研究热点。

可视化技术的应用十分广泛，几乎可以应用于自然科学、工程技术、金融、通信和商业等各种领域。医学数据的可视化，已成为数据可视化领域中最为活跃的研究领域之一。由于近代非侵入诊断技术如 CT、MRI 和正电子放射断层扫描（PET）的发展，医生已经可以较易获得病人有关部位的二维断层图像。CT 打破传统的胶片感光成像模式，通过计算机重构人体器官或组织构造图像，使医学图像从二维走向三维，使人们可以从人体外部看到人体内部。

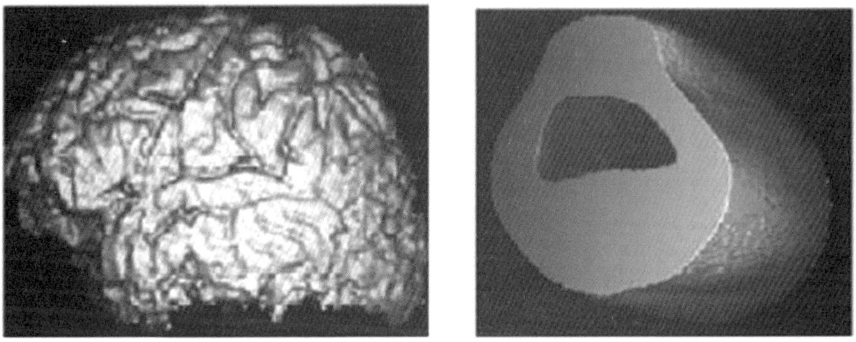

图 3－1　医学三维可视化图像

地质、勘探数据的可视化研究也是该领域的前沿科学。由于地质数据是一种海量地理数据，靠人工管理不太现实，只有依靠数据库的强大管理系统才能高效地实现对地质数据的有序组织、调用、分析、处理与显示，地质构造三维可视化是地质勘探数据处理的重要环节，是正确认识地质构造的重要手段，从而为油藏模拟提供科学的依据。油气勘探的主要方式，是通过天然地震波或人工爆炸产生的声波在地质构造中的传播，来重构大范围内的地质构造，以此了解地层结构，探明油藏气藏位置及其分布，估计蕴藏量及其勘探价值。由于地震数据及测井数据的数据量极其庞大，因而无法根据纸面上的数据作出分析。利用可视化技术可以从大量的地质勘探数据或测井数据中，构造出感兴趣的等值面、等值线，并显示其范围及走向，并用不同颜色显示出多种参数及其相互关系，从而使专业人员能对原始数据作出正确解释，得到矿藏是否存在、矿藏位置及储量大小等重要信息。英国 PGS Tigress 公司开发的数据可视化软件，已在全世界许多国家的油田和天然气开发中得到广泛应用。我国大庆勘探开发研究院开发的地质数据可视化系统，可以全方位、方便灵活地对三维数据体中的断层、部面、层面及其内部所包含的数据类别、地质属性进行立体显示，具有面向对象的开发环境，能满足用户的各种数据可视化要求。

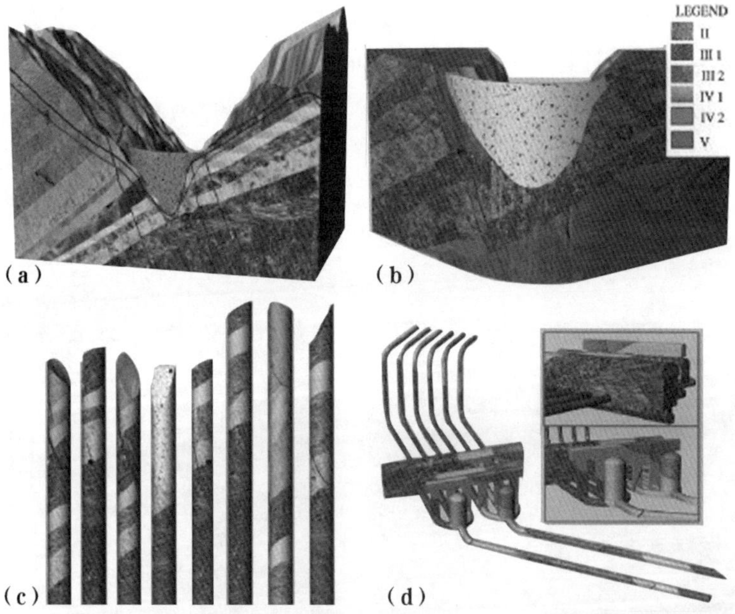

图 3－2　地质学岩体三维可视化

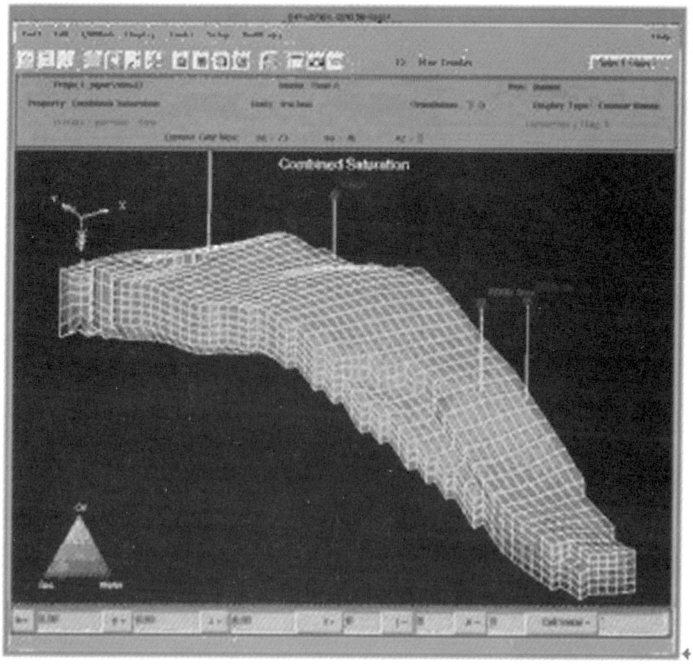

图 3 – 3　用 PGS Tigress 公司软件显示的油藏三维图

工程应用中，可视化技术有助于整个工程过程一体化和流线化，并能使工程的领导和技术人员看到和了解过程中参数变化对整体的动态影响，从而达到缩短研制周期、节省工程全寿命费用的目的。可视化技术可将多种来源的各种数据融合成三维的图形图像。在工程设计中常采用计算力学的手段，计算力学更离不开可视化技术。目前已实现了在计算机上进行流体动力学的模拟计算，这就是计算流体动力学。为了理解和分析流体流动的模拟计算结果，必须利用可视化技术在屏幕上将数据动态地显示出来。在流场的可视化中，既要提高显示速度，又要逼真地显示流场的细微结构和各种参数的等值面。美国航空航天局阿姆斯研究中心的航空航天数字模拟设备，不仅将可视化技术用于 CFD 计算，同时也用于从风洞试验获得的二维图像重构三维流场，并进行计算结果与试验结果的比较分析。特别是他们利用基于高度三维交互特性的虚拟现实技术，构筑了“虚拟风洞”，为分析各种非定常流动中的复杂结构，提供了直观的研究环境，如图 3 – 4 所示。

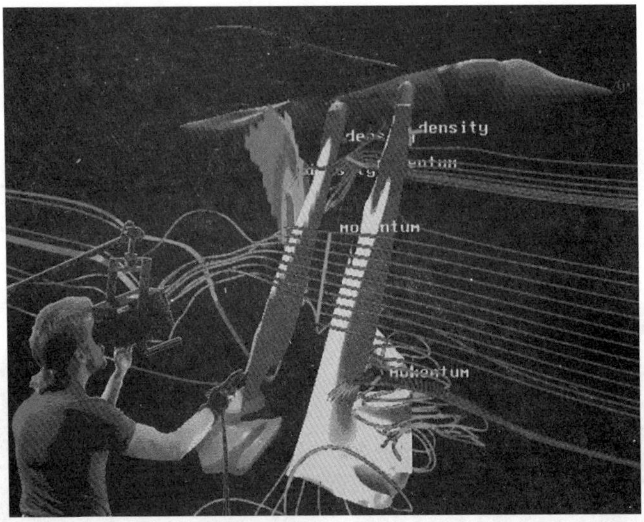

图 3-4　美国航空航天局阿姆斯研究中心的虚拟风洞

可视化技术在医学、地质勘探学、流体力学等领域已有很大的发展，并发挥了巨大作用，也发展了基于并行计算的功能强大的大型图像展示系统，在铁路运输、通信信息等领域建立了可视化控制和展示平台，但在结构工程领域，基于桥梁健康监测三维可视化方法的研究还是空白。特别是应用可视化并行展示系统监测整个大型桥梁结构的健康状况还鲜有案例。因此，可视化并行展示系统无论在研究上还是应用上都属于前沿性科学，发展潜力巨大。

3.3　并行图形绘制体系结构

并行图形绘制，也称为并行渲染，是利用多个处理单元加速绘制任务并得到所需绘制能力的技术。并行图形绘制体系结构多以图形流水线基础构造。随着计算机集群技术的日趋成熟，以及 PC 图形卡能力的迅速提升，图形集群(graphics cluster)——配备高性能图形处理器的计算机集群日益成为并行渲染技术的通用硬件基础。相对于传统的集中式高端图形工作站，图形集群具有性价比高、扩展性好等诸多优势，广泛应用于虚拟现实、科技计算可视化等领域。

在图形集群强大的硬件基础上，一些著名高校和研究机构开发了具有代表性的并行绘制系统，如斯坦福大学的 WireGL、普林斯顿大学的 Scalable Display Wall、加州大学的 CGLX、浙江大学的 AnyGL 等。该类并行绘制系统通过对 OpenGL 的并行化开发，实现图形集群的并行实时绘制。

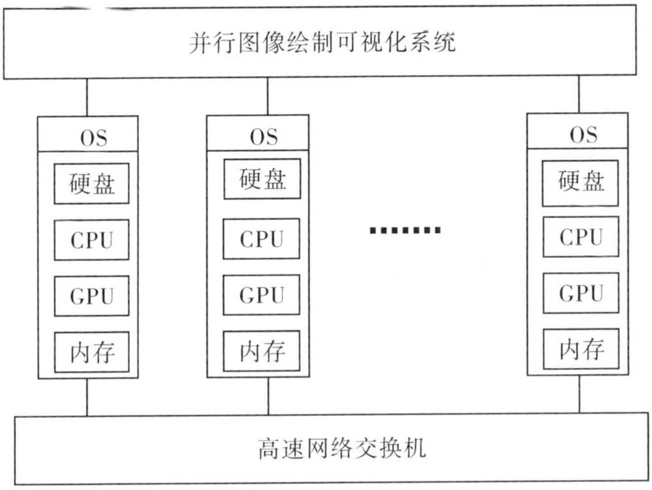

图 3－5　图形集群的体系结构

复杂场景绘制包括几何流水线和绘制流水线两个基本阶段。几何流水线和绘制流水线的并行组织调度有三种方式：sort-first、sort-middle 及 sort-last。

sort-first 类型的体系结构采用基于图像空间划分的并行方式，显示屏幕被划分为若干个子区域，每个子区域由一个绘制节点负责，绘制结果直接拼接为最终显示图像。sort-first 的优点是各条流水线完整而独立，特别有利于构建 PC 集群式并行图形绘制系统。其缺点在于：各几何流水线的模型复杂度不同，各绘制节点的绘制任务不均衡，从而导致部分绘制节点机效率低下。

sort-last 体系结构采用基于对象空间划分的并行方式，场景对象分为若干子数据集而最终显示屏幕不划分，每个子数据集归由一个绘制节点完成绘制后生成一个包含部分场景数据的全屏幕尺寸的子图像。所有子图像经过像素合成之后生成最终图像进行显示。该种方法解决了负载均衡问题，但由于需要子图像中每个像素点的 RGB 值和深度值进行像素合成，合成数据量随着分辨率的提高而线性增大，给网络传输带宽带来沉重压力，难以应用于超大规模场景绘制中。

sort-middle 体系结构在几何流水线阶段，数据按照负载均衡原则分配到绘制节点。每个绘制节点将经过几何流水线处理后的结果数据按照屏幕子区域划分状态，分别送入与屏幕连接的对应绘制节点，继续完成绘制流水线处理阶段，输出各子区域的图像，然后拼接为最终图像。该结构要求得到几何流水线之后、绘制流水线之前的中间结果，进行重新分布，而 PC 集群所采用的商业图形卡一般将几何流水线和绘制流水线功能集成在一起，很难得到流水线的中间结果。

3.4 结构健康监测并行三维可视化系统实现

结构健康监测并行三维可视化系统实现包括三维可视化图像集群、三维可视化集群管理软件及开发工具和三维可视化应用程序开发三个部分。

3.4.1 三维可视化图像集群

研究所用三维可视化图像集群由四台高性能图形工作站、万兆交换网络，以及对应的文件服务器等其他电脑共同构成。基于性价比的考虑，绘制节点机采用 DIY 的方式组装完成。系统硬件结构如图 3－6 所示。

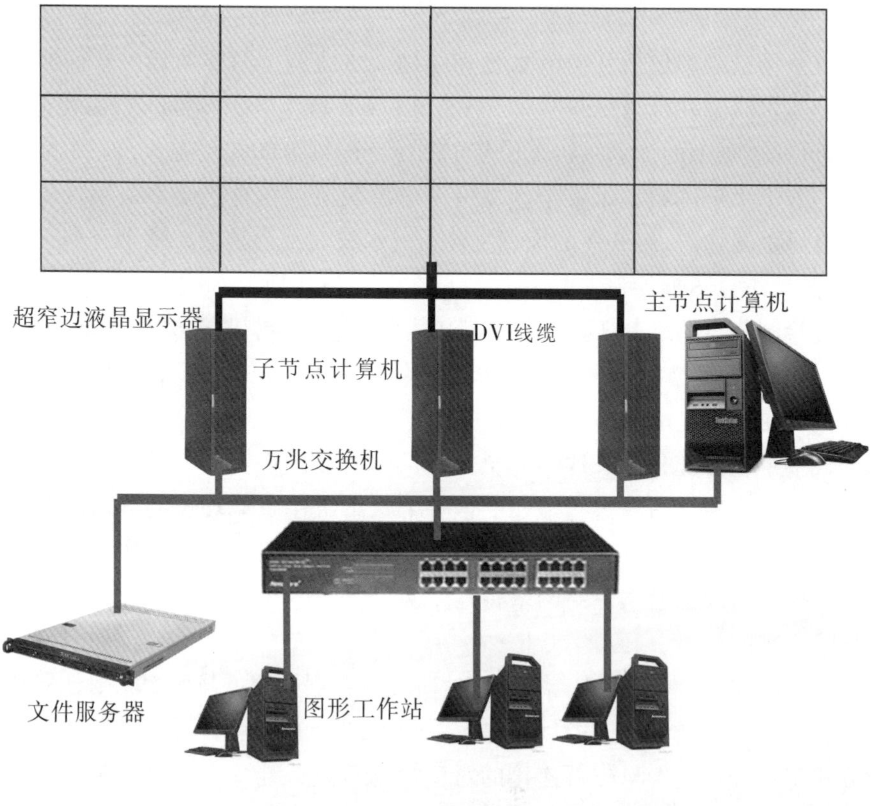

图 3－6　三维可视化图像集群

如图 3－6 所示，12 台 46 英寸超窄边液晶显示器及拼接架组成超高分辨率显示屏幕。每四个屏幕通过 4 条 DVI 线缆与一个子节点计算机连接，三台子节点计算机与一台主节点计算机通过万兆交换网络构成三维可视化计算机集群，一台文件服务器及三台图形工作站计算机共同为三维绘制集群提供绘制数据。系统组成与节点计算机配置如表 3－1 所示：

表 3－1　系统硬件配置

序号	系统组成	型号/配置	数量
1	子节点计算机	见表 3－2	3
2	主节点计算机	见表 3－2	1
3	LCD 显示器	NEC 46 英寸超窄边液晶显示器	12
4	万兆交换机	Netgera XST12T	1
5	显示器支架	3 * 4 拼接支架	1
6	万兆网线	20 米超六类铜缆	7
7	DVI 线缆	5 米 DVI 专用线缆	12
8	图形工作站	HP Z800 图形工作站	3
9	文件服务器	Dell PowerEdge 2000	1

表 3－2　节点计算机配置

序号	配件	型号	数量
1	CPU	Intel I7 975	1
2	主板	ASUA P6X58 Premium	1
3	内存	8GB SDRAM DDR3	2
4	硬盘	WD VelociRaptor 150G	1
5	机箱	ANREC P183	1
6	网卡	Intel X540－T2 双万兆铜缆接口	1
7	显卡	NVIDIA GeForce 650 双 DVI 接口	2

3.4.2 三维可视化集群管理软件及开发工具

三维可视化集群软件由操作系统、集群管理软件、三维可视化并行开发软件共同构成。其中，操作系统选择 Linux 操作系统 CentOS 6.3，集群管理软件选择 Rocks 集群管理软件，三维可视化并行开发软件由 CGLX 及 OpenSceneGraph 共同构成。

高性能计算机集群已成为大规模科学计算不可或缺的基础硬件。然而，大规模集群软件的直接搭建安装、配置、管理、性能监测对非计算机专家来说，是一个相对困难且烦琐的过程。开源集群管理软件 Rocks 为集群软件统一安装、管理和性能监测提供了一揽子安装的简便方式。

Rocks 集群管理软件以 Linux 的主流发行版本之一 CentOS 为基础，集成了相关集群管理工具以及网格计算等相关科学计算工具，采用网络启动的方式实现多个计算机从操作系统到计算工具的统一安装。而且，Rocks 通过名为 Rolls 的工具，允许终端用户自定义集群软件包，从而制定自己的集群应用工具。由于得到了广泛使用，Rocks 更新较快，最新的 Rocks 6.01 版本支持 CentOS 6.3。因此，采用 Rocks 集群管理软件对计算机集群进行统一安装，是一个较好的选择。

对于普通并行计算来说，Rocks 提供的 MPI 和 PVM 工具已经可以搭建起通用的并行计算环境。然而，对于三维可视化并行开发，需要安装并行绘制开发软件，实现超大屏幕的并行三维绘制。因此，本项目在安装了 Rocks 之后，还安装了 CGLX，以便于开发基于 OpenGL 的并行可视化应用程序。

CGLX 是美国加州大学开发的基于 OpenGL 的可视化集群应用软件开发工具，采用 sort-first 类型的体系结构。其主要思想在于：主节点以消息驱动的方式，将整体未解码图像发送到高速网络，同时将各显示节点需要显示内容的图像坐标和显示时间等显示控制指令发送到高速网络。各显示节点依照主节点发出的指令接收整体未解码图像。同时，子节点通过 AIL（应用接口库）实现与主节点的交互，根据主节点的控制指令，以并行处理方式对整体图像需要在自己连接屏幕显示部分进行分割、解码和渲染处理（以四块屏幕为单元同时并行渲染）。每台 Rending Node 的图像处理范围只限于自身连接的四块屏幕，系统整体在 Head Node 的控制下，以消息机制通过高速网络实现互联，在高速网络的支持下，可实现图像的超高分辨率、无延时显示。

CGLX 自带三个并行应用程序——MediaView、VedioBlaster、TiffViewer，它们分别用来实现图片播放、视频播放，以及 TIFF 格式的超大图片并行播放。另外，基于 OpenGL 的单机版程序代码可通过将 OpenGL 相关库函数简单替换为对应的并行 CGLX 库函数并重新编译，实现图形应用程序的超高分辨率大屏幕并行化展示。

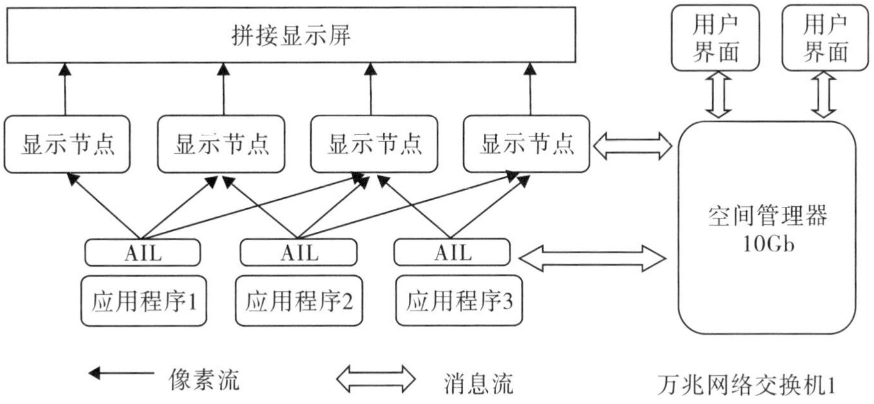

图 3－7 CGLX 数据流、控制流结构

因此项目采用 OpenSceneGraph 3D 图形引擎作为桥梁三维可视化模型的开发工具，先开发单机版的桥梁三维应用程序代码，通过单机调试后，修改对应的 OpenGL 库函数，实现超高分辨率大屏幕的快速并行展示。

3.4.3 三维可视化应用程序开发

三维可视化应用程序编写以直观分析监测数据为目标。因此，在三维建模的基础上，需要构建多个应用场景。结构健康监测的三维动画场景主要由结构三维模型、监测设备布置、视角转换共同构成。

结构的三维模型主要依托于 Autodesk 生成的三维建筑模型，通过适当的修改、着色完成。为避免模型过大，需要对非主要构件进行简化。

监测设备模型建立在结构模型之后。在结构模型上标注设备的具体分布，主要包括电源线、应力应变传感器、震动传感器、信号分理站等，这些设备一般使用 Box（长方体）、Cylinder（圆柱体）、Tube（圆管）等绘制，并通过纹理贴图的方式进行区分。

以上模型建立完成后，需要根据不同的应用场景，设计对应的灯光、摄像机，从而实现不同视角转换状态下的不同视觉效果。

以珠江水系某钢构桥为例，分别对桥塔、桥身、桥面建立三维结构模型，如图 3－8 所示：

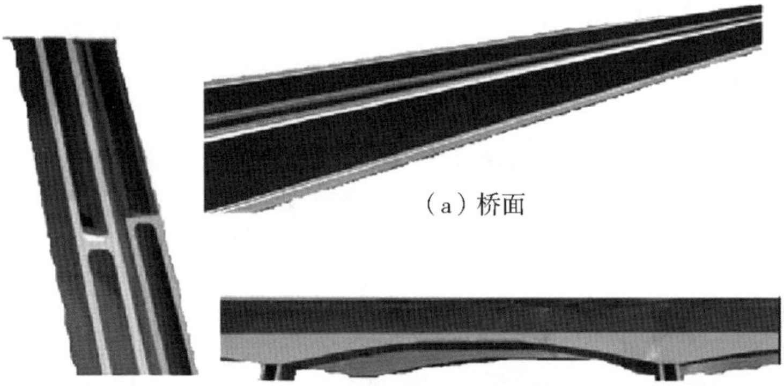

（a）桥面

（b）塔柱

（c）桥身

图 3 - 8　某钢构桥构件模型

可视化系统通过 6 幅应用场景图的配置实现与监测设备全方位交互和基本数据预览。6 幅应用场景图的关系如图 3 - 9 所示：

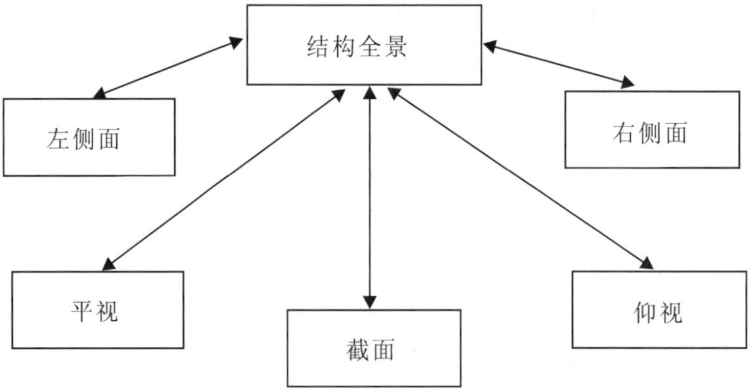

图 3 - 9　结构健康监测系统三维可视化场景关系

其中，全景图为场景交互主画面，即树形结构的根节点，通过该节点可以从各个方向查询到结构状态。场景交互同时是可逆的，可通过回到结构全景而转到其他方向场景。

在完成场景设计后，采用 OpenSceneGraph 开源场景图形管理开发库进行编程，之后将 OpenGL. lib 库替换为 CGLX. lib，即可在可视化集群上实现结构模型的多机并行渲染。以某钢构桥为例的三维结构模型并行可视化呈现见图 3 - 10与图 3 - 11：

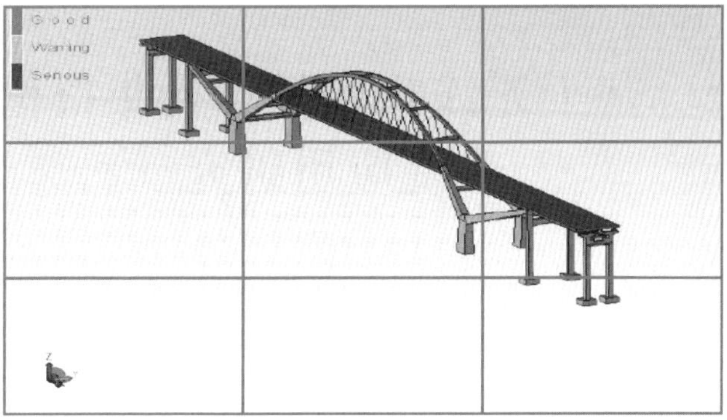

图 3 - 10　结构并行可视化结果（桥梁模型）

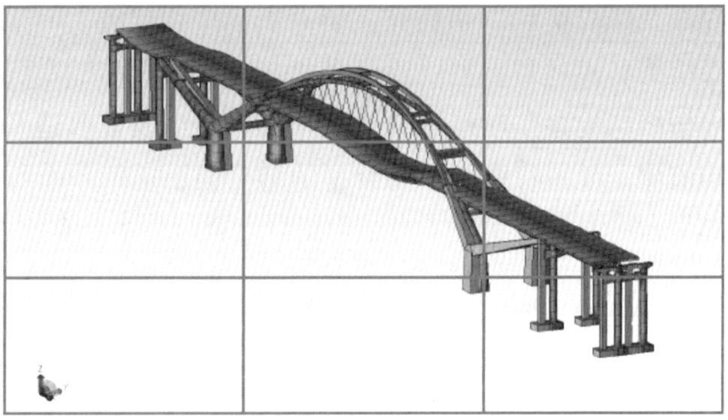

图 3 - 11　结构并行可视化结果（桥梁结构变形）

3.5　小结

本章在简述三维可视化技术应用的基础上，采用并行计算机集群技术，设计并建设了并行三维可视化集群用于结构健康并行三维可视化。之后，采用 CGLX 并行可视化中间件，以及 OpenSceneGraph 语言，以某钢构桥为例，建立了构建模型，开展了场景设计，并基于并行可视化集群，开发了结构健康监测并行三维可视化软件，开展了结构健康监测并行三维可视化的软硬件实现研究。

第4章　基于无线物联的结构集群健康监测系统应用研究

4.1　概述

为有效验证基于无线物联的结构集群健康监测系统的可行性和实用性，我们分别选择深圳西丽机楼和广州新光大桥开展了应用研究。其中，西丽机楼结构健康监测系统为新建项目，主要验证采集单元及无线传输单元的稳定性、可靠性。新光大桥结构健康监测系统为已建项目，通过设备改造及数据库优化实现了远程结构监测。项目将两个不同类型的结构健康监测系统部署在一个远程结构健康监测平台中，从而实现了对结构集群健康监测系统有效性的验证。

4.2　基于无线物联的西丽机楼结构健康监测系统应用研究

4.2.1　项目概况

深圳西丽机楼位于深圳市南山区西丽留仙大道北侧，如图4－1所示，工程于2005年12月竣工，占地面积3 290平方米，建筑面积约6 000平方米，空调面积为4 440平方米，总建筑高度为29米，共6层高，一层为大厦设备机房和通信设备备用机房，二层至六层为通信设备机房。

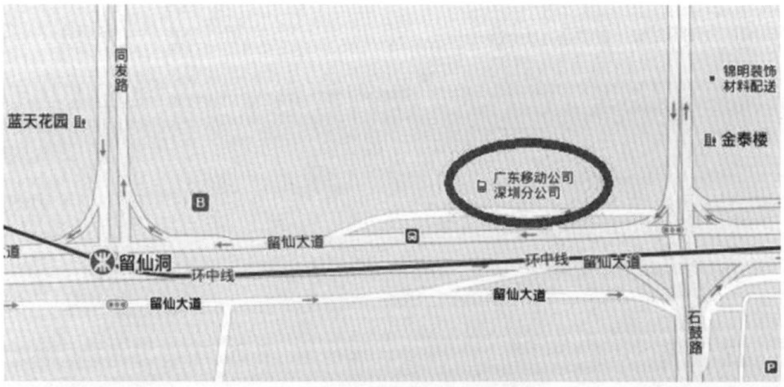

图4－1　西丽机楼位置

因西丽机楼的设计基础为浅基础，且西丽机楼所在道路临近深圳地铁环中线且两侧均有基坑开挖施工，房屋出现整体倾斜，并且结构主体出现大量裂缝。为了解西丽机楼结构的安全状态，评定西丽机楼结构的健康状态，以便于进一步确定结构维护维修方案。受深圳移动公司委托，我们对西丽机楼主体结构进行了远程实时监测。

4.2.2　远程实时监测方案

针对西丽机楼的现状，对其进行远程实时监测的主要内容有以下4个方面。

（1）西丽机楼基础不均匀沉降实时监测；

（2）西丽机楼基础倾斜实时监测；

（3）西丽机楼整体动力特性实时监测；

（4）西丽机楼信息化实时预警预报。

1. 基础不均匀沉降实时监测

通过在西丽机楼一楼外墙4个角点布设沉降监测点，实时连续监测各个沉降点的沉降情况，得到西丽机楼基础不均匀沉降的变化时程曲线，从而得到西丽机楼结构整体不均匀沉降的信息。

主要采用基康仪器（北京）有限公司生产的BGK－4675型振弦式沉降监测（静力水准）系统及项目自行研发的数据采集模块和相应的数据分析处理软件。

BGK－4675型振弦式沉降监测（静力水准）系统特别适合要求高精度测量沉降的场合，高精度的振弦式液位传感器可监测到小于0.012 5mm的高程变化。整个沉降监测系统由一系列含有液位传感器的容器组成，容器间由通液管互相连通。任意一个测点容器的高程变化都将引起相应容器的液位变化，从而获取到测点的高程改变，也就是测点的沉降数据。

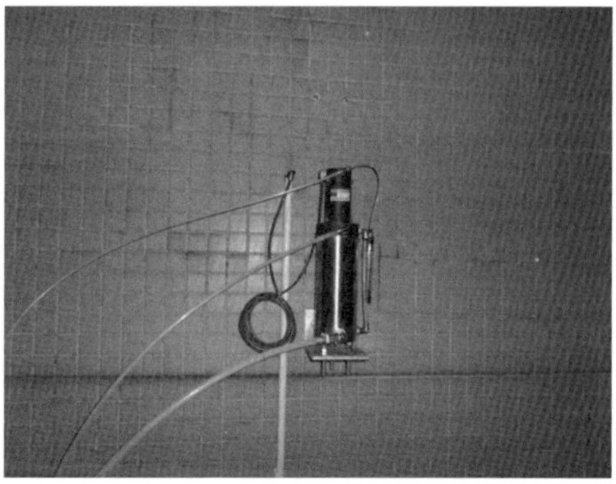

图4－2　振弦式沉降监测系统

沉降监测的测点布置在西丽机楼一楼4个角点的外墙上，测点距离地面0.5米。具体位置详见图4－3。

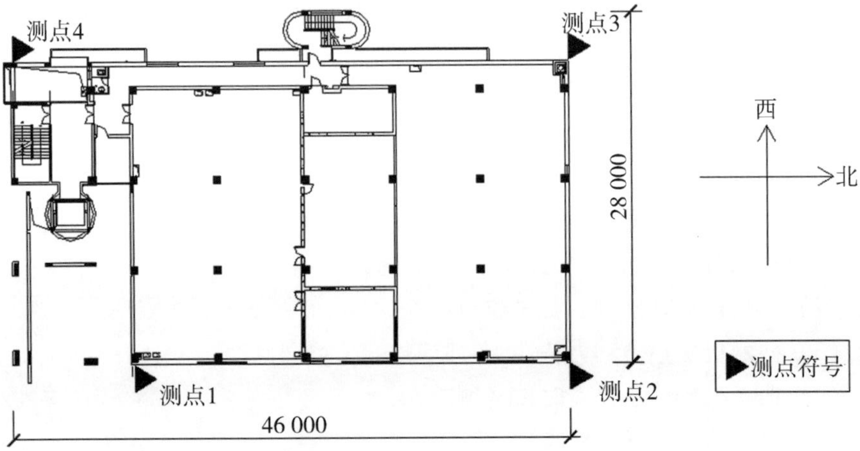

图4－3 沉降测点位置示意图

振弦式沉降监测系统的安装流程如下：

①在西丽机楼结构外墙钻孔至柱子内；

②使用膨胀螺栓及高级黏合胶将振弦式沉降监测系统的容器定位在孔中；

③通过沿外墙四周布设的振弦式沉降监测系统的通液管、数据线和电源线将容器连接在一起，该线路距地面0.5米；

④最后将汇总后的电源线和数据线引到数据采集仪器和监测控制电脑内。

2. 基础倾斜实时监测

基础的不均匀沉降在建筑上比较明显的反应就是结构的倾斜。建筑物本身及其基础，也由于地基的变形及其外部荷载与内部应力的作用而产生变形。基础的不均匀沉降会导致建筑物产生裂缝。倾斜测量能够直观反映西丽机楼在基坑开挖施工过程中的结构变形情况。根据倾斜数据可以直观看出周围基坑开挖对该楼垂直方向的影响。

基础倾斜实时监测是在沉降监测的基础上进行的。通过基础不均匀沉降实时监测可以得到西丽机楼4个角点的相对沉降数据，《建筑地基基础设计规范》（GB50007—2002）中规定的建筑物的倾斜由基础倾斜方向两端点的沉降差与两端点距离的比值来确定。具体的计算公式可表示为：

西丽机楼东侧的倾斜＝（测点1的沉降－测点2的沉降）／（测点1与测点2之间的距离）

西丽机楼西侧的倾斜＝（测点4的沉降－测点3的沉降）／（测点4与测

点 3 之间的距离）

西丽机楼南侧的倾斜 =（测点 1 的沉降 - 测点 4 的沉降）/（测点 1 与测点 4 之间的距离）

西丽机楼北侧的倾斜 =（测点 2 的沉降 - 测点 3 的沉降）/（测点 2 与测点 3 之间的距离）

通过上述公式可以计算得到西丽机楼基础在监测时间范围内的倾斜变化时程曲线。

3. 整体动力特性实时监测

结构的动力特性，如自振频率、阻尼系数和振型等，只与结构本身的固有性质有关，是结构振动系统的基本特征；另外，在实际动荷载作用下，结构各部位的动力响应，如振幅、动应力、动位移、加速度以及反映结构整体动力作用的冲击系数等，不仅反映了结构在动荷载作用下的受力状态，也反映了动力作用对结构的影响。结构在运营使用期间一旦有较大的损伤（如断裂、基础情况恶化等），结构的动力参数（如自振频率、阻尼系数等）将会出现较大的变化。

西丽机楼动力特性测试的主要内容是检测西丽机楼主体结构纵向振动的自振频率和横向振动的自振频率。

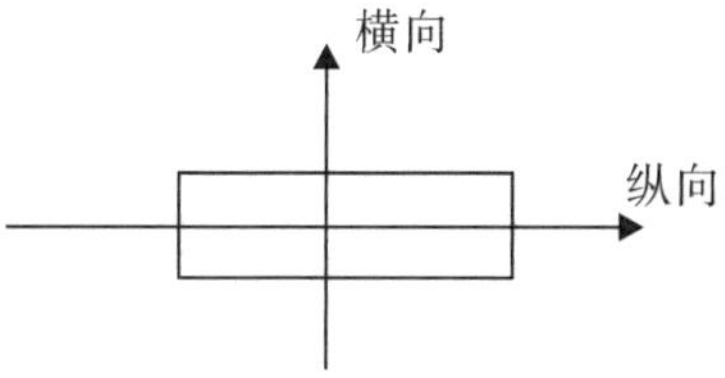

图 4-4　建筑物纵横向示意图

动力特性测试的方法：

脉动在一定频率范围内平缓分布，覆盖所要求的低阶振型，响应窄带信号将在固有频率处出现峰值。于是根据这一原理，可以通过加速度计拾取结构上某一点在脉动激励下响应的时域信号 $X(t)$，再对 $X(t)$ 进行谱分析后得到其频域谱 $X(\omega)$，$X(\omega)$ 中出现峰值的位置就对应结构的某一阶固有频率。

因此，动力特性测试流程如图 4-5 所示。

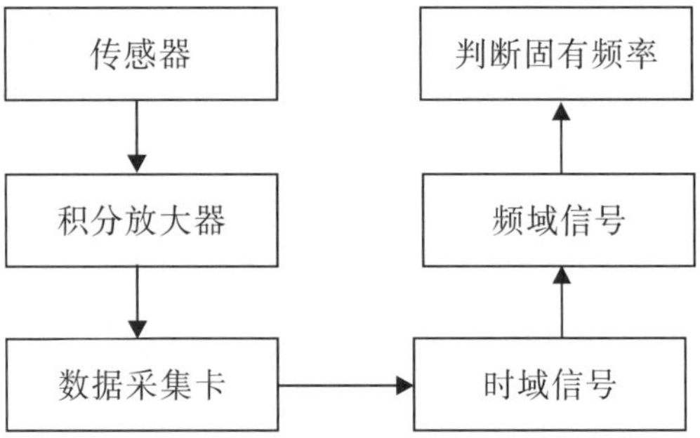

图 4－5　动力特性测试流程图

动力特性测试的仪器设备：

①拾振设备包括：功率放大器以及拾振器；

②测试设备包括：传感器、积分放大器、数据采集卡；

③其他材料包括：导线、黏合胶等安装材料。

为了保证西丽机楼动态测试的可靠性与精度，选择中国地震局工程力学研究所生产的 891－Ⅱ型超低频拾振器作为动态监测的传感器。

图 4－6　动力特性测试传感器

4. 信息化实时预警预报

统一采集基础不均匀沉降监测系统、基础倾斜实时监测系统和结构整体动力特性实时监测系统得到的电压、电流、频率、光信号等原始信号，并将其转换为原始数字信号传输至远程实时监测控制中心，采用不同处理方法对不同类型的原始数字信号进行处理，得到结构基础沉降、结构基础倾斜和结构加速度等监测数据。将这些监测数据自动实时输入监测软件中对结构的健康状况进行评估，实现西丽机楼结构监测的信息化实时预警预报，为西丽机楼的维护维修提供科学的决策依据。

西丽机楼的信息化系统能够实现“实时、自动、连续、智能、可靠”五个基本要求，即：

（1）实时性：在监控中心的总控终端屏幕上能实时显示各类监测数据。

（2）自动化：整个监测系统能实现监测过程全自动化，不需人工值守。

（3）连续性：整个监测系统的观测数据可以是连续的。

（4）智能化：整个监测系统可以智能地根据预先设置的预警值，预报结构的安全状态。若结构的状态超过预警值，系统可以自动发出安全警报。

（5）可靠性：远程实时监测结果是为保障西丽机楼安全运营提供决策依据的，因此，所有监测数据和分析结果必须准确、可靠。

为了便于统一管理及不影响西丽机楼现有功能的使用，拟将远程实时监测控制中心以壁挂式安装在西丽机楼楼顶的监控室，通过数据线和电源线将各个监测传感器连接到广州监测中心，实现西丽机楼结构安全的远程实时监测。

4.2.3　系统软硬件结构及界面

基于无线物联的西丽机楼结构安全监测系统由以下四部分构成：传感单元、数据采集与处理单元、无线测控终端、结构安全监测中心。系统硬件结构见图 4 - 7。通过在监测建筑物上安装低频振动传感器，实时测量建筑物的结构动力学信息，建筑物的结构动力学信息由低频振动监测仪进行初步处理后，通过无线测控终端暂存，在进行滤波处理后通过无线物联网传输到结构安全监测中心，实现对建筑结构安全的实时监测。

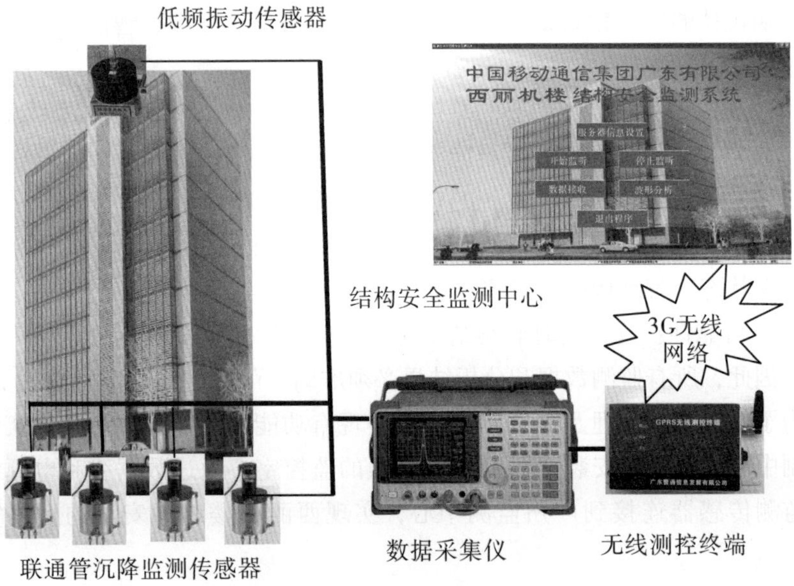

图4－7　基于无线物联的西丽机楼结构安全监测系统硬件结构

基于无线物联的西丽机楼结构安全监测系统软件分为数据监听、数据接收、波形分析等，软件结构如图4－8所示，系统界面如图4－9所示，数据接收界面如图4－10所示，数据分析界面如图4－11所示。

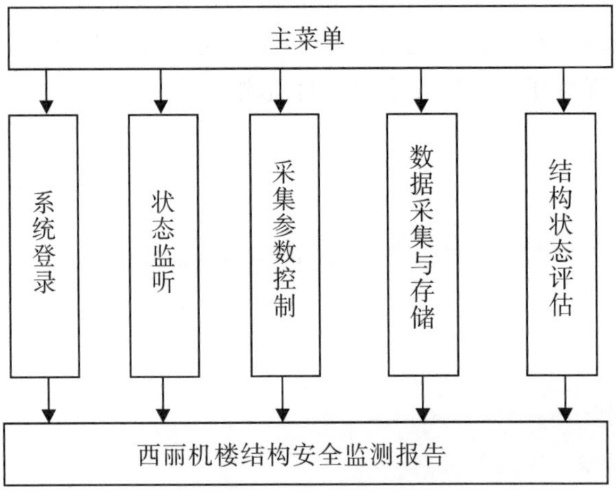

图4－8　基于无线物联的西丽机楼结构安全监测系统软件结构

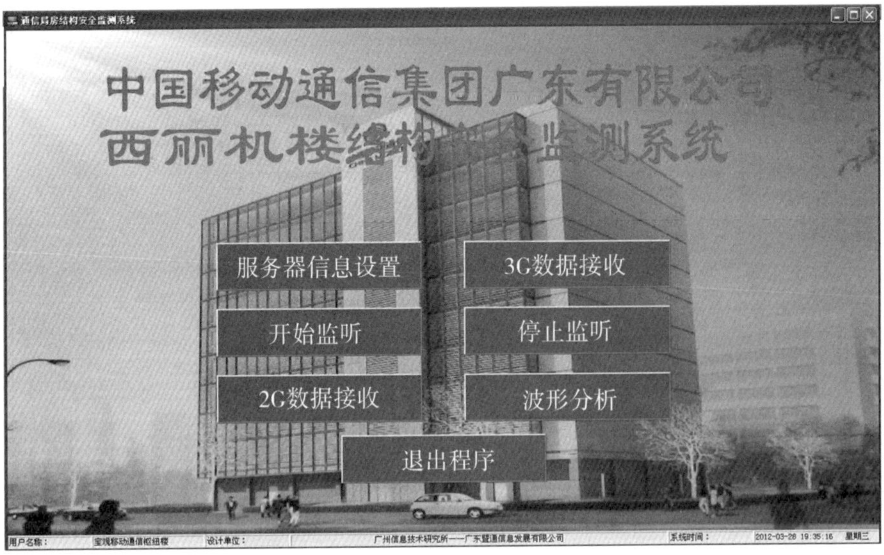

图 4－9　基于无线物联的西丽机楼结构安全监测系统界面

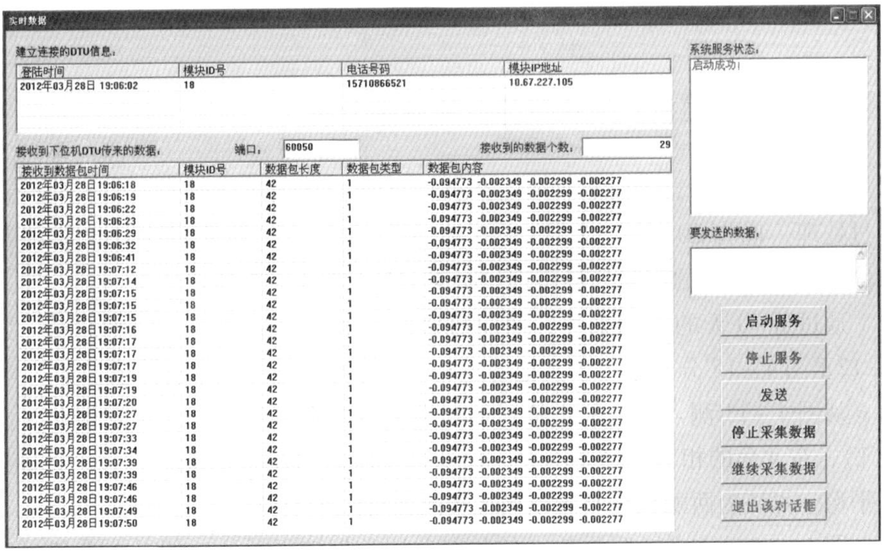

图 4－10　基于无线物联的西丽机楼结构安全监测系统数据接收界面

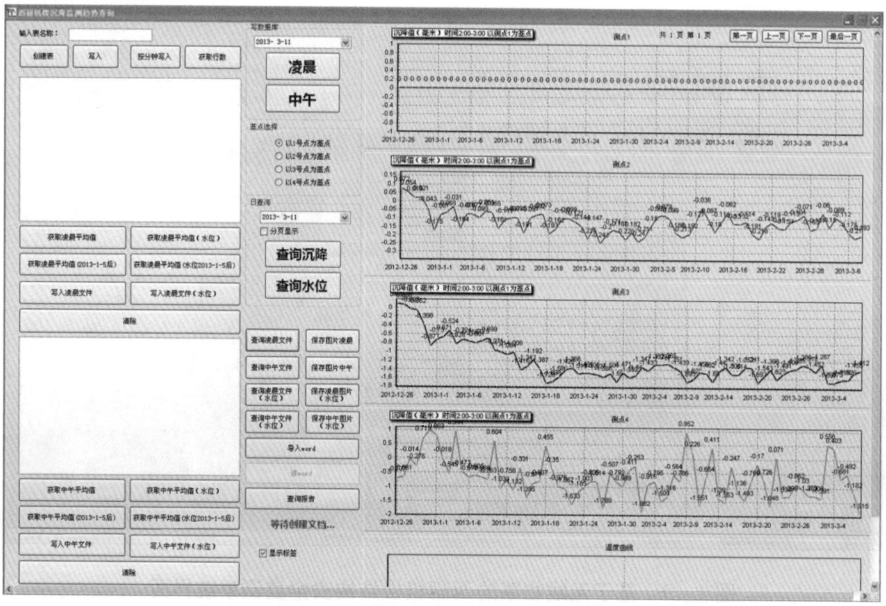

图 4 – 11　基于无线物联的西丽机楼结构安全监测系统数据分析界面

4.2.4　西丽机楼结构沉降监测结果分析

西丽机楼沉降自动监测系统已经稳定运行一段时间，采集了大量的数据，经过处理，现将 2012 年 12 月 26 日至 2013 年 2 月 1 日机楼 4 个测点凌晨（2：00—3：00）的沉降趋势整理如图 4 – 12 至图 4 – 15 所示。

通过近 40 天的数据采集，西丽机楼的相对沉降表现出一定的趋势。图 4 – 12至图 4 – 15 分别给出了其他各点相对 1 号点的基础相对沉降值。

从图 4 – 13 测点 2（东北角）的长期监测数据可看出，相对东南角（测点 1），东北角的相对沉降并不大，40 天的沉降值约在 0.2mm，且变化趋势趋于平稳。可认为西丽机楼基础以极缓慢的速度向东倾斜。

图 4 – 14 测点 3（西北角）的长期监测数据值得关注。相对东南角（测点 1），西北角的相对沉降较大，40 天的沉降值约在 1.6mm，但后 10 天的监测数据趋于平稳。可认为西丽机楼基础以较慢的速度向北方倾斜。

图 4 – 15 测点 4（西南角）的长期监测数据不太可信。整体表现为在 1mm 到 – 1.8mm 之间震荡，表现为较大的测量误差。经过分析，认为这可能与该点的安装方式有关。测点 4 安装在机楼的正南方向，前端无任何遮挡，太阳直射强，导致静力水准仪内部的水量蒸发变化较大，同时，过大的温差变化也会加大水位传感器的测量误差。即使如此，从趋势图来看，该点也并

无大的沉降变化。

总之，西丽机楼在近 40 天的监测中，机楼相对沉降虽然在西北角（测点 3）上表现为缓慢的发展趋势，总体上并无大的发展。机楼不均匀沉降相对安全。

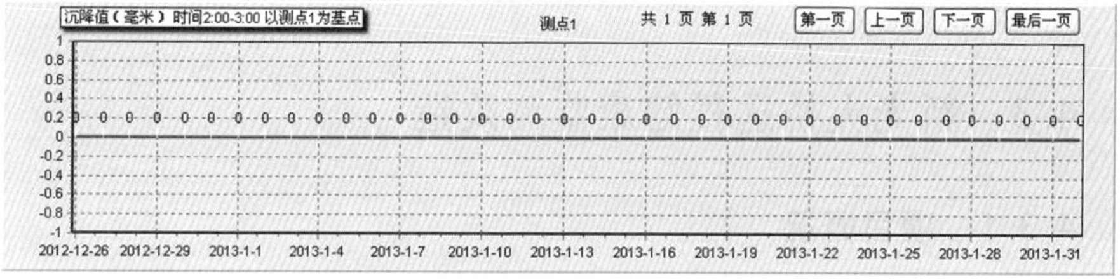

图 4－12　测点 1 沉降变化趋势图

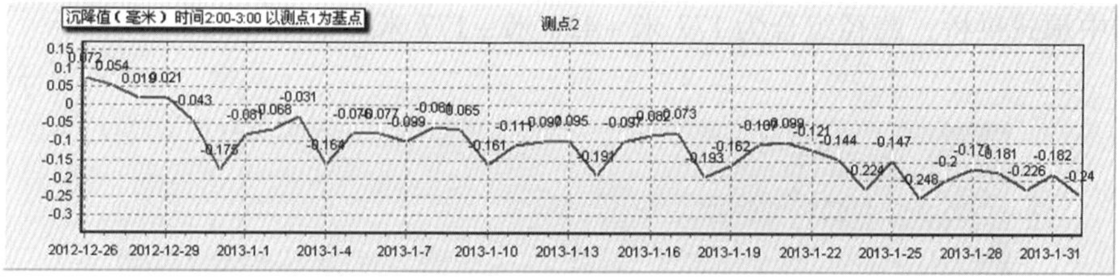

图 4－13　测点 2 沉降变化趋势图

图 4－14　测点 3 沉降变化趋势图

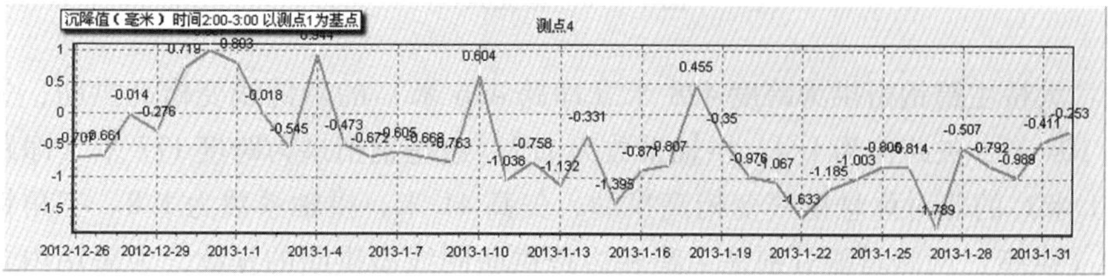

图 4－15　测点 4 沉降变化趋势图

根据西丽机楼沉降自动监测各测点的变化趋势图可以得出如下结果：

（1）测点2（东北角边线）相对于测点1（东南角边线）的沉降值在0.1mm左右波动，沉降变化趋势平滑且缓慢，可以认为测点2处的沉降基本不变。

（2）测点3（西北角边线）相对于测点1（东南角边线）的沉降值在平滑且缓慢地变化，变化趋势相对于测点1比较明显，最大相对沉降值为1.7mm。

4.3 新光大桥远程健康监测改造

4.3.1 项目概况

新光大桥是广州市新光快速路上的一座特大型桥梁，该桥采用三角钢架与下承式无铰系杆拱相结合的结构体系，为一座主跨达428米的三跨连续钢构中承式拱桥，跨径组合为177米+428米+177米。如图4-16所示。

图4-16 新光大桥

大桥主跨钢桁拱为跨度428米（净跨416米）的悬链线变桁高拱肋，矢高104米，矢跨比为1/4，拱轴系数为1.2。边跨钢桁拱为跨度177米（净跨171米）的非对称悬链线变桁高拱肋，矢高41米，拱轴系数为1.8。三角钢架（拱座）两侧斜腿分别是主跨和边跨拱肋同线型拱圈的延续，为采用内含等边角钢和部分T型钢组成的劲性骨架钢筋混凝土构件。主拱系杆采用高强低松弛钢绞线拉索，边拱系杆采用预应力混凝土系杆。主跨和边跨吊杆采用镀锌高强低松弛钢丝束。主跨桥面结构由钢纵梁、钢横梁和钢筋混凝土桥面板组成，为半漂浮式桥面结构体系，主要由吊杆支承。边跨桥面结构由钢筋混凝土纵梁、预应力混凝土横梁和钢筋混凝土桥面板组成，主要由吊杆支承。

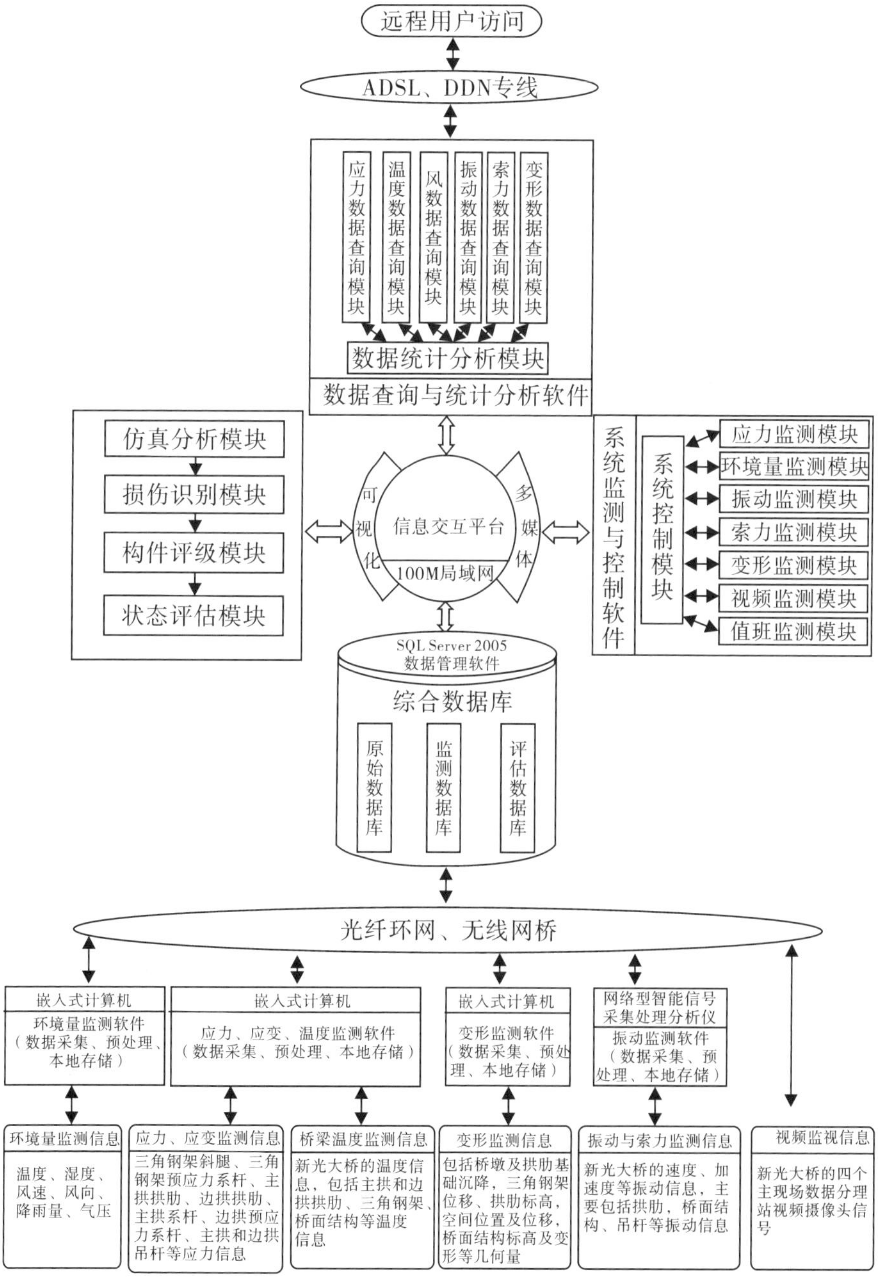

图 4－17　新光大桥长期健康监测系统结构

新光大桥长期健康监测系统作为一套集合了传感器技术、数据传输及网络通信技术、信号处理技术、人工智能技术与现有桥梁工程监测技术的自动化监控系统，软硬件系统有机结合，适合桥梁工程环境，满足监测需要。该系统主要由五大子系统组成：

（1）传感器系统；

（2）数据采集和传输系统；

（3）数据处理和控制系统；

（4）结构健康评估系统；

（5）数据管理系统。

系统的监测项目涵盖面广，主要包括风速风向、环境温湿度等桥址处的环境影响因素以及在环境荷载源、结构恒活载作用下的应力应变、构件温度、线性挠度、桥梁振动、吊杆索力等结构响应。

新光大桥长期健康监测系统采用“分层分布式”的系统结构，主要由底层的传感器与采集设备、中层的通讯传输设备与电源设备、上层的远程监控服务器与工作站等三大层次的硬件组成。底层由遍布全桥的三百多个传感器和十多套采集设备组成；中层由十几台智能通讯服务器和四台电源净化设备组成，并由分布全桥的光纤冗余环网连接，最后通过无线网桥将现场数据传输到远程监控室；上层由远程监控室内的一台服务器和四台工作站组成，并通过安装在其中的采集软件、监测与控制软件、数据查询与统计分析软件、健康评估软件等对整个系统的运作进行控制并对采集数据进行处理分析、存储管理、可视化等。此外，监控室内还配备了大屏幕液晶显示屏，方便监测人员对新光大桥的健康状况进行监测。

4.3.2 项目改造方案

新光大桥长期健康监测系统采用“分层分布式”的系统结构。然而，建设初期由于未考虑到远程集群健康监测需求，其监控室设在本地，系统远程维护不便；采集数据未做滤波处理，数据传输量大。为更好地适应桥梁远程健康监测需要，我们从以下三方面进行技术改进：

（1）对采集系统开展了远程电源监控及系统改造，使得设备的远程维护更为便利。

（2）通过建立 VPN 虚拟网络，重新规划了网络链路，使得各采集节点的远程访问成为可能。

（3）重新设计了数据系统，并重新编写了数据库查询软件，实现了原始数据本地短期存储、数据滤波与结果数据远程长期存储，使得远程访问数据量大大减小，进一步提高了远程健康监测的效率。

4.3.2.1　远程电源监控系统改造

新光大桥长期健康监测系统电源部分主要由 220V 强电构成。其主要设备集中在桥上的八个分理站中。包括：空调 8 台、嵌入式计算机 8 台、信号采集处理分析仪 8 台、网络交换机 8 台。除空调不具备上电自动重启功能外，其他设备均可设置上电自启动功能。在改造之前，系统如需要关闭或开启，均需要人工关闭或开启分理站内总闸，之后采用空调遥控器实现散热空调的启停。

针对该种情况，课题组采用 MOX E2210 主动式 IO 服务器作为网络开关，采用中间继电器作为弱电—强电转换开关，采用 IR－210 红外遥控模块实现空调的远程红外遥控，并编制了简单的软件控制界面。其远程电源监控结构如图 4－18 所示（图中只给出了一个分理站的设备电源连接结构，服务器 2 至服务器 4 的结构与服务器 1 的相同）：

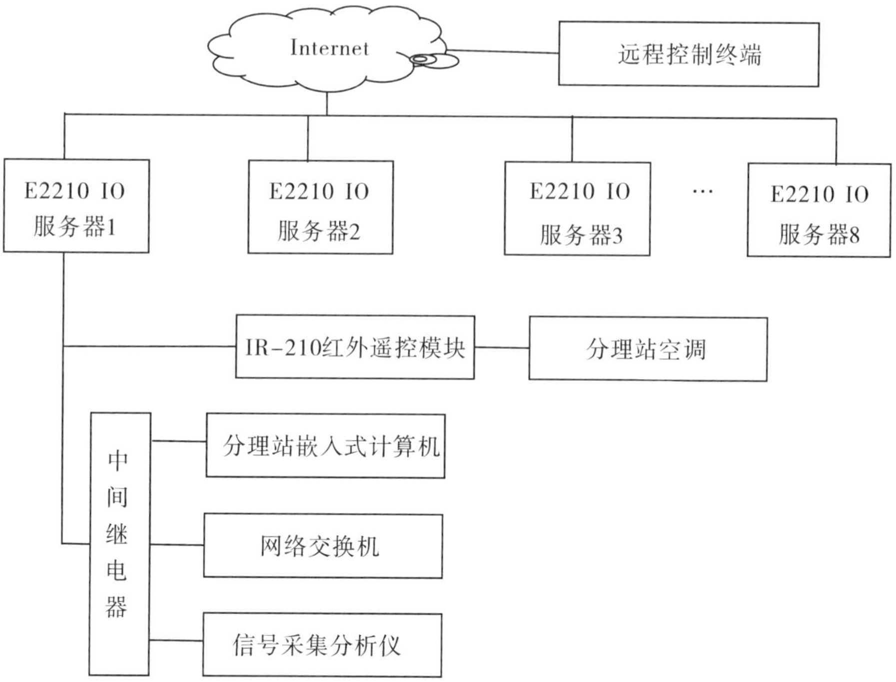

图 4－18　远程电源监控系统改造结构

远程控制终端与嵌入式 IO 服务器 E2210 组成一个互为 server 的 C/S 结

构，通过 SOCKET 进行通讯。图 4－19 所示为远程电源监控系统软件流程图。IO 服务器系统程序主要由两个模块构成：控制模块和巡检模块。服务器发来的用户指令通过控制模块转变成对应的高低电平或 485 信号，发送给中间继电器或 IR－210 红外遥控模块，实现对分理站内设备电源的开关。巡检模块的主要工作为每秒轮询一次电源的状态，并将状态信息返回给远程控制终端，便于用户随时掌控设备的运行状态。

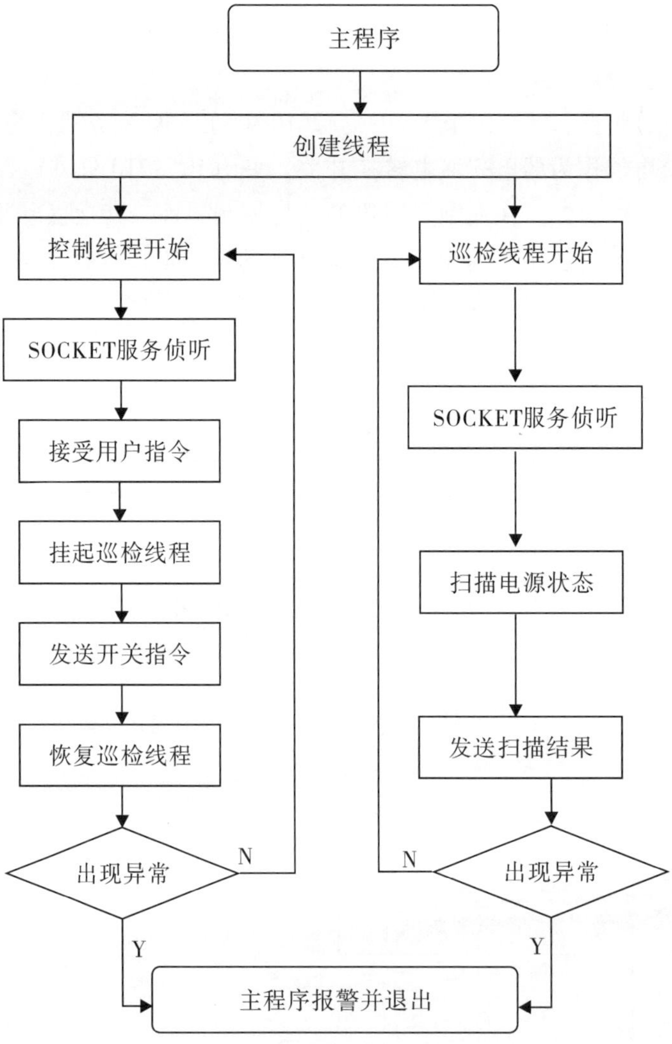

图 4－19　远程电源监控系统软件流程

为了适应集群式桥梁远程健康监测的需要，我们通过硬件改造和简单的软件编写，实现了新光大桥长期健康监测系统电源子系统的远程监控，使得电源系统的远程维护与监测成为可能。

4.3.2.2　VPN 远程局域网络的组建

新光大桥长期健康监测系统原通信子系统基于 TCP/IP 协议组建，通过光纤环网实现 8 个分理站及内部设备的联通，其网络结构表现为封闭的内部局域网络。原系统难以实现监测数据的外部访问。

VPN（虚拟专用网）是依靠 ISP 和其他网络服务提供商，在公用网络中建立专用的数据通信网络的技术。VPN 可以为用户在公用网络上建立虚拟的隧道，将分布在各处的分支机构连接起来，且具备良好的安全性，管理维护方便、可控。经过十几年的发展，基于固网的 VPN 技术应用已经非常广泛，几乎成为异地数据安全访问必备的解决方案。

然而，基于固网的 VPN 受限于其有限的接入地理位置，位于固网覆盖区域以外的用户无法部署 VPN。即使在固网可及区域，由于固网接入专线成本高昂，也让不少用户对基于固网的 VPN 望而却步。

作为先进的下一代无线通信技术，无线信号相比固网受地理环境限制小，更加易于部署，且其覆盖范围比固网大得多，让户外场景、移动场景的 VPN 接入成为可能。基于 LTE 的 VPN 极大地拓宽了 VPN 的应用范围。

鉴于新光大桥为广州市内主干桥梁，移动无线信号已实现全覆盖。我们采用 VPN 无线网关，实现了桥梁长期监测系统局域网与华南理工大学内部校园网的数据访问。具体方案如下：

（1）在光纤交换机前端接入工业级 5 口 VPN 无线网关 CM8651G。该网关采用高性能的工业级 MIPS 通信处理器，以嵌入式实时操作系统为软件支撑平台，支持 VPN（包括 PPTP、L2TP、GRE 和 IPSEC）、IPtable 防火墙、静态及动态路由、PPPoE、PPP server 及 PPP client、DHCP server 及 DHCP client、DDNS、防火墙、SNAT/DNAT、DMZ 主机、WEB 配置，支持 APN/VPDN，支持上电自动拨号，自动维护通信链路，保证链路永远在线，支持自动定时上线和下线等功能。

（2）在 CM8651G 上进行端口映射，开启 VPN 服务，并配置对应的 VPN 服务账号、密码。

（3）在华南理工大学远程监控计算机上安装 VPN 控件，实现远程局域网内部数据访问。

通过以上配置，在节省专网租赁费用的基础上，以廉价的成本实现了新光大桥长期健康监测系统的数据远程安全访问功能。

4.3.2.3 数据系统改造

新光大桥长期监测系统建设初期未考虑数据远程访问、数据异地存储功能。同时，由于前期设计不足，在经过将近一年的运行后，数据系统查询效率显著降低，需要开展数据库优化工作。

为实现数据的远程异地存储，同时改善数据库查询效率，课题组在数据库异地搬迁的过程中，同时开展了数据库改造工作。主要工作如下：

（1）在分析现有数据库应用数据结构的基础上，确定数据库结构重构方案。针对耗时最长的典型查询和统计应用需求，优化数据结构，实现查询和统计功能，改善查询效率，使大多数查询在数秒至1分钟内完成。对长程时间段数据的首次查询在数分钟内完成，并采用数据表缓存技术，使此后的重复查询在数秒至1分钟之内完成；增加若干采样间距不等的数据表，经过预处理程序，生成满足不同时间粒度的查询和统计应用的需要，以优化系统数据查询效率。

（2）在实施完成实时数据库到后台数据库的数据传输的前提下，实施完成数据库结构重构、数据迁移和数据预处理；以原有数据库为基础，建立新的优化数据库；重新编写数据库查询软件，以软件方式实现两个数据库的定期数据交换以及新数据库的定期数据自动备份，保证两个数据库的数据自动同步。

按照以上技术方案，重新设计的数据表结构如下：

表4－1 车辆荷载表结构

表名：lw_load		
列名	数据类型	允许Null值
sysTime	datetime	×
vehicle_lane	int	×
vehicle_type	varchar（50）	√
vehicle_speed	float	√
vehicle_length	float	√
vehicle_weight	float	√
axle_load_max	float	√
is_overspeed	bool	√
is_overweight	bool	√

表 4－2　应力数据表结构

表名：lw_stress		
列名	数据类型	允许 Null 值
senNo	int	×
sysTime	datetime	×
freDate	float	√
sraDate	float	√
sreDate	float	√
temDate	float	√
relStress	float	√
lowlimtsafe	float	√
higlimtsafe	float	√
theDate	float	√
cmpType	char（30）	√
secNumber	char（30）	√
serLocation	char（30）	√
senType	char（30）	√
avgStress	float	√

表 4－3　索力数据表结构

表名：lw_cable		
列名	数据类型	允许 Null 值
sysNo	nvarchar（50）	×
sysTime	datetime	×
levHz1	float	√

（续上表）

表名：lw_cable		
列名	数据类型	允许 Null 值
levCable1	float	√
levHz2	float	√
levCable2	float	√
levHz3	float	√
levCable3	float	√
levHz4	float	√
levCable4	float	√
levHz5	float	√
levCable5	float	√
avgCable	float	√
degCable	float	√
sfeCable	float	√

表 4-4　变形数据表结构

表名：lw_deformation		
列名	数据类型	允许 Null 值
sysNo	int	×
sysTime	datetime	×
X	float	√
Y	float	√
H	float	√
dltaX	float	√
dltaY	float	√
dltaH	float	√

表 4－5　振动数据表结构

表名：lw_vibration		
列名	数据类型	允许 Null 值
systime	datetime	×
point	varchar（50）	√
realHz	float	√
theHz	float	√
vibType	varchar（50）	×

数据库查询软件部分界面如下：

图 4－20　新光大桥长期健康监测系统数据查询与统计分析软件主界面

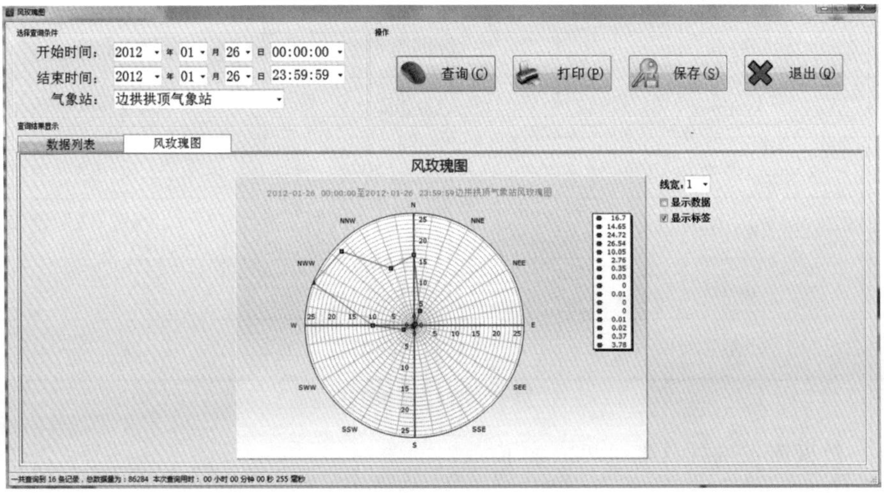

图 4－21 风玫瑰图查询界面

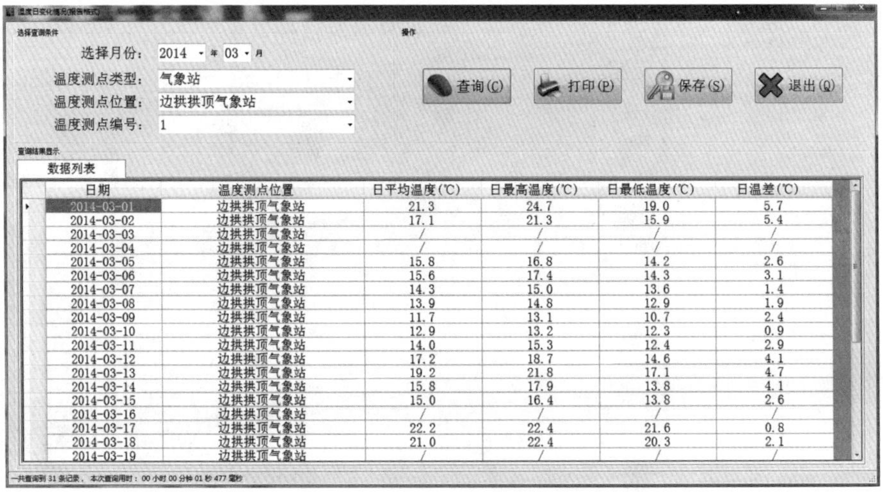

日期	温度测点位置	日平均温度(℃)	日最高温度(℃)	日最低温度(℃)	日温差(℃)
2014-03-01	边拱拱顶气象站	21.3	24.7	19.0	5.7
2014-03-02	边拱拱顶气象站	17.1	21.3	15.9	5.4
2014-03-03	边拱拱顶气象站	/	/	/	/
2014-03-04	边拱拱顶气象站	/	/	/	/
2014-03-05	边拱拱顶气象站	15.8	16.8	14.2	2.6
2014-03-06	边拱拱顶气象站	15.6	17.4	14.3	3.1
2014-03-07	边拱拱顶气象站	14.3	15.0	13.6	1.4
2014-03-08	边拱拱顶气象站	13.9	14.8	12.9	1.9
2014-03-09	边拱拱顶气象站	11.7	13.1	10.7	2.4
2014-03-10	边拱拱顶气象站	12.9	13.2	12.3	0.9
2014-03-11	边拱拱顶气象站	14.0	15.3	12.4	2.9
2014-03-12	边拱拱顶气象站	17.2	18.7	14.6	4.1
2014-03-13	边拱拱顶气象站	19.2	21.8	17.1	4.7
2014-03-14	边拱拱顶气象站	15.8	17.9	13.8	4.1
2014-03-15	边拱拱顶气象站	15.0	16.4	13.8	2.6
2014-03-16	边拱拱顶气象站	/	/	/	/
2014-03-17	边拱拱顶气象站	22.2	22.4	21.6	0.8
2014-03-18	边拱拱顶气象站	21.0	22.4	20.3	2.1
2014-03-19	边拱拱顶气象站	/	/	/	/

图 4－22 日均温度查询界面

图 4－23　应力应变数据查询界面

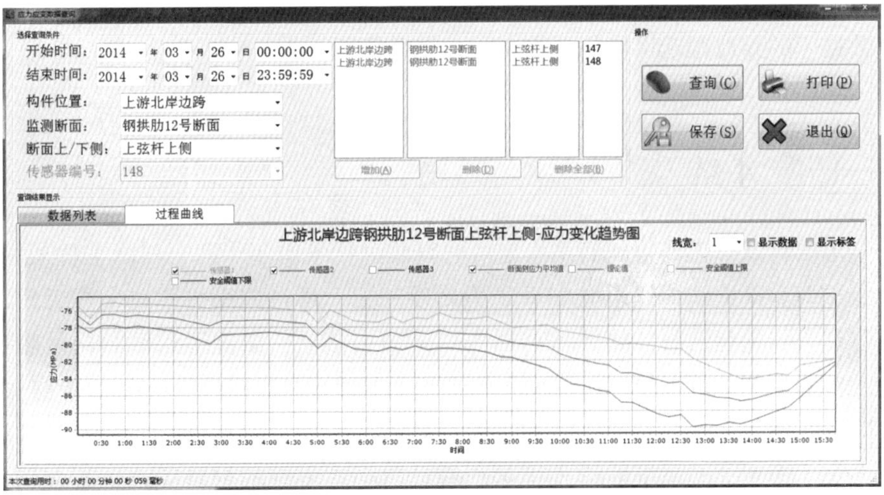

图 4－24　应力变化趋势日查询界面

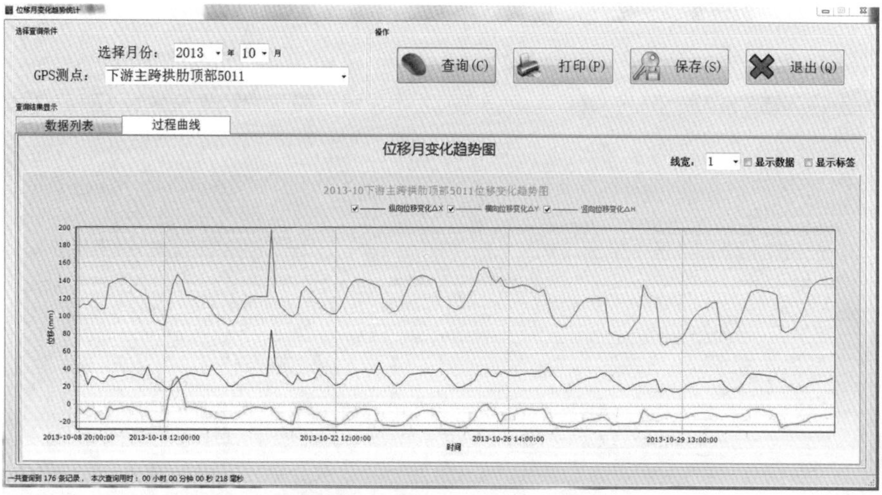

图 4-25　位移变化趋势月查询界面

通过优化表结构，修改数据索引，增加月表和年表，系统查询效率显著提高。在查询一年的数据时，查询时间不超过 10 秒。同时，这种保留原有数据库，原有采集系统上位机及下位机软件无须更新，同时设计新数据库，双数据库同时并行的做法，在最大限度减小原系统改造工作量的基础上，实现了数据库的异地搬迁、优化及数据双备份。

4.4　小结

本章将基于无线物联的结构集群健康监测技术应用于两个实际工程项目。其中，西丽机楼结构健康监测系统为新建项目，通过应用自主研发的无线测控终端，将远程健康监测数据传回集群健康监测室，实现了房屋结构沉降的远程实时监测；新光大桥长期健康监测系统为改造项目，采用无线网关、VPN 连接等现代通信技术，实现了远程数据的访问；通过新建远程电源监控子系统，实现了原系统的远程维护；通过数据库表结构调整以及新查询软件的编写，实现了在原有系统改动最小情况下的数据库远程搬迁及优化。

西丽机楼结构健康监测系统和新光大桥长期健康监测系统的控制子系统、数据库及查询子系统统一应用于华南理工大学的结构集群健康监测室，以无线物联的方式实现与远端结构的数据访问，系统长期运行良好，有效验证了基于无线物联的结构集群健康监测系统的可行性，极大地便利了系统维护及结构数据的科学研究。

参考文献

［1］孙宏敏，李宏男．土木工程结构健康监测研究进展．防灾减灾工程学报，2003，23（3）．

［2］刘西拉，杨国兴．桥梁健康监测系统的发展与趋势．工程力学．1996，13（A1）．

［3］邬晓光．大型桥梁健康监测动态及发展趋势．长安大学学报（自然科学版），2003（1）．

［4］周智，田石柱．光纤布拉格光栅应变与温度传感特性及其实验分析．功能材料，2002，33（5）．

［5］应祥岳，徐铁锋．光纤 Bragg 光栅传感器在桥梁监测中的应用．宁波大学学报，2007，3（20）．

［6］周建庭，基于可靠性理论的桥梁远程监测系统安全评价研究．重庆：重庆大学，2005.

［7］郭健，孙炳楠．基于小波变换的桥梁健康监测多尺度分析．浙江大学学报，2005，39（1）．

［8］崔飞，袁万城，史家钧．基于静态应变及位移测量的结构损伤识别法．同济大学学报，2000，28（1）．

［9］向天宇，赵人达，刘海波．基于静力测试数据的预应力混凝土连续梁结构损伤识别．土木土程学报，2003，36（11）．

［10］张启伟．大型桥梁健康监测概念与监测系统设计．同济大学学报，2001，29（1）．

［11］谢强，薛松涛．土木工程结构健康监测的研究状况与进展．中国科学基金，2001（5）．

［12］周智，欧进萍．土木工程智能健康监测与诊断系统．传感器技术，2004，20（11）．

［13］刘正光，黄启远．桥梁结构健康监测系统//第十三届全国桥梁学术会议论文集，上海：同济大学出版社，1998.

［14］刘正光，黄钊献．香港缆索桥结构健康监测系统．市政技术，2005，23（1）．

[15] 何旭辉．南京长江大桥结构健康监测及其关键技术研究．长沙：中南大学，2004.

[16] 李爱群，缪长青，李兆霞，等．润扬长江大桥结构健康监测系统研究．东南大学学报，2003，33（5）．

[17] 韩惠婷，缪长青，李爱群．江阴大桥原结构安全监测系统设计分析与反思．特种结构，2006，12（1）．

[18] 张敏，杨志芳，朱利明．东海大桥桥梁结构健康监测系统研究与设计．桥梁建设，2006，13（2）．

[19] 董学武，张宇峰，徐宏，等．苏通大桥结构健康监测及安全评价系统简介．桥梁建设，2006，17（4）．

[20] 孙宏敏，李宏男．土木工程结构健康监测研究进展．防灾减灾工程学报，2003，23（3）．

[21] 陈伟民，梁宗保，符欲梅．基于 SDH 网络的桥梁集群监测系统远程传输技术研究//第十七届全国桥梁学术会议论文集：下册，北京：人民交通出版社，2006.

[22] 李惠，周文松，欧进萍．大型桥梁结构智能健康监测系统集成技术研究．土木工程学报，2006，39（2）．

[23] 李毅．基于城市桥梁集群监测平台的系杆拱桥健康监测研究．杭州：浙江大学，2010.

[24] 布亚．高性能集群计算——结构与系统：第一卷．郑纬民，石威，汪东升，等译．北京：电子工业出版社，2011.

[25] 王海涛，刘淑芬．基于 Linux 集群的并行计算．计算机工程，2010，36（1）．

[26] 李玲，J. Bor. 云计算改变 IT 产业十大预测．通信世界，2011（39）.

[27] 邱涌．可视化程序设计．北京：清华大学出版社，2011.

[28] 孙扬，封孝生，唐九阳，肖卫东．多维可视化技术综述．计算机科学，2010，135（11）．

[29] PEAIRS D M, et al. Reducing the cost of linpedence-based structural health monitoring. NDE for health monitoring and diagnostics, 2002.

[30] S YANG, W HUANG. Piezoelectric constitutive equations for a plate shape sensor/actuator. AIAA Journal. 1997, 35 (12).

[31] Y K KANG, H C PARK, B AGRAWAL. Optimization of piezoceramic sensor/actuator placement for vibration control of laminated plates. AIAA Journal. 1998, 36 (9).

[32] G P CARMAN. Nonlinear constitutive relations for magnetostrictive materials with application to 1 – D problems. Journal of intelligent material, systems and structures, 1995, 6.

[33] R H JAN, W Y CHIU. An approachfor seamlesshandoffamongmobile WLAN/GPRS integratednetworks. Computercommunications, 2005, 29 (1).

[34] M MEO, M A MARSAN. Resource management policiesin GPRS systems. Performance evaluation, 2004, 56 (5).

[35] BANAN M R, HJELMSTAD K D. Parameter estimation of structures from static response. Journal of structural engineering, 1994, 120 (11).

[36] HOUSNER G W. Structure control: past, present, and future. ASCE, Journal of engineering mechanics, 1997, 123 (9).

[37] CHANG C C, YANG X M, CHEUNG M S. From health monitoring to performance rating of highway bridges: A review and an integrated Approach//Proceeding of the international symposium on integrated life-cycle design & management of infrastructures, 2007.

[38] FRANGOPOL, D M MESSERVEY, THOMAS B. Integrated life – cycle health monitoring, maintenance, management, and cost of civil infrastructure//Proceeding of the international symposium on integrated life-cycle design & management of infrastructures, 2007.

[39] MURIA VILA D, CORNEZ R, KING C. Dynamic structural properties of cable stayed Tampico Bridge. Journal of structural engineering. ASCE, 1991, 117 (11).

[40] DATRY PINES, A E AKTAN. Status of structural health monitoring of long – span bridges in the United States. Progress in structural engineering & materials, 2010, 4 (4).

[41] KASHIMA S, YANAKA Y, SUZUKI S. Monitoring the Akashi Kaikyo bridge: first experiences. Structure engineering international, 2001 (2).

[42] SUN L M, ZHI S, DAN D H and ZHANG Q W. Research and implementation of structural health monitoring systems for large span bridges in China. Structural. eng. /earthquake eng., JSCE, 2009, 26 (1).

[43] WONG K Y. Research project brief of development of structural prognosis tools for evaluation of stonecutters bridge under in-service condition. Highway department, the government of the Hong Kong special administrative region, 2009.

[44] R H JAN, W Y CHIU. An approachfor seamles shand off among mobile

WLAN/GPRS integrated networks. Computer communications, 2005, 29 (1) .

[45] MICHELA MEO, MARCO A MARSAN. Resource management policiesin GPRS systems. Performance evaluation, 2004, 56 (1) .

[46] K WORDEN, G MANSON, T. DENOEUX. An evidence-based approach to damage location on an aircraft structure. Mechanical systems and signal processing, 2009, 23 (6) .

[47] D H ZHONG, M C LI, L G SONG. Enhanced NURBS modeling and visualization for large 3D geoengineering applications: an example from the Jinping-first-level hydropower engineering project. Computers & geosciences, 2006, 32 (2).

图书在版编目（CIP）数据

经济法/吕国民，莫万友编著. —广州：暨南大学出版社，2013.6
（暨南大学成人教育会计本科系列教材）
ISBN 978－7－5668－0522－5

Ⅰ.①经…　Ⅱ.①吕…②莫…　Ⅲ.①经济法—中国—高等学校—教材　Ⅳ.①D922.29

中国版本图书馆 CIP 数据核字(2013)第 059689 号

出版发行：暨南大学出版社

地　址：中国广州暨南大学
电　话：总编室（8620）85221601
　　　　营销部（8620）85225284　85228291　85228292（邮购）
传　真：（8620）85221583（办公室）　85223774（营销部）
邮　编：510630
网　址：http：//www.jnupress.com　http：//press.jnu.edu.cn

排　版：广州市天河星辰文化发展部照排中心
印　刷：佛山市浩文彩色印刷有限公司

开　本：787mm×1092mm　1/16
印　张：16
字　数：388 千
版　次：2013 年 6 月第 1 版
印　次：2013 年 6 月第 1 次
印　数：1—3000 册

定　价：36.00 元

会计学国家级教学团队系列教材

暨南大学成人教育会计本科系列教材

经济法

Economic Law

吕国民　莫万友　编著

暨南大学出版社
JINAN UNIVERSITY PRESS

中国·广州

（三）法律关系是以国家强制力作为保障手段的社会关系

通过社会舆论和道德约束来实现的社会关系具有不稳定性和非强制性。而在法律关系中，一个人可以做什么、不能做什么和必须做什么都是国家意志的体现，反映国家对社会秩序的一种维护态度。当法律关系受到破坏时，就意味着国家意志所授予的权利受到侵犯，意味着国家意志所设定的义务被拒绝履行。这时，权利受侵害一方就有权请求国家机关运用国家强制力，责令侵害方履行义务或承担因未履行义务所应承担的法律责任，也即对违法者予以相应的制裁。因此，一种社会关系如果被纳入法律调整的范围之内，就意味着国家对它实行了强制性的保护。这种国家的强制力主要体现在对法律责任的规定上。

二、法律关系三要素

法律关系由三个要素构成，即法律关系的主体、法律关系的内容和法律关系的客体。

（一）法律关系的主体

法律关系的主体是法律关系的参加者，是指参加法律关系，依法享有权利和承担义务的当事人。即在法律关系中，一定权利的享有者和一定义务的承担者。在每一具体的法律关系中，主体的多少各不相同，在大体上都属于相对应的双方：一方是权利的享有者，成为权利人；另一方是义务的承担者，成为义务人。

在中国，根据各种法律的规定，能够参与法律关系的主体包括以下三类：

（1）公民（自然人）。这里的公民既指中国公民，也指居住在中国境内或在境内活动的外国公民和无国籍人员。

（2）机构和组织（法人）。主要包括三类：一是各种国家机关（立法机关、行政机关和司法机关等）；二是各种企事业组织；三是各政党和社会团体。这些机构和组织主体，在法学上可以笼统地称为“法人”。其中既包括公法人（参与宪法关系、行政法律关系和刑事法律关系的各机关、组织），也包括私法人（参与民事或商事法律关系的机关、组织）。中国的国家机关和组织，可以是公法人，也可以是私法人，依其所参与的法律关系的性质而定。

（3）国家。在特殊情况下，国家可以作为一个整体成为法律关系主体。例如，国家作为主权者是国际公法关系的主体，可以成为外贸关系中的债权人或债务人。在国内法上，国家作为法律关系主体的地位比较特殊，既不同于一般公民，也不同于法人。国家可以直接以自己的名义参与国内的法律关系（如发行国库券），但在多数情况下则由国家机关或授权的组织作为代表参加法律关系。

公民和法人要成为法律关系的主体，享有权利和承担义务，就必须具有权利能力和行为能力，即具有法律关系主体构成的资格。

（1）权利能力。又称权义能力（权利与义务能力），是指能够参与一定的法律关系，依法享有一定权利和承担一定义务的法律资格。它是法律关系主体实际取得权利、承担义务的前提条件。

公民的权利能力可以从不同角度进行分类。首先，根据享有权利能力的主体范围不同，可以分为一般权利能力和特殊权利能力。前者又称基本的权利能力，是一国所有公民均享有的权利能力，它是任何人取得公民法律资格的基本条件，不能被任意剥夺或者解除；后者是公民在特定条件下具有的法律资格，这种资格并不是每个公民都可以享有，而只授予某些特定的法律主体。如国家机关及其工作人员行使职权的资格，就是特殊的权利能力。其次，按照法律部门的不同，可以分为民事权利能力、政治权利能力、行政权利能力、劳动权利能力、诉讼权利能力等。这其中既有一般权利能力（如民事权利能力），也有特殊权利能力（政治权利能力、劳动权利能力）。法人的权利能力没有上述的类别，所以与公民的权利能力不同。一般而言，法人的权利能力自法人成立时产生，至法人解体时消灭。其范围是由法人成立的宗旨和业务范围决定的。

（2）行为能力。是指法律关系主体能够通过自己的行为实际取得权利和履行义务的能力。

公民的行为能力是公民的意识能力在法律上的反映。确定公民有无行为能力，其标准有二：一是能否认识自己行为的性质、意义和后果；二是能否控制自己的行为并对自己的行为负责。因此，公民是否达到一定年龄、神智是否正常，就成为公民是否享有行为能力的标志。例如婴幼儿、精神病患者，因为他们不可能预见自己行为的后果，所以在法律上不能赋予其行为能力。在这里，公民的行为能力不同于其权利能力。具有行为能力必须首先具有权利能力，但具有权利能力，并不必然具有行为能力。这表明，在每个公民的法律关系主体资格构成中，这两种能力可能是统一的，也可能是分离的。

我国法律把公民划分为完全行为能力人、限制行为能力人和无行为能力人。①完全行为能力人。这是指达到一定法定年龄、智力健全且能够对自己的行为负完全责任的自然人（公民）。例如，在民法上，18 周岁以上的公民是成年人和具有完全的民事行为能力，可以独立进行民事活动，是完全民事行为能力人。16 周岁以上不满 18 周岁的公民，以自己的劳动收入为主要生活来源的，视为完全民事行为能力人。②限制行为能力人。这是指行为能力受到一定限制，只具有部分行为能力的公民。例如，我国《民法通则》规定，10 周岁以上的未成年人和不能完全辨认自己行为的精神病人为限制行为能力人。中国刑法将已满 14 周岁、不满 16 周岁的公民视为限制行为能力人（不完全的刑事责任能力人）。③无行为能力人。这是指完全不能以自己的行为行使权利、履行义务的公民。在民法上，不满 10 周岁的未成年人以及完全的精神病人是无行为能力人。在刑法上，不满 14 周岁的未成年人和精神病人也被视为无刑事责任能力人。

法人组织也具有行为能力，但与公民的行为能力不同。具体表现在：第一，公民的行为能力有完全与不完全之分，而法人的行为能力总是有限的，由其成立宗旨和业务范围所决定；第二，公民的行为能力和权利能力并不一定是同时存在的。也就是说，公民具有权利能力却不一定同时具有行为能力，公民丧失行为能力也并不意味着丧失权利能力。与此不同，法人的行为能力和权利能力却是同时产生和同时消灭的。法人一经依法成立，就同时具有权利能力和行为能力，法人一经依法撤销，其权利能力和行为能力也就同时消灭。

（二）法律关系的内容

权利与义务是法律关系的内容。权利是法律允许权利人为了满足自己的利益可以作为或不作为，或者要求他人为一定行为或不为一定行为，并有他人的法律义务作保证的资格。义务则是法律规定的义务人应该按照权利人要求为一定行为或不为一定行为，以满足权利人的利益。权利与义务具有密切的关系：没有无义务的权利，也没有无权利的义务；权利人行使权利依赖于义务人承担义务；权利的行使有一定的界限，不能滥用权利而损害义务人的利益。

（三）法律关系的客体

法律关系客体，是指法律关系主体间权利义务所指向的对象。法律关系的客体可以分为以下几类：①物。法律意义上的物是指法律关系主体支配的、在生产上和生活上所需要的客观实体。它可以是自然物，如森林、土地，也可以是人的劳动创造物，如建筑物、机器、各种产品。②行为。一定的行为结果可以满足权利人的利益和需要，可以成为法律关系的客体。如旅客运输合同的客体是运送旅客的行为。③人格利益。如公民和组织的姓名或名称，公民的肖像、名誉和尊严，公民的人身、人格和身份等。④智力成果。如文学艺术作品、科学著作、科学发明等。

第三节　法律行为

一、法律行为的概念与特征

法律行为，是指以意思表示为要素，设立、变更或终止权利义务的合法行为。法律行为是法律关系变动的原因，是一种重要的法律事实。当事人通过法律行为自主地设立、变更或终止某种法律关系，达到自己追求的法律效果。

法律行为具有以下三个特征：第一，法律性。法律行为是法的现象的重要组成部分，是由法律规定的、具有法律意义、可以用法律进行评价的人的行为，由此区别于一般的社会行为。第二，社会性。法律行为作为人的活动，具有社会性的特征，法律行为并不是一种孤立的行为，而是其他社会行为的一种形式或一个方面。第三，法律行为是能够为人的意志所支配的行为，具有意志性。法律行为是人所实施的行为，受人的意志所支配，反映了人们对一定的社会价值的认同，一定利益和行为结果的追求以及一定的活动方式的选择。

法律行为的成立必须具有下列条件：①必须是出于人们自觉的作为和不作为。无意识能力的幼年人、疯癫、白痴，以及一般人在暴力胁迫下的作为和不作为，都不能被视为法律行为。②必须是基于当事人的意思而具有外部表现的举动，单纯心理上的活动不产生法律上的后果，如虽有犯罪意思而无犯罪行为的，不能视为犯罪，也不能视为法律行为。③必须为法律规范所确认而发生法律效力的行为。不由法律调整、不发生法律效力的，如通常的社交、恋爱等不是法律行为。

法律行为的结构有两个方面：一是内在意志方面，即法律行为有一个内在的、主观的领域，包括动机、目的和认知能力等要素；二是外在表现方面，即法律行为外在地客观表现为行动、手段和效果等要素。能发生法律上效力的人们的意志行为，即根据当事人的个人意愿形成的一种有意识的活动。它是在社会生活中人们实施的能够发生法律效力，产生法律效果的行为。法律行为包括直接意义上的作为，也包括不作为（即对于一定行为的抑制）。通常又把前者称为积极的法律行为，后者称为消极的法律行为。

法律行为以意思表示为核心，因此，认识法律行为必须以意思表示为切入点。意思表示包括意思和表示两个方面。意思主要是指当事人欲使其内心意思发生法律效力的效果意思，而表示则是指行为人将其内在的效果意思以一定方式表现于外部，为行为相对人所了解。意思表示的方式一般采用明示方式，但在特定情况下，默示状态也可以成立意思表示。《继承法》第二十五条规定，继承开始后，继承人放弃继承的，应当在遗产处理前，作出放弃继承的表示。没有表示的，视为接受继承。

二、法律行为的生效

法律行为的生效，是指已经成立的法律行为因为符合法律规定的有效要件而取得法律认可的效力。法律行为的成立和法律行为的生效是两个不同的概念。法律行为的成立是法律行为生效的前提；法律行为尚未成立，当然也谈不上生效。在大多数情况下，法律行为的成立和生效是重合的，即在法律行为成立时就具有法律效力。

法律行为的生效，应当具备一定的条件，即法律行为的有效要件。有效要件包括实质要件和形式要件。

（一）法律行为有效的实质要件

1. 行为人具有相应的民事行为能力

就自然人而言，完全民事行为能力人可以以自己的行为取得民事权利，履行民事义务；限制民事行为能力人只能从事与其年龄和智力发育程度相当的民事法律行为，其他行为由其法定代理人代理，或者征得法定代理人的同意；无民事行为能力人不能独立实施民事法律行为，必须由其法定代理人代理。法人的民事行为能力是由法人核准登记的经营范围所决定的。但从维护相对人的利益和促进交易的角度出发，原则上认定法人超越经营范围从事的民事行为有效。不过，为了促进交易的顺利进行，最高人民法院《关于适用中华人民共和国合同法若干问题的解释一》第十条规定，当事人超越经营范围订立合同，人民法院不因此认定合同无效，但违反国家限制经营、特许经营以及法律、行政法规禁止经营规定的除外。

2. 行为人的意思表示真实

意思表示真实是指行为人在自觉、自愿的基础上作出符合其内在意志的表示行为。意思表示不真实的民事行为，可以撤销或宣告无效。意思表示真实包括两个方面：①意思表示自愿，任何人不得强迫；②行为人的主观意愿和外在意思表示一致。

3. 不违反法律和社会公共利益

这是指意思表示的内容不得与法律的强制性或禁止性规范相抵触，也不得滥用法律的授权性或任意性规定规避法律。

（二）法律行为有效的形式要件

这是指行为人的意思表示的形式必须符合法律的规定。根据我国的相关法律规定，法律行为的形式主要有以下几种：①口头形式。②书面形式，指用书面文字进行的意思表示，数据电文包括电报、电传、传真、电子数据交换和电子邮件等属于书面形式的一种。③推定形式，指当事人并不直接用口头形式或书面形式进行意思表示，而是通过实施某种积极的行为，使得他人可以推定其意思表示的形式。如在超市购物，向售货员交付货币的行为就可推定为行为人购买物品的意思。④沉默形式，指行为人不用行为表示，而是以消极的不作为进行意思表示的形式。如《合同法》第四十七条、第四十八条均有沉默形式的规定。需要指出的是，只有法律有明文规定或当事人双方有约定时，才可以将行为人的沉默作为意思表示的一种形式，产生相应的法律后果，否则，不得将沉默作为意思表示的形式。

三、无效民事行为

（一）无效民事行为的概念

无效民事行为是指因欠缺民事法律行为的有效条件，不发生当事人预期法律后果的民事行为。无效民事行为的特征是：①自始无效。从行为开始时起就没有法律约束力。②当然无效。不论当事人是否主张，是否知道；也不论是否经过人民法院仲裁机构确认，该民事行为当然无效。③绝对无效。绝对不发生法律效力，不能通过当事人的行为进行补正。

（二）无效民事行为的种类

1. 行为人不具有行为能力实施的民事行为

无民事行为能力人实施的行为，因没有意思能力，不发生法律行为之效果意思的效力。法人实施行为能力范围以外的行为，特别是违反禁止性规定的行为，也不发生效力。

2. 意思表示不自由的行为

意思形成自由和意思表示自由是意思表示真实的前提。若在意思形成和表示过程中欠缺自由甚至完全不自由，按《合同法》的规定，一方以欺诈、胁迫、乘人之危的手段订立损害国家利益的合同，则应属无效，不能依照该意思表示的内容发生效力。

3. 恶意串通，损害国家、集体或者第三人利益的行为

恶意串通，损害国家、集体或者第三人利益的行为，是行为人双方共同合谋进行的，以损害国家、集体或者第三人利益为目的的民事行为。

4. 伪装行为

即以合法形式掩盖非法目的行为。是指以虚假的合法行为作表面行为，掩盖非法的隐蔽行为的行为。伪装行为，它由表面行为与掩藏行为互为表里构成。其表面行为因意思表示不真实而无效，而隐藏行为则因为内容违法而无效。

5. 违反法律或者社会公共利益的行为

民事法律行为的根本属性之一在于意思表示内容的合法性。因此，意思表示如果违法，当然不属于民事法律行为。所谓违法行为，不仅指违反民法规范，也包括违反其他部门法的规范，同时包括违反国家政策，损害社会公共利益。

四、可变更、可撤销的民事行为

（一）可变更、可撤销民事行为的种类

可变更、可撤销的民事行为，亦称相对无效的民事行为，是指依照法律规定，由于行为的意思与表示不一致或者意思表示不自由，导致非真实的意思表示，可由当事人请求人民法院或者仲裁机构予以变更或撤销的民事行为。

1. 重大误解

这是指因认识错误实施的行为。基于错误认识的行为，行为人的表意虽然是自愿的，却是违背本意的，所以该行为属于可撤销行为。对于重大误解的客体，最高人民法院《民通意见》第七十一条规定："行为人因对行为的性质、对方当事人、标的物的品种、质量、规格和数量等的错误认识，使行为的后果与自己的意思相悖，并造成较大损失的，可以认定为重大误解。"如对价格的误解，某照相机的实际价格为 3 000 元，但是营业员看错了标签，则以2 000元的价格出售；再如对数量的误解，一只手表价格 5 万元，营业员却按一对手表 5 万元的价格出售。重大误解与误传不同，最高人民法院《民通意见》第七十七条规定："意思表示由第三人义务转达，而第三人由于过失转达错误或者没有转达，使他人造成损失的，一般可由意思表示人负赔偿责任。"但法律另有规定或者双方另有约定的除外。该规定中的"转达错误"即是误传，按该条含义，若非由法律规定或约定，意思表示人对误传也可撤销，但要对第三人的损失负赔偿责任。

2. 显失公平

显失公平行为是指民事行为效果明显违背公平原则的行为。对于民事行为达到何种程度算显失公平，最高人民法院《民通意见》第七十二条的解释是：一方当事人利用优势或者利用对方没有经验，致使双方的权利与义务明显违反公平、等价有偿原则的，可以认定为显失公平。概括法律的规定，显失公平行为的要件是：①须属有偿行为。显失公平行为只能发生在有偿行为之中，无偿行为因当事人一方不支付对价，谈不上公平与否的问题。②须行为内容显失公平。显失公平是指根据该行为已经实施或者约定实施的财产上的给付，明显背离公平原则。一方当事人利用优势或者利用对方没有经验，致使双方的权利与义务明显不对等的情况。③须受害人出于急迫、轻率或者无经验。显失公平的受害一方，在实施行为时，表面上也是自愿的，然而在这种自愿的背后，却有急迫、轻率或者无经验的背景。假如不是这样，那么他是不会实施的。因此这种自愿是存在缺陷的，所以法律给予行为人一个补正的机会。这是根据公平和诚实信用原则的要求，主要适用于契约的撤销原因。通常一项交易是否公平是由当事人自己决断的，法律不予干预。但在交易中总会有人"欺生"，使对方当事人无从正确地表达自己的意思，使表示意思与内心意思不一致。

3. 乘人之危

最高人民法院《民通意见》第七十条规定："一方当事人乘对方处于危难之机，为牟取不正当利益，迫使对方作出不真实的意思表示，严重损害对方利益的，可以认定为乘人之危。"根据《合同法》规定，乘人之危订立的合同，须是不损害国家利益时，才构成可撤销行为，否则为无效民事行为。

4. 欺诈、胁迫

欺诈、胁迫的要件，前文已述。最高人民法院《民通意见》第六十八条规定：一方当事人故意告知对方虚假情况，或者故意隐瞒真实情况，诱使对方当事人作出错误意思表示的，可以认定为欺诈行为。第六十九条规定：以给公民及其亲友的生命健康、荣誉、名誉、财产等造成损害，或者以给法人的荣誉、名誉、财产等造成损害为要挟，迫使对方作出违背真实的意思表示的，可以认定为胁迫行为。欺诈、胁迫行为，也是只在不损害国家利益时，才构成可撤销民事行为，否则，视为无效民事行为。

（二）民事行为被确认无效或被撤销的法律后果

可变更、可撤销民事行为在成立之时具有法律效力，对当事人有约束力。如果当事人行使变更权、撤销权，该民事行为则基于人民法院或者仲裁机构的裁判相应变更而部分有效，或者撤销而归于无效。一旦被撤销，其行为效果与无效民事行为的效果一样。

根据《民法通则》第六十一条，《合同法》第五十八条、第五十九条的规定，民事行为被确认为无效和被撤销后，从行为开始时就没有法律效力。但是没有法律效力不等于没有法律后果产生。首先如果被撤销的是合同，根据《合同法》第五十七条的规定，不影响其中独立存在的有关解决争议方法的条款的效力。例如，双方当事人约定用仲裁方式解决双方争议的条款继续有效。另外，民事行为被确认为无效和被撤销后，还将产生返还财产、赔偿损失、追缴财产等法律后果。

五、附条件和附期限的法律行为

（一）附条件的法律行为

附条件的法律行为是指在法律行为中规定一定条件，并且把该条件的成就与否作为法律行为效力发生或者消灭根据的法律行为。例如，甲、乙协商约定，待甲迁移北京时以2 500元将其冰箱出售给乙。这里的“甲迁移北京”便是该买卖行为所附的条件，当条件成就（甲迁移北京），民事行为就发生法律效力，甲应将冰箱交给乙；如果条件不成就（甲未迁移北京），则该买卖行为就不发生法律效力。又如，甲有闲置房间两间，甲、乙双方在房屋租赁合同中附加了条件：如果甲的儿子大学毕业后回家工作，乙立即将该房退还给甲。这里“甲的儿子大学毕业后回家工作”便是该房屋租赁行为所附的条件，在条件成就以前，租赁房屋的当事人之间所确定的民事权利和民事义务已经发生法律效力。

当然，并非所有的法律行为都可以附条件，根据相关法律规定，下列法律行为不得附条件：①条件与行为性质相违背的，如《合同法》第九十九条第二款规定，法定抵销不得附条件；②条件违背社会公共利益或社会公德的，如重婚、离婚等行为。

民事法律行为所附条件，既可以是自然现象、事件，也可以是人的行为。但它应当具备下列特征：①必须是将来发生的事实。作为条件的事实，必须是在进行法律行为时尚未发生的。过去的事实，不得作为条件。②必须是将来不确定的事实。该事实是否发生应当是不确定的，如果在法律行为成立时，该事实是将来必然发生的，则该事实应当作为法律行为的期限而非条件。③条件应当是双方当事人约定的。法律行为中所附的条件，必须是双方当事人约定，并以意思表示的形式表现出来。条件如果是法律规定的，如法律行为的成立条件、生效条件，不属于此处所谓的条件。④条件必须合法。条件不得违反现行法律的规定。

（二）附期限的法律行为

附期限的法律行为，指当事人设定一定的期限，并将期限的到来作为效力发生或消灭前提的法律行为。根据期限对法律行为效力所起作用的不同，可以将其分为延缓期限和解除期限。附延缓期限的法律行为是指法律行为虽然已经成立，但是在所附期限到来之前不发生效力，待到期限届至时，才产生法律效力。附解除期限的法律行为，指法律行为在约定的期限到来时，该行为所确定的法律效力消灭。因此解除期限也称终期。

在实务中，同一件事实，究竟应认定为期限，还是应认定为条件，须基于必成事实抑或偶成事实。主要区分方法为：

（1）条件是不确定的偶然性事实，期限是确定的必然性事实。①时期确定，到来不确定，为条件。例如“俟60大寿送电视一台”，60岁虽确定，但人之寿命不可测，是否能活到60岁尚不可知，具有偶发性。②时期不确定，到来也不确定，为条件。如“司法考试通过之日”，能否考得上，也属不确定，至于哪一年考得上，则更加不确定，故显然属于条件。

（2）条件之事实成就与否是不确定的，期限是肯定会到来的。①时期确定，事实的发生也确定。例如“今年9月9日”，是期限。②时期不确定，到来确定，为期限。例如“临终时将物送给你”，何时死虽难预料，但人必有一死，死期终会到来。

第四节　诉讼时效制度

一、诉讼时效基本理论

诉讼时效，是指权利人于一定期间内不行使请求人民法院保护其民事权利的请求权，就丧失该请求权的法律制度。也就是说，权利人虽然享有要求义务人履行义务的权利，但权利人应当在法律规定的期间内行使，否则权利人就丧失了该请求权。

值得注意的是，诉讼时效期间届满，权利人丧失的是实体上的请求权，也就是胜诉权，但程序上的请求权并未丧失，即使超过诉讼时效期间，权利人仍可以向人民法院提起诉讼，人民法院也应该受理。

设立诉讼时效法律制度的目的在于促使权利人及时行使自己的权利，防止出现权利上的“睡眠者”，避免因权利人行使权利的时间过长，情势发生较大变化，法院难以审理；也防止因时日过于久远，义务人举证困难，从而产生对自己不利的法律后果。

二、诉讼时效的种类与起算

（一）诉讼时效的种类

诉讼时效的种类、期间都是法定的，不同的诉讼时效有不同的期间，不同的诉讼时效有不同的起算时间。根据《民法通则》规定，诉讼时效有以下几种：

1. 普通诉讼时效

除了法律有特别规定外，民事权利适用普通诉讼时效期间。《民法通则》第一百三十五条规定，向人民法院请求保护民事权利的诉讼时效期间为2年，法律另有规定的除外。

2. 短期诉讼时效

短期诉讼时效是指时效期间不足2年的诉讼时效。如《民法通则》第一百三十六条规定，下列请求权的诉讼时效期间为1年：身体受到伤害要求赔偿的；出售质量不合格的商品未声明的；延付或拒付租金的；寄存财物被丢失或者毁损的。

3. 长期诉讼时效

长期诉讼时效，指时效期间比普通诉讼时效的2年要长，但不到20年的诉讼时效。如《合同法》第一百二十九条规定，涉外货物买卖合同及技术进出口合同争议提起诉讼或者仲裁的期限为4年。

4. 最长诉讼时效

最长诉讼时效是指期间为20年的诉讼时效期间。《民法通则》第一百三十七条规定，权利被侵害超过20年的，人民法院不予保护。与其他诉讼时效相比，最长诉讼时效期间从权利被侵害时计算，而非从权利人知道或者应当知道之时起算。最长诉讼时效期间可以适用诉讼时效的延长，但不适用诉讼时效期间的中断、中止等规定。

（二）诉讼时效期间的起算

诉讼时效应从债权人能够行使请求权时起算，而债权人要能够行使请求权，原则上应当符合两个条件：客观上必须有债权请求权受侵害的事实；主观上债权人必须知道或者应当知道债权请求权被侵害。因此，《民法通则》第一百三十七条规定，诉讼时效从知道或者应当知道权利被侵害时起开始计算。

那么，如何理解“知道或者应当知道权利被侵害时”？对此，可以从两个方面来剖析：第一，“知道或者应当知道”。“知道”即指权利人了解权利被侵害事实，可以开始请求人民法院保护其民事权利，至于权利人在事实上能否请求人民法院保护其权利则在所不问。“应当知道”则是一种法律上的推定，不论当事人事实上是否知道权利受到侵害，只要从客观上存在知道的条件和可能性，即使权利人由于主观过错，应当知道而没有知道其权利受到侵害的，也应当作为诉讼时效的起算点。第二，“权利被侵害”。所谓“权利”，专指请求权，而且主要是指债权请求权。物上请求权一般认为是物权的效力，有物权必有物上请求权，二者密切联系，密不可分，所以在民事审判中，物上请求权不适用诉讼时效的规定。至于人身权方面，除了以财产利益为内容的请求权诸如身体损害赔偿请求权可以适用诉讼时效以外，一般不应适用诉讼时效的规定。

关于诉讼时效起算点的认定，根据我国法律法规和司法解释，在民事审判实践中，通常有以下几种诉讼时效起算点：

（1）有约定履行期限的债权请求权，以期限届满之日作为诉讼时效的起算点。

（2）没有履行期限的债权请求权，以债权人主张权利时作为起算点；债权人给予对方必要的准备时间的，则以该期限届满之日作为诉讼时效的起算点。

（3）没有明确法定期限的债权请求权。它同前一类型有共通之处，但原因明显不同。这一般是指发生于某些无效民事行为的债权请求权。无效民事行为是指欠缺民事法律行为的有效要件，不发生法律效力的法律后果的民事行为。《民法通则》第六十一条规定，因无效民事行为取得财产的，应返还给对方，有过错方应赔偿对方由此遭受的损失。实务中，有关无效民事行为的诉讼请求主要有两类：一是返还财产；二是赔偿损失。由此，返还财产和赔偿损失的请求皆适用于诉讼时效，其起算点法律没有明确规定，实务中众说纷纭，但通常认为应该以该民事行为被确认为无效之日作为诉讼时效的起算点。

（4）附条件的债权请求权，以该条件成就之日作为诉讼时效的起算点。

（5）附期限的债权请求权，以该期限到达之日作为诉讼时效的起算点。

（6）请求他人不作为的债权请求权，例如，合同约定一方当事人保守秘密，以义务人一方违反不作为义务之日作为诉讼时效的起算点。

（7）由于侵权行为而发生的赔偿请求权，以受害人知道或者应当知道其权利受到侵害之日作为诉讼时效的起算点。损害事实发生时，受害人知道的，以损害事实发生之日作为诉讼时效的起算点。损害事实发生后一段时间当事人才知道的，以他知道之日作为诉讼时效的起算点。在人身损害赔偿案件审判中，侵害当时就可以发现受伤的，以侵害之日作为诉讼时效的起算点。侵害当时没有发现的，事后经过检查确诊并证明是由该侵害所引起的，以伤势确诊之日作为诉讼时效的起算点。

（8）其他法律对诉讼时效起算点有特别规定的，从其规定。关于诉讼时效的起算点问题，不同的法律有不同规定。比如，《海商法》第二百五十八条规定，海上旅客运输向承运人要求赔偿的2年诉讼时效期间，分别依下列规定计算：有关旅客人身伤害的请求权，自旅客离船或应当离船之日起算；有关旅客死亡的请求权，发生在运输期间的，自旅客应当离船之日起算；因运输期间的伤害而导致旅客离船后死亡的，自旅客死亡之日起算，但是此期限自离船之日起不得超过3年；有关行李灭失或者损坏的请求权，自旅客离船或者应当离船之日起算《国家赔偿法》第三十二条规定，赔偿请求人请求国家赔偿的2年诉讼时效期间，自国家机关及其工作人员行使职权时的行为被依法确认为违法之日起算。

三、诉讼时效的中止

（一）诉讼时效中止的概念

诉讼时效中止，指在诉讼时效进行中，因一定的法定事由的发生而使权利人无法行使请求权，暂时停止计算诉讼时效期间。《民法通则》第一百三十九条规定，在诉讼时效期间的最后6个月内，因不可抗力或者其他障碍不能行使请求权的，诉讼时效中止。从中止时效的原因消除之日起，诉讼时效期间继续计算。

（二）诉讼时效中止的事由

根据《民法通则》第一百三十九条及《民通意见》第一百七十二条的规定，中止诉讼时效的事由有两类：一是不可抗力；二是其他障碍。此处的其他障碍包括：权利被侵害的无民事行为能力人、限制民事行为能力人没有法定代理人，或者法定代理人死亡、丧失代理权、丧失行为能力；继承开始后未确定继承人或者遗产管理人；权利人被义务人或者其他人控制无法主张权利；其他导致权利人不能主张权利的客观情形。

（三）诉讼时效中止的时间

根据《民法通则》第一百三十九条的规定，只有在诉讼时效的最后6个月内发生中止事由，才能中止诉讼时效的进行。如果在诉讼时效期间的最后6个月以前发生权利行使障碍，而到最后6个月时该障碍已经消除，则不能发生诉讼时效中止；如果该障碍在最后6个月时尚未消除，则应从最后6个月开始时起中止时效期间，直至该障碍消除。

（四）诉讼时效中止的法律效力

在诉讼时效中止的情况下，中止事由发生前已经经过的时效期限仍然有效，等到时效中止的原因消除后，前后期间合并计算。在民法规定的最长诉讼时效期间内，诉讼时效中止的持续时间没有限制。

四、诉讼时效的中断

（一）诉讼时效中断的概念

诉讼时效中断，指在诉讼时效进行中，因法定事由的发生致使已经进行的诉讼时效期间全部归于无效，诉讼时效期间重新计算。《民法通则》第一百四十条规定，诉讼时效因提起诉讼、当事人一方提出要求或者同意履行义务中断。从中断时起，诉讼时效期间重新计算。即以前已经经过的时效期间归于无效。诉讼时效的中断可以多次进行，但不得超过法律规定的20年的最长诉讼时效。

（二）诉讼时效中断的法定事由

1. 提起诉讼

提起诉讼是指当事人一方向人民法院提交起诉状或者口头起诉的，诉讼时效从提交起诉状或者口头起诉之日起中断。另外，下列事项均与提起诉讼具有同等诉讼时效中断的效力：申请仲裁；申请支付令；申请破产、申报破产债权；为主张权利而申请宣告义务人失踪或死亡；申请诉前财产保全、诉前临时禁令等诉前措施；申请强制执行；申请追加当事人或者被通知参加诉讼；在诉讼中主张抵销；其他与提起诉讼具有同等诉讼时效中断效力的事项。

2. 权利人主张权利

所谓权利人主张权利，是指权利人于诉讼外作出行使权利的意思表示。我国《民法通则》承认权利人于诉讼外为的请求也可以中断时效。根据我国《民法通则》第一百七十三条第二款的规定，权利人须向义务人及其代理人、债务保证人或财产代言人主张权利才发生时效中断效力。另外，权利人的请求意思表示必须到达义务人才能发生效力。因为意思表示不能到达义务人时，义务人不知道权利人是否提出了请求，就不能认为其已经行使了权利，或者说其行使权利的行为未完成。

3. 义务人同意履行

义务人同意履行，即义务人对权利人表示承认其权利的存在，愿意履行义务。作为权利人信赖这种表示而不行使请求权，不能说是怠于行使权利，因此也构成诉讼时效的中断。法律对承认没有法律形式要求。义务人的承认表示可以是书面的，也可以是口头的；可以是明示，也可以是暗示。义务人作出分期履行、部分履行、提供担保、请求延期履行、制订清偿债务计划等承诺或者行为，均属于义务人同意履行义务的行为。

（三）诉讼时效中断的法律效力

根据《民通意见》第一百七十三条规定，诉讼时效中断的法律效力为诉讼时效的重新起算。即已经经过的诉讼时效期间而失去意义。诉讼时效的中断可以数次进行，当然不得超过20年的最长诉讼时效的限制。

（四）诉讼时效的中止与中断的区别（见表1-2）

表1-2　诉讼时效中止与中断的区别表

	诉讼时效的中止	诉讼时效的中断
发生时间	诉讼时效期间的最后6个月内	整个诉讼时效期间
发生事由	发生事由为不可抗力和其他障碍（一般为不以当事人意志为转移的客观事由）	发生事由包括权利人提起诉讼，当事人一方向义务人提出请求履行义务的要求，当事人一方同意履行义务（通常为当事人主动的行为）
计算方法	诉讼时效的中止事由发生后，并且是在诉讼时效期间的最后6个月内发生的，暂时停止计算诉讼时效期间，以前经过的时效期间仍然有效，待阻碍时效进行的事由消失后，时效继续进行	诉讼时效的中断事由发生后，致使已经经过的时效期间统归无效，待时效中断的法定事由消除后，诉讼时效期间要重新计算

五、诉讼时效的延长

权利人在法定的诉讼时效期间内没有行使权利，原则上胜诉权消灭。但是，如果在法定期限内没有行使权利是由于某种客观上的障碍，根据《民法通则》第一百三十七条和《民通意见》第一百六十九条的规定，人民法院可以斟酌具体情况，延长诉讼时效期间。所有的诉讼时效期间都可以适用诉讼时效的延长。

第五节　民事诉讼与仲裁制度

法律关系的主体在社会活动中不可避免地会产生争议。处理这些争议的方式有很多种，首先往往由当事人互相协商或者通过第三方进行调解。但如果当事人无法通过协商或调解解决争议的，当事人解决争议的最主要的方式就是提起诉讼和仲裁。

一、民事诉讼的基本制度

（一）民事诉讼的概念及特征

民事诉讼是指人民法院在当事人和其他诉讼参与人的参加下，以审理、判决、执行等方式解决民事纠纷的活动。民事诉讼由法院代表国家行使审判权，以司法方式解决平等主体之间的纠纷。只要原告的起诉符合法律规定，无论被告是否愿意，诉讼均会发生。同时，民事诉讼在案件的裁判执行上也体现出强制性特征。如对于法院的裁决，当事人不自动履行，法院可以强制执行。无论是法院还是当事人和其他诉讼参与人，都应当按照民事诉讼法设定的程序实施诉讼行为；违反诉讼程序就会引起一定的法律后果。

（二）民事诉讼程序（见图 1－1）

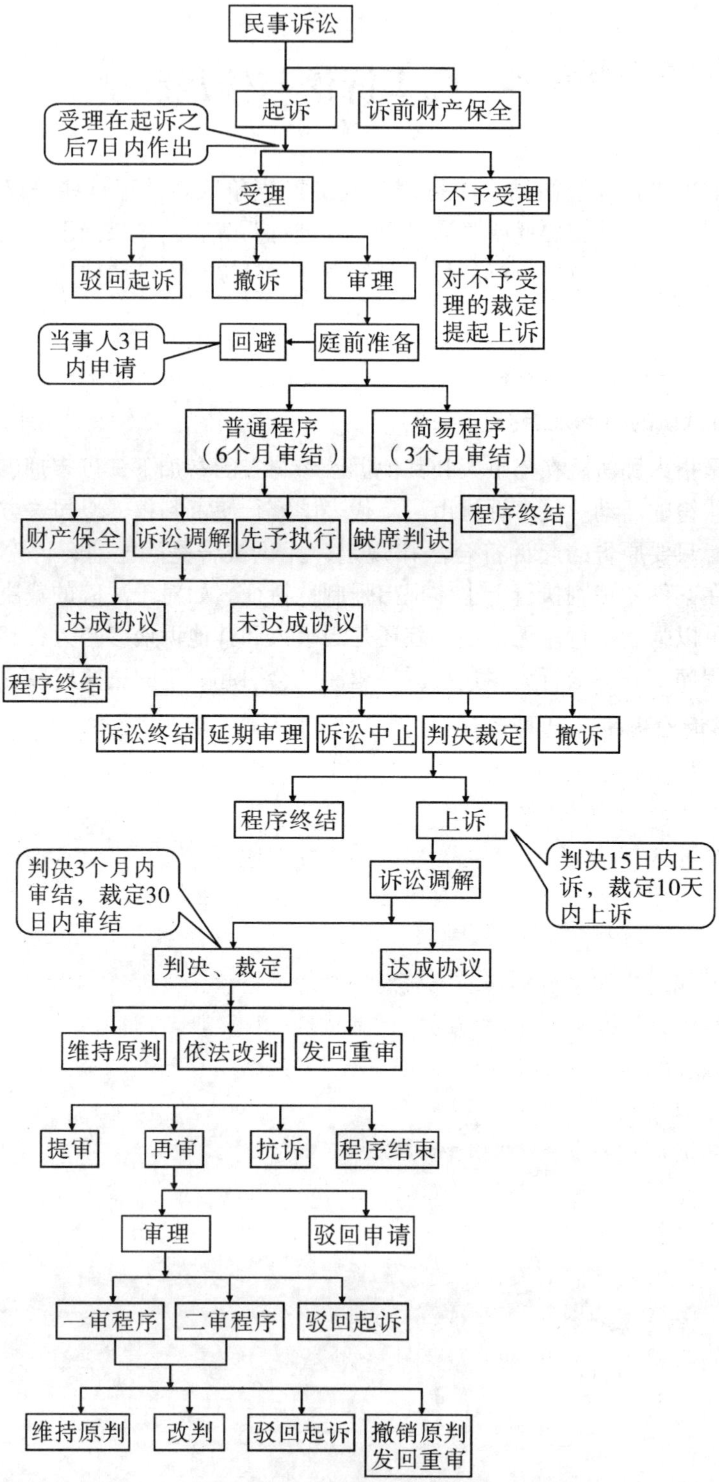
民事诉讼
起诉
诉前财产保全
受理在起诉之后7日内作出
受理
不予受理
驳回起诉
撤诉
审理
对不予受理的裁定提起上诉
当事人3日内申请
回避
庭前准备
普通程序（6个月审结）
简易程序（3个月审结）
程序终结
财产保全
诉讼调解
先予执行
缺席判决
达成协议
未达成协议
程序终结
诉讼终结
延期审理
诉讼中止
判决裁定
撤诉
程序终结
上诉
判决15日内上诉，裁定10天内上诉
诉讼调解
判决3个月内审结，裁定30日内审结
判决、裁定
达成协议
维持原判
依法改判
发回重审
提审
再审
抗诉
程序结束
审理
驳回申请
一审程序
二审程序
驳回起诉
维持原判
改判
驳回起诉
撤销原判发回重审

图1－1　民事诉讼程序图

二、仲裁的基本制度

（一）仲裁概述

仲裁是由双方当事人自愿选择的中立第三方进行裁判，该中立第三方作出的裁决对双方当事人具有约束力。仲裁具有自愿性、专业性、灵活性、保密性、快捷性（一裁终局）和独立性。《仲裁法》的规定，仲裁机构是由直辖市和省、自治区人民政府所在地的市以及其他设区的市的人民政府组织有关部门和商会统一组建的仲裁委员会。仲裁委员会独立于行政机关，与行政机关没有隶属关系，仲裁委员会之间也没有隶属关系。

当事人申请仲裁，应当具备以下条件：①有仲裁协议。该协议包括事先在合同中约定的仲裁条款，也包括事后达成的书面仲裁协议。仲裁协议一经成立，即具有法律效力。②有具体的仲裁请求和所依据的事实、理由。③属于仲裁委员会受理的范围。④受理仲裁的仲裁机构有管辖权。

（二）适用范围

仲裁的适用范围是指哪些纠纷可以通过仲裁解决，哪些纠纷不能以仲裁来解决，即“争议的可仲裁性”。《仲裁法》的第二条规定：“平等主体的公民，法人和其他组织之间发生的合同纠纷和其他财产权益纠纷，可以仲裁。”仲裁法这里明确了三条原则：一是发生纠纷的双方当事人必须是民事主体，包括国内外法人、自然人和其他合法的具有独立主体资格的组织；二是仲裁的争议事项应当是当事人有权处分的；三是仲裁范围必须是合同纠纷和其他财产权益纠纷的。

合同纠纷是在经济活动中，双方当事人因订立或履行各类经济合同而产生的纠纷，包括国内、国外平等主体的自然人、法人以及其他组织之间的国内各类经济合同纠纷、知识产权纠纷、房地产合同纠纷、期货和证券交易纠纷、保险合同纠纷、借贷合同纠纷、票据纠纷、抵押合同纠纷、运输合同纠纷和海商纠纷等，还包括涉外的、涉及香港、澳门和台湾地区的经济纠纷，以及涉及国际贸易、国际代理、国际投资、国际技术合作等方面的纠纷。其他财产权益纠纷，主要是指由侵权行为引发的纠纷，这在产品质量责任和知识产权领域的侵权行为见之较多。

根据仲裁法的规定，有两类纠纷不能仲裁：

（1）婚姻、收养、监护、抚养和继承纠纷不能仲裁，这类纠纷虽然属于民事纠纷，也不同程度涉及财产权益争议，但这类纠纷往往涉及当事人本人不能自由处分的身份关系，需要法院作出判决或由政府机关作出决定，不属仲裁机构的管辖范围。

（2）行政争议不能裁决。行政争议，亦称行政纠纷，行政纠纷是指国家行政机关之间，或者国家行政机关与企事业单位，社会团体以及公民之间，由于行政管理而引起的争议。

（三）仲裁程序（见图 1－2）

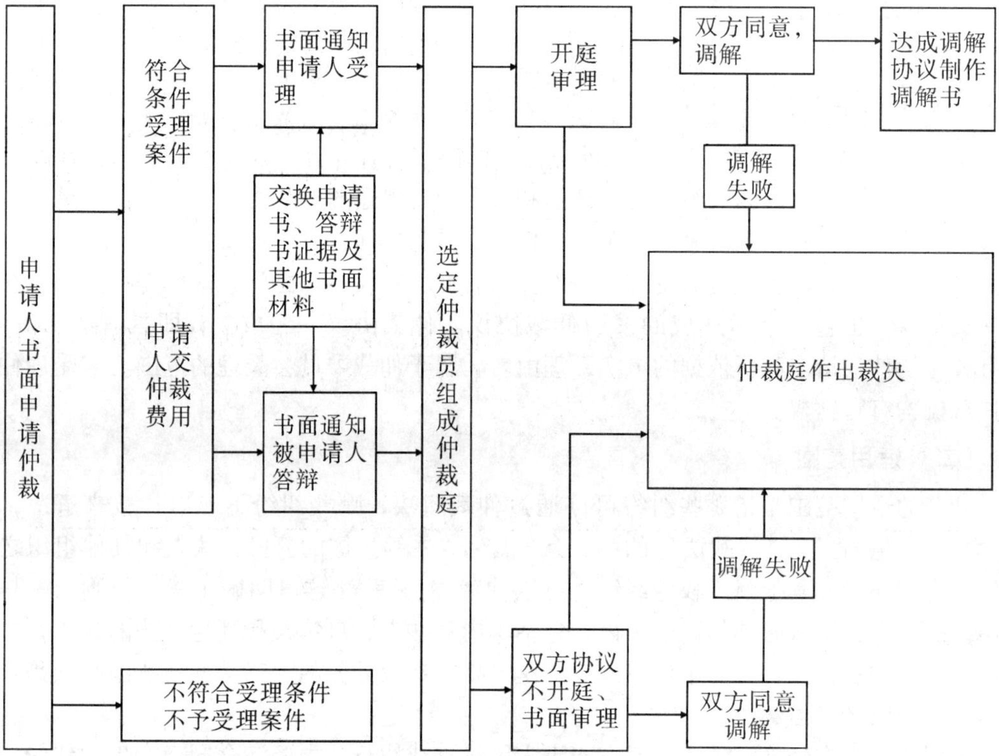

图 1－2　仲裁程序图

（四）仲裁协议

仲裁协议，是指双方当事人在自愿、协商、平等互利的基础之上将他们之间已经发生或者可能发生的争议提交仲裁解决的书面文件。仲裁协议作为整个仲裁活动的前提和基本依据，有着如下法律特征：

（1）仲裁协议只能由具有利害关系的合同双方（或多方）当事人或其合格的代理人订立。否则，就不可能在有关合同发生争议时约束各方当事人。如果有关当事人在仲裁程序开始时提出证据，证明他不是仲裁条款或仲裁协议的当事人，或订立时没有权利能力或行为能力，那么仲裁协议无效，对双方均无法律约束力。

（2）仲裁协议是当事人申请仲裁、排除法院管辖的法律依据。仲裁协议一经签订，就成为仲裁委员会受理合同争议的凭据，同时在申请法院执行时，也以它作为撤销裁决或强制执行的依据。

（3）仲裁协议具有相对的独立性。如果是以仲裁条款的形式写入合同，那就是合同的重要组成部分，其他条款的无效不影响仲裁条款的效力。如果双方当事人签订了单独的仲裁协议，则可视为一个独立的合同。

从书面仲裁协议的存在形式看，仲裁协议有三种类型：仲裁条款、仲裁协议书和其他文件中包含的仲裁协议。

（1）仲裁条款。所谓仲裁条款，是指双方当事人在合同中订立的，将今后可能因该合同所发生的争议提交仲裁的条款。这种仲裁协议的特点是当事人就他们将来可能发生的争议约定提交仲裁解决，而且是在合同中用一个条款来约定。该条款作为合同的一项内容订立于合同中，是合同的组成部分。

（2）仲裁协议书。仲裁协议书是指当事人之间订立的，一致表示愿意将他们之间已经发生或可能发生的争议提交仲裁解决的单独协议。这种仲裁协议的特点是：它是单独的仲裁协议，是在合同中没有规定仲裁条款的情况下，双方当事人为了专门约定仲裁内容而单独订立的一种协议；而且，当事人可以在争议发生之前，也可以在争议发生之后订立。

（3）其他文件中包含的仲裁协议。在民事经济活动中，当事人除了订立合同之外，还可能在相互之间有信函、电报、电传、传真、电子数据交换、电子邮件或其他书面材料的往来。这些往来文件中如果包含双方当事人同意将他们之间已经发生或可能发生的争议提交仲裁的内容，那么，有关文件即是仲裁协议。

表1－3 仲裁与诉讼的区别

	仲 裁	诉 讼
受理机关	当事人选定的仲裁委员会。仲裁委员会与行政机关没有隶属关系，彼此之间也没有隶属关系。	人民法院。人民法院有四级设置，有上下级的隶属关系。
申请或起诉条件	①有仲裁协议；②有具体的仲裁请求和所依据的事实、理由；③属于仲裁委员会受理的范围；④受理仲裁的仲裁机构有管辖权。	①原告是与本案有直接利害关系的公民、法人和其他组织；②有明确的被告；③有具体的诉讼请求和事实、理由；④属于人民法院受理民事诉讼的范围和受诉人民法院管辖。此外，还应注意：①当事人没有事先或事后约定由仲裁机构裁决的协议；②当事人没有就同一事实，同一诉讼标的再行向法院提起诉讼。
程 序	一裁终局。	两审终审。注意二审与再审的区别，当事人对生效的判决、裁定仍不服的，可在2年内申请再审，但不影响判决、裁定的执行。
法律文书的生效	裁决书自作出之日起发生法律效力。	一审判决上诉期限届满之日，以及二审判决作出之日。
执行程序	向人民法院申请执行。	由人民法院适用执行程序。
二者关系	实行或裁或审的制度，即仲裁和诉讼是相互排斥的，不能两种方式并用。	

第六节　法律责任

一、法律责任的特点

法律责任是指违法者对自己实施的违法行为必须承担的某种法律上带有强制性、惩罚性的责任。法律责任不同于其他的社会责任如政治责任、道义责任等，具有如下主要特点：①法律责任与违法行为相联系，只有对违法者才能追究其法律责任；违法是承担法律责任的根据，不构成违法，不承担惩罚性的责任。由于无过错而不构成违法，但是造成损害的，也应当承担一定的补偿性的责任。②法律责任主要是一定国家机关代表国家对违法者实行法律制裁的根据，在法律上应有明确具体的规定（法无明文规定不为罪）。对不同的违法行为，法律规定的法律责任不同，违法者只对其违法行为承担法律规定的相应责任。③法律责任体现了违法者与国家机关之间的关系，它意味着一定的国家机关要代表国家查清违法行为的性质、特点、情节；它具有国家强制性，是由国家强制力予以保障的。因此，只能由国家司法机关和国家授权的专门机关来追究法律责任，其他任何组织和个人都无此项权力。

二、违法的构成要素

法律责任的构成是指认定法律责任时所必须考虑的条件和因素。根据构成违法行为或违约行为的要素，可以将法律责任的构成概括为责任主体、违法行为或违约行为、损害结果、因果关系和主观过错五方面。

（一）责任主体

责任主体是指因违反法律约定或法律规定的事由而承担法律责任的人，包括自然人、法人和其他社会组织。责任主体是法律责任构成的必备条件。违法、违约首先是一种行为，没有行为就没有违法或违约，而行为是由人的意志支配的活动，因此，实施违法或违约必须是有行为人。但是，并非任何人都可以成为违法行为或违约行为的实施者，没有行为能力的人就不可能成为实施违法行为或违约行为的人。因此，责任主体对于法律责任的有无、种类、大小有着密切的关系。

（二）违法行为或违约行为

违法行为或违约行为在法律责任的构成中居于重要地位，是法律责任的核心构成要素。违法行为或违约行为包括作为和不作为两类。作为是指人积极的身体活动。直接做了法律所禁止或合同所不允许的事自然要导致法律责任。不作为是指人消极的身体活动，行为人在能够履行自己应尽义务的情况下不履行该义务，例如不做法律规定应做的事或不做合同中约定的事，也要承担法律责任。区分作为与不作为，对于确定法律责任的范围、大小具有重要意义。

（三）损害结果

损害结果是指违法行为或违约行为侵犯他人或社会的权利和利益所造成的损失和伤害，包括实际损害、丧失所得利益及预期可得利益。损害结果可以是对人身的损害、财产的损害、精神的损害，也可以是其他方面的损害。损害结果表明法律所保护的合法权益遭受了侵害，因而具有侵害性。同时，损害结果具有确定性，它是违法行为或违约行为已经实际造成的侵害事实，而不是推测的、臆想的、虚构的、尚未发生的情况。损害结果的确定性，表明损害事实在客观上能够认定。认定损害结果时一般根据法律、社会普遍认识、公平观念并结合社会影响、环境等因素进行。

（四）因果关系

因果关系是违法行为或违约行为与损害结果之间的必然联系。因果关系是一种引起与被引起的关系，即一现象的出现是由于先前存在的另一现象而引起的，则这两个现象之间就具有因果关系。因果关系是归责的基础和前提，是认定法律责任的基本依据。因果关系对于确定行为主体、认定责任主体、决定责任范围具有重要意义。法律责任上的因果关系是一种特殊的因果关系，它既有一般因果关系的共性，又有其特殊性。因果关系是客观的，不以人的意志为转移，我们只能根据事物之间的客观联系来判断因果关系的有无。事实上的因果关系极为复杂，一个结果可能由多个原因造成，法律只考虑其中与法律责任认定有关的因素。因果关系是法律规定的因果关系，具有法定性。

（五）主观过错

主观过错是指行为人实施违法行为或违约行为时的主观心理状态。在人类社会的早期，按照客观原则进行归责，因而主观过错对法律责任的构成没有什么意义，仅仅和法律责任的大小有一定关系。现代社会将主观过错作为法律责任构成的要素之一，不同的主观心理状态对认定某一行为是否有责任及承担何种法律责任有着直接的联系。主观过错作为犯罪的主观方面的内容，是犯罪构成的要件之一，对于认定和衡量刑事责任具有重要作用。在民事责任方面，一般也要考虑主观过错，采用过错责任原则。

主观过错包括故意和过失两类。故意是指明知自己的行为会产生危害社会的结果，并希望或者放任这种结果发生的心理状态。过失是指应当预见自己的行为可能发生损害他人、危害社会的结果，因为疏忽大意而没有预见，或者已经预见而轻信能够避免，以致发生这种结果的心理状态。

三、法律责任的种类

根据我国法律的有关规定，违反法律、法规应当承担的法律责任可分为民事责任、行政责任和刑事责任三种。

（一）民事责任

民事责任，是指由于民事违法、违约行为或根据法律规定所应承担的不利民事法律后果。根据《民法通则》第一百三十四条规定，承担民事责任的方式主要有：停止侵害；排除妨碍；消除危险；返还财产；恢复原状；修理、重作、更换；赔偿损失；支付违约金；

消除影响、恢复名誉；赔礼道歉。《民法通则》第一百三十四条第二款规定，以上各种民事责任形式，可以单独适用，也可以合并适用。单独适用还是合并适用，需要根据具体情况而定。

（二）行政责任

行政责任，是指违反法律、法规规定的单位和个人所应承受的由国家行政机关或者国家授权单位对其依行政程序所给予的制裁。行政责任包括行政处罚和行政处分两种。

1. 行政处罚

这是指行政主体对行政相对人违反行政法律规范且尚未构成犯罪的行为所给予的法律制裁。行政处罚分为人身自由罚（行政拘留）、行为罚（责令停产停业、吊销、暂扣许可证和执照）、财产罚（罚款、没收财物）和声誉罚（警告）等多种形式。根据《行政处罚法》的规定，行政处罚的具体种类有：

（1）警告。这是行政主体对违法者实施的一种书面形式的谴责和告诫。

（2）罚款。这是指行政主体强制违法相对方承担金钱给付义务的处罚形式。

（3）没收违法所得、没收非法财物。这是由行政主体实施的将行政违法行为人的违法收入、物品或者其他非法占有的财物收归国家所有的处罚方式。

（4）责令停产停业。这是限制违法相对方从事生产、经营活动的处罚形式。一般常附有限期整顿的要求，如果受罚人在限期内纠正了违法行为，则可恢复生产、营业。

（5）暂扣或者吊销许可证、暂扣或者吊销执照。这是禁止违法相对方从事某种特许权利或资格的处罚，行政主体依法收回或暂扣违法者已获得的从事某种活动的权利或资格的证书。吊销许可证、执照是对违法者从事某种活动或者其享有的某种资格的彻底取消；而暂扣许可证和执照，则是中止行为人从事某项活动的资格，待行为人改正以后或经过一定期限后再发还。

（6）行政拘留。这是对违反治安管理的人，依法在短期内限制其人身自由的处罚。

（7）法律、行政法规规定的其他行政处罚。

2. 行政处分

这是指对违反法律规定的国家机关工作人员或被授权、委托的执法人员所实施的内部制裁措施。

根据《中华人民共和国公务员法》，对违法违纪应当承担纪律责任的公务员给予的行政处分种类有：警告、记过、记大过、降级、撤职、开除六类。

（三）刑事责任

刑事责任是指触犯刑法的犯罪人所应承受的由国家审判机关（法院）给予的制裁后果，即刑罚。刑罚是法律责任中最严厉的责任形式。刑罚分为主刑和附加刑两类。

1. 主刑

这是对犯罪分子适用的主要刑罚方法，包括：

（1）管制。这是不对犯罪分子实行关押，但是限制其一定的自由，交由公安机关管束和监督的刑罚。期限为 3 个月以上 2 年以下。

（2）拘役。这是剥夺犯罪分子短期的人身自由的刑罚，由公安机关就近执行。期限为

1 个月以上 6 个月以下。

（3）有期徒刑。这是剥夺犯罪分子一定期限的人身自由，实行劳动改造的刑罚。期限为 6 个月以上 15 年以下。

（4）无期徒刑。这是剥夺犯罪分子终身自由，实行劳动改造的刑罚。

（5）死刑。这是剥夺犯罪分子生命的刑罚。死刑包括死刑立即执行和死刑缓期两年执行两种类型。

2. 附加刑

这是补充、辅助主刑适用的刑罚方法。附加刑可以附加于主刑之后作为主刑的补充，同主刑一起适用，也可以独立适用。包括：

（1）罚金。这是强制犯罪分子或者犯罪的单位向国家缴纳一定数额金钱的刑罚。

（2）剥夺政治权利。这是剥夺犯罪分子参加国家管理和政治活动权利的刑罚。剥夺的具体政治权利是指选举权和被选举权；言论、出版、集会、结社、游行、示威自由的权利；担任国家机关职务的权利；担任国有公司、企事业单位和人民团体领导职务的权利。

（3）没收财产。这是指没收犯罪分子个人所有财产的一部分或者全部，强制无偿地收归国有的刑罚。

（4）驱逐出境。这是强迫犯罪的外国人离开中国国（边）境的刑罚。

本章小结

经济法作为法律体系的一个部门法，有其独立的制度和理论，但整个法律体系的一些基础性的知识对经济法同样是适用的。为方便读者更好地理解和运用经济法，本章主要阐述了我国法律的一些基础性的理论和制度问题：我国法律的渊源；我国法律调整的社会关系——法律关系；作为主体参与法律关系的法律行为；权利受法律保护的期限——诉讼时效；解决经济争议的两种法律方式；违反法律所导致的法律责任。

关键术语和概念

法的渊源　法系　法律关系　法律行为　无效民事行为　可撤销民事行为　诉讼时效　诉讼时效中止　诉讼时效中断　仲裁协议　法律责任　民事责任　行政责任　刑事责任

案例分析

【案例 1】

某校长甲欲将一套住房以 50 万元出售。某报记者乙找到甲，出价 40 万元，甲拒绝。乙对甲说："我有你贪污的材料，不答应我就举报你。"甲信以为真，以 40 万元将该房卖与乙。乙实际并无甲贪污的材料。

根据上述内容，回答问题：

如何确定该房屋买卖合同的效力？

【答案及解析】

该合同因存在胁迫行为，属可撤销合同。甲如果申请法院或仲裁机构撤销该合同，则该合同自始为无效合同。如果甲不申请撤销，则该合同为有效合同。

【案例 2】

2009 年 12 月 25 日，甲到某商店买衣服，该商店故意将一件有隐蔽质量问题的衣服卖给了甲，甲仔细检查后未发现该质量问题。2010 年 1 月 1 日甲穿该衣服与同事聚餐，该同事发现了衣服存在的质量问题。

根据上述内容，分别回答下列问题：

（1）甲对该商店的诉讼时效期间如何界定？

（2）如果 2010 年 6 月 1 日发生地震，9 月 1 日障碍消除。诉讼时效如何计算？

（3）甲于 2010 年 2 月 1 日去找该商店协商要求退货，商店拒绝退货，诉讼时效如何计算？

【答案及解析】

（1）诉讼时效的计算以权利人知道或者应当知道其权利受到侵害之时开始，所以该案的诉讼时效应从 2010 年 1 月 1 日开始计算。根据《民法通则》的规定，出售质量不合格的商品未作声明的，诉讼时效期间为 1 年。

（2）由于不可抗力发生在最后 6 个月之前，该障碍在最后 6 个月时尚未消除，应从 7 月 1 日起暂停计时，9 月 1 日恢复计时。虽然不可抗力持续了 3 个月，但诉讼时效暂停的时间为 2 个月，诉讼时效期间向后顺延 2 个月，截止到 2011 年 3 月 1 日。

（3）甲找商店要求退货，证明甲在行使自己的权利，导致诉讼时效中断，这样诉讼时效从 2010 年 2 月 1 日起重新计算 1 年。

第二章　企业法

【本章学习要点】

◈个人独资企业的设立条件

◈普通合伙企业与有限合伙企业的区别

◈合伙企业的对内关系和对外关系

◈中外合资企业设立的条件和程序

◈中外合作企业设立的条件和程序

◈中外合资和中外合作企业的区别

企业是依法成立，具有一定的组织形式，独立从事商品生产经营、服务活动的经济组织，包括按企业资产组织形式划分的公司、合伙企业和独资企业；也包括按照所有制形式划分的国有企业、集体企业和私营企业；以及包括按照有无涉外因素划分的内资企业和外商投资企业等。企业法，是指调整企业在设立、组织形式、管理和运行过程中发生的经济关系的法律规范的总称。目前中国现行企业法对上述不同类型的企业都有相应的法律进行调整。本章主要介绍个人独资企业、合伙企业及外商投资企业的法律制度。

第一节　个人独资企业法

一、个人独资企业的法律特征

依照2000年1月1日起施行的《个人独资企业法》规定，个人独资企业，是指在中国境内设立，由一个自然人投资，财产为投资人个人所有，投资人以其个人财产对企业债务承担无限责任的经营实体。

个人独资企业具有以下法律特征：

1. 个人独资企业由一个自然人投资

根据《个人独资企业法》的规定，设立个人独资企业的只能是一个自然人，国家机关、国家授权投资的机构或者国家授权的部门、企事业单位等都不能作为个人独资企业的设立人。上述的自然人仅指中国公民。

2. 个人独资企业的投资人对企业的债务承担无限责任

由于个人独资企业的投资人仅为一个自然人，因此，对企业出资多少、是否追加投资或减少投资、采取什么样的经营方式等事项均由投资人一人决定。投资人对企业的债务承担无限责任，即当企业的资产不足以清偿到期债务时，投资人应以自己个人的全部财产用于清偿。

3. 个人独资企业是非法人企业

个人独资企业由一个自然人出资，投资人对企业的债务承担无限责任。在权利与义务上，企业和个人是融为一体的，企业的责任即投资人个人的责任，企业的财产即投资人个人的财产。个人独资企业虽不具有法人资格，却是独立的民事主体，可以以自己的名义从事民事活动。

二、个人独资企业的设立

（一）个人独资企业的设立条件

根据《个人独资企业法》的规定，设立个人独资企业应当具备下列条件：

1. 投资人为一个自然人

根据《个人独资企业法》的规定，个人独资企业的投资人为具有中国国籍的自然人，但法律、行政法规禁止从事营利性活动的人，不得作为投资人申请设立个人独资企业。根据我国有关法律、行政法规规定，国家公务员、党政机关领导干部、警官、法官、检察官以及商业银行工作人员等，不得作为投资人申请设立个人独资企业。

2. 有合法的企业名称

个人独资企业的名称应当符合国家关于企业名称登记管理的有关规定，企业名称应与其责任形式及从事的营业相符合，可以叫厂、店、部、中心、工作室等，个人独资企业名称中不得使用“有限”、“有限责任”或“公司”字样。

3. 有投资人申报的出资

《个人独资企业法》对设立个人独资企业的出资数额未作限制。根据国家工商行政管理总局《关于实施〈个人独资企业管理办法〉有关问题的通知》的规定，设立个人独资企业可以用货币出资，也可以用实物、土地使用权、知识产权或者其他财产权利出资。采取实物、土地使用权、知识产权或者其他财产权利出资的，应将其折算成货币数额。投资人申报的出资额应当与企业的生产经营规模相适应。投资人可以以个人财产出资，也可以以家庭共有财产作为个人出资。以家庭共有财产作为个人出资的，投资人应当在设立（变更）登记申请书上予以注明。

4. 有固定的生产经营场所和必要的生产经营条件

生产经营场所包括企业的住所和与生产经营相适应的处所。住所是企业的主要办事机构所在地，是企业的法定地址。

（二）个人独资企业的设立程序

1. 提出申请

申请设立个人独资企业，应当由投资人或者其委托的代理人向个人独资企业所在地的登记机关提出设立申请。申请时应当向登记机关提交下列文件：①投资人签署的个人独资企业设立申请书，设立申请书应当载明：企业的名称和住所；投资人的姓名和居所；投资人的出资额和出资方式；经营范围及方式。个人独资企业投资人以个人财产出资或者以其家庭共有财产作为个人出资的，应当在设立申请书上予以注明。②投资人身份证明，主要是身份证和其他有关证明材料。③企业住所证明和生产经营场所使用证明等文件，如土地使用证明、房屋产权证或租赁合同等。④委托代理人申请设立登记的，应当提交投资人的委托书和代理人的身份证明或者资格证明。⑤国家工商行政管理局规定提交的其他文件。依照法律、行政法规规定必须报经有关部门审批业务的，应当提交有关部门的批准文件。

2. 工商登记

登记机关应当在收到设立申请之日起 15 日内，对符合《个人独资企业法》规定条件的予以登记，发给营业执照；对不符合《个人独资企业法》规定条件的，不予登记，并发给企业登记驳回通知书。个人独资企业营业执照的签发日期，为个人独资企业成立日期。在领取个人独资企业营业执照前，投资人不得以个人独资企业名义从事经营活动。

个人独资企业设立分支机构，应当由投资人或者其委托的代理人向分支机构所在地的登记机关申请设立登记。分支机构经核准登记后，应将登记情况报给该分支机构隶属的个人独资企业的登记机关备案。分支机构的民事责任由设立该分支机构的个人独资企业承担。个人独资企业存续期间登记事项发生变更的，应当在作出变更决定之日起 15 日内依法向登记机关申请办理变更登记。

三、个人独资企业的事务管理

个人独资企业投资人可以自行管理企业事务，也可以委托或者聘用其他具有民事行为能力的人负责企业的事务管理。投资人委托或者聘用他人管理个人独资企业事务，应当与受托人或者被聘用的人签订书面合同。合同应订明委托的具体内容、授予的权利范围、受托人或者被聘用的人应履行的义务、报酬和责任等。但投资人对受托人或者被聘用的人员职权的限制，不得对抗善意第三人。个人独资企业的投资人与受托人或者被聘用的人员之间有关权利与义务的限制只对受托人或者被聘用的人员有效，对善意第三人并无约束力，受托人或者被聘用的人员超出投资人的限制与善意第三人的有关业务交往应当有效。

《个人独资企业法》规定，投资人委托或者聘用的管理个人独资企业事务的人员不得有下列行为：利用职务上的便利，索取或者收受贿赂；利用职务或者工作上的便利侵占企业财产；挪用企业的资金归个人使用或借贷给他人；擅自将企业资金以个人名义或者以他人名义开立账户储存；擅自以企业财产提供担保；未经投资人同意，从事与本企业相竞争的业务；未经投资人同意，同本企业订立合同或者进行交易；未经投资人同意，擅自将企业商标或者其他知识产权转让给他人使用；泄露本企业的商业秘密；法律、行政法规禁止的其他行为。

四、个人独资企业的解散和清算

（一）个人独资企业的解散

根据《个人独资企业法》的规定，个人独资企业有下列情形之一时，应当解散：①投资人决定解散；②投资人死亡或被宣告死亡，无继承人或者继承人决定放弃继承；③被依法吊销营业执照；④法律、行政法规规定的其他情形。

（二）个人独资企业的清算

个人独资企业解散的，应当进行清算。《个人独资企业法》对个人独资企业清算作了如下规定：

1. 通知和公告债权人

个人独资企业解散，由投资人自行清算或由债权人申请人民法院指定清算人进行清算。投资人自行清算的，应当在清算前15日内书面通知债权人，无法通知的，应当予以公告。债权人应当在接到通知之日起30日内，未接到通知的应当在公告之日起60日内，向投资人申报债权。

2. 财产清偿顺序

个人独资企业解散的，财产应当按照下列顺序清偿：①所欠职工工资和社会保险费用；②所欠税款；③其他债务。由于个人独资企业是一个投资人以其个人财产对企业债务承担无限责任的经营实体，因此，《个人独资企业法》规定，个人独资企业财产不足以清偿债务的，投资人应当以其个人的其他财产予以清偿。如果个人独资企业投资人在申请企业设立登记时明确以其家庭共有财产作为个人出资的，应当依法以其家庭共有财产对企业债务承担无限责任。

3. 对投资人的要求

清算期间，个人独资企业不得开展与清算目的无关的经营活动，在按前述财产清偿顺序清偿债务前，投资人不得转移、隐匿财产。

个人独资企业解散后，原投资人对个人独资企业存续期间的债务仍应承担偿还责任，但债权人在5年内未向债务人提出偿债请求的，该责任消灭。

4. 注销登记

个人独资企业清算结束后，投资人或者人民法院指定的清算人应当编制清算报告，并于15日内到登记机关办理注销登记。经登记机关注销登记，个人独资企业终止。个人独资企业办理注销登记时，应当交回营业执照。

第二节　合伙企业法

合伙企业，是指自然人、法人和其他组织依照《合伙企业法》在中国境内设立的，由两个或两个以上的合伙人订立合伙协议，为经营共同事业，共同出资、合伙经营、共享收益、共担风险的营利性组织。其包括普通合伙企业和有限合伙企业。普通合伙企业由普通合伙人组成，合伙人对合伙企业债务承担无限连带责任。《合伙企业法》对普通合伙人承担责任的形式有特别规定的，从其规定。有限合伙企业由普通合伙人和有限合伙人组成，普通合伙人对合伙企业债务承担无限连带责任，有限合伙人以其认缴的出资额为限对合伙企业债务承担责任。

一、普通合伙企业

（一）普通合伙企业的特征

普通合伙企业，是指由普通合伙人组成，合伙人对合伙企业债务依照《合伙企业法》规定承担无限连带责任的一种合伙企业。普通合伙企业具有以下特点：

1. 由普通合伙人组成

所谓普通合伙人，是指在合伙企业中对合伙企业的债务依法承担无限连带责任的自然人、法人和其他组织。《合伙企业法》规定，国有独资公司、国有企业、上市公司以及公益性的事业单位、社会团体不得成为普通合伙人。

2. 合伙人对合伙企业债务依法承担无限连带责任，法律另有规定的除外

所谓无限连带责任，包括两个方面：一是连带责任。即所有的合伙人对合伙企业的债务都有责任向债权人偿还，不管自己在合伙协议中所承担的比例如何。一个合伙人不能清偿对外债务的，其他合伙人都有清偿的责任。但是，当某一合伙人偿还合伙企业的债务超过自己所应承担的数额时，有权向其他合伙人追偿。二是无限责任。即所有的合伙人不仅以自己投入合伙企业的资金和合伙企业的其他资金对债权人承担清偿责任，而且在不够清偿时还要以合伙人自己所有的财产对债权人承担清偿责任。

但是，在特殊情况下，合伙人可以不承担无限连带责任。按照《合伙企业法》中“特殊普通合伙企业”的规定，对以专业知识和专门技能为客户提供有偿服务的专业服务机构，可以设立为普通合伙企业。在这种特殊的普通合伙企业中，对合伙人本人执业行为中因故意或者重大过失引起的合伙企业债务，其他合伙人以其在合伙企业中的财产份额为限承担责任；执业行为中因故意或者重大过失引起合伙企业债务的合伙人，应当承担无限连带责任；对合伙人本人执业行为中非故意或者重大过失引起的合伙企业的债务和合伙企业的其他债务，全体合伙人承担无限连带责任。对合伙人执业行为中因故意或者重大过失引起的企业债务，以合伙企业财产对外承担责任后，该合伙人应当按照合伙协议的约定对给合伙企业造成的损失承担赔偿责任。

（二）合伙企业的设立

1. 合伙企业的设立条件

（1）有两个以上合伙人。关于合伙人的资格，《合伙企业法》作了以下限定：①合伙企业合伙人至少为 2 人以上，对于合伙企业的合伙人数无最高限额，完全由设立人根据所设企业的具体情况决定。②合伙人可以是自然人，也可以是法人或者其他组织。合伙人为自然人的，应当具有完全民事行为能力。无民事行为能力人和限制民事行为能力人不得成为合伙企业的合伙人。③国有独资公司、国有企业、上市公司以及公益性的事业单位、社会团体不得成为普通合伙人。

（2）有书面合伙协议。合伙协议必须采用书面形式，并载明以下内容：合伙企业的名称和主要经营场所的地点；合伙目的和合伙企业的经营范围；合伙人的姓名或者名称及其住所；合伙人出资的方式、数额和缴付出资的期限；利润分配和亏损分担办法；合伙企业事务的执行；入伙与退伙；争议解决办法；合伙企业的解散与清算；违约责任。合伙协议

经全体合伙人签名、盖章后生效。合伙协议的修改或补充应当经过全体合伙人一致同意，但合伙协议另有约定的除外。

（3）有合伙人认缴或者实际缴付的出资。合伙人必须向合伙组织出资，合伙人出资的形式可以是货币、实物、土地使用权、知识产权或者其他财产权利。经全体合伙人协商一致，合伙人也可以用劳务、技术等出资。合伙人以货币以外的形式出资，一般应进行评估作价，即折价入伙。评估作价由合伙人协商确定，也可以由全体合伙人委托法定评估机构进行评估，以评估报告作为折价的依据。若以劳务出资，其评估办法由合伙人协商确定，并在合伙协议中载明。

合伙人应当按照合伙协议约定的出资方式、数额和缴付出资的期限，履行出资义务。以非货币财产出资的，依照法律、行政法规的规定需要办理财产权转移手续的，合伙人应当依法办理该等手续。如果合伙人违反了出资义务，即构成违约，其他合伙人可追究其违约责任。合伙人只能以其实际向合伙企业缴付的出资作为其出资份额，并据此享有权利和承担义务。与公司不同，合伙企业法没有规定合伙企业的最低注册资本，所以合伙企业不存在法定最低注册资本的问题。

（4）有合伙企业的名称和生产经营场所。普通合伙企业应当在其名称中标明“普通合伙”字样，其中，特殊的普通合伙企业应当在其名称中标明“特殊普通合伙”字样，合伙企业的名称必须和“合伙”联系起来，名称中必须有“合伙”二字。

2. 合伙企业的设立登记

（1）申请人向企业登记机关提交相关文件。该类文件有：全体合伙人签署的设立登记申请书；合伙协议书；全体合伙人的身份证明；全体合伙人指定的代表或者共同委托代理人的委托书；全体合伙人对各合伙人认缴或者实际缴付出资的确认书；经营场所证明；其他法定的证明文件。

此外，法律、行政法规规定设立合伙企业须经批准的，还应当提交有关批准文件。合伙协议约定或者全体合伙人决定，委托一个或者数个合伙人执行合伙事务的，还应当提交全体合伙人的委托书。

（2）企业登记机关核发营业执照。企业登记机关应自收到申请人提交所需的全部文件之日起20日内，作出是否登记的决定。予以登记的，发给营业执照，合伙企业的营业执照签发日期，为合伙企业成立之日。不予登记的，登记机关应当给予书面答复并说明理由。合伙企业领取营业执照之前，合伙人不得以合伙企业的名义从事合伙业务。

合伙企业可以设立分支机构。合伙企业设立分支机构的，应当向分支机构所在地的企业登记机关申请登记，领取营业执照。

（三）合伙企业财产

依据《合伙企业法》第二十条的规定，合伙人的出资和所有以合伙企业名义取得的收益均为合伙企业的财产，由全体合伙人共同管理和使用。合伙的财产主要由两部分组成：一是全体合伙人的出资。合伙人对合伙企业的出资是指各合伙人按照合伙协议实际缴付的出资。二是合伙企业成立后和解散前，以合伙企业名义取得的全部收益和依法取得的其他财产。

合伙人的出资形式多样，不同的出资所反映的性质不完全一样。

（1）以现金或明确以财产所有权出资的，意味着所有权的转移，出资人不再享有出资财产的所有权，而由全体合伙人共有。例如，合伙人以货币出资购买合伙经营所需的设备后，合伙人出资的货币所有权就转移成对设备的共有权。

（2）以土地使用权、房屋使用权、商标使用权、专利使用权等权利出资的，出资人并不因出资行为而丧失土地使用权、房屋所有权、商标权、专利权等权利，这些出资财产的所有权或使用权仍属于出资人，合伙企业只享有使用和管理权。对于此类出资，在合伙人退伙或者合伙企业解散时，合伙人有权要求返还原物。如果出资的所有权转移而形成合伙人间的共有关系，合伙人退伙或者合伙企业解散时，只能以分割共有财产的方式收回出资的价值量。

（3）对于是以所有权出资还是以使用权出资约定不明，而合伙人之间又不能达成一致意见的，应当结合合伙存续期间的实际情况予以判断，推定为以所有权出资或者以使用权出资。

合伙企业财产依法由全体合伙人共同管理和使用。具体表现为：

（1）在合伙企业存续期间，合伙人向合伙人以外的人转让其在合伙企业中的全部或部分财产份额时，除合伙协议另有约定外，须经其他合伙人一致同意，并且在同等条件下其他合伙人有优先受让的权利。作为合伙人以外的人依法受让合伙财产份额后，经修改合伙协议即成为合伙企业的合伙人，新的合伙人依照修改后的合伙协议享有权利、承担责任。

（2）在合伙企业存续期间，合伙人之间可以转让在合伙企业中的全部或者部分财产份额，但应通知其他合伙人。

（3）在合伙企业存续期间，合伙人以其在合伙企业中的财产份额出质的，须经其他合伙人一致同意。否则，出质行为无效，因此给善意第三人造成损失的，由行为人依法承担赔偿责任。

（4）在合伙企业存续期间，除依法退伙等法律有特别规定的外，合伙人不得请求分割合伙企业财产，也不得私自转移或者处分合伙企业财产。为了保护第三人的利益，如果合伙人私自转移或者处分合伙企业财产的，合伙企业不得以此对抗不知情的善意第三人。

（四）合伙事务执行

1. 合伙事务执行的形式

根据《合伙企业法》的规定，合伙人执行合伙企业事务，可以有两种形式：

（1）全体合伙人共同执行合伙事务。这是合伙事务执行的基本形式，也是在合伙企业中经常使用的一种形式，尤其是在合伙人较少的情况下更为适宜。在采取这种形式的合伙企业中，按照合伙协议的约定，各个合伙人都直接参与经营，处理合伙企业的事务，对外代表合伙企业。

（2）委托一个或者数个合伙人执行合伙事务。在合伙企业中，有权执行合伙事务的合伙人并不都愿意行使这种权利，而愿意委托其中的一个或者数个合伙人执行合伙事务，从而就从共同执行合伙事务的基本形式中，引申出了共同委托一部分人去执行合伙事务的形式。按照合伙协议的约定或者经全体合伙人决定，可以委托一个或者数个合伙人对外代表合伙企业，执行合伙事务；其他合伙人不再执行合伙事务。

合伙人可以将合伙事务委托给一个或者数个合伙人执行，但并非所有的合伙事务都可以委托给部分合伙人决定。根据《合伙企业法》的规定，除合伙协议另有约定外，合伙企业的下列事项应当经全体合伙人一致同意：改变合伙企业的名称；改变合伙企业的经营范围、主要经营场所的地点；处分合伙企业的不动产；转让或者处分合伙企业的知识产权和其他财产权利；以合伙企业名义为他人提供担保；聘任合伙人以外的人担任合伙企业的经营管理人员。

《合伙企业法》规定，合伙企业对合伙人执行合伙事务以及对外代表合伙企业权利的限制，不得对抗善意第三人。例如，合伙企业内部规定，有对外代表权的合伙人甲在签订合同时，须经乙和丙两个执行事务的合伙人同意，如果甲自作主张没有征求乙和丙的同意，与第三人丁签订了一份买卖合同，而丁不知道在合伙企业内部对甲所作的限制，在合同的履行中，也没有从中获得不正当的利益，在这种情况下，第三人丁应当为善意第三人，丁所得到的利益应当予以保护，合伙企业不得以其内部所作的在行使权利方面的限制为由，否定善意第三人丁的正当利益，拒绝履行合伙企业应承担的责任。

2. 合伙人在执行合伙事务中的义务

合伙人不得自营或者同他人合作经营与本合伙企业相竞争的业务。各合伙人组建合伙企业是为了合伙经营、共享收益，如果某一合伙人自己又从事或者和他人合作从事与合伙企业相竞争的业务，势必影响合伙企业的利益，背离合伙的初衷；同时还可能形成不正当竞争，使合伙企业处于不利地位，损害其他合伙人的利益。因此，《合伙企业法》规定，合伙人不得自营或者同他人合作经营与本合伙企业相竞争的业务。

合伙人不得同本合伙企业进行交易。合伙企业中每一个合伙人都是合伙企业的投资者，如果自己与合伙企业交易，就包含了与自己交易，也包含了与别的合伙人交易，而这种交易极易损害他人的利益。因此，《合伙企业法》规定，除合伙协议另有约定或者经全体合伙人一致同意外，合伙人不得同本合伙企业进行交易。

此外，合伙人不得从事损害本合伙企业利益的活动。合伙人在执行合伙事务的过程中，不得为了自己的私利，损害其他合伙人的利益，也不得与其他人恶意串通，损害合伙企业的利益。

3. 合伙事务执行的决议办法

《合伙企业法》规定，合伙事务执行决议的三种办法：

（1）由合伙协议对决议办法作出约定。这种约定有两个前提：一是不与法律相抵触，即法律有规定的，按照法律的规定执行，法律未作规定的可在合伙协议中约定。二是在合伙协议中作出的约定，应当由全体合伙人协商一致共同作出。至于在合伙协议中所约定的决议办法，是采取全体合伙人一致通过，还是采取2/3以上多数通过，或者采取其他办法，由全体合伙人视所决议的事项而作出约定。

（2）实行合伙人一人一票并经全体合伙人过半数通过的表决办法。伙协议未约定或者约定不明确的，才实行一人一票并经全体合伙人过半数通过的表决办法。需要注意的是，对各合伙人，无论出资多少和以何物出资，表决权数应以合伙人的人数为准，亦即每一个合伙人对合伙企业有关事项均有同等的表决权，采用经全体合伙人过半数通过的表决办法。

（3）依照《合伙企业法》的规定作出决议。如《合伙企业法》规定，合伙人按照合伙协议的约定或者经全体合伙人决定，可以增加或者减少对合伙企业的出资；又如《合伙企业法》规定，处分合伙企业的不动产、改变合伙企业的名称等，除合伙协议另有约定外，应当经全体合伙人一致同意等。

4. 合伙企业的损益分配

合伙损益包括两方面的内容：一是合伙利润，是指以合伙企业的名义从事经营活动所取得的经济利益；二是合伙亏损，是指以合伙企业的名义从事经营活动所形成的亏损。合伙损益分配包含合伙企业的利润分配与亏损分担两个方面，对合伙损益分配原则，《合伙企业法》作了原则规定，主要内容为：①合伙企业的利润分配、亏损分担，按照合伙协议的约定办理；合伙协议未约定或者约定不明确的，由合伙人协商决定；协商不成的，由合伙人按照实缴出资比例分配、分担；无法确定出资比例的，由合伙人平均分配、分担。②合伙协议不得约定将全部利润分配给部分合伙人或者由部分合伙人承担全部亏损。

（五）合伙企业和合伙人的债务清偿

1. 合伙企业的债务清偿

合伙企业的债务清偿制度主要有以下几项：

（1）合伙企业财产优先清偿。《合伙企业法》规定，合伙企业对其债务，应先以其全部财产进行清偿，而不应当向合伙人个人直接请求债权。这样，既有利于理顺合伙企业与第三人的法律关系，明确合伙企业的偿债责任，也有利于保护债权人的债权实现。

（2）合伙人的无限连带清偿责任。《合伙企业法》规定，合伙企业不能清偿到期债务的，合伙人承担无限连带责任。所谓合伙人的无限责任，是指当合伙企业的全部财产不足以偿付到期债务时，各个合伙人承担合伙企业的债务不是以其出资额为限，而是以其自有财产来清偿合伙企业的债务。合伙人的连带责任，是指当合伙企业的全部财产不足以偿付到期债务时，合伙企业的债权人对合伙企业所负债务，可以向任何一个合伙人主张，该合伙人不得以其出资的份额大小、合伙协议有特别约定、合伙企业债务另有担保人或者自己已经偿付所承担份额的债务等理由来拒绝。

（3）合伙人之间的债务分担和追偿。关于合伙企业亏损分担比例，《合伙企业法》规定，合伙企业的亏损分担，按照合伙协议的约定办理；合伙协议未约定或者约定不明确的，由合伙人协商决定；协商不成的，由合伙人按照实缴出资比例分担；无法确定出资比例的，由合伙人平均分担。

合伙人之间的分担比例对债权人没有约束力。债权人可以根据自己的清偿利益，请求全体合伙人中的一人或数人承担全部清偿责任，也可以按照自己确定的清偿比例向各合伙人分别追索。如果某一合伙人实际支付的清偿数额超过其依照既定比例所应承担的数额，依照《合伙企业法》的规定，该合伙人有权就超过部分向其他未支付或者未足额支付应承担数额的合伙人追索。但是，合伙人的这种追索权，应当具备以下三个条件：一是追偿人已经实际承担连带责任，并且其清偿数额超过了其应当承担的数额；二是被追偿人未实际承担或者未足额承担其应当承担的数额；三是追偿的数额不得超过追偿人超额清偿部分的数额或被追偿人未足额清偿部分的数额。

2. 合伙人的债务清偿

在合伙企业存续期间，可能发生个别合伙人因不能偿还其私人债务而被追索的情况。

由于合伙人在合伙企业中拥有财产权益，合伙人的债权人可能向合伙企业提出各种清偿请求。对该问题《合伙企业法》作了如下规定：

合伙人发生与合伙企业无关的债务，相关债权人不得以其债权抵销其对合伙企业的债务；也不得代位行使合伙人在合伙企业中的权利。合伙人的自有财产不足清偿其与合伙企业无关的债务的，该合伙人可以其从合伙企业中分取的收益用于清偿；债权人也可以依法请求人民法院强制执行该合伙人在合伙企业中的财产份额用于清偿。人民法院强制执行合伙人的财产份额时，应当通知全体合伙人，其他合伙人有优先购买权；其他合伙人未购买，又不同意将该财产份额转让给他人的，依照《合伙企业法》的规定为该合伙人办理退伙结算，或者办理削减该合伙人相应财产份额的结算。

（六）入伙与退伙

1. 入伙

入伙，是指在合伙企业存续期间，除合伙人以外的第三人加入合伙，从而取得合伙人资格。

（1）入伙的条件和程序。《合伙企业法》规定，新合伙人入伙，除合伙协议另有约定外，应当经全体合伙人一致同意，并依法订立书面入伙协议。订立入伙协议时，原合伙人应当向新合伙人如实告知原合伙企业的经营状况和财务状况。

（2）新合伙人的权利和责任。一般来讲，入伙的新合伙人与原合伙人享有同等权利，承担同等责任。但是，如果原合伙人愿意以更优越的条件吸引新合伙人入伙，或者新合伙人愿意以较为不利的条件入伙，也可以在入伙协议中另行约定。关于新入伙人对入伙前合伙企业的债务承担问题，《合伙企业法》规定，新合伙人对入伙前合伙企业的债务承担无限连带责任。

2. 退伙

退伙的形式包括：

（1）声明退伙，声明退伙又称自愿退伙，是指合伙人基于自愿的意思表示而退伙。声明退伙又可分为单方退伙和通知退伙。单方退伙，指当合伙协议约定了合伙的经营期限时，某一合伙人要求退伙的情形。通知退伙，指在合伙协议未约定合伙期限的情况下的退伙。根据《合伙企业法》第四十六条的规定，合伙协议未约定合伙期限的，在不给合伙事务执行造成不利影响的前提下，合伙人可以不经其他合伙人同意而退伙，但应当提前30日通知其他合伙人。

（2）法定退伙。指直接根据法律的规定而退伙。法定退伙又可分为当然退伙和除名退伙。

当然退伙。是指发生了某种客观情况而导致的退伙，《合伙企业法》第四十六条规定了这些客观情况，即：作为合伙人的自然人死亡或者被依法宣告死亡；个人丧失偿债能力；作为合伙人的法人或者其他组织依法被吊销营业执照、责令关闭、撤销或者被宣告破产；法律规定或者合伙协议约定合伙人必须具有相关资格而丧失该资格；合伙人在合伙企业中的全部财产份额被人民法院强制执行。

除名退伙，也称开除退伙，是指在合伙人出现法定事由的情形下，由其他合伙人决议将该合伙人除名。《合伙企业法》第四十九条规定了开除退伙的事由：未履行出资义务；

因故意或者重大过失给合伙企业造成损失；执行合伙事务时有不正当行为；合伙协议约定的其他事项。

退伙时的结算应遵循如下规则：

（1）合伙人退伙，其他合伙人应当与该退伙人按照退伙时的合伙企业财产状况进行结算，退还退伙人的财产份额。退伙时有未了结的合伙企业事务的，可以待该事务了结后再进行结算。

（2）退伙人对给合伙企业造成的损失负有赔偿责任的，可以相应扣减其应当赔偿的数额。

（3）退伙人在合伙企业中财产份额的退还办法，由合伙协议约定或者由全体合伙人决定，可以退还货币，也可以退还实物。

（4）如果退伙时合伙企业的财产少于合伙企业债务，亦即资不抵债，则退伙人应当根据合伙协议的约定或者《合伙企业法》第三十三条的规定分担亏损。

（5）退伙人退伙时，对基于其退伙前的原因发生的合伙企业债务，仍应与其他合伙人一起承担无限连带责任。

二、有限合伙企业

有限合伙企业，是指由有限合伙人和普通合伙人共同组成，普通合伙人对合伙企业债务承担无限连带责任，有限合伙人以其认缴的出资额为限对合伙企业债务承担责任的合伙组织。

有限合伙企业与普通合伙企业相比较，具有以下显著特征：①在经营管理上，普通合伙企业的合伙人一般均可参与合伙企业的经营管理。而在有限合伙企业中，有限合伙人不执行合伙事务，而由普通合伙人从事具体的经营管理。②在风险承担上，普通合伙企业的合伙人之间对合伙债务承担无限连带责任。而在有限合伙企业中，不同类型的合伙人所承担的责任也存在差异，其中有限合伙人以其各自的出资额为限承担有限责任，普通合伙人之间承担无限连带责任。

（一）有限合伙企业设立的特殊规定

1. 有限合伙企业人数

《合伙企业法》规定，有限合伙企业由 2 个以上 50 个以下合伙人设立；但是，法律另有规定的除外。有限合伙企业至少应当有 1 个普通合伙人。按照规定，自然人、法人和其他组织可以依照法律规定设立有限合伙企业，但国有独资公司、国有企业、上市公司以及公益性的事业单位、社会团体不得成为有限合伙企业的普通合伙人。

2. 有限合伙企业名称

《合伙企业法》规定，有限合伙企业名称中应当标明“有限合伙”字样，而不能标明“普通合伙”、“特殊普通合伙”、“有限公司”、“有限责任公司”等字样。

3. 有限合伙企业协议

有限合伙企业协议除符合普通合伙企业合伙协议的规定外，还应当载明下列事项：普通合伙人和有限合伙人的姓名或者名称、住所；执行事务合伙人应具备的条件和选择程序；执行事务合伙人权限与违约处理办法；执行事务合伙人的除名条件和更换程序；有限合伙人入伙、退伙的条件、程序以及相关责任；有限合伙人和普通合伙人相互转变程序。

4. 有限合伙人出资形式

《合伙企业法》规定，有限合伙人可以用货币、实物、知识产权、土地使用权或者其他财产权利作价出资；有限合伙人不得以劳务出资。有限合伙人应当按照合伙协议的约定按期足额缴纳出资；未按期足额缴纳的，应当承担补缴义务，并对其他合伙人承担违约责任。

5. 有限合伙企业登记事项

《合伙企业法》规定，有限合伙企业登记事项中应当载明有限合伙人的姓名或者名称及认缴的出资数额。

（二）有限合伙企业的事务执行

有限合伙企业的事务由普通合伙人执行。有限合伙人不执行合伙事务，也不得对外代表有限合伙企业。这是有限合伙企业与普通合伙企业的重大区别。在普通合伙企业中，任何一个合伙人都有权执行合伙事务，都有权对外代表合伙企业，其地位是完全平等的。

有限合伙人的下列行为不视为执行合伙事务：参与决定普通合伙人入伙、退伙；对企业的经营管理提出建议；参与选择承办有限合伙企业审计业务的会计事务所；获取经审计的有限合伙企业财务会计报告；对涉及自身利益的情况，查阅有限合伙企业财务会计账簿等财务资料；在有限合伙企业中的利益受损时，向有责任的合伙人主张权利或者提起诉讼；执行事务合伙人怠于行使权利时，督促其行使权利或者为了本企业的利益以自己的名义提起诉讼；依法为本企业提供担保。

（三）有限合伙人的特殊权利

（1）有限合伙人仅以其认缴的出资额为限对合伙企业的债务承担责任，而普通合伙人需要对合伙企业债务承担无限连带责任。新入伙的有限合伙人对入伙前合伙企业的债务也是以其认缴的出资额为限承担责任。

（2）除非合伙协议另有约定，有限合伙人可以同合伙企业进行交易，而普通合伙人通常是不可以的，除非合伙协议另有约定或者经过全体合伙人同意。

（3）除非合伙协议另有约定，有限合伙人可以自营或者同他人合作经营与本合伙企业相竞争的业务，而普通合伙人则不可。

（4）除非合伙协议另有约定，有限合伙人可以将其在合伙企业中的财产份额出质，而普通合伙人须经其他合伙人一致同意方可以其在合伙企业中的财产份额出质。

（5）有限合伙人可以按照合伙协议的约定向合伙人以外的人转让其在合伙企业中的财产份额，只需提前30天通知其他合伙人即可。而普通合伙人对外转让财产份额时须经其他合伙人一致同意，除非合伙协议另有约定。

（6）作为有限合伙人的自然人在合伙企业存续期间丧失民事行为能力的，其他合伙人不得因此要求其退伙。而普通合伙人若丧失民事行为能力，除非经过全体合伙人一致同意，否则只能作退伙处理。

三、合伙企业的解散和清算

（一）合伙企业的解散

根据《合伙企业法》的规定，合伙企业有下列情形之一的，应当解散：①合伙期限届满，合伙人决定不再经营；②合伙协议约定的解散事由出现；③全体合伙人决定解散；④合伙人已不具备法定人数满30天；⑤合伙协议约定的合伙目的已经实现或者无法实现；⑥依法被吊销营业执照、责令关闭或者被撤销；⑦法律、行政法规规定的其他原因。

（二）合伙企业的清算

合伙企业解散后应当进行清算。《合伙企业法》对合伙企业清算作了以下几方面的规定：

1. 确定清算人

合伙企业解散，应当由清算人进行清算。清算人由全体合伙人担任；经全体合伙人过半数同意，可以自合伙企业解散事由出现后15日内指定一个或者数个合伙人，或者委托第三人担任清算人。自合伙企业解散事由出现之日起15日内未确定清算人的，合伙人或者其他利害关系人可以申请人民法院指定清算人。

清算人在清算期间执行下列事务：清理合伙企业财产，分别编制资产负债表和财产清单；处理与清算有关的合伙企业未了结的事务；清缴所欠税款；清理债权、债务；处理合伙企业清偿债务后的剩余财产；代表合伙企业参加诉讼或者仲裁活动。

2. 通知和公告债权人

清算人自被确定之日起10日内将合伙企业解散事项通知债权人，并于60日内在报纸上公告。债权人应当自接到通知书之日起30日内，未接到通知书的自公告之日起45日内，向清算人申报债权。债权人申报债务，应当说明债权的有关事项并提供证明材料。清算人应当对债权进行登记。清算期间，合伙企业存续，但不得开展与清算无关的经营活动。

3. 财产清偿顺序

（1）合伙企业的财产首先用于支付合伙企业的清算费用。清算费用包括：①管理合伙企业财产的费用，如仓储费、保管费、保险费等。②处分合伙企业财产的费用，如聘任工作人员的费用等。③清算过程中的其他费用，如通告债权人的费用、调查债权的费用、咨询费用、诉讼费用等。

（2）合伙企业的财产支付合伙企业的清算费用后的清偿顺序如下：合伙企业职工工资、社会保险费用和法定补偿金；缴纳所欠税款；清偿债务。其中，法定补偿金主要是指法律、行政法规和规章制度所规定的应当支付给职工的补偿金，如《劳动法》规定的解除劳动合同的补偿金等。

（3）分配财产。合伙企业财产依法清偿后仍有剩余时，对剩余财产依照《合伙企业法》的规定进行分配，即按照合伙协议的约定办理；合伙协议未约定或者约定不明确的，由合伙人协商决定；协商不成的，由合伙人按照实缴出资比例分配；无法确定出资比例的，由合伙人平均分配。

合伙企业注销或依法被宣告破产后，原普通合伙人对合伙企业存续期间的债务仍应承担无限连带责任。

第三节 外商投资企业法

一、外商投资企业的概念与种类

（一）外商投资企业的概念

外商投资企业，是指依照中华人民共和国法律的规定，在中国境内设立的，由中国投资者和外国投资者共同投资或者仅由外国投资者投资的企业。其所称的中国投资者包括中国的公司、企业或者其他经济组织，外国投资者包括外国的公司、企业和其他经济组织或者个人。

（二）外商投资企业的种类

外商投资企业是一个总的概念，包括所有含有外资成分的企业。依照外商在企业注册资本和资产中所占股份和份额的比例不同以及其他法律特征的不同，可将外商投资企业分为以下三种类型：

1. 中外合资经营企业

其主要法律特征是：外商在企业注册资本中的比例有法定要求，企业采取有限责任公司的组织形式。故此种合营称为股权式合营。

2. 中外合作经营企业

其主要法律特征是：外商在企业注册资本中的份额无强制性要求，企业采取灵活的组织管理、利润分配、风险负担方式。故此种合营称为契约式合营。

3. 外资企业

其主要法律特征是：企业全部资本均为外商出资和拥有。

二、中外合资经营企业法

（一）中外合资经营企业的特征

中外合资经营企业，是指中国合营者与外国合营者依照中华人民共和国法律的规定，在中国境内共同投资、共同经营，并按投资比例分享利润、分担风险及亏损的企业。中外合资经营企业有以下特征：

（1）在中外合资经营企业的股东中，外方合营者包括外国的公司、企业、其他经济组织或者个人，中方合营者则为中国的公司、企业或者其他经济组织，不包括中国公民个人。

（2）中外合资经营企业的组织形式为有限责任公司，具有法人资格，作为股东的中外合营各方以投资额为限对企业债务承担有限责任。

（3）在中外合资经营企业的注册资本中，外方合营者的出资比例一般不得低于25%。

（4）中外各方依照出资比例分享利润、分担亏损、回收投资。

（5）合资企业不设股东会，其最高权力机构为董事会，董事会成员由合营各方按投资比例协商分配，并载明于合营企业合同和章程。合营企业一方对他方委派的董事不具有否决权，但董事的资格应当不违反《公司法》关于董事任职条件的规定。

（二）中外合资经营企业的设立

1. 设立合营企业的条件

在中国境内设立中外合资经营企业（简称合营企业），应当符合国家指导外商投资方向的规定及外商投资产业指导目录的规定。申请设立合营企业有下列情况之一的，不予批准：有损中国主权的；违反中国法律的；不符合中国国民经济发展要求的；造成环境污染的；签订的协议、合同、章程显属不公平，损害合营一方权益的。

2. 设立合营企业的法律程序

（1）由中外合营者共同向审批机关报送有关文件。申请设立合营企业，中外合营者须共同向审批机关报送下列文件：设立合营企业的申请书；合营各方共同编制的可行性研究报告；由合营各方授权代表签署的合营企业协议、合同和章程；由合营各方委派的合营企业董事长以及副董事长、董事人选名单；审批机关规定的其他文件。

（2）审批机关审批。在中国境内设立合营企业，必须经国务院对外经济贸易主管部门即商务部审查批准，发给批准证书。但具备以下两个条件的，应由国务院授权省、自治区、直辖市人民政府或国务院有关部门审批：一是投资总额在国务院规定的投资审批权限以内，中国合营者的资金来源已落实的；二是不需要国家增拨原材料，不影响燃料、动力、交通运输、外贸出口配额等的全国平衡的。后一类审批机关批准设立的合营企业，应报国务院对外经济贸易主管部门即商务部备案。审批机关自接到报送的全部文件之日起90天内决定批准或不批准。

（3）办理工商登记。合营企业应当自收到批准证书后1个月内按照国家有关规定，到工商行政管理机关办理登记手续，领取营业执照，开始营业。合营企业的营业执照签发日期，即为该合营企业的成立日期。

（三）中外合资经营企业的注册资本与投资总额

1. 合营企业的注册资本

合营企业的注册资本，是指为设立合营企业在工商行政管理机关登记注册的资本，应为合营各方认缴的出资额之和。依照我国有关法律、法规的规定，合营企业的注册资本应当符合下列要求：

（1）在合营企业的注册资本中，外国合营者的出资比例一般不低于25%，这是外国合营者认缴出资的最低限额。对其最高限额法律没有明确规定。

（2）合营企业在合营期限内，不得减少其注册资本。但因投资总额和生产经营规模等发生变化，确需减少注册资本的，须经审批机关批准。对合营企业在合营期限内增加注册资本，法律没有禁止。但是，合营企业增加注册资本应当经合营各方协商一致，并由董事会会议通过，报经原审批机关核准。合营企业增加、减少注册资本，应当修改合营企业章程，并办理变更注册资本登记手续。

（3）合营企业的注册资本应符合《公司法》规定的有限责任公司注册资本的最低限额。

2. 合营企业的投资总额

合营企业的投资总额，是指按照合营企业的合同、章程规定的生产规模需要投入的基本建设资金和生产流动资金的总和，由注册资本与借款构成。合营企业的借款是指为弥补投资总额的不足，以合营企业的名义向金融机构借入的款项。

合营企业的注册资本和投资总额之间应当保持适当、合理的比例。现行有关规定如下：①合营企业的投资总额在300万（含300万）美元以下的，注册资本至少应占投资总额的7/10；②合营企业的投资总额在300万美元至1 000万（含1 000万）美元的，注册资本至少应占投资总额的1/2，其中投资总额在420万美元以下的，注册资本不得低于210万美元；③合营企业的投资总额在1 000万美元至3 000万（含3 000万）美元的，注册资本至少应占投资总额的2/5，其中投资总额在1 250万美元以下的，注册资本不得低于500万美元；④合营企业的投资总额在3 000万美元以上的，注册资本至少应占投资总额的1/3，其中投资总额在3 600万美元以下的，注册资本不得低于1 200万美元。

（四）中外合资经营企业合营各方的出资方式、出资期限

1. 合营企业合营各方的出资方式

合资各方可以用下列方式出资：①货币。即以现金出资。②实物。即以建筑物、厂房、机器设备或其他物料作价出资。③工业产权、专有技术。④场地使用权。

外国合营者以货币出资时，只能以外币缴付出资，不能以人民币缴付出资。外国合营者出资的外币，应当按缴款当日中国人民银行公布的基准汇率折算成人民币或者套算成约定的外币。中国合营者出资的人民币现金，需要折算成外币的，应当按缴款当日中国人民银行公布的基准汇率折算。

以实物、工业产权、专有技术、场地使用权作为出资的，其作价由合资各方按照公平合理的原则协商确定，或者聘请合资各方同意的第三者评定。

作为外国合资者出资的机器设备或其他物料必须符合下列条件：①应当是合资企业生产所必需的；②作价不得高于同类机器设备或其他物料当时的国际市场价格。

作为外国合资者出资的工业产权或专有技术，必须符合下列条件之一：①能显著改进现有产品的性能、质量，提高生产效率的；②能显著节约原材料、燃料和动力的。外国合资者以工业产权或专有技术作为出资，应提交该工业产权或专有技术的有关资料，包括专利证书或者商标注册证书的复印件、有效状况及其技术特性、实用价值、作价的计算依据、与中国合资者签订的作价协议等有关文件，作为合资合同的附件。外国合资者以机器设备或其他物料、工业产权或专有技术作为出资的，应报审批机关批准。

中国合营者可以用为合营企业经营期间提供的场地使用权作为出资，其作价金额应当与取得同类场地使用权所应缴纳的使用费相同。如果场地使用权未作为中国合营者出资的一部分，合营企业应向中国政府缴纳场地使用费。

合营企业任何一方不得用以合营企业名义取得的贷款、租赁的设备或者其他财产以及合营者以外的他人财产作为自己的出资，也不得以合营企业的财产和权益或者合营他方的财产和权益为其出资担保。

2. 合营企业合营各方的出资期限

（1）合资合同中规定一次缴清出资的，合资各方应当从营业执照签发之日起 6 个月内缴清。

（2）合资合同中规定分期缴付出资的，合资各方的第一期出资不得低于各自认缴出资额的 15%，并且应当在营业执照签发之日起 3 个月内缴清。

（3）合资各方未能在合资合同规定的上述期限内缴付出资的，视同合资企业自动解散，合资企业批准证书自动失效。

（4）合资各方缴付第一期出资后，超过合资合同规定的其他任何一期出资期限 3 个月，仍未出资或者出资不足时，工商行政管理机关应当会同原审批机关发出通知，要求合资各方在 1 个月内缴清出资。未按上述通知期限缴清出资的，原审批机关有权撤销对该合资企业的批准证书。

（5）合资一方未按照合资合同的规定如期缴付或者缴清其出资的，即构成违约，应当按照合同规定支付迟延利息或者赔偿损失。

（五）中外合资经营企业出资额的转让

合营企业出资额的转让，是指在合营企业中合营一方将其全部或部分出资额转让给合营企业另一方或第三者。

1. 合营企业出资额的转让条件

根据《中外合资经营企业法》及其《实施条例》的规定，合营企业出资额的转让必须具备如下条件，才能具有法律效力：

（1）合营企业出资额的转让须经合营各方同意。虽然出资额的转让是转让方与受让方之间的协议，但转让生效后，受让方一般会成为合营企业的主体，参与企业的经营管理，必然涉及合营他方的利益。为了保护合营他方的合法权益，出资额的转让必须经合营各方同意。

（2）合营企业出资额的转让须经董事会会议通过后，报原审批机关批准。出资额转让生效后，合营企业的主体发生了变更，有时会影响到企业法律性质的变化。为了维护国家利益和加强对合营企业的管理，合营企业出资额的转让必须经董事会会议通过后报原审批机关批准，接受国家对出资额转让的审查。

（3）合营企业一方转让其全部或部分出资额时，合营他方有优先购买权。即合营一方向第三者转让出资额的条件，不得比向合营他方转让的条件优惠。

2. 合营企业出资额的转让程序

（1）申请出资额转让。当合营一方提出转让出资额的要求时，合营他方应作出明确表示，告知其同意转让。同时合营他方应考虑是否购买部分或全部转让的出资额，如决定不买，应及时通知对方寻找第三者。

（2）董事会审查决定。在确定合营企业出资额转让时，董事会应召开董事会会议进行审查。董事会审查时应注意掌握：出资额的转让是否经合营各方同意；出资额的转让是否获得了必要的审批；是否对出资额的受让方进行了资格审查，是否符合转让条件。

（3）报审批机关批准。合营企业出资额转让经董事会审查通过后，应报原审批机关批准。报批时应报送以下文件：转让出资额的申请书；转让出资额的协议书；原合营企业合同、章程修正本；受让者资信情况及营业执照副本；受让者委托的董事名单；审批机关规定的其他文件。审批机关受理后，应在 3 个月内作出批准或不批准的决定。

（4）办理变更登记手续。转让出资额经审批机关批准后，合营企业应向原登记管理机关办理变更登记手续。

（六）中外合资经营企业的组织形式和组织机构

1. 合营企业的组织形式

合营企业的组织形式为有限责任公司。合营企业、合营各方对合营企业的责任以各自认缴的出资额为限，合营企业以其全部资产对其债务承担责任。

2. 合营企业的组织机构

根据《中外合资经营企业法》及其《实施条例》的规定，合营企业的组织机构是董事会和经营管理机构。

（1）合资企业的董事会。合资企业的董事会是合资企业的最高权力机构。董事会的职权是按合资企业章程的规定，讨论决定合资企业的一切重大问题。董事会的人数，由合资各方协商，在合资企业合同、章程中确定，但不得少于 3 人。

董事名额的分配，由合资各方参照出资比例协商确定。然后，由合资各方按照分配的名额分别委派董事。董事的任期为 4 年，经合资者继续委派可以连任。

董事长和副董事长由合资各方协商确定或由董事会选举产生。中外合资者的一方担任董事长的，由他方担任副董事长。董事长是合资企业的法人代表。董事长不能履行职责时，应授权副董事长或其他董事代表合资企业。

董事会会议每年至少召开一次。经 1/3 以上的董事提议，可召开董事会临时会议。董事会会议应有 2/3 以上董事出席方能举行。

下列事项由出席董事会会议的董事一致通过方可作出决议：①合资企业章程的修改；②合资企业的中止、解散；③合资企业注册资本的增加、减少；④合资企业的合并、分立。

（2）经营管理机构。经营管理机构负责合营企业的日常经营管理工作。经营管理机构设总经理 1 人，副总经理若干人，其他高级管理人员若干人。总经理、副总经理由合营企业董事会聘请，可以由中国公民担任，也可以由外国公民担任。总经理执行董事会会议的各项决议，组织领导合营企业的日常经营管理工作。在董事会授权范围内，总经理对外代表合营企业，对内任免下属人员，行使董事会授予的其他职权。

（七）合资企业的解散与清算

1. 合资企业的解散

已经开业的合资企业，具有下列情况之一时解散：①合资期限届满；②企业发生严重亏损，无力继续经营；③合资一方不履行合资企业协议、合同、章程规定的义务，致使企业无法继续经营；④合资企业因自然灾害、战争等不可抗力遭受严重损失，无法继续经营；⑤合资企业未达到其经营目的，同时又无发展前途；⑥合资企业合同、章程所规定的其他解散原因已经出现。

在发生上述后面五种情况时，应由董事会提出解散申请书，报审批机关批准。

在上述的第三种情况下，不履行合资企业协议、合同、章程规定的义务一方，应对合资企业由此造成的损失负赔偿责任。

2. 合营企业的清算

合营企业宣告解散时，应当进行清算。除企业破产清算应当按照有关法律规定的程序进行清算外，合营企业的清算应当按照《外商投资企业清算办法》和《公司法》等规定成立清算委员会，由清算委员会负责清算事宜。

清算委员会的成员一般应当在合营企业的董事中选任。董事不能担任或者不适合担任清算委员会成员时，合营企业可以聘请中国的注册会计师、律师担任。审批机关认为必要时，可以派人进行监督。

合营企业以其全部资产对其债务承担责任。合营企业清偿债务后的剩余财产按照合营各方的出资比例进行分配，但合营企业协议、合同、章程另有规定的除外。合营企业解散时，其资产净额或者剩余财产减除企业未分配利润、各项基金和清算费用后的余额，超过实缴资本的部分为清算所得，应当依法缴纳所得税。

合营企业的清算工作结束后，由清算委员会提出清算结束报告，提请董事会会议通过后，报告审批机关，并向登记管理机关办理注销登记手续，缴销营业执照。

三、中外合作经营企业法

（一）中外合作经营企业的概念与特征

中外合作经营企业，是指中国合作者与外国合作者依照中华人民共和国法律的规定，在中国境内共同举办的，按合作企业合同的约定分配收益或者产品、分担风险和亏损的企业。其特点是：

（1）中外合作经营企业属于契约式的合营企业。中外合作者的投资或者提供的合作条件，不折算成股份，即各方的投资不作价、不计股，中外合作者按何种比例进行收益或者产品的分配、风险和亏损的分担，由合作企业合同约定。换言之，合作企业合同是企业成立的基本依据，合营各方的权利与义务不是取决于投资比例与股份，而是取决于合作企业合同的约定。这同中外合资经营企业这种股权式的合营企业是有明显区别的。所以，合作企业称为契约式合营，而合资企业称为股权式合营。

（2）中外合作经营企业的组织形式具有多样化的特点，即中外合作者可以共同举办具有法人资格的合作企业，也可以共同兴办不具有法人资格的合作企业。换言之，合作企业既可以是法人企业，也可以是非法人企业，而中外合资经营企业都具有法人资格。

（3）中外合作经营企业的组织机构与管理方式具有灵活多样的特征。既可以是董事会制，也可以是联合管理委员会制，还可以是委托第三方管理。

（4）中外合作经营企业一般采取让外方先行回收投资的做法，外方承担的风险相对较小，但合作期满，企业的资产均归中方所有。

（二）中外合作经营企业的设立

在中国境内设立中外合作经营企业（简称合作企业），应当符合国家的发展政策和产业政策，遵守国家关于指导外商投资方向的规定。设立合作企业的法律程序要经过以下三项：

（1）由中国合作者向审查批准机关报送有关文件。这些文件包括：设立合作企业的项目建议书；合作各方共同编制的可行性研究报告；合作企业协议、合同、章程；合作各方的营业执照或注册登记证明、资信证明及法定代表人的有效证明文件，外国合作者是自然人的，应当提供有关身份、履历和资信情况的有效证明文件；合作各方协商确定的合作企业董事长、副董事长、董事或者联合管理委员会主任、副主任、委员的人选名单；审查批准机关要求报送的其他文件。

（2）审查批准机关审批。审查批准机关，是指商务部或者省级商务主管部门。审查批准机关应当自收到规定的全部文件之日起 45 日内决定批准或不予批准。审查批准机关认为报送的文件不全或者有不当之处的，有权要求合作各方在指定期间内补全或修正。

（3）办理工商登记。批准设立的合作企业依法向工商行政管理机关申请登记，领取营业执照。合作企业的营业执照签发日期，即为该合作企业的成立日期。

（三）中外合作经营企业的注册资本与投资、合作条件

1. 合作企业的注册资本

合作企业的注册资本，是指为设立合作企业，在工商行政管理机关登记的合作各方认缴的出资额之和。注册资本可以用人民币表示，也可以用合作各方约定的一种可自由兑换的外币表示。合作企业的注册资本在合作期限内不得减少。但因投资总额和生产经营规模等变化，确需减少的，须经审查批准机关批准。

合作企业的投资总额，是指按照合作企业合同、章程规定的生产经营规模，需要投入的资金总和。合作企业的注册资本与投资总额的比例，参照中外合资经营企业注册资本与投资总额比例的有关规定执行。

2. 合作企业的投资和合作条件

（1）合作各方的出资方式。合作各方应依法和依合作企业合同的约定向合作企业投资或提供合作条件。合作各方投资或提供合作条件的方式可以是货币，也可以是实物或者工业产权、专有技术、土地使用权等财产权利。合作各方以自有的财产或财产权利作为投资或合作条件，对该投资或合作条件不得设立抵押或其他形式的担保。合作各方缴纳投资或提供合作条件后，应当由中国注册会计师验证，合作企业据此发给合作各方出资证明书。

（2）合作各方的出资比例。依法取得法人资格的中外合作企业，外方合作者的投资一般不低于合作企业注册资本的25%。不具备法人资格的中外合作企业，对合作各方向合作企业投资或者提供合作条件的具体要求，由商务部确定。

（3）合作各方的出资期限。中外合作企业的合作各方应当根据合作企业的生产经营需要，在合作企业合同中约定合作各方向合作企业投资或提供合作条件的期限。合作各方未按期缴纳投资、提供合作条件的，工商行政管理部门应当令其限期履行；期限届满仍未履行的，审查批准机关应当撤销批准证书，工商行政管理机关应当吊销其营业执照，并予以公告。未按合作企业合同缴纳投资或提供合作条件的一方，应当向已经缴纳投资或提供合作条件的他方承担违约责任。

（四）中外合作经营企业的组织形式和组织机构

1. 合作企业的组织形式

合作企业可以申请为具有法人资格的合作企业，也可以申请为不具有法人资格的合作企业。具有法人资格的合作企业，其组织形式为有限责任公司。除合作企业合同另有约定外，合作各方对合作企业承担的责任以其投资或者提供的合作条件为限。合作企业以其全部资产对其债务承担责任。不具有法人资格的合作企业，合作各方的关系是一种合伙关系。合作各方依照中国民事法律的有关规定，承担民事责任。

2. 合作企业的组织机构

合作企业在组织机构的设置上有较大的灵活性，主要有以下三种形式：

（1）董事会制。具有法人资格的合作企业，一般实行董事会制。董事会是合作企业的最高权力机构，决定合作企业的重大问题，董事长、副董事长由合作各方协商产生；中外合作者的一方担任董事长的，由他方担任副董事长。

董事会可以决定任命或者聘请总经理负责合作企业的日常经营管理工作。总经理对董事会负责。合作企业的经营管理机构可以设副总经理 1 人或若干人。副总经理协助总经理的工作。

（2）联合管理制。不具有法人资格的合作企业，一般实行联合管理制。联合管理机构由合作各方代表组成，是合作企业的最高权力机构，决定合作企业的重大问题。中外合作者的一方担任联合管理机构主任的，由他方担任副主任。

联合管理机构可以设立经营管理机构，也可以不设立经营管理机构。设经营管理机构的，总经理由经营管理机构任命或者聘请，负责合作企业的日常经营管理工作，对联合管理机构负责。不设经营管理机构的，由联合管理机构直接管理企业。

（3）委托管理制。经合作各方一致同意，合作企业可以委托中外合作一方进行经营管理，另一方不参加管理；也可以委托合作方以外的第三方来经营管理企业。

（五）中外合作经营企业的收益分配与回收投资

1. 合作企业的收益分配

合作企业的中外合作者可以在合同中约定采用分配利润、分配产品或者其他方式分配收益，合作企业合作各方约定采用分配产品或者其他方式分配收益的，应当按照中国税法的有关规定，计算应纳税额。

2. 合作企业的外国合作者先行收回投资

外国合作者先行收回投资的办法一般有三种：其一，合作前期从企业税后利润中给外方多分配，以后逐年递减，即优先保证外方实现利润；其二，经税务机关批准，实行税前分配，即外方合营者在合作企业缴纳所得税前回收投资；其三，经税务机关批准，通过加速固定资产折旧的办法，用折旧金偿还外方的投资。

合作企业合同约定外国合作者在缴纳所得税前收回投资的，必须向财政税务机关提出申请，由财政税务机关依照国家有关税收的规定审查批准。

（六）中外合作经营企业的期限、解散和清算

1. 合作企业的期限

合作企业的期限由中外合作者协商确定，并在合作企业合同中订明。合作企业期限届

满，合作各方协商同意要求延长合作期限的，应当在期限届满的 180 天前向审查批准机关提出申请，说明原合作企业合同执行情况，延长合作期限的原因，同时报送合作各方就延长的期限内各方的权利、义务等事项所达成的协议。审查批准机关应当自接到申请之日起 30 日内，决定批准或不批准。经批准延长合作期限的，合作企业凭批准文件向工商行政管理机关办理变更登记手续，延长的期限从期限届满后的第一天起计算。

合作企业合同约定外国合作者先行回收投资，并且投资已经回收完毕的，合作企业期限届满不再延长。但是，外国合作者增加投资的，经合作各方协商同意，可以向审查批准机关申请延长合作期限。

2. 合作企业的解散

根据《中外合作经营企业法》及其《实施细则》的规定，合作企业出现下列情形之一时解散：①合作期限届满；②合作企业发生严重亏损，或者因不可抗力遭受严重损失，无力继续经营；③中外合作者一方或者数方不履行合作企业合同、章程规定的义务，致使合作企业无法继续经营；④合作企业的合同、章程中规定的其他解散原因已经出现；⑤合作企业违反法律、行政法规，被依法责令关闭。

上述第②、④项所列情形发生时，应当由合作企业的董事会或者联合管理委员会作出决定，报审查批准机关批准。在上述第③项所列情形下，不履行合作企业合同、章程规定义务的中外合作者一方或者数方，应当对履行合同的他方因此遭受的损失承担赔偿责任。履行合同的一方或者数方有权向审查批准机关提出申请，解散合作企业。

3. 合作企业的清算

《中外合作经营企业法》规定，合作企业期满或者提前终止时，应当依照法定程序对资产和债权、债务进行清算。中外合作者应当依照合作企业合同的约定来确定合作企业财产的归属。也就是说，合作企业的清算事宜，应依照国家法律、行政法规及合作企业合同、章程的规定办理。

四、外资企业法

（一）外资企业的概念与特征

外资企业，是指依照中华人民共和国法律的规定，在中国境内设立的，全部资本由外国投资者投资的企业。其特征是：

（1）外资企业的全部资本都是由外国投资者投资的，相应地，企业的全部利润归外国投资者所有，风险和亏损也由外国投资者独立承担。外国投资者可以是公司、企业以及其他经济组织或者个人。这是它与合营企业、合作企业的明显不同之处，后两者的资本是由中外合营者或中外合作者共同投资的。

（2）外资企业是外国投资者根据中华人民共和国法律在中国境内设立的。尽管外资企业的全部资本均来自于外国投资者，但它是根据中华人民共和国法律在中国境内设立，受中华人民共和国法律的管辖和保护，是具有中国国籍的企业。这是外资企业与外国企业的根本不同。

（3）外资企业是独立的法律主体。一般情况下，外资企业以自己的名义进行经营活动，独立承担民事责任，外国投资者对其债务不承担无限责任。这是外资企业与外国企业在中国境内设立的分支机构的根本不同，外国企业的分支机构不具有独立的民事主体资格，其进行的经营活动由外国企业承担民事责任。除非外资企业设立时已登记为无限责任的独资或合伙企业。

（二）外资企业的设立

根据《外资企业法》及其《实施细则》的规定，设立外资企业，必须有利于中国国民经济的发展，能够取得显著的经济效益。国家鼓励外资企业采用先进技术和设备，从事新产品开发，实现产品升级换代，节约能源和原材料，并鼓励举办产品出口的外资企业。设立外资企业的法律程序为：

（1）提出申请。外国投资者应先向拟设立外资企业所在地的县级或者县级以上人民政府提交报告，收到报告的人民政府签署意见后，由外国投资者通过外资企业所在地的县级或者县级以上人民政府向审批机关提出申请。

（2）审批机关审批。审批机关在收到申请文件之日起 90 日内决定批准或不批准。审批机关是指商务部或者省级商务主管部门。

（3）办理工商登记。外国投资者在收到批准证书之日起 30 日内向工商行政管理机关申请登记，领取营业执照。外资企业的营业执照签发日期为该企业的成立日期。外国投资者在收到批准证书之日起满 30 日未向工商行政管理机关申请登记的，外资企业批准证书自动失效。外资企业需在企业成立之日起 30 日内向税务机关办理税务登记。

外资企业的分立、合并或者由于其他原因导致资本发生重大变化的，须经审批机关批准，并应聘请中国的注册会计师验证和出具验资报告；经审批机关批准后，向工商行政管理机关办理变更登记手续。

（三）外资企业的注册资本与外国投资者的出资

1. 外资企业的注册资本

外资企业的注册资本，是指为设立外资企业在工商行政管理机关登记的外国投资者认缴的全部出资额。外资企业的注册资本要与其经营规模相适应，注册资本与投资总额的比例应当符合中国的有关规定，目前参照中外合资经营企业的有关规定执行。

外资企业在经营期限内不得减少其注册资本，但因投资总额和生产经营规模等发生变化，确需减少注册资本的，须经审批机关批准。外资企业注册资本的增加、转让，须经审批机关批准，并向工商行政管理机关办理变更登记手续。外资企业将其财产或者权益对外抵押、转让，须经审批机关批准，并向工商行政管理机关备案。

2. 外国投资者的出资

（1）外国投资者的出资方式。外国投资者可以用可自由兑换的外币出资，也可以用机器设备、工业产权、专有技术等作价出资。经审批机关批准，外国投资者也可以用其从中国境内兴办的其他外商投资企业获得的人民币利润出资。

（2）外国投资者的出资期限。外国投资者缴付出资的期限应当在设立外资企业申请书和外资企业章程中载明。外国投资者可以分期缴付出资，但最后一期出资应当在营业执照签发之日起 3 年内缴清。其中第一期出资不得少于外国投资者认缴出资额的 15%，并应当在外资企业营业执照签发之日起 90 天内缴清。

外国投资者未能在外资企业营业执照签发之日起 90 天内缴付第一期出资的，或者无正当理由逾期 30 天不缴付其他各期出资的，外资企业批准证书即自动失效。外资企业应当向工商行政管理机关办理注销登记手续，缴销营业执照；不办理注销登记手续和缴销营业执照的，由工商行政管理机关吊销其营业执照，并予以公告。

（四）外资企业的组织形式和组织机构

1. 外资企业的组织形式

根据《外资企业法》及其《实施细则》的规定，外资企业的组织形式为有限责任公司，经批准也可以为其他责任形式。外资企业为有限责任公司的，外国投资者对企业的责任以其认缴的出资额为限；外资企业为其他责任形式的，外国投资者对企业的责任适用我国法律和法规的规定。

2. 外资企业的组织机构

外资企业的组织机构可以由外国投资者根据企业不同的经营内容、经营规模、经营方式自行设置。按照国际惯例，设立外资企业的权力机构应遵循资本占有权同企业控制权相统一的原则，即外资企业的最高权力机构由资本持有者组成。

外资企业应根据其组织形式设立董事会并推举董事长，同时向审批机关备案。董事长是企业的法定代表人。

（五）外资企业的期限、终止和清算

1. 外资企业的期限

外资企业的经营期限由外国投资者申报，由审查批准机关批准。期满需要延长的，应当在期满 180 日以前向审查批准机关提出申请。审查批准机关应当在接到申请之日起 30 日内决定批准或不批准。

2. 外资企业的终止

根据《外资企业法》及其《实施细则》的规定，外资企业应予以终止的情形有：①经营期限届满；②因经营不善，严重亏损，外国投资者决定解散；③因自然灾害、战争等不可抗力而遭受严重损失，无法继续经营；④破产；⑤因违反中国法律、法规，危害社会公共利益被依法撤销；⑥外资企业章程规定的其他解散事由已经出现。

外资企业如存在上述第②、③、④项所列情形，应当自行提交终止申请书，报审批机关核准，审批机关作出核准的日期为企业的终止日期。

3. 外资企业的清算

外资企业宣告终止时，应当进行清算。除企业破产或者撤销清算应当按照中国有关法律规定进行清算外，外资企业的清算应由外资企业提出清算程序、原则和清算委员会人选，报审批机关审核后进行清算。

外资企业在清算结束之前，外国投资者不得将该企业的资金汇出或者携出境外，不得自行处理企业的财产。外资企业清算结束，其资产净额或剩余财产超过注册资本的部分视同利润，应当依照中国税法缴纳所得税。

本章小结

在我国市场经济的现实活动中，我国法律规定了多种参与市场经济活动的企业主体。不同的企业类型在法律制度上既有自己独特之处，相互之间又存在相同的地方。本章对我国市场经济中的三类主要的企业类型进行了阐述，即个人独资企业、合伙企业和外资企业。分别对它们的特征、设立条件、经营管理、利润分配、风险分担等诸多制度予以了剖析。尤其对两种不同的合伙企业——普通合伙和有限合伙的法律制度及其不同之处作了详细的分析。

关键术语和概念

个人独资企业　合伙企业　普通合伙企业　有限合伙企业　无限连带责任　中外合营企业　中外合作企业　外资企业

案例分析

【案例1】

2010年1月，注册会计师甲、乙、丙三人在北京成立了一家会计师事务所，性质为特殊的普通合伙，甲、乙、丙在合伙协议中约定：（1）甲、丙分别以现金300万元和50万元出资，乙以一套房屋出资，作价200万元，作为会计师事务所的办公场所；（2）会计师事务所的盈亏按照各自的出资比例享有和承担；（3）甲负责执行合伙事务。

2011年2月，乙拟将其在会计师事务所中的财产份额转让给A。丙表示同意，甲则对乙拟转让的财产份额主张优先购买权，乙以合伙协议中未约定优先购买权为由予以拒绝。

2011年3月，丙在为B公司提供审计服务时，因重大过失给B公司造成300万元损失。该会计师事务所现有全部财产价值250万元，其中乙用于出资的房屋变现价值为230万元。该会计师事务所在将全部财产用于赔偿B公司后，要求丙向B公司支付剩余的50万元赔偿金。丙则认为合伙协议约定合伙人对会计师事务所的亏损按照各自出资比例承担，自己不应对合伙企业财产不足清偿的债务承担全部责任。乙认为其对此债务只应以出资额为限承担责任，而其出资的房屋已经升值，目前变现价值为230万元，故丙应退还其30万元。

2011年5月，因会计师事务所在北京的业务量下降，甲提出将会计师事务所的主要经营地点迁至上海。在合伙人会议上，乙对此表示赞同，丙则反对。甲、乙认为，其二人人数及所持出资额均超过半数，且合伙协议对此无特别约定，于是作出迁址决议。

根据上述内容，分别回答下列问题：

（1）甲对乙拟转让给A的合伙企业财产份额是否享有优先购买权？并说明理由。

（2）乙是否有权要求丙退还30万元？并说明理由。

（3）丙是否应当单独承担对B公司剩余50万元的赔偿责任？并说明理由。

（4）将会计师事务所迁至上海的决议是否有效？并说明理由。

【答案及解析】

(1) 甲享有优先权。根据规定，合伙人向合伙人以外的人转让其在合伙企业中的财产份额的，在同等条件下，其他合伙人有优先权；但是，合伙协议另有约定的除外。

(2) 乙无权要求。根据规定，合伙人出资以后，一般说来，便丧失了对其作为出资部分的财产的所有权，合伙企业的财产权主体是合伙企业，而非单独的每一个合伙人。

(3) 丙应当承担。根据规定，一个合伙人或者数个合伙人在执业活动中因故意或者重大过失造成合伙企业债务的，应当承担无限责任或者无限连带责任。

(4) 决议无效。根据规定，改变合伙企业主要经营场所的地点，除合伙协议另有约定外，应当经全体合伙人一致同意。

【案例 2】

A、B、C、D 四位合伙人共同出资，成立合伙企业，签订合伙协议如下：①四位合伙人出资分别为 40 万元、28 万元、20 万元、12 万元，A、B、C 三位合伙人均以货币出资。D 合伙人以实物和劳务各 50% 出资。②合伙企业收益平均分配。若企业清算时，总资产中相当于出资额的部分按出资比例分配，超过部分平均分配。③选举 D 为合伙企业事务的执行人，并规定 D 对外代表合伙企业签订合同时，凡是标的超过 50 万元的，均应经全体合伙人一致同意。④合伙企业名称为"齐心有限公司"。

该合伙企业成立经营一段时间后，C 提出将其持有合伙企业的全部财产份额转让给 E，经全体合伙人同意，并在如实告知企业财务状况和经营情况的条件下准予 E 入伙。E 入伙前该企业资产总额 100 万元，负债总额 30 万元。E 入伙后，企业又经营了 6 个月，亏损严重，决定清算。清算前企业总资产 120 万元，总负债为 130 万元。总资产中含对 F 的债权 5 万元。在清算偿债过程中，出现以下争议：

①A 认为自己欠 F 5 万元，F 欠合伙企业 5 万元，彼此可以相互抵销；②B 认为合伙企业全部负债中欠甲的 40 万元是因为 D 违反合伙协议规定，私自签订合同标的为 65 万元的经济合同而形成的，虽然甲不知道合伙企业的内部限制性规定，但 D 属于超越权限，该债务应由 D 个人承担，与合伙企业无关；③C 认为本人已经退伙，不再承担任何责任和义务；④D 认为 A 拥有大量个人存款，且出资额最大，因此合伙企业资产不足以偿还债务所形成的差额部分，应由 A 个人承担，与其他合伙人无关；⑤E 认为本人入伙时与 C 签有个人协议，E 只对入伙后的债务 100 万元承担责任，对其入伙前合伙企业的 30 万元债务不承担责任。

根据上述内容，分别回答下列问题：

(1) 合伙协议有哪些不当之处，依法应如何处罚？

(2) 合伙企业清算时，前后五位合伙人的观点是否正确，试分别评析说明。

(3) 若 A 个人偿还了合伙企业资产不足抵债的差额部分后，还能否向其他合伙人追索多偿还的部分？

【答案及解析】

(1) 合伙协议中关于合伙企业名称的规定错误。合伙企业属无限连带责任性质，名称不能冠以"有限"字样，除责令限期改正外，可处以 2 000 元以下的罚款。

(2) 五位合伙人的观点均错误。F 欠合伙企业的债务，属于合伙企业的共同财产；A

欠 F 的债务，属于二者之间个人的债权债务，某一合伙人的债权人不得以该债权来抵销对合伙企业的债务。否则属于强迫全体合伙人共同承担个别合伙人的债务，违反了合伙制度的本意。甲为合伙人之外不知道合伙企业内部限制规定的善意的第三人，合伙企业内部的限制性规定对善意的第二人不具有抗辩权。C 虽然已经退伙，但对其退伙前合伙企业发生的债务 30 万元仍应承担连带责任，对退伙后新发生的 100 万元债务不承担连带责任。《合伙企业法》规定每位合伙人均应承担无限连带责任，该责任的承担人不仅仅限于 A 个人。E 与 C 之间的个人协议无效，E 作为合伙人，一旦入伙即对合伙企业的全部债务承担连带责任，包括入伙前的债务和入伙后新发生的债务。

（3）根据合伙企业按其协议约定的比例分担责任的规定，若 A 实际偿还的债务额超过了其应承担的合伙企业债务额，属于为其他合伙人代为清偿，有权就代为清偿部分对其他合伙人行使追偿权。

第三章　公司法

【本章学习要点】

◈有限责任公司和股份有限公司的设立条件和程序

◈有限责任公司和股份有限公司的组织机构

◈一人有限责任公司和国有独资公司的特别规定

◈公司股份和公司债券

◈公司的财务会计

◈公司合并、分立、增资、减资

◈公司解散和清算

第一节　公司法概述

一、公司的概念和分类

（一）公司的概念

《公司法》并没有给出公司的确切概念，只是在第二条中规定："本法所称公司是指依照本法在中国境内设立的有限责任公司和股份有限公司。"但是通过《公司法》的相关法律法规可以大致将其定义为：公司是指股东依法设立的，以营利为目的，股东以其出资额或所持股份为限对公司承担责任，公司以其全部资产对公司债务承担责任的企业法人。

从公司法的相关规定来看，公司具有以下特征：

1. 公司必须依法设立

公司的设立必须符合《公司法》规定的设立条件与设立程序。公司满足相应的要件获准设立后，便取得经营资格，可以从事特定范围的经营活动。

2. 公司具有独立法人资格

我国《公司法》第三条规定："公司是企业法人，有独立的法人财产，享有法人财产权。公司以其全部财产对公司的债务承担责任。有限责任公司的股东以其认缴的出资额为限对公司承担责任；股份有限公司的股东以其认购的股份为限对公司承担责任。"公司具有独立法人资格表现在：公司拥有独立的法人财产，享有法人财产权；公司独立承担财产责任；公司具有独立的组织机构和名称。

3. 公司以营利为目的，具有营利性

营利是一切企业组织存在和活动的基本动机和目的，是经营活动的出发点和归宿点。

股东之所以把资金投入公司，是因为公司有可能帮助股东实现收益最大化的目标。

（二）公司的分类

根据不同的标准可以对公司作出不同的分类。例如，以股东对公司的责任范围和组织形式为标准，公司可分为以下五类：

1. 有限责任公司

有限责任公司是指由法定要求的股东依法设立的，股东以其出资额为限对公司承担责任，公司以其全部资产对公司债务承担责任的企业法人。

2. 股份有限责任公司

股份有限责任公司是指全部资本分成等额股份，股东以其所持有股份为限对公司承担责任，公司以其全部资产对公司债务承担责任的企业法人。

3. 无限公司

无限公司是指全体股东对公司债务承担连带无限清偿责任的公司。

4. 两合公司

两合公司是指由承担无限责任的股东和承担有限责任的股东共同组成的公司。

5. 股份两合公司

股份两合公司是指无限责任股东与股份有限责任股东共同组成的公司。

此外，以公司的信用基础为标准可将公司分为：人合公司、资合公司、人合兼资合公司；以公司的国籍为标准可将公司分为：本国公司和外国公司；以公司之间的关系为标准可将公司分为：总公司和分公司，或者母公司和子公司。

二、公司法概述

（一）公司法的概念

公司法是调整公司在设立、组织、经营、变更、解散过程中所发生的社会关系的法律规范的总称。简而言之，公司法是关于公司组织和行为的法律规范之和。

1. 公司法是组织法

公司是一种经济组织形式，因此规范公司的公司法首先应该是组织法。公司的设立、变更、解散以及公司的组织机构等的规定，都说明公司法是组织法。

2. 公司法是行为法

公司是以营利为目的而设立的，因此它必须从事营业活动，而规范公司的公司法也应该是行为法。公司对外债务责任的承担，公司股票、债券的发行和交易等都是其行为的内容。

（二）我国的公司立法

在我国历史上，由于长期的封建统治，商品经济很不发达，生产社会化程度低，公司出现较晚，公司立法也较为滞后。新中国成立后，1950 年政务院颁布《中华人民共和国私营企业暂行条例》，肯定了公司可以作为私营企业的组织形式存在，但 1956 年之后，公司制度逐渐被废除。直到改革开放后，现代公司企业才在我国得以复生和迅速发展。1993 年 12 月 29 日，第八届全国人民代表大会常务委员会第五次会议通过了《公司法》，该法共11章230条，于1994年7月1日起施行。1999年12月25日第九届全国人民代表大会常务委员会第十三次会议对该法进行第一次修订。2005年10月27日第十届全国人民代表大会常务委员会第十八次会议对该法进行最后修订。修订后的《公司法》自2006年1月1日起施行。

三、公司的登记管理

公司登记是指依照《公司登记管理条例》对公司的设立、变更、注销等事项，向公司登记机关办理登记的法律行为。我国的公司登记机关是工商行政管理机关。公司登记分为设立登记、变更登记和注销登记。

（一）设立登记

1. 公司名称预先核准

设立公司应当申请名称预先核准。设立有限责任公司，应当由全体股东指定的代表或者共同委托的代理人向公司登记机关申请名称预先核准；设立股份有限公司，应当由全体发起人指定的代表或者共同委托的代理人向公司登记机关申请名称预先核准。

申请名称预先核准，应当提交下列文件：有限责任公司的全体股东或者股份有限公司的全体发起人签署的公司名称预先核准申请书；全体股东或者发起人指定代表或者共同委托代理人的证明；国家工商行政管理总局规定要求提交的其他文件。

预先核准的公司名称保留期为6个月。预先核准的公司名称在保留期内，不得用于从事经营活动，不得转让。

2. 公司设立登记的事项

设立公司，应当依法向公司登记机关申请设立登记。符合法定的设立条件的，由公司登记机关分别登记为有限责任公司或者股份有限公司；不符合法定的设立条件的，不得登记为有限责任公司或者股份有限公司。法律、行政法规规定设立公司必须报经批准的，应当在公司登记前依法办理批准手续。公众可以向公司登记机关申请查询公司登记事项，公司登记机关应当提供查询服务。

依法设立的公司，由公司登记机关发给公司营业执照。公司营业执照签发日期为公司成立日期。公司凭公司登记机关核发的《企业法人营业执照》刻制印章，开立银行账户，申请纳税登记。公司营业执照应当载明公司的名称、住所、注册资本、实收资本、经营范围、法定代表人姓名等事项。公司营业执照记载的事项发生变更的，公司应当依法办理变更登记，由公司登记机关换发营业执照。

依法设立的有限责任公司，必须在公司名称中标明有限责任公司或者有限公司字样。依法设立的股份有限公司，必须在公司名称中标明是股份有限公司或者股份公司字样。

（二）变更登记

公司变更登记事项，应当向原公司登记机关申请变更登记。未经变更登记，公司不得擅自改变登记事项。

1. 变更登记应提交的文件

公司申请变更登记，应当向公司登记机关提交下列文件：公司法定代表人签署的变更登记申请书；依照《公司法》作出的变更决议或者决定；国家工商行政管理总局规定要求提交的其他文件。公司变更登记事项涉及修改公司章程的，应当提交由公司法定代表人签署的修改后的公司章程或者公司章程修正案。变更登记事项依照法律、行政法规或者国务院决定规定在登记前须经批准的，还应当向公司登记机关提交有关批准文件。

2. 变更登记的具体要求

公司变更名称的，应当自变更决议或者决定作出之日起 30 日内申请变更登记。公司变更住所的，应当在迁入新住所前申请变更登记，并提交新住所使用证明。公司变更住所跨公司登记机关辖区的，应当在迁入新住所前向迁入地公司登记机关申请变更登记；迁入地公司登记机关受理的，由原公司登记机关将公司登记档案移送迁入地公司登记机关。公司变更法定代表人的，应当自变更决议或者决定作出之日起 30 日内申请变更登记。

公司变更注册资本的，应当提交依法设立的验资机构出具的验资证明。公司减资后的注册资本不得低于法定的最低限额。公司变更实收资本的，应当提交依法设立的验资机构出具的验资证明，并应当按照公司章程载明的出资时间、出资方式缴纳出资。公司应当自足额缴纳出资或者股款之日起 30 日内申请变更登记。

公司变更经营范围的，应当自变更决议或者决定作出之日起 30 日内申请变更登记；变更经营范围涉及法律、行政法规或者国务院决定规定在登记前须经批准的项目的，应当自国家有关部门批准之日起 30 日内申请变更登记。

公司变更类型的，应当按照拟变更的公司类型的设立条件，在规定的期限内向公司登记机关申请变更登记，并提交有关文件。

有限责任公司股东转让股权的，应当自转让股权之日起 30 日内申请变更登记，并应当提交新股东的主体资格证明或自然人身份证明。有限责任公司的股东或者股份有限公司的发起人改变姓名或名称的，应当自改变姓名或名称之日起 30 日内申请变更登记。

公司登记事项变更涉及分公司登记事项变更的，应当自公司变更登记之日起 30 日内申请分公司变更登记。

公司董事、监事或经理发生变动的，应当向原公司登记机关备案。

因合并、分立而存续的公司，其登记事项发生变化的，应当申请变更登记；因合并、分立而解散的公司，应当申请注销登记；因合并、分立而新设立的公司，应当申请设立登记。

变更登记事项涉及《企业法人营业执照》载明事项的，公司登记机关应当换发营业执照。

（三）注销登记

公司解散，依法应当清算的，清算组应当自成立之日起 10 日内将清算组成员、清算组负责人名单向公司登记机关备案。

有下列情形之一的，公司清算组应当自公司清算结束之日起 30 日内向原公司登记机关申请注销登记：公司被依法宣告破产；公司章程规定的营业期限届满或者公司章程规定的其他解散事由出现，但公司通过修改公司章程而存续的除外；股东会、股东大会决议解散或一人有限责任公司的股东、外商投资的公司董事会决议解散；依法被吊销营业执照、责令关闭或被撤销；人民法院依法予以解散；法律、行政法规规定的其他解散情形。

经公司登记机关注销登记，公司终止。

第二节　有限责任公司

一、有限责任公司的设立条件

根据《公司法》的规定，设立有限责任公司，应当具备下列条件：

1. 股东符合法定人数

有限责任公司由50个以下股东出资设立。股东可以是自然人，也可以是法人。

2. 股东出资达到法定资本最低限额

有限责任公司的注册资本为在公司登记机关登记的全体股东认缴的出资额。公司全体股东的首次出资额不得低于注册资本的20%，也不得低于法定的注册资本最低限额，其余部分由股东自公司成立之日起2年内缴足；其中，投资公司可以在5年内缴足。有限责任公司注册资本的最低限额为人民币3万元。法律、行政法规对有限责任公司注册资本的最低限额有较高规定的，从其规定。

股东可以用货币出资，也可以用实物、知识产权、土地使用权等可以用货币估价并可以依法转让的非货币财产作价出资；但是法律、行政法规规定不得作为出资财产的除外。对作为出资的非货币财产应当评估作价，核实财产，不得高估或者低估作价。法律、行政法规对评估作价有规定的，从其规定。全体股东的货币出资金额不得低于有限责任公司注册资本的30%。

股东应当按期足额缴纳公司章程中规定的各自所认缴的出资额。股东以货币出资的，应当将货币出资足额存入有限责任公司在银行开设的账户；以非货币财产出资的，应当依法办理其财产权的转移手续。股东不按照前款规定缴纳出资的，除应当向公司足额缴纳外，还应当向已按期足额缴纳出资的股东承担违约责任。

股东缴纳出资后，必须经依法设立的验资机构验资并出具证明。有限责任公司成立后，发现作为设立公司出资的非货币财产的实际价额显著低于公司章程所定价额的，应当由交付该出资的股东补足其差额；公司设立时的其他股东承担连带责任。

3. 股东共同制定公司章程

公司章程是关于公司组织及其活动的基本规章。有限责任公司的章程由股东共同制定，股东应当在章程上签名、盖章。公司章程对公司、股东、董事、监事、高级管理人员等具有约束力。有限责任公司章程应当载明下列事项：公司名称和住所；公司经营范围；公司注册资本；股东的姓名或名称；股东的出资方式、出资额和出资时间；公司的机构及其产生办法、职权和议事规则；公司法定代表人；股东会会议认为需要规定的其他事项。

4. 有公司名称，建立符合有限责任公司要求的组织机构

公司名称是公司的标志。公司名称应当符合国家有关规定。公司只能使用一个名称。经公司登记机关核准登记的公司名称受法律保护。公司应当设立符合有限责任公司要求的组织机构：股东会、董事会或者执行董事、监事会或者监事等。

5. 有公司住所

公司应该拥有固定的生产经营场地和必要的生产经营条件，公司以其主要办事机构所在地为住所。

二、有限责任公司的组织机构

（一）股东会

1. 股东会的性质和组成

有限责任公司股东会由全体股东组成，股东会是公司的权力机构。

2. 股东会的职权

股东会行使下列职权：决定公司的经营方针和投资计划；选举和更换非由职工代表担任的董事、监事，决定有关董事、监事的报酬事项；审议批准董事会的报告；审议批准监事会或者监事的报告；审议批准公司的年度财务预算方案、决算方案；审议批准公司的利润分配方案和弥补亏损方案；对公司增加或者减少注册资本作出决议；对发行公司债券作出决议；对公司合并、分立、变更公司形式、解散和清算等事项作出决议；修改公司章程；公司章程规定的其他职权。对前款所列事项股东以书面形式一致表示同意的，可以不召开股东会会议，直接作出决定，并由全体股东在决定文件上签名、盖章。

3. 股东会的运行

股东会会议分为定期会议和临时会议。定期会议应当按照公司章程的规定按时召开。代表 1/10 以上表决权的股东，1/3 以上的董事，监事会或者不设监事会的公司的监事提议召开临时会议的，应当召开临时会议。召开股东会会议，应当于会议召开 15 日以前通知全体股东。

首次股东会会议由出资最多的股东召集和主持。有限责任公司设立董事会的，股东会会议由董事会召集，董事长主持；董事长不能履行职务或者不履行职务的，由副董事长主持；副董事长不能履行职务或者不履行职务的，由半数以上董事共同推举一名董事主持。有限责任公司不设董事会的，股东会会议由执行董事召集和主持。董事会或者执行董事不能履行或者不履行召集股东会会议职责的，由监事会或者不设监事会的公司的监事召集和主持；监事会或者监事不召集和主持的，代表 1/10 以上表决权的股东可以自行召集和主持。

股东会会议由股东按照出资比例行使表决权；但是，公司章程另有规定的除外。股东会的议事方式和表决程序，除本法有规定的以外，由公司章程规定。股东会会议作出修改公司章程、增加或者减少注册资本的决议，以及公司合并、分立、解散或变更公司形式的决议，必须经代表 2/3 以上表决权的股东通过。

（二）董事会、执行董事和经理

1. 董事会的性质和组成

有限责任公司设董事会，其成员为 3 人至 13 人。《公司法》第五十一条另有规定的除外。两个以上的国有企业或者其他两个以上的国有投资主体投资设立的有限责任公司，其董事会成员中应当有公司职工代表；其他有限责任公司董事会成员中也可以有公司职工代表。董事会中的职工代表由公司职工通过职工代表大会、职工大会或者其他形式民主选举产生。董事会设董事长1人，可以设副董事长。董事长、副董事长的产生办法由公司章程规定。董事任期由公司章程规定，但每届任期不得超过3年。董事任期届满，连选可以连任。董事任期届满未及时改选，或者董事在任期内辞职导致董事会成员低于法定人数的，在改选出的董事就任前，原董事仍应当依照法律、行政法规和公司章程的规定，履行董事职务。

2. 董事会的职权

董事会对股东会负责，行使下列职权：召集股东会会议，并向股东会报告工作；执行股东会的决议；决定公司的经营计划和投资方案；制订公司的年度财务预算方案、决算方案；制订公司的利润分配方案和弥补亏损方案；制订公司增加或者减少注册资本以及发行公司债券的方案；制订公司合并、分立、解散、变更公司形式的方案；决定公司内部管理机构的设置；决定聘任或者解聘公司经理及其报酬事项，并根据经理的提名决定聘任或者解聘公司副经理、财务负责人及其报酬事项；制定公司的基本管理制度；公司章程规定的其他职权。

3. 董事会的召开

董事会会议由董事长召集和主持；董事长不能履行职务或者不履行职务的，由副董事长召集和主持；副董事长不能履行职务或者不履行职务的，由半数以上董事共同推举一名董事召集和主持。董事会的议事方式和表决程序，除《公司法》有规定的外，由公司章程规定。董事会应当对所议事项的决定做成会议记录，出席会议的董事应当在会议记录上签名。董事会决议的表决，实行一人一票。

4. 经理

有限责任公司可以设经理，由董事会决定聘任或者解聘。经理对董事会负责，行使下列职权：主持公司的生产经营管理工作，组织实施董事会决议；组织实施公司年度经营计划和投资方案；拟订公司内部管理机构设置方案；拟订公司的基本管理制度；制定公司的具体规章；提请聘任或者解聘公司副经理、财务负责人；决定聘任或者解聘除应由董事会决定聘任或者解聘以外的负责管理人员；董事会授予的其他职权。公司章程对经理职权另有规定的，从其规定。经理列席董事会会议。

5. 执行董事

股东人数较少或者规模较小的有限责任公司，可以设一名执行董事，不设立董事会。执行董事可以兼任公司经理。执行董事的职权由公司章程规定。

（三）监事会或监事

1. 监事会的性质和组成

有限责任公司设立监事会，其成员不得少于3人。股东人数较少或者规模较小的有限责任公司，可以设1至2名监事，不设立监事会。监事会应当包括股东代表和适当比例的公司职工代表，其中职工代表的比例不得低于1/3，具体比例由公司章程规定。监事会中的职工代表由公司职工通过职工代表大会、职工大会或者其他形式民主选举产生。监事会设主席一人，由全体监事过半数选举产生。

董事、高级管理人员不得兼任监事。监事的任期每届为3年。监事任期届满，可以连选连任。监事任期届满未及时改选，或者监事在任期内辞职导致监事会成员低于法定人数的，在改选出的监事就任前，原监事仍应当依照法律、行政法规和公司章程的规定，履行监事职务。

2. 监事会的职权

监事会、不设监事会的公司的监事可行使下列职权：检查公司财务；对董事、高级管理人员执行公司职务的行为进行监督，对违反法律、行政法规、公司章程或者股东会决议的董事、高级管理人员提出罢免的建议；当董事、高级管理人员的行为损害公司的利益时，要求董事、高级管理人员予以纠正；提议召开临时股东会会议，在董事会不履行《公司法》规定的召集和主持股东会会议职责时召集和主持股东会会议；向股东会会议提出提案；依法对董事、高级管理人员提起诉讼；公司章程规定的其他职权。

监事可以列席董事会会议，并对董事会决议事项提出质询或者建议。监事会、不设监事会的公司的监事发现公司经营情况异常，可以进行调查，必要时，可以聘请会计师事务所等协助其工作，费用由公司承担。监事会、不设监事会的公司的监事行使职权所必需的费用，由公司承担。

3. 监事会的召开

监事会每年度至少召开一次会议，监事可以提议召开临时监事会会议。监事会主席召集和主持监事会会议；监事会主席不能履行职务或者不履行职务的，由半数以上监事共同推举一名监事召集和主持监事会会议。监事会的议事方式和表决程序，除《公司法》有规定的外，由公司章程规定。监事会决议应当经半数以上监事通过。监事会应当对所议事项的决定做成会议记录，出席会议的监事应当在会议记录上签名。

三、一人有限责任公司

（一）一人有限责任公司的概念

一人有限责任公司，是指只有一个自然人股东或者一个法人股东的有限责任公司。一个自然人只能投资设立一个一人有限责任公司。该一人有限责任公司不能投资设立新的一人有限责任公司。

（二）一人有限责任公司的特别规定

《公司法》对一人有限责任公司的设立和组织机构作出特殊规定；特殊规定以外的问题适用《公司法》有关有限责任公司的一般规定。

一人有限责任公司的注册资本最低限额为人民币 10 万元。股东应当一次足额缴纳公司章程规定的出资额。一人有限责任公司应当在公司登记中注明自然人独资或者法人独资，并在公司营业执照中载明。一人有限责任公司章程由股东制定。一人有限责任公司不设股东会。股东行使相应职权作出决定时，应当采用书面形式，并由股东签字后置备于公司。一人有限责任公司应当在每一会计年度终了时编制财务会计报告，并经会计师事务所审计。一人有限责任公司的股东不能证明公司财产独立于股东自己财产的，应当对公司债务承担连带责任。

四、国有独资公司

（一）国有独资公司的概念

国有独资公司，是指国家单独出资、由国务院或者地方人民政府委托本级人民政府国有资产监督管理机构履行出资人职责的有限责任公司。

（二）国有独资公司的特殊规定

《公司法》对国有独资公司的设立和组织机构作出特殊规定；特殊规定以外的问题适用《公司法》有关有限责任公司的一般规定。

国有独资公司章程由国有资产监督管理机构制定，或者由董事会制定报国有资产监督管理机构批准。国有独资公司不设股东会，由国有资产监督管理机构行使股东会职权。国有资产监督管理机构可以授权公司董事会行使股东会的部分职权，决定公司的重大事项，但公司的合并、分立、解散、增减注册资本和发行公司债券，必须由国有资产监督管理机构决定；其中，重要的国有独资公司合并、分立、解散、申请破产的，应当由国有资产监督管理机构审核后，报本级人民政府批准。

国有独资公司设立董事会，依照法律规定的有限责任公司董事会职权和国有资产监督管理机构的授权行使职权。董事每届任期不得超过 3 年。董事会成员中应当有公司职工代表。董事会成员由国有资产监督管理机构委派；但是董事会成员中的职工代表由公司职工代表大会选举产生。董事会设董事长 1 人，可以设副董事长。董事长、副董事长由国有资产监督管理机构从董事会成员中指定。

国有独资公司设经理，由董事会聘任或者解聘。国有独资公司设经理的职权与普通有限责任公司经理相同。经国有资产监督管理机构同意，董事会成员可以兼任经理。

国有独资公司的董事长、副董事长、董事、高级管理人员，未经国有资产监督管理机构同意，不得在其他有限责任公司、股份有限公司或者其他经济组织兼职。

国有独资公司监事会成员不得少于 5 人，其中职工代表的比例不得低于 1/3，具体比例由公司章程规定。监事会成员由国有资产监督管理机构委派；但是，监事会中的职工代表由公司职工代表大会选举产生。监事会主席由国有资产监督管理机构从监事会成员中指定。

五、有限责任公司的股权转让

（一）股权转让的一般规定

有限责任公司的股东之间可以相互转让其全部或者部分股权。股东向股东以外的人转让股权，应当经其他股东过半数同意。股东应就其股权转让事项书面通知其他股东征求同意，其他股东自接到书面通知之日起满 30 日未答复的，视为同意转让。其他股东半数以上不同意转让的，不同意的股东应当购买该转让的股权；不购买的，视为同意转让。经股东同意转让的股权，在同等条件下，其他股东有优先购买权。两个以上股东主张行使优先购买权的，协商确定各自的购买比例；协商不成的，按照转让时各自的出资比例行使优先购买权。公司章程对股权转让另有规定的，从其规定。

（二）股权转让的特殊规定

人民法院依照法律规定的强制执行程序转让股东的股权时，应当通知公司及全体股东，其他股东在同等条件下有优先购买权。其他股东自人民法院通知之日起满 20 日内不行使优先购买权的，视为放弃优先购买权。自然人股东死亡后，其合法继承人可以继承股东资格；但是公司章程另有规定的除外。

股东转让股权后，公司应当注销原股东的出资证明书，向新股东签发出资证明书，并相应修改公司章程和股东名册中有关股东及其出资额的记载。对公司章程的该项修改不需再由股东会表决。

有下列情形之一的，对股东会该项决议投反对票的股东可以请求公司按照合理的价格收购其股权：公司连续 5 年不向股东分配利润，而公司该 5 年连续盈利，并且符合《公司法》规定的分配利润条件的；公司合并、分立、转让主要财产的；公司章程规定的营业期限届满或者章程规定的其他解散事由出现，股东会会议通过决议修改章程使公司存续的。

自股东会会议决议通过之日起 60 日内，股东与公司不能达成股权收购协议的，股东可以自股东会会议决议通过之日起 90 日内向人民法院提起诉讼。

第三节　股份有限公司

一、股份有限公司的设立

（一）股份有限公司的设立条件

设立股份有限公司，应当具备下列条件：

1. 发起人符合法定人数

设立股份有限公司，应当有 2 人以上 200 人以下为发起人，其中须有半数以上的发起人在中国境内有住所。

2. 发起人认购和募集的股本达到法定资本最低限额

股份有限公司注册资本的最低限额为人民币 500 万元。法律、行政法规对股份有限公司注册资本的最低限额有较高规定的，从其规定。

3. 股份发行、筹办事项符合法律规定

4. 发起人制定公司章程，采用募集方式设立的经创立大会通过

公司章程是关于公司组织及其活动的基本规章。发起设立方式设立的股份有限公司的章程由全体发起人共同制定；募集方式设立的股份有限公司的章程除由发起人制定外，还应当经有其他认股人参加的创立大会通过，方为有效。公司章程对公司、股东、董事、监事、高级管理人员等具有约束力。

股份有限公司章程应当载明下列事项：公司名称和住所；公司经营范围；公司设立方式；公司股份总数、每股金额和注册资本；发起人的姓名或者名称、认购的股份数、出资

方式和出资时间；董事会的组成、职权、任期和议事规则；公司法定代表人；监事会的组成、职权、任期和议事规则；公司利润分配办法；公司的解散事由与清算办法；公司的通知和公告办法；股东大会会议认为需要规定的其他事项。

5. 有公司名称，建立符合股份有限公司要求的组织机构

6. 有公司住所

（二）股份有限公司的设立程序

股份有限公司的设立，可以采取发起设立或者募集设立的方式。发起设立，是指由发起人认购公司应发行的全部股份而设立公司。募集设立，是指由发起人认购公司应发行股份的一部分，其余股份向社会公开募集或者向特定对象募集而设立公司。

1. 发起设立的程序

（1）发起人发起。股份有限公司发起人承担公司筹办事务。发起人应当签订发起人协议，明确各自在公司设立过程中的权利和义务。

（2）制定公司章程。

（3）发起人书面认购股份。

（4）缴纳出资并验资。股份有限公司采取发起设立方式设立的，注册资本为在公司登记机关登记的全体发起人认购的股本总额。公司全体发起人的首次出资额不得低于注册资本的20%，其余部分由发起人自公司成立之日起2年内缴足；其中，投资公司可以在5年内缴足。在缴足前，不得向他人募集股份。

以发起设立方式设立股份有限公司的，发起人应当书面认足公司章程规定其认购的股份；一次缴纳的，应即缴纳全部出资；分期缴纳的，应即缴纳首期出资。以非货币财产出资的，应当依法办理其财产权的转移手续。发起人不按照前款规定缴纳出资的，应当按照发起人协议的约定承担违约责任。

（5）选举董事会和监事会。发起人首次缴纳出资后，应当选举董事会和监事会。

（6）申请设立登记。由董事会向公司登记机关报送公司章程、由依法设定的验资机构出具的验资证明以及法律、行政法规规定的其他文件，申请设立登记。

2. 募集设立的程序

（1）发起人发起。

（2）制定公司章程。

（3）发起人书面认购股份。以募集设立方式设立股份有限公司的，发起人认购的股份不得少于公司股份总数的35%；但是，法律、行政法规另有规定的，从其规定。

（4）签订承销协议和代收股款协议。发起人向社会公开募集股份，应当由依法设立的证券公司承销，签订承销协议。发起人向社会公开募集股份，应当同银行签订代收股款协议。代收股款的银行应当按照协议代收和保存股款，向缴纳股款的认股人出具收款单据，并负有向有关部门出具收款证明的义务。

（5）向国务院证券监督管理机构申请募股，公告招股说明书，制作认股书。发起人向社会公开募集股份，必须公告招股说明书，并制作认股书。认股书应当载明《公司法》第八十七条所列事项，由认股人填写认购股数、金额、住所，并签名、盖章。认股人按照所认购股数缴纳股款。

（6）召开创立大会。发行股份的股款缴足后，必须经依法设立的验资机构验资并出具证明。发起人应当在30日内主持召开公司创立大会。创立大会由认股人组成。发行的股份超过招股说明书规定的截止期限尚未募足的，或者发行股份的股款缴足后，发起人在30日内未召开创立大会的，认股人可以按照所缴股款并加算银行同期存款利息，要求发起人返还。

（7）申请设立登记并公告。以募集方式设立的股份有限公司应当于创立大会结束后30日内，由董事会向公司登记机关报送公司登记申请书、创立大会的会议记录、国务院证券监督管理机构的核准文件等文件申请设立登记。股份有限公司成立后应当进行公告。

二、股份有限公司的组织机构

（一）股东大会

1. 股东大会的性质和职权

股份有限公司股东大会由全体股东组成，是公司的权力机构。有限责任公司股东大会的职权适用于股份有限公司股东大会。

2. 股东大会的形式

股东大会可以分为定期会议和临时会议。定期会议每年召开一次，召开时间由公司章程规定。临时股东大会存在下列情形之一的应当在2个月内召开：董事人数不足本法规定人数或者公司章程所定人数的10%时；公司未弥补的亏损达实收股本总额1/3时；单独或者合计持有公司10%以上股份的股东请求时；董事会认为必要时；监事会提议召开时；公司章程规定的其他情形。

3. 股东大会的召开

股东大会会议由董事会召集，董事长主持；董事长不能履行职务或者不履行职务的，由副董事长主持；副董事长不能履行职务或者不履行职务的，由半数以上董事共同推举一名董事主持。董事会不能履行或者不履行召集股东大会会议职责的，监事会应当及时召集和主持；监事会不召集和主持的，连续90日以上单独或者合计持有公司10%以上股份的股东可以自行召集和主持。

召开股东大会会议，应当将会议召开的时间、地点和审议的事项于会议召开20日前通知各股东；临时股东大会应当于会议召开15日前通知各股东；发行无记名股票的，应当于会议召开30日前公告会议召开的时间、地点和审议事项。

单独或者合计持有公司3%以上股份的股东，可以在股东大会召开10日前提出临时提案并书面提交董事会；董事会应当在收到提案后2日内通知其他股东，并将该临时提案提交股东大会审议。临时提案的内容应当属于股东大会职权范围，并有明确议题和具体决议事项。股东大会不得对前两款通知中未列明的事项作出决议。无记名股票持有人出席股东大会会议的，应当于会议召开5日前至股东大会闭会时将股票交存于公司。

4. 股东大会决议

股东出席股东大会会议，所持每一股份有一表决权。但是公司持有的本公司股份没有表决权。股东大会作出决议，必须经出席会议的股东所持表决权过半数通过。但是，股东大会作出修改公司章程、增加或者减少注册资本的决议，以及公司合并、分立、解散或者变更公司形式的决议时，必须经出席会议的股东所持表决权的2/3以上通过。

股东大会选举董事、监事，可以根据公司章程的规定或者股东大会的决议，实行累积投票制。本法所称累积投票制，是指股东大会选举董事或者监事时，每一股份拥有与应选董事或者监事人数相同的表决权，股东拥有的表决权可以集中使用。

（二）董事会

1. 董事会的组成

股份有限公司设董事会，其成员为5至19人。董事会成员中可以有公司职工代表。董事会中的职工代表由公司职工通过职工代表大会、职工大会或者其他形式民主选举产生。董事会设董事长1人，可以设副董事长。董事长和副董事长由董事会以全体董事的过半数选举产生。

有限责任公司董事任期的规定适用于股份有限公司董事。

2. 董事会的职权

有限责任公司董事会职权的规定适用于股份有限公司董事会。

3. 董事会会议的召开

董事长召集和主持董事会会议，检查董事会决议的实施情况。副董事长协助董事长工作，董事长不能履行职务或者不履行职务的，由副董事长履行职务；副董事长不能履行职务或者不履行职务的，由半数以上董事共同推举一名董事履行职务。

董事会每年度至少召开两次会议，每次会议应当于会议召开10日前通知全体董事和监事。代表1/10以上表决权的股东、1/3以上的董事或者监事会，可以提议召开董事会临时会议。董事长应当自接到提议后10日内，召集和主持董事会会议。董事会召开临时会议，可以另定召集董事会的通知方式和通知时限。

4. 董事会会议的决议

董事会会议应有过半数的董事出席方可举行。董事会作出决议，必须经全体董事的过半数通过。董事会决议的表决，实行一人一票。董事会会议，应由董事本人出席；董事因故不能出席，可以书面委托其他董事代为出席，委托书中应载明授权范围。

董事会应当对会议所议事项的决定做成会议记录，出席会议的董事应当在会议记录上签名。董事应当对董事会的决议承担责任。董事会的决议违反法律、行政法规或者公司章程、股东大会决议，致使公司遭受严重损失的，参与决议的董事应对公司负赔偿责任。但经证明在表决时曾表明异议并记载于会议记录的，该董事可以免除责任。

（三）经理

股份有限公司设经理，由董事会决定聘任或者解聘。有限责任公司经理职权的规定适用于股份有限公司经理。公司董事会可以决定由董事会成员兼任经理。

（四）监事会

股份有限公司设立监事会，其成员不得少于3人。董事、高级管理人员不得兼任监事。有限责任公司监事会性质、组成、职权、任期的规定适用于股份有限公司监事。

监事会每6个月至少召开一次会议。监事可以提议召开临时监事会会议。监事会的议事方式和表决程序，除《公司法》有规定的外，由公司章程规定。监事会应当对所议事项的决定做成会议记录，出席会议的监事应当在会议记录上签名。

三、上市公司组织机构的特殊规定

上市公司，是指其股票在证券交易所上市交易的股份有限公司。《公司法》对上市公司组织机构作出如下规定：

（1）上市公司在 1 年内购买、出售重大资产或者担保金额超过公司资产总额 30% 的，应当由股东大会作出决议，并经出席会议的股东所持表决权的 2/3 以上通过。

（2）上市公司设立独立董事，具体办法由国务院规定。

（3）上市公司设立董事会秘书，负责公司股东大会和董事会会议的筹备、文件保管以及公司股权管理，办理信息披露事务等事宜。

（4）上市公司董事与董事会会议决议事项所涉及的企业有关联关系的，不得对该项决议行使表决权，也不得代理其他董事行使表决权。该董事会会议由过半数的无关联关系董事出席即可举行，董事会会议所作决议须经无关联关系董事过半数通过。出席董事会的无关联关系董事人数不足 3 人的，应将该事项提交上市公司股东大会审议。

第四节　公司股份和公司债券

一、公司股份

（一）股份和股票

股份有限公司的资本划分为股份，每一股的金额相等。公司的股份采取股票的形式。股票是公司签发的证明股东所持股份的凭证。

公司发行的股票，可以为记名股票，也可以为无记名股票。公司向发起人、法人发行的股票，应当为记名股票，并应当记载该发起人、法人的名称或者姓名，不得另立户名或以代表人姓名记名。

公司发行记名股票的，应当置备股东名册，记载下列事项：股东的姓名或者名称及住所；各股东所持股份数；各股东所持股票的编号；各股东取得股份的日期。发行无记名股票的，公司应当记载其股票数量、编号及发行日期。

（二）股份发行

股份的发行，实行公平、公正的原则，同种类的每一股份应当具有同等权利。同次发行的同种类股票，每股的发行条件和价格应当相同；任何单位或者个人所认购的股份，每股应当支付相同价额。股票发行价格可以按票面金额，也可以超过票面金额，但不得低于票面金额。

股票采用纸面形式或者国务院证券监督管理机构规定的其他形式。股票应当载明下列主要事项：公司名称；公司成立日期；股票种类、票面金额及代表的股份数；股票的编号。股票由法定代表人签名，公司盖章。发起人的股票，应当标明发起人股票字样。

（三）发行新股

公司发行新股依照公司章程的规定由股东大会或者董事会对下列事项作出决议：新股种类及数额；新股发行价格；新股发行的起止日期；向原有股东发行新股的种类及数额。

公司发行新股，可以根据公司经营情况和财务状况，确定其作价方案。公司发行新股募足股款后，必须向公司登记机关办理变更登记，并公告。

（四）股份转让

股东持有的股份可以依法转让。股东转让其股份，应当在依法设立的证券交易场所进行或者按照国务院规定的其他方式进行。记名股票，由股东以背书方式或者法律、行政法规规定的其他方式转让；转让后由公司将受让人的姓名或者名称及住所记载于股东名册。股东大会召开前20日内或者公司决定分配股利的基准日前5日内，不得进行前款规定的股东名册的变更登记。但是，法律对上市公司股东名册变更登记另有规定的，从其规定。无记名股票的转让，由股东将该股票交付给受让人后即发生转让的效力。

为了保护相关利益人的利益，《公司法》对股份转让作出以下限制：

（1）发起人持有的本公司股份，自公司成立之日起1年内不得转让。公司公开发行股份前已发行的股份，自公司股票在证券交易所上市交易之日起1年内不得转让。

（2）公司董事、监事、高级管理人员应当向公司申报所持有的本公司的股份及其变动情况，在任职期间每年转让的股份不得超过其所持有本公司股份总数的25%；所持本公司股份自公司股票上市交易之日起1年内不得转让。上述人员离职后半年内，不得转让其所持有的本公司股份。公司章程可以对公司董事、监事和高级管理人员转让其所持有的本公司股份作出其他限制性规定。

（3）公司不得收购本公司股份。但是有下列情形之一，公司可以收购本公司股份：减少公司注册资本；与持有本公司股份的其他公司合并；将股份奖励给本公司职工；股东因对股东大会作出的公司合并、分立决议持异议，要求公司收购其股份的。

（4）公司不得接受本公司的股票作为质押权的标的。

二、公司债券

（一）公司债券的概念

公司债券，是指公司依照法定程序发行、约定在一定期限还本付息的有价证券。

（二）公司债券的发行

1. 公司债券的发行条件

《公司法》规定，公司发行公司债券应当符合《证券法》规定的发行条件：股份有限公司的净资产不低于人民币3 000万元，有限责任公司的净资产不低于人民币6 000万元；累计债券余额不超过公司净资产的40%；最近3年平均可分配利润足以支付公司债券1年的利息；筹集的资金投向符合国家产业政策；债券的利率不超过国务院限定的利率水平；国务院规定的其他条件。

公开发行公司债券筹集的资金，必须用于核准的用途，不得用于弥补亏损和非生产性支出。有下列情形之一的，不得再次公开发行公司债券：前一次公开发行的公司债券尚未募足；对已公开发行的公司债券或者其他债务有违约或者延迟支付本息的事实，仍处于继续状态；违反《证券法》规定，改变公开发行公司债券所募资金的用途。

2. 公司债券的发行程序

（1）公司权力机关作出发行债券的决议。有限责任公司、股份有限公司发行公司债券，由董事会制订方案，公司的股东会、股东大会作出决议。国有独资公司发行公司债券，必须由国有资产监督管理机构决定。

（2）发行债券的审核。申请公开发行公司债券，应当向国务院授权的部门或者国务院证券监督管理机构报送下列文件：公司营业执照；公司章程；公司债券募集办法；资产评估报告和验资报告；国务院授权的部门或者国务院证券监督管理机构规定的其他文件。

（3）公告公司债券募集办法。经国务院授权的部门核准依法公开发行公司债券，应当公告公司债券募集办法。公司债券募集办法中应当载明下列主要事项：公司名称；债券募集资金的用途；债券总额和债券的票面金额；债券利率的确定方式；还本付息的期限和方式；债券担保情况；债券的发行价格、发行的起止日期；公司净资产额；已发行的尚未到期的公司债券总额；公司债券的承销机构。

公司以实物券方式发行公司债券的，必须在债券上载明公司名称、债券票面金额、利率、偿还期限等事项，并由法定代表人签名，公司盖章。

（4）置备公司债券存根簿。公司债券，可以为记名债券，也可以为无记名债券。公司发行公司债券应当置备公司债券存根簿。

发行记名公司债券的，应当在公司债券存根簿上载明下列事项：债券持有人的姓名或者名称及住所；债券持有人取得债券的日期及债券的编号；债券总额，债券的票面金额、利率、还本付息的期限和方式；债券的发行日期。

发行无记名公司债券的，应当在公司债券存根簿上载明债券总额、利率、偿还期限和方式、发行日期及债券的编号。

记名公司债券的登记结算机构应当建立债券登记、存管、付息、兑付等相关制度。

（三）公司债券的转让

公司债券可以转让，转让价格由转让人与受让人约定。公司债券在证券交易所上市交易的，按照证券交易所的交易规则转让。

记名公司债券，由债券持有人以背书方式或者法律、行政法规规定的其他方式转让；转让后由公司将受让人的姓名或者名称及住所记载于公司债券存根簿。无记名公司债券的转让，由债券持有人将该债券交付给受让人后即发生转让的效力。

上市公司经股东大会决议可以发行可转换为股票的公司债券，并在公司债券募集办法中规定具体的转换办法。上市公司发行可转换为股票的公司债券，应当报国务院证券监督管理机构核准。发行可转换为股票的公司债券，应当在债券上标明可转换公司债券字样，并在公司债券存根簿上载明可转换公司债券的数额。

发行可转换为股票的公司债券的，公司应当按照其转换办法向债券持有人换发股票，但债券持有人对转换股票或不转换股票有选择权。

第五节 公司的财务会计制度

公司财务会计制度是公司经营活动中的一项基础工作，不仅有利于保护投资人和债权人的利益，有利于吸收社会投资，而且还有利于政府的管理。

一、公司的财务会计制度的基本要求

（一）建立财务会计制度

公司应当依照法律、行政法规和国务院财政部门的规定建立本公司的财务会计制度。

（二）编制财务会计报告

公司应当在每一会计年度终了时编制财务会计报告，并依法经会计师事务所审计。财务会计报告应当依照法律、行政法规和国务院财政部门的规定制作。

（三）财务会计报告的处置

有限责任公司应当按照公司章程规定的期限将财务会计报告送交各股东。股份有限公司的财务会计报告应当在召开股东大会年会的20日前置备于本公司，供股东查阅；公开发行股票的股份有限公司必须公告其财务会计报告。

（四）聘用、解聘会计师事务所

公司聘用、解聘承办公司审计业务的会计师事务所，依照公司章程的规定，由股东会、股东大会或者董事会决定。公司股东会、股东大会或者董事会就解聘会计师事务所进行表决时，应当允许会计师事务所陈述意见。公司应当向聘用的会计师事务所提供真实、完整的会计凭证、会计账簿、财务会计报告及其他会计资料，不得拒绝、隐匿、谎报。

（五）会计账簿的设置

公司除法定的会计账簿外，不得另立会计账簿。对公司资产，不得以任何个人名义开立账户存储。

二、公司的利润分配

（一）公司利润分配的顺序

公司应当按如下顺序进行利润分配：

（1）弥补以前年度的亏损，但不得超过税法规定的弥补期限。

（2）缴纳所得税。

（3）公司的法定公积金不足以弥补以前年度亏损的，弥补亏损。

（4）依法提取法定公积金。

（5）提取任意公积金。

（6）向股东分配利润。

（二）公司利润的分配

利润分配是公司股东最重要的权利，也是规定投资公司的目的所在。公司只有在弥补亏损和提取公积金后，才能将所余税后利润分配给股东。有限责任公司股东按照实缴的出资比例分取红利；公司新增资本时，股东有权优先按照实缴的出资比例认缴出资。但是全体股东约定不按照出资比例分取红利或者不按照出资比例优先认缴出资的除外。股份有限公司按照股东持有的股份比例分配，但股份有限公司章程规定不按持股比例分配的除外。

股东会、股东大会或者董事会违反《公司法》的相关规定，在公司弥补亏损和提取法定公积金之前向股东分配利润的，股东必须将违反规定分配的利润退还公司。公司持有的本公司股份不得分配利润。

三、公积金的提取和用途

（一）公积金的提取

公积金是指公司为巩固公司财产基础，增强公司信用，弥补将来亏损，扩大业务规模等目的，根据法律和章程的规定或股东会决议从公司营业利润或其他收益中提取的累积资金。公积金分为资本公积金和盈余公积金两类。

资本公积金是直接由资本原因形成的公积金，包括资本溢价，法定财产重估增值，接受捐赠的资产价值。股份有限公司以超过股票票面金额的发行价格发行股份所得的溢价款以及国务院财政部门规定列入资本公积金的其他收入，应当列为公司资本公积金。

盈余公积金是从公司税后利润中提取的公积金，分为法定盈余公积金和任意盈余公积金。公司分配当年税后利润时，应当提取利润的10%列入公司法定公积金。公司法定公积金累计额为公司注册资本的50%以上的，可以不再提取。公司的法定公积金不足以弥补以前年度亏损的，在依照前款规定提取法定公积金之前，应当先用当年利润弥补亏损。

公司从税后利润中提取法定公积金后，经股东会或者股东大会决议，还可以从税后利润中提取任意公积金。

（二）公积金的用途

公司的公积金用于弥补公司的亏损、扩大公司生产经营或者转为增加公司资本。但是，资本公积金不得用于弥补公司的亏损。法定公积金转为资本时，所留存的该项公积金不得少于转增前公司注册资本的25%。

第六节　公司合并、分立、增资、减资

一、公司合并

（一）公司合并的形式

公司合并是指两个以上的公司依照法定程序变更为一个公司的行为。公司合并可以采取吸收合并或新设合并。一个公司吸收其他公司为吸收合并，被吸收的公司解散。两个以上公司合并设立一个新的公司为新设合并，合并各方解散。

（二）公司合并的程序

1. 签订合并协议，并编制资产负债表及财产清单

公司合并，应当由合并各方签订合并协议，并编制资产负债表及财产清单。

2. 公司作出合并决议

有限责任公司、股份有限责任公司的股东会、股东大会对合并作出的决议，必须经出席会议的规定所持表决权的2/3以上通过。国有独资公司对合并作出决议，必须由国有资产监督管理机构决定

3. 通知债权人

公司应当自作出合并决议之日起10日内通知债权人，并于30日内在报纸上公告。债权人自接到通知书之日起30日内，未接到通知书的自公告之日起45日内，可以要求公司清偿债务或者提供相应的担保。

4. 依法办理登记

公司合并后，登记事项发生变更的，应当依法向公司登记机关办理变更登记；公司解散的，应当依法办理公司注销登记；设立新公司的，应当依法办理公司设立登记。

（三）公司合并的法律效果

公司合并时，合并各方的债权、债务，应当由合并后存续的公司或新设的公司继承。

二、公司分立

公司分立是指一个公司依法分为两个以上的公司。我国《公司法》未明确规定公司分立的形式，一般有两种：一是公司以其部分财产和业务另设一个新的公司，原公司存续；二是公司以全部财产分别归入两个以上的新设公司，原公司解散。

公司分立的程序与公司合并的程序基本相同。公司分立，其财产作相应的分割。公司分立，应当编制资产负债表及财产清单。公司应当自作出分立决议之日起10日内通知债权人，并于30日内在报纸上公告。公司分立前的债务由分立后的公司承担连带责任。但是，公司在分立前与债权人就债务清偿达成的书面协议另有约定的除外。

公司分立，登记事项发生变更的，应当依法向公司登记机关办理变更登记；公司解散的，应当依法办理公司注销登记；设立新公司的，应当依法办理公司设立登记。

三、公司增资

有限责任公司在增加注册资本时，股东应认缴新增资本的出资，依照《公司法》设立有限责任公司缴纳出资的有关规定执行。

股份有限公司为增加注册资本发行新股时，股东认购新股，依照本法设立股份有限公司缴纳股款的有关规定执行。

公司增加注册资本，应当依法向公司登记机关办理公司变更登记

四、公司减资

公司需要减少注册资本时，必须编制资产负债表及财产清单。公司应当自作出减少注册资本决议之日起 10 日内通知债权人，并于 30 日内在报纸上公告。债权人自接到通知书之日起 30 日内，未接到通知书的自公告之日起 45 日内，有权要求公司清偿债务或者提供相应的担保。公司减资后的注册资本不得低于法定的最低限额。

公司减少注册资本，应当依法向公司登记机关办理公司变更登记。

第七节　公司解散和清算

一、公司解散的原因

我国《公司法》规定，公司因下列原因解散：公司章程规定的营业期限届满或公司章程规定的其他解散事由出现；股东会或者股东大会决议解散；因公司合并或分立需要解散；依法被吊销营业执照、责令关闭或者被撤销；公司经营管理发生严重困难，继续存续会使股东利益受到重大损失，通过其他途径不能解决的，持有公司全部股东表决权 10% 以上的股东，可以请求人民法院解散公司。

公司章程规定的营业期限届满或者公司章程规定的其他解散事由出现时，公司可以通过修改公司章程而存续。如果修改公司章程，那么有限责任公司须经持有 2/3 以上表决权的股东通过，股份有限公司须经出席股东大会会议的股东所持表决权的 2/3 以上通过。

公司被依法宣告破产的，依照有关企业破产的法律实施破产清算。

二、公司解散的清算

（一）成立清算组

公司清算是指公司解散或被依法宣告破产后，依照一定的程序结束公司事务，收回债权、偿还债务、清理资产并分配剩余财产，终止公司的过程。除公司因合并或分立而解散，不必进行清算外，公司解散必须经过法定清算程序。

公司应当在解散事由出现之日起 15 日内成立清算组，开始清算。有限责任公司的清算组由股东组成，股份有限公司的清算组由董事或股东大会确定的人员组成。逾期不成立清算组进行清算的，债权人可以申请人民法院指定有关人员组成清算组进行清算。人民法院应当受理该申请，并及时组织清算组进行清算。

有下列情形之一，债权人申请人民法院指定清算组进行清算的，人民法院应予受理：公司解散逾期不成立清算组进行清算的；虽然成立清算组但故意拖延清算的；违法清算可能严重损害债权人或者股东利益的。

具有上述情形，而债权人未提起清算申请，公司股东申请人民法院指定清算组对公司进行清算的，人民法院应予受理。

人民法院受理公司清算案件，应当及时指定有关人员组成清算组。清算组成员可以从下列人员或机构中产生：公司股东、董事、监事、高级管理人员；依法设立的会计师事务所、律师事务所、破产清算事务所等社会中介机构；依法设立的会计师事务所、律师事务所、破产清算事务所等社会中介机构中具备相关专业知识并取得执业资格的人员。

公司进入清算程序后，其行为受到以下限制：清算期间，公司的活动仅局限于清理公司已经发生但尚未了结的事务，包括清偿债务、实现债权及处理公司内部事务等，不再从事新的经营活动；公司的代表机构为清算组，清算组负责处理未了事务，代表公司对外进行诉讼；公司财产在未按照法定程序清偿前，不得分配给股东。

（二）清算组的职权

根据《公司法》的规定，清算组在清算期间行使下列职权：清理公司财产，分别编制资产负债表和财产清单；通知、公告债权人；处理与清算有关的公司未了结的业务；清缴所欠税款以及清算过程中产生的税款；清理债权、债务；处理公司清偿债务后的剩余财产；代表公司参与民事诉讼活动。

清算组成员应当忠于职守，依法履行清算义务。清算组成员不得利用职权收受贿赂或者其他非法收入，不得侵占公司财产。清算组成员因故意或者重大过失给公司或债权人造成损失的，应当承担赔偿责任。

（三）清算工作程序

1. 登记债权

清算组应当自成立之日起 10 日内通知债权人，并于 60 日内在报纸上公告。债权人应当自接到通知书之日起 30 日内，未接到通知书的自公告之日起 45 日内，向清算组申报其债权。债权人申报债权，应当说明债权的有关事项，并提供证明材料。清算组应当对债权进行登记。在申报债权期间，清算组不得对债权人进行清偿。

2. 清理公司财产，制订清算方案

清算组在清理公司财产、编制资产负债表和财产清单后，应当制订清算方案，并报股东会、股东大会或人民法院确认。

清算组在清理公司财产、编制资产负债表和财产清单后，发现公司财产不足以清偿债务的，应当依法向人民法院申请宣告破产。公司经人民法院裁定宣告破产后，清算组应当将清算事务移交给人民法院。

3. 清偿债务

公司财产在分别支付清算费用、职工的工资、社会保险费用和法定补偿金，缴纳所欠税款，清偿公司债务后的剩余财产，有限责任公司按照股东的出资比例分配，股份有限公司按照股东持有的股份比例分配。清算期间，公司存续，但不得开展与清算无关的经营活动。公司财产在未按前款规定清偿前，不得分配给股东。

4. 公告公司终止

公司清算结束后，清算组应当制作清算报告，报股东会、股东大会或人民法院确认，并报送公司登记机关，申请注销公司登记，公告公司终止。

本章小结

公司法是规范公司设立、组织、活动与终止的法律，依据公司法建立起来的公司是现代企业的典型代表。本章主要阐述了有限责任公司和股份有限公司的基本特征，介绍了公司的设立方式即发起设立和募集设立，分析了公司的股东（大）会、董事会、监事会等组织机构，剖析了公司在运行过程中可能涉及的公司变更、解散和清算等程序。

关键术语和概念

公司　有限责任公司　股份有限公司　公司章程　发起设立　募集设立　股东（大）会　董事会　经理　监事会　一人有限责任公司　国有独资公司　公司股份　公司债券

案例分析

【案例1】

甲、乙共同成立A有限责任公司（简称A公司），注册资本200万元，其中，甲持有60%股权，乙持有40%股权。2008年8月25日，A公司聘请李某担任公司总经理，负责公司日常经营管理。双方约定，除基本工资外，李某可从公司每年税后利润中提取1%作为奖金。同时，A公司股东会决议：同意李某向A公司增资20万元，其中，李某以其姓名作价10万元出资，其余10万元出资由李某未来从A公司应分配的奖金中分期缴纳。

2009年1月初，乙要求退资。经股东会同意，1月20日，A公司与乙签订退资协议，约定A公司向乙返还80万元出资款。1月28日，A公司向乙支付80万元后，在股东名册上将乙除名，A公司宣布减资80万元，并向债权人发出了通知和公告。债权人丙接到通知后，当即提出异议，认为股东出资后不得撤回，并要求A公司立即清偿债务。A公司则以丙的债权尚未到期为由拒绝清偿。

根据上述内容，分别回答下列问题：

（1）李某可否以姓名出资？并说明理由。

（2）李某以未来从A公司可分得的奖金分期缴纳出资款是否符合法律规定？并说明理由。

（3）丙以股东出资后不得撤回为由反对乙退资的主张是否成立？并说明理由。

（4）丙是否有权要求A公司清偿未到期债务？并说明理由。

【答案及解析】

（1）李某不得以姓名出资。《公司法》第二十七条规定股东可以用货币出资，也可以用实物、知识产权、土地使用权等可以用货币估价并可以依法转让的非货币财产作价出资；但是法律、行政法规规定不得作为出资的财产除外。根据该规定，李某不得以姓名出资。

（2）李某以未来从A公司可分得的奖金分期缴纳出资款不符合规定。根据规定，有限责任公司增加注册资本时，股东认缴新增资本的出资，依照《公司法》设立有限责任公司缴纳出资的有关规定执行。在本题中，李某的出资以“未来”的奖金缴纳，首期出资未能达到新增注册资本的20%。

（3）丙以股东出资后不得撤回为由反对乙退资的主张不成立。根据规定，公司可以以消除股权或者股份的方式减资。在本题中，A公司如果依法定程序减资后再消除乙的股权是允许的。

（4）丙有权要求A公司清偿未到期的债务。根据《公司法》第一百七十八条的规定，公司减少注册资本时，应当自作出减少注册资本决议之日起10日内通过债权人，并于30日内在报纸上公告。债权人自接到通知书之日起30日内，未接到通知书的自公告之日起45日内，有权要求公司清偿债务或者提供相应的担保。

【案例2】

兴盛集团有限责任公司是一家大型棉毛制品公司，有两个下属公司：一是星海制衣有限责任公司，该公司为兴盛集团的全资子公司。二是宏利制衣公司，为兴盛集团的分公司。2003年7月，在某市经贸洽谈会上，兴盛集团董事长王某遇到万利棉纺厂厂长李某，李某称其厂有一批质地良好的棉布待销，王某想到下属两个公司正需棉布，遂给李某牵线介绍。2003年8月，万利棉纺厂与星海公司、宏利公司签订了一份购销合同，万利棉纺厂供各种棉布共计400包，价款200万元，星海公司、宏利公司为共同需方，各提货200包，价款各为100万元，货到2个月后付款。发货后3个月过去了，两公司以种种借口搪塞，不支付万利棉纺厂的货款，万利棉纺厂遂以兴盛集团为被告向法院起诉，要求其承担下属公司的经济责任。兴盛集团辩称：星海公司为独立法人，应独立承担民事责任，万利棉纺厂应以星海公司为被告。而宏利公司已被张某承包，在承包协议中明确规定，承包期间，债权债务由张某负责。因此兴盛集团不承担责任，请求法院驳回万利棉纺厂的诉请。

根据上述内容，回答问题：

对此案应该如何处理？

【答案及解析】

万利棉纺厂和星海公司、宏利公司签订的棉布购销合同合法有效，星海公司为独立法人，应独立承担民事责任。宏利公司为兴盛集团的分公司，不具有法人资格，其民事责任由兴盛集团承担。兴盛集团与张某在承包协议中规定的“承包期间，债权债务由张某负责”条款，对外无法律效力。因此星海公司给付原告万利棉纺厂货款及利息103.5万元，兴盛集团给付原告万利棉纺厂货款及利息共103.5万元。

第四章　证券法

【本章学习要点】

◈股票的概念和特征

◈债券的概念和特征

◈证券发行

◈证券交易

◈上市公司的收购

第一节　证券与证券法

一、证券概述

证券是表示一定权利的书面凭证，即记载并代表一定权利的文书。从广义上讲，证券包括商品证券、货币证券和资本证券。商品证券是表明持有人享有商品请求权的证券，如提单、货运单、仓单等；货币证券是表明持有人享有货币请求权的证券，如汇票、本票、支票等；资本证券是表明持有人享有财产所有权或者收益权的证券，如股票、债券等。《证券法》所称之证券仅指资本证券，包括股票、债券和国务院依法认定的其他证券。

（一）股票

股票是股份有限公司签发的证明股东按其所持股份享有权利和承担义务的书面凭证，是股东据以领取股息、红利以及参与公司经营管理的权利证书。股票表明了发行人和投资者之间的投资关系。

1. 股票的特征

（1）股票是有价证券。股票所代表的股东权利完全可以用财产价值来衡量，股东据此领取股息、红利，并可转让股票获得收益。

（2）股票是要式证券。股票的制作、发行必须依照法定条件和程序进行，其票面记载事项必须符合法律的规定，否则无效。

（3）股票具有流通性。股票可以作为买卖对象或者质押物在证券市场上自由转让，流通性强。

（4）股票具有无期偿还性。公司依法发行股票后，股票就与公司共同存在，投资者认购股票后，不能再要求退还。但可在证券交易市场上卖出所持股票，以换取现金。

（5）股票具有风险性。股票的收益取决于公司的经营业绩、股票市场的供求关系等因素，当公司的经营业绩良好时，投资者就可获得丰厚的股息、红利和股价上涨所带来的资本收益；反之，当公司的经营业绩欠佳时，投资者不仅得不到股息、红利，甚至有可能连本金都无法收回。

2. 股票的分类

（1）按股东权利内容的不同，分为普通股和优先股。普通股是指股东享有的基本权利如表决权、盈余分配权、剩余财产分配权等未受任何限制或调整的股票。优先股是指股东对公司的资产和利润分配享有优先权的股票。其优先权主要体现在：在利润分配方面优先于普通股，并且股息固定；在公司解散清算时，对剩余财产的分配优先于普通股。但优先股股东的表决权受到一定限制，无权参与公司的经营管理。

（2）按股票票面是否记载股东姓名，分为记名股票和无记名股票。记名股票是指股票票面和公司股东名册上记载股东姓名的股票；无记名股票是指股票票面和公司股东名册上不记载股东姓名的股票。我国《公司法》规定，公司发行的股票，可以为记名股票，也可以为无记名股票。公司向发起人、法人发行的股票，应当为记名股票，并应当记载该发起人、法人的名称或者姓名，不得另立户名或者以代表人姓名记名。

（3）按股票票面是否记载每股金额，分为面额股票和无面额股票。面额股票是指票面上记载每股具体金额的股票；无面额股票（又称份额股）是指票面上不记载每股具体金额，只记载每一股份所占公司资本总额比例的股票。我国《公司法》规定，我国只能发行面额股票。

（4）根据股票上市地点及所限定的投资者，我国上市公司股票可以分为 A 股、B 股、H 股、N 股和 S 股等。A 股即人民币普通股，是由我国境内的公司发行，供境内机构、组织和个人（不含港、澳、台地区的投资者）以人民币认购和交易的普通股票。B 股为人民币特种股票，是以人民币标明股票面值，以外币认购和进行交易，在境内证券交易所上市交易的股票。最初 B 股仅供外国和我国澳、港、台地区的投资者购买，从 2001 年 2 月起，B 股市场逐步向境内投资者开放。H 股是指由中国内地的公司发行，在香港上市的股票。“H”源于香港的英文“Hong Kong”的第一个字母。依此类推，N 股和 S 股分别指在纽约和新加坡上市的中国股票。

（5）按投资主体划分，我国上市公司的股份又可以分国有股、法人股、内部职工股和社会公众股。国有股指在公司中由国家直接投资或国家授权投资的机构投资所形成的股份。法人股是指由企业法人或具有法人资格的事业单位和社会团体以其依法享有并支配的资产在法律允许的范围内向公司投资所形成的股份。内部职工股指公司发行股票时，由职工持股或工会以社团法人的名义认购后，转入职工名下的股份，有的国有企业在改制之前内部集资入股，在改制之后经折股或并股作为公司职工股存在。在一段时期内，有的国有企业在改为股份公司向社会公开发行股票时，在总额度中按政策规定扣除 10% 作为职工股份由企业内部职工认购。社会公众股，指我国境内个人或机构以其合法资金购买股份公司向社会公开发行的股票而形成的股份。这部分股份可以上市流通。

（二）债券

债券是指政府、公司等主体为筹集资金，按照法定程序发行的一种借款凭证。债券所体现的是一种以法律和信用为基础的债权、债务关系。债券作为一种有价证券，对发行者而言是一种集资手段，对购买者来说是一种投资工具。

1. 债券的特征

（1）偿还性。偿还性是指债券有规定的偿还期限，债务人必须按期向债权人支付利息和偿还本金。债券的偿还性使得资金筹措者不能无限期地占用债券购买者的资金，换言之，他们之间的借贷经济关系将随偿还期结束、还本付息手续完毕而消失。这一特征与股票的永久性有很大的区别。

（2）流动性。流动性是指债券持有人可按自己的需要和市场的实际状况，灵活地转让债券，以提前收回本金和实现投资收益。流动性首先取决于市场对转让所提供的便利程度；其次还表现为债券在迅速转变为货币时，是否在以货币计算的价值上蒙受损失。

（3）安全性。安全性是指债券持有人的收单相对固定，不随发行者经营收益的变动而变动，并且可按期收回本金。一般来说，具有高度流动性的债券同时也是较安全的，因为它不但可以迅速地转换为货币，而且还可以按一个较稳定的价格转换。

（4）收益性。收益性是指债券能为投资者带来一定的收入，即债权投资的报酬。在实际经济活动中，债券收益可以表现为两种形式：一种是利息收入，即债权人在持有债券期间按约定的条件分期、分次取得利息或者到期一次取得利息；另一种是资本损益，即债权人到期收回的本金和买入债券或中途卖出债券和买入债券之间的价差收入。

2. 债券的分类

（1）按发行主体的不同，分为政府债券、金融债券和公司债券。政府债券是指中央政府、地方政府以及政府机构发行的债券；金融债券是指金融机构发行的债券；公司债券是指公司发行的债券。

（2）按偿还期限的长短，分为长期债券、中期债券和短期债券。长期债券是指偿还期在 10 年以上的债券；中期债券是指偿还期为 1 ~ 10 年的债券；短期债券是指偿还期为 1 年以内的债券。

（3）按是否可转换为公司股份，分为可转换债券和非转换债券。可转换债券，是指持有人可以申请将所持债券转换为公司股份的债券；非转换债券，是指持有人不得将所持债券转换为公司股份的债券。我国《公司法》规定，上市公司经股东大会决议可以发行可转换为股票的公司债券。

二、证券法概述

（一）证券法的概念

证券法是调整证券的发行和交易过程中所形成的社会关系的法律规范的总称。它是规范证券的发行和交易的法。证券法有狭义和广义之分。狭义的证券法，是指第九届全国人民代表大会常务委员会第六次会议于 1998 年 12 月 29 日通过，自 1999 年 7 月 1 日起施行的《证券法》。《证券法》已由中华人民共和国第十届全国人民代表大会常务委员会第十八次会议于 2005 年 10 月 27 日修订通过，修订后的《证券法》自 2006 年 1 月 1 日起施行。广义的证券法，则是指除狭义证券法外，还包括国务院及证券管理部门制定的有关证券方面的行政法规、规章以及《公司法》中有关证券的规定等。

（二）证券法的调整对象

证券法的调整对象是证券发行和交易过程中所产生的社会关系，具体包括：

1. 证券发行关系

它是指证券发行人、承销人以及投资者之间因发行、承销以及购买证券所产生的关系。

2. 证券交易关系

它是指证券持有人在证券市场上转让证券而与受让人发生的关系。

3. 证券服务关系

它是指证券交易服务机构为证券的发行和交易主体提供服务过程中所产生的关系。

4. 证券监督管理关系

它是指证券监督管理机构对证券市场进行监督管理而产生的关系。

（三）证券法的基本原则

为了规范证券的发行和交易行为，保证投资者的合法权益，《证券法》规定了下列基本原则：

1. 公开、公平、公正的原则

公开原则，是指实现证券市场信息的公开化，透明度高。信息公开原则要求信息公开应当及时、完整、真实、准确。公平原则，是指所有的证券市场主体都享有平等的法律地位，其合法权益都能得到公平的保护，机会均等，待遇相同。公正原则，是指证券监督管理机构对一切被监管对象给予公正待遇，公正执法，一视同仁。“三公”原则是贯穿于证券法的最基本原则。

2. 自愿、有偿、诚实信用的原则

自愿原则，是指证券市场主体有权按照自己的意愿去设立、变更或终止证券法律关系，不受任何人的强制、欺诈和胁迫；有偿原则是指在证券发行、交易活动中，当事人取得财产利益必须给付对价，禁止无偿取得财产利益；诚实信用原则是指证券发行和交易活动的当事人应当严格依照法律的规定和合同的约定进行发行、交易活动，恪守信用，不欺人，不骗人，遵守承诺。

3. 禁止欺诈、内幕交易和操纵证券交易市场的原则

证券欺诈是指证券发行人、证券公司、证券登记结算机构等在证券发行、交易活动中欺骗投资者或者违背投资者真实意愿、损害其利益的行为；内幕交易是指内幕信息的知情人员利用内幕信息进行证券交易活动；操纵证券交易市场则是指利用资金、信息或者持股优势，影响证券交易价格或者证券交易量，以获取不正当利益或者转嫁风险。上述三种行为对证券市场危害性极大，因此《证券法》把禁止欺诈、内幕交易和操纵证券交易市场列入了基本原则。

4. 证券业与其他金融业分业经营、分业管理的原则

证券业与其他金融业分业经营、分业管理是指禁止证券业和银行业、信托业、保险业业务混合，禁止银行业、信托业和保险业从事证券业务。实行证券业和其他金融业分业经

营、分业管理，是为了避免将证券业的风险传递给其他金融业，保障证券业和其他金融业的健康发展。

5. 证券市场集中统一监督管理与自律性管理相结合的原则

为了提高监管的效率，加大监管的力度，有必要建立集中统一的监管体制。《证券法》规定，国务院证券监督管理机构依法对全国证券市场实行集中统一监督管理。在此前提下，依法设立证券业协会，实行自律性管理，充分发挥市场主体自我管理、相互监督的作用。

6. 依法审计的原则

审计监督是国家对证券机构进行监督的一种重要手段，它对于查处违法违规行为有重要的帮助作用。因此，《证券法》规定，国家审计机关对证券交易所、证券公司、证券登记结算机构、证券监督管理机构依法进行审计监督。

第二节　证券发行

证券发行是指经批准符合条件的证券发行人，按照一定程序将有关证券发售给投资者的行为。发行证券可以公开发行，也可以非公开发行。公开发行证券，必须符合法律、行政法规规定的条件，并依法报经国务院证券监督管理机构或者国务院授权的部门核准；未经依法核准，任何单位和个人不得公开发行证券。

有下列情形之一的为公开发行：向不特定对象发行证券；向累计超过 200 人的特定对象发行证券；法律、行政法规规定的其他发行行为。非公开发行证券是指向少数特定的投资人进行的证券发行。非公开发行证券不得采用广告、公开劝诱和变相公开的方式。

一、证券发行的条件

（一）股票发行的条件

股票的发行可分为设立发行和发行新股两种类型。设立发行是指为设立股份有限公司而发行股票，发行新股是指已经成立的股份有限公司为增加注册资本而发行的新股票。

1. 设立发行的条件

《证券法》第十二条规定：“设立股份有限公司公开发行股票，应当符合《公司法》规定的条件和经国务院批准的国务院证券监督管理机构规定的其他条件。”

根据《公司法》的规定，设立股份有限公司，应当具备下列条件：一是发起人符合法定人数，即应当有 2 人以上 200 人以下为发起人，其中须有半数以上的发起人在中国境内有住所。二是发起人认购和募集的股本达到法定资本最低限额。股份有限公司采取募集方式设立的，注册资本为在公司登记机关登记的实收股本总额。股份有限公司注册资本的最低限额为人民币 500 万元。法律、行政法规对股份有限公司注册资本的最低限额有较高规定的，从其规定。以募集设立方式设立股份有限公司的，发起人认购的股份不得少于公司股份总数的 35%；但是法律、行政法规另有规定的，从其规定。三是股份发行、筹办事项符合法律规定。四是发起人制定公司章程，采用募集方式设立的经创立大会通过。五是有公司名称，建立符合股份有限公司要求的组织机构。六是有公司住所。

2. 发行新股的条件

《证券法》第十三条规定："公司公开发行新股，应当符合下列条件：具备健全且运行良好的组织机构；具有持续盈利能力，财务状况良好；最近3年财务会计文件无虚假记载，无其他重大违法行为；经国务院批准的国务院证券监督管理机构规定的其他条件。上市公司非公开发行新股，应当符合经国务院批准的国务院证券监督管理机构规定的条件，并报国务院证券监督管理机构核准。"

《证券法》第十四条规定："公司公开发行新股，应当向国务院证券监督管理机构报送募股申请和提交下列文件：公司营业执照；公司章程；股东大会决议；招股说明书；财务会计报告；代收股款银行的名称及地址；承销机构名称及有关的协议。依照本法规定聘请保荐人的，还应当报送保荐人出具的发行保荐书。"

（二）债券发行的条件

《证券法》第十六条规定："公开发行公司债券，应当符合下列条件：股份有限公司的净资产不低于人民币3 000万元，有限责任公司的净资产不低于人民币6 000万元；累计债券余额不超过公司净资产的40%；最近3年平均可分配利润足以支付公司债券1年的利息；筹集的资金投向符合国家产业政策；债券的利率不超过国务院限定的利率水平；国务院规定的其他条件。公开发行公司债券筹集的资金，必须用于核准的用途，不得用于弥补亏损和非生产性支出。上市公司发行可转换为股票的公司债券，除应当符合第一款规定的条件外，还应当符合本法关于公开发行股票的条件，并报国务院证券监督管理机构核准。"

《证券法》第十八条规定："有下列情形之一的，不得再次公开发行公司债券：前一次公开发行的公司债券尚未募足；对已公开发行的公司债券或者其他债务有违约或者延迟支付本息的事实，仍处于继续状态；违反本法规定，改变公开发行公司债券所募资金的用途。"

二、证券发行的程序

根据《证券法》第二章的规定，股票的发行大体包括以下步骤：

1. 申请

公开发行证券，必须依照《证券法》规定的条件，报经国务院证券监督管理机构核准。在具体申报过程中，发行人必须真实、准确、完整地向国务院证券监督管理机构或者国务院授权的部门报送证券发行申请文件。如果设立股份有限公司公开发行股票，发起人应当向国务院证券监督管理机构报送募股申请和下列文件：公司章程；发起人协议；发起人姓名或者名称，发起人认购的股份数、出资种类及验资证明；招股说明书；代收股款银行的名称及地址；承销机构名称及有关的协议。依照《证券法》规定聘请保荐人的，还应当报送保荐人出具的发行保荐书。法律、行政法规规定设立公司必须报经批准的，还应当提交相应的批准文件。如果申请公开发行公司债券，发起人应当向国务院授权的部门或者国务院证券监督管理机构报送下列文件：公司营业执照；公司章程；公司债券募集办法；资产评估报告和验资报告；国务院授权的部门或者国务院证券监督管理机构规定的其他文件。依照本法规定聘请保荐人的，还应当报送保荐人出具的发行保荐书。

发行人申请首次公开发行证券的，在提交申请文件后，应当按照国务院证券监督管理机构的规定预先披露有关申请文件。

2. 审核

国务院证券监督管理机构设发行审核委员会，依法审核证券发行申请。发行审核委员会由国务院证券监督管理机构的专业人员和所聘请的该机构外的有关专家组成，以投票方式对证券发行申请进行表决，提出审核意见。

国务院证券监督管理机构依照法定条件负责核准证券发行申请。核准程序应当公开，并依法接受监督。参与审核和核准证券发行申请的人员，不得与发行申请人有利害关系，不得直接或者间接接受发行申请人的馈赠，不得持有所核准的发行申请的证券，不得私下与发行申请人进行接触。

国务院证券监督管理机构或者国务院授权的部门应当自受理证券发行申请文件之日起3个月内，依照法定条件和法定程序作出予以核准或不予核准的决定，发行人根据要求补充、修改发行申请文件的时间不计算在内；不予核准的，应当说明理由。

3. 公开信息

证券发行申请经核准，发行人应当依照法律、行政法规的规定，在证券公开发行前，公告公开发行募集文件，并将该文件置备于指定场所供公众查阅。发行证券的信息依法公开前，任何知情人不得公开或者泄露该信息。发行人不得在公告公开发行募集文件前发行证券。

4. 核准决定的撤销

国务院证券监督管理机构或者国务院授权的部门对已作出的核准证券发行的决定，发现不符合法定条件或者法定程序，尚未发行证券的，应当予以撤销，停止发行。已经发行尚未上市的，撤销发行核准决定，发行人应当按照发行价并加算银行同期存款利息返还给证券持有人；保荐人应当与发行人承担连带责任，但是能够证明自己没有过错的除外；发行人的控股股东、实际控制人有过错的，应当与发行人承担连带责任。

5. 承销

发行人向不特定对象公开发行的证券，法律、行政法规规定应当由证券公司承销的，发行人应当同证券公司签订承销协议。证券承销业务采取代销或者包销的方式。证券代销是指证券公司代发行人发售证券，在承销期结束时，将未售出的证券全部退还给发行人的承销方式。证券包销是指证券公司将发行人的证券按照协议全部购入或者在承销期结束时将售后剩余证券全部自行购入的承销方式。

公开发行证券的发行人有权依法自主选择承销的证券公司。证券公司不得以不正当竞争手段招揽证券承销业务。证券公司承销证券，应当同发行人签订代销或者包销协议，载明下列事项：当事人的名称、住所及法定代表人姓名；代销、包销证券的种类、数量、金额及发行价格；代销、包销的期限及起止日期；代销、包销的付款方式及日期；代销、包销的费用和结算办法；违约责任；国务院证券监督管理机构规定的其他事项。

证券公司承销证券，应当对公开发行募集文件的真实性、准确性、完整性进行核查。发现有虚假记载、误导性陈述或者重大遗漏的，不得进行销售活动；已经销售的，必须立即停止销售活动，并采取纠正措施。

向不特定对象公开发行的证券票面总值超过人民币5 000万元的，应当由承销团承销。承销团应当由主承销和参与承销的证券公司组成。证券的代销、包销期限最长不得超过90日。证券公司在代销、包销期内，对所代销、包销的证券应当保证先行出售给认购人，证券公司不得为本公司预留所代销的证券和预先购入并留存所包销的证券。股票发行采取溢价发行的，其发行价格由发行人与承销的证券公司协商确定。

股票发行采用代销方式，代销期限届满，向投资者出售的股票数量未达到拟公开发行股票数量70%的，为发行失败。发行人应当按照发行价并加算银行同期存款利息返还给股票认购人。

6. 备案

公开发行股票，代销、包销期限届满，发行人应当在规定的期限内将股票发行情况报给国务院证券监督管理机构进行备案。

第三节　证券交易

一、证券交易的一般规则

证券交易是指对已经发行的证券进行买卖、流通和转让的行为。证券交易市场又称二级市场或证券流通市场。其主要功能是使持有证券的投资者通过市场自由转让以变现，使持有现金的投资者通过买入而成为证券新的持有人。证券交易是证券市场上最频繁、最活跃和风险最集中的行为，证券法必须对之予以规范和监督。

（一）上市交易的证券

《证券法》规定，证券交易当事人依法买卖的证券，必须是依法发行并交付的证券。非依法发行的证券，不得买卖。依法发行的股票、公司债券及其他证券，法律对其转让期限有限制性规定的，在限定的期限内，不得买卖。在现实中，对某些证券的转让期限作出限制是可能的，如有些债券，只允许在发行后满一定期限才可转让；又如《公司法》第一百四十二条规定，发起人持有的本公司股份，自公司成立之日起1年内不得转让。公司公开发行股份前已发行的股份，自公司股票在证券交易所上市交易之日起1年内不得转让。公司董事、监事、高级管理人员应当向公司申报所持有的本公司的股份及其变动情况，在任职期间每年转让的股份不得超过其所持有的本公司股份总数的25%；所持本公司股份自公司股票上市交易之日起1年内不得转让。上述人员离职后半年内，不得转让其所持有的本公司股份。公司章程可以对公司董事、监事、高级管理人员转让其所持有的本公司股份作出其他限制性规定。

（二）证券交易方式和价格确定规则

1. 证券交易方式

交易所内的证券交易方式主要有：现货交易、期货交易、期权交易和融资融券交易。

（1）现货交易，又称现金现货交易。指证券交易双方以自己可支配的足额资金和证券进行交易，买卖成交以后即时履行证券和价款交割手续。现货交易的风险较小，投机性弱，是现代证券交易中应用最普遍的交易方式。我国《证券法》第四十二条规定，证券交易以现货和国务院规定的其他方式进行。

（2）期货交易。是指证券交易双方交付一定比例的保证金，按照交易协议签订时的证券价格作为成交价格，约定一定时期以后进行交割清算的一种交易方式。交割结算期限一般有半月、1 个月、2 个月和 3 个月四种。在交割日如果证券市价高于签约时的价格，买方得益，卖方受损；反之，则买方受损，卖方得益。在交割日到来之前，交易双方都可以不断地进行买卖转手，但到交割日时，卖方必须按约定价格卖出证券，买方必须按约定价格买入证券；完成对冲。证券期货交易具有套期保值功能，即在现货市场上买入或卖出某种证券，在期货市场上以同等价格和数量反向操作同种证券，可以规避价格风险。但是证券期货交易具有很强的投机性，一方面增强证券的流通性，另一方面也可能造成市场虚假繁荣，引发危机。我国法律目前禁止证券期货交易。

（3）期权交易，又称为选择权交易。是指交易双方在证券交易所内交易一定时期买卖某种证券的权利的交易方式。期权交易可以分为买进期权和卖出期权。相对于证券期货交易而言，期权交易的风险较小，因为其最大损失限度就是购买期权的费用。由于期权交易只需用少量的期权费就可以获得买卖大笔证券的权利，因而在风险相同的情况下，其收益比现货要高。期权交易是期货交易的衍生物，我国由于未开期货交易，故不可能有期权交易。

（4）融资融券交易，又称为信用交易、保证金交易、垫头交易。是指投资者在买卖证券时只需向证券公司交付一定比例的保证金，由证券公司提供资金或证券进行交易的方式。信用交易可以分为融资交易和融券交易。融资融券交易一方面可以活跃市场，扩大证券交易量；另一方面具有很强的投机性，所以，各国对此严格监管。我国证券法禁止融资融券交易。

2. 证券交易价格确定规则

经依法核准的上市交易的股票、公司债券及其他证券，应当在证券交易所挂牌交易。证券在证券交易所挂牌交易，应当公开集中竞价进行交易。证券交易的集中竞价应当实行“价格优先、时间优先”的原则。

公开的集中竞价，是指所有购售该证券的买主和卖主集中在一个市场内公开申报、竞价交易，每当买卖双方出价相吻合就达成一笔买卖，交易依买卖组连续进行，每个买卖组形成不同的价格。公开的集中竞价具有过程公开性、时间连续性、价格合理性和较强适应性等特点。

（三）证券交易的限制

为了保证证券交易的公开、公平、公正、合理，证券法规定下列成员从事证券交易应当受到限制：

第一，证券交易所、证券公司和证券登记结算机构的从业人员、证券监督管理机构的工作人员以及法律、行政法规禁止参与股票交易的其他人员，在任期或者法定限期内，不得直接或者以化名、借他人名义持有、买卖股票，也不得收受他人赠送的股票。任何人在成为上述人员时，其原已持有的股票，必须依法转让。

第二，为股票发行出具审计报告、资产评估报告或者法律意见书等文件的证券服务机构和人员，在该股票承销期内和期满后6个月内，不得买卖该种股票。此外，为上市公司出具审计报告、资产评估报告或者法律意见书等文件的证券服务机构和人员，自接受上市公司委托之日起至上述文件公开后5日内，不得买卖该种股票。

第三，上市公司董事、监事、高级管理人员、持有上市公司股份5%以上的股东，将其持有的该公司的股票在买入后6个月内卖出，或者在卖出后6个月内又买入，由此所得的收益归该公司所有，公司董事会应当收回其所得收益。但是，证券公司因包销购入售后剩余股票而持有5%以上股份的，卖出该股票不受6个月时间限制。

公司董事会不按照上述规定执行的，股东有权要求董事会在30日内执行。公司董事会未在上述期限内执行的，股东有权为了公司的利益以自己的名义直接向人民法院提起诉讼。公司董事会不按照规定执行的，负有责任的董事依法承担连带责任。

二、证券上市

证券上市是指发行人已经发行的证券经批准后，在证券交易所公开挂牌交易的法律行为。证券上市，是连接证券发行市场和证券交易市场的“桥梁”。在我国，股票公开发行后即获得上市资格，股票上市后的公司也就成为上市公司。国务院证券监督管理机构负责核准证券上市申请，也可以授权证券交易所依照法定条件和法定程序核准证券上市申请，依法暂停或者终止证券上市。

（一）证券上市的条件

1. 股票上市的条件

股份有限公司申请股票上市，应当符合下列条件：股票经国务院证券监督管理机构核准已公开发行；公司股本总额不少于人民币3 000万元；公开发行的股份达到公司股份总数的25%以上；公司股本总额超过人民币4亿元的，公开发行股份的比例为10%以上；公司最近3年无重大违法行为，财务会计报告无虚假记载。证券交易所可以规定高于前款规定的上市条件，并报国务院证券监督管理机构批准。

2. 公司债券上市的条件

公司申请公司债券上市交易，应当符合下列条件：公司债券的期限为1年以上；公司债券实际发行额不少于人民币5 000万元；公司申请债券上市时仍符合法定的公司债券发行条件。

（二）申请上市交易的程序

1. 聘请保荐人

申请股票、可转换为股票的公司债券或者法律、行政法规规定实行保荐制度的其他证券上市交易，应当聘请具有保荐资格的机构担任保荐人。

2. 向证券交易所提出上市交易申请

申请股票上市交易，应当向证券交易所报送下列文件：上市报告书；申请股票上市的股东大会决议；公司章程；公司营业执照；依法经会计师事务所审计的公司最近3年的财务会计报告；法律意见书和上市保荐书；最近一次的招股说明书；证券交易所上市规则规定的其他文件。

公司申请债券上市交易，应当向证券交易所报送下列文件：上市报告书；申请公司债券上市的董事会决议；公司章程；公司营业执照；公司债券募集办法；公司债券的实际发行数额；证券交易所上市规则规定的其他文件。申请可转换为股票的公司债券上市交易，还应当报送保荐人出具的上市保荐书。

3. 证券交易所核准同意

证券交易所收到发行人提交的上市申请及上述规定的有关文件后，应当进行审查，决定是否同意发行人上市交易，并通知当事人。

4. 证券上市公告

证券上市交易申请经证券交易所审核同意后，签订上市协议的公司应当在规定的期限内公告证券上市文件及有关文件，并将其申请文件置备于指定场所供公众查阅。

5. 挂牌交易

在公开上市公告书后，申请上市的证券将按照证券交易所的程序和规则挂牌交易。

（三）证券交易的暂停和终止

上市公司丧失公司法规定的上市条件的，证券交易所决定暂停或终止其上市交易。

1. 股票交易的暂停和终止

上市公司有下列情形之一的，由证券交易所决定暂停其股票上市交易：公司股本总额、股权分布等发生变化不再具备上市条件；公司不按照规定公开其财务状况，或者对财务会计报告作虚假记载，可能误导投资者；公司有重大违法行为；公司最近3年连续亏损；证券交易所上市规则规定的其他情形。

上市公司有下列情形之一的，由证券交易所决定终止其股票上市交易：公司股本总额、股权分布等发生变化不再具备上市条件，在证券交易所规定的期限内仍不能达到上市条件；公司不按照规定公开其财务状况，或者对财务会计报告作虚假记载，且拒绝纠正；公司最近3年连续亏损，在其后一个年度内未能恢复盈利；公司解散或者被宣告破产；证券交易所上市规则规定的其他情形。

2. 债券交易的暂停和终止

公司债券上市交易后，公司有下列情形之一的，由证券交易所决定暂停其公司债券上市交易：①公司有重大违法行为；②公司情况发生重大变化不符合公司债券上市条件；③公司债券所募集资金不按照核准的用途使用；④未按照公司债券募集办法履行义务；⑤公司最近2年连续亏损。

公司有前条第①项、第④项所列情形之一，经查实后果严重的，或有前条第②项、第③项、第⑤项所列情形之一，在限期内未能消除的，由证券交易所决定终止其公司债券上市交易。公司解散或者被宣告破产的，由证券交易所终止其公司债券上市交易。

三、持续性信息披露

所谓持续性信息披露制度，是指在证券交易中，上市公司对有关信息，必须依法连续公开，发生法定情况必须及时向法定机构报告及向社会公众公开的制度。设定持续信息披露制度是基于所有投资者地位一律平等，都享有对所投资上市公司的知情权。上市公司公开的信息，必须真实、准确、完整，不得有虚假记载、误导性陈述或者重大遗漏。依照法律、行政法规规定必须作出的公告，应当在国家有关部门规定的报刊上或者在专项出版的公报上刊登，同时将其置备于公司住所、证券交易所，供社会公众查阅。我国的持续性信息披露制度包括定期报告和临时报告。

1. 定期报告

定期报告包括中期报告和年度报告。中期报告是指上市公司在上半年度终结后一定时期内编制并公布的，反映在本会计年度中最初6个月的经营及财务状况的报告。中期报告应当记载以下内容：公司财务会计报告和经营情况；涉及公司的重大诉讼事项；已发行的股票、公司债券变动情况；提交股东大会审议的重要事项；国务院证券监督管理机构规定的其他事项。

年度报告是指上市公司在每个会计年度结束后，依照法律规定的内容与格式进行编制，向证券主管机关提交并向社会公众公开的、反映公司在过去的一个会计年度中经营、财务状况的法律文件。年度报告应当记载以下内容：公司概况；公司财务会计报告和经营情况；董事、监事、高级管理人员的简介及其持股情况；已发行的股票、公司债券情况，包括持有公司股份最多的前十名股东名单和持股数额；公司的实际控制人；国务院证券监督管理机构规定的其他事项。

2. 临时性报告

临时性报告是指上市公司发生重大事项，可能会影响证券市场价格时，应依照法律规定及时将有关信息公开，以利于投资者进行判断的一种报告。临时性报告旨在弥补定期报告信息滞后的缺陷，加强对投资者利益的保护。

下列情况属重大事件，上市公司应作出临时性报告：公司的经营方针和经营范围的重大变化；公司的重大投资行为和重大的购置财产的决定；公司订立重要合同，可能对公司的资产、负债、权益和经营成果产生重要影响；公司发生重大债务和未能清偿到期重大债务的违约情况；公司发生重大亏损或者重大损失；公司生产经营的外部条件发生的重大变化；公司的董事、1/3以上监事或者经理发生变动；持有公司5%以上股份的股东或者实际控制人，其持有股份或者控制公司的情况发生较大变化；公司减资、合并、分立、解散及申请破产的决定；涉及公司的重大诉讼，股东大会、董事会决议被依法撤销或者宣告无效；公司涉嫌犯罪被司法机关立案调查，公司董事、监事、高级管理人员涉嫌犯罪被司法机关采取强制措施；国务院证券监督管理机构规定的其他事项。

四、证券交易禁止行为

证券交易禁止行为是指我国证券法律规定的各证券市场参与者在证券交易过程中不得

从事的行为。证券交易禁止行为主要包括：内幕交易行为、操纵市场行为、欺诈客户行为和其他禁止交易的行为。

（一）内幕交易行为

所谓内幕交易行为是指证券交易内幕信息的知情人员或者非法获得证券交易内幕信息的人员，在涉及证券的发行、交易或其他对证券的价格有重大的影响的信息尚未公开前，进行证券交易或者将该信息泄露给他人，或者根据该信息建议他人进行证券交易的行为。

内幕交易行为涉及两个基本要素，即内幕人员和内幕信息。

根据《证券法》的规定，下列人员为内幕人员：发行股票或者公司债券的公司董事、监事、经理、副经理及有关的高级管理人员；持有公司5%以上股份的股东；发行股票公司的控股公司的高级管理人员；由于所任公司职务可以获取公司有关证券交易信息的人员；证券监督管理机构工作人员以及由于法定的职责对证券交易进行管理的其他人员；由于法定职责而参与证券交易的社会中介机构或者证券登记结算机构、证券交易服务机构的有关人员；国务院证券监督管理机构规定的其他人员。

在证券交易活动中，涉及公司的经营、财务或者对该公司证券的市场价格有重大影响的尚未公开的信息，为内幕信息，具体包括：《证券法》第六十七条第二款所列重大事件；公司分配股利或者增资的计划；公司股权结构的重大变化；公司债务担保的重大变更；公司营业用主要资产的抵押、出售或者报废一次超过该资产的30%；公司的董事、监事、高级管理人员的行为可能依法承担重大损害赔偿责任；上市公司收购的有关方案；国务院证券监督管理机构认定的对证券交易价格有显著影响的其他重要信息。

（二）操纵市场行为

操纵市场行为是指单位或个人以获取利益或者减少损失为目的，利用其资金、信息等优势或滥用职权影响证券市场价格，制造证券市场假象，诱导或者致使投资者在不了解事实真相的情况下作出买卖证券的决定，扰乱证券市场秩序的行为。

禁止任何人以下列手段操纵市场，获取不正当利益或者转嫁风险：通过单独或者合谋，集中资金优势、持股优势或者利用信息优势联合或者连续买卖，操纵证券交易价格；与他人串通，以及先约定的时间、价格和方式相互进行证券交易或者相互买卖并不持有的证券，影响证券交易价格或者证券交易量；以自己为交易对象，进行不转移所有权的自买自卖，影响证券交易价格或者证券交易量；以其他方法操纵证券交易价格。

（三）欺诈客户行为

所谓欺诈客户行为是指在证券交易活动中，行为人故意告知客户以虚假情况，或向其隐瞒真情，诱骗客户买卖证券而损害其利益的行为。

在证券交易过程中，禁止证券公司及其从业人员从事下列损害客户利益的欺诈行为：违背客户的委托为其买卖证券；不在规定时间内向客户提供交易的书面确认文件；挪用客户所委托买卖的证券或者客户账户上的资金；未经客户的委托，擅自为客户买卖证券，或者假借客户的名义买卖证券；为牟取佣金收入，诱使客户进行不必要的证券买卖；利用传播媒介或者通过其他方式提供、传播虚假或者误导投资者的信息；其他违背客户真实意思表示，损害客户利益的行为。

（四）其他禁止交易的行为

其他禁止交易的行为包括：禁止法人非法利用他人账户从事证券交易；禁止法人出借自己或他人的证券账户；依法拓宽资金入市渠道，禁止资金违规流入股市；禁止任何人挪用公款买卖证券。国有企业和国有资产控股的企业买卖上市交易的股票，必须遵守国家有关规定。

第四节　上市公司的收购

一、上市公司收购的概念和种类

上市公司收购是指投资者为取得特定上市公司的股份控制权，或实施对特定上市公司的兼并，依法定程序公开购入该公司发行在外的部分或全部股份的行为。实施收购行为的投资者称为收购人，作为收购目标的上市公司被称为收购公司。

依据不同标准，可对上市公司收购的种类作如下划分：一是协议收购与要约收购。协议收购是指收购人与标的公司的股东按照法律、行政法规的规定，以协议方式进行股份转让的收购方式；要约收购，是指收购人通过向目标公司的所有股东发出购买其所持股票的要约，在受要约人承诺后进行股份转让，以实现收购目的的上市公司收购方式。二是部分收购与全面收购。部分收购是指收购人计划收购标的公司的部分股份的上市公司收购方式；全面收购是指收购人计划收购标的公司的全部股份的上市公司收购方式。三是任意公开收购与强制公开收购。任意公开收购是指由收购人自行决定的公开收购；强制公开收购是指收购人在具备法定情形时，依法必须进行的公开收购。我国《证券法》规定，投资者可以采取要约收购、协议收购及其他合法方式收购上市公司。

二、大量持股披露制度

大量持股披露制度是上市公司收购法律制度的一个重要组成部分。大量持股披露制度是指投资者在持有一个上市公司有表决权的股份达到一定比例时，必须对该持股情况向证券交易所及证券监督部门报告，通知该上市公司，并以公告的形式予以披露，以后持股增减变化达到法定比例时，也应予以报告、披露的制度。

我国《证券法》规定，通过证券交易所的证券交易，投资者持有或者通过协议、其他安排与他人共同持有一个上市公司已发行的股份达到5%时，应当在该事实发生之日起3日内，向国务院证券监督管理机构、证券交易所作出书面报告，通知该上市公司，并予公告；在上述期限内，不得再行买卖该上市公司的股票。

投资者持有或者通过协议、其他安排与他人共同持有一个上市公司已发行的股份达到5%后，其所持该上市公司已发行的股份比例每增加或减少5%，同样应当进行报告和公告。在报告期限内和作出报告、公告后2日内，不得再行买卖该上市公司的股票。

大量持股股东在书面报告和公告中应当披露下列内容：持股人的名称、住所；持有的股票的名称、数额；持股达到法定比例或者持股增减变化达到法定比例的日期。

三、要约收购

（一）要约收购的情形

要约收购分为自愿收购和强制收购两种情形。

1. 自愿收购

投资者自愿选择以要约方式收购上市公司股份的，可以向被收购公司的所有股东发出收购其所持有的全部股份或部分股份的要约。

2. 强制收购

通过证券交易所的证券交易，投资者持有或者通过协议、其他安排与他人共同持有一个上市公司已发行的股份达到30%时，继续进行收购的，应当依法向该上市公司的所有股东发出收购上市公司全部或者部分股份的要约。收购上市公司部分股份的收购要约应当约定，被收购公司股东承诺出售的股份数额超过预定收购的股份数额的，收购人按比例进行收购。

（二）要约收购的程序

作为强制收购方式的要约收购应当依法履行必要的报告、公告等程序。根据我国《证券法》，收购的主要程序是：第一，收购人必须事先向国务院证券监督管理机构报送上市公司收购报告书，并载明下列事项：收购人的名称、住所；收购人关于收购的决定；被收购的上市公司名称；收购目的；收购股份的详细名称和预定收购的股份数额；收购期限、收购价格；收购所需资金额及资金保证；报送上市公司收购报告书时持有被收购公司股份数占该公司已发行的股份总数的比例。收购人还应当将上市公司收购报告书同时提交证券交易所。第二，收购人在依法报送上市公司收购报告书之日起15日后，公告其收购要约。在上述期限内，国务院证券监督管理机构发现上市公司收购报告书不符合法律、行政法规规定的，应当及时告知收购人，收购人不得公告其收购要约。收购要约约定的收购期限不得少于30日，并不得超过60日。在收购要约确定的承诺期限内，收购人不得撤销其收购要约。收购人需要变更收购要约的，必须事先向国务院证券监督管理机构及证券交易所提出报告，经批准后，予以公告。第三，对收购要约的承诺。收购要约提出的各项收购条件，适用于被收购公司的所有股东。采取要约收购方式的，收购人在收购期限内，不得卖出被收购公司的股票，也不得采取要约规定以外的形式和超出要约的条件买入被收购公司的股票。第四，收购情况的报告和公告。收购行为完成后，收购人应当在15日内将收购情况报告国务院证券监督管理机构和证券交易所，并予公告。

四、协议收购

采取协议收购方式的，收购人可以依照法律、行政法规的规定同被收购公司的股东以协议方式进行股份转让。收购达成协议后，收购人必须在3日内将该收购协议向国务院证券监督管理机构及证券交易所作出书面报告，并予公告。在公告前不得履行收购协议。协议收购的双方可以临时委托证券登记结算机构保管协议转让的股票，并将资金存放于指定的银行。

采取协议收购方式的，收购人收购或者通过协议、其他安排与他人共同收购一个上市公司已发行的股份达到30%时，继续进行收购的，应当向该上市公司所有股东发出收购上市公司全部或者部分股份的要约。但是，经国务院证券监督管理机构免除发出要约的除外。

五、上市公司收购的法律后果

上市公司收购的法律后果主要表现在以下四个方面：收购期限届满，被收购公司股权分布不符合上市条件的，该上市公司的股票应当由证券交易所依法终止上市交易；其余仍持有被收购公司股票的股东，有权向收购人以收购要约的同等条件出售其股票，收购人应当收购。收购行为完成后，被收购公司不再具备股份有限公司条件的，应当依法变更企业形式。在上市公司收购中，收购人持有的被收购的上市公司的股票，在收购行为完成后的12个月内不得转让。收购行为完成后，收购人与被收购公司合并，并将该公司解散的被解散公司的原有股票由收购人依法更换。

收购行为完成后，收购人应当在15日内将收购情况报告国务院证券监督管理机构和证券交易所，并予以公告。收购上市公司中由国家授权投资的机构持有的股份，应当按照国务院的规定，经有关主管部门批准。

第五节　证券机构

一、证券交易所

（一）证券交易所的概念

证券交易所，是指依法设立的提供证券集中交易场所的组织。我国《证券法》第一百零二条规定，证券交易所是提供证券集中竞价交易场所的不以营利为目的的法人。

从上述定义中，可归纳出证券交易所具有以下特征：

1. 证券交易所是法人

证券交易所具有独立的权利能力和行为能力，具有自己的组织机构、注册资本、固定的场所和设施，以及自己独有的名称。

2. 证券交易所是依法设立的法人

设立证券交易所必须符合法定的条件，履行法定的程序，经国务院证券监督管理机构批准后，才能成立并开展业务。证券交易所的业务活动受证券监督管理机构的监管。其章程的制定和修改，必须报国务院证券监督管理机构批准。

3. 证券交易所是不以营利为目的的法人

证券交易所本身不得持有证券，也不得买卖证券。它作为证券交易市场的组织者和管理者，为证券集中交易提供场所设施，而且也对证券交易所的会员及其交易活动实施自我管理，维护证券市场秩序。证券交易所的这种性质决定了它不能以营利为目的。

（二）证券交易所的组织形式和组织机构

1. 证券交易所的组织形式

各国的证券交易所都有两种基本的组织形式：一是公司制证券交易所。它是由投资者投资入股建立，以营利为目的的公司法人。其对本所内的证券交易负有担保责任，并且须向国库缴纳营业保证金。证券公司与交易所是合同关系。交易所以证券上市费和交易手续费为主要收入来源。韩国、新加坡、马来西亚和我国香港、台湾地区等采用此种形式。二是会员制证券交易所。它一般是由会员证券商出资组建的，不以营利为目的的社团法人。只有会员及享有特许权的经纪人才有资格在交易所中进行交易。交易所的费用由各会员分担，交易责任由交易双方自负，交易所不负担保责任。会员与交易所不是合同关系，而是自治自律关系。英国、日本等国采用此种形式。

我国的两家证券交易所都采用会员制，进入证券交易所参与集中竞价交易的必须是具有会员资格的证券公司，投资者买卖证券应委托证券公司进行。

2. 证券交易所的组织机构

证券交易所设立会员大会、理事会、监察委员会和总经理。会员大会是交易所的最高权力机关，由全体会员组成。理事会是证券交易所的日常事务的处理决策机构，由会员大会产生，对会员大会负责。理事长是交易所的法定代表人。监察委员会是交易所的监察机构，对会员大会负责。证券交易所设总经理 1 人，副总经理 1 ~3 人，负责交易所的日常管理工作，由国务院证券监督管理机构任免。总经理、副总经理不得由国家公务员兼任。

（三）证券交易所的管理原则和职权

1. 证券交易所的管理原则

世界各国的证券交易所在管理过程中一般坚持以下原则：

（1）公开原则。即向投资者提供上市公司全面、详细、准确的资料。

（2）场内交易原则。即交易所会员或与交易所签订合同的证券公司必须在交易所场内进行上市集中竞价交易。不论其交易主体是否发生违规行为，结果均予以确认而不得更改。这与其他市场的交易规则不完全一致，但交易中违法一方或双方仍应承担法律责任。

（3）紧急情况处理原则。即当证券市场上发生或可能发生影响投资者利益的情况时，政府主管机关有权命令证券交易所或证券交易所在申报主管机关后，采取临时停市或恢复停市等措施。

（4）信用原则。为防止欺诈、垄断、操纵及其他违法行为发生，证券交易所对交易过程进行监控。

2. 证券交易所的职权

证券交易所具有以下职权：

（1）提供证券交易的场所和设施。证券交易所应当为组织公平的集中竞价交易提供保障，即时公布证券交易行情，并按交易日制作证券市场行情表，予以公布。

（2）制定证券交易所的业务规则。证券交易所应当依照证券法律、行政法规制定证券集中竞价交易的具体规则，制定证券交易所的会员管理规章和证券交易所从业人员业务规则，并报国务院证券监督管理机构批准。

（3）办理证券上市事务。证券交易所应当依照法律、行政法规的规定，接受上市申请、安排证券上市，以及办理证券的暂停上市、恢复上市或者终止上市的事务，其具体办法由国务院证券监督管理机构制定。

（4）组织、监督证券交易。证券交易所负责组织证券交易并对其实行实时监控。当因突发性事件而影响证券交易的正常进行时，证券交易所可以采取技术性停牌的措施；因不可抗力的突发性事件或者为维护证券交易的正常秩序，证券交易所可以决定临时停市；采取以上两项临时措施，必须及时报告国务院证券监督管理机构。此外，证券交易所应当按照国务院证券监督管理机构的要求，对异常的交易情况提出报告。

（5）对会员和上市公司进行监督。证券交易所应当对会员的财务状况、内部风险控制制度以及遵守证券法律、法规、证券交易所章程、业务规则等情况进行监督；应当对上市公司披露的信息进行监督，督促上市公司依法及时、准确地披露信息。

（6）国务院证券监督管理机构许可的其他职能。

二、证券公司

（一）证券公司的概念和设立

证券公司是指依照《公司法》和《证券法》规定设立的经营证券业务的有限责任公司或者股份有限公司。设立证券公司，必须经国务院证券监督管理机构审查批准。证券公司依法享有自主经营的权利，其合法经营不受干涉。未经国务院证券监督管理机构批准，任何单位和个人不得经营证券业务。

设立证券公司，应当具备下列条件：有符合法律、行政法规规定的公司章程；主要股东具有持续盈利能力，信誉良好，最近3年无重大违法违规记录，净资产不低于人民币2亿元；有符合本法规定的注册资本；董事、监事、高级管理人员具备任职资格，从业人员具有证券从业资格；有完善的风险管理与内部控制制度；有合格的经营场所和业务设施；法律、行政法规规定的和经国务院批准的国务院证券监督管理机构规定的其他条件。

证券公司必须在其名称中标明“证券有限责任公司”或“证券股份有限公司”字样。

（二）证券公司的业务范围和注册资本

经国务院证券监督管理机构批准，证券公司可以经营下列部分或者全部业务：证券经纪；证券投资咨询；与证券交易、证券投资活动有关的财务顾问；证券承销与保荐；证券自营；证券资产管理；其他证券业务。

证券公司经营证券经纪、证券投资咨询和与证券交易、证券投资活动有关的财务顾问业务的，注册资本最低限额为人民币5 000万元；经营证券承销与保荐、证券自营、证券资产管理和其他证券业务中的任何一项业务的，注册资本最低限额为人民币1亿元；经营证券承销与保荐、证券自营、证券资产管理和其他证券业务中的两项以上的，注册资本最低限额为人民币5亿元。证券公司的注册资本应当是实缴资本。

国务院证券监督管理机构根据审慎监管原则和各项业务的风险程度，可以调整注册资本的最低限额，但不得少于上述规定的限额。

（三）证券公司的经营管理

1. 资产管理

国务院证券监督管理机构应当对证券公司的净资本，净资本与负债的比例，净资本与净资产的比例，净资本与自营、承销、资产管理等业务规模的比例，负债与净资产的比例，以及流动资产与流动负债的比例等风险控制指标作出规定。证券公司不得为其股东或者股东的关联人提供融资或担保。

2. 人员管理

证券公司的董事、监事、高级管理人员，应当正直诚实，品行良好，熟悉证券法律、行政法规，具有履行职责所需的经营管理能力，并在任职前取得国务院证券监督管理机构核准的任职资格。

有《公司法》第一百四十七条规定的情形或者下列情形之一的，不得担任证券公司的董事、监事、高级管理人员：因违法行为或者违纪行为被解除职务的证券交易所、证券登记结算机构的负责人或者证券公司的董事、监事、高级管理人员，自被解除职务之日起未逾5年；因违法行为或者违纪行为被撤销资格的律师、注册会计师或者投资咨询机构、财务顾问机构、资信评级机构、资产评估机构、验证机构的专业人员，自被撤销资格之日起未逾5年。

因违法行为或者违纪行为被开除的证券交易所、证券登记结算机构、证券服务机构、证券公司的从业人员和被开除的国家机关工作人员，不得招聘为证券公司的从业人员。

国家机关工作人员和法律、行政法规规定的禁止在公司中兼职的其他人员，不得在证券公司中兼任职务。

3. 证券投资者保护基金和交易风险准备金

国家设立证券投资者保护基金。证券投资者保护基金由证券公司缴纳的资金及其他依法筹集的资金组成，其筹集、管理和使用的具体办法由国务院规定。

证券公司从每年的税后利润中提取交易风险准备金，用于弥补证券交易的损失，其提取的具体比例由国务院证券监督管理机构规定。

4. 内部控制

证券公司应当建立健全内部控制制度，采取有效隔离措施，防范公司与客户之间、不同客户之间的利益冲突。证券公司必须将其证券经纪业务、证券承销业务、证券自营业务和证券资产管理业务分开办理，不得混合操作。

5. 业务管理

证券公司的自营业务必须以自己的名义进行，不得假借他人名义或以个人名义进行。证券公司的自营业务必须使用自有资金和依法筹集的资金。证券公司不得将其自营账户借给他人使用。

证券公司客户的交易结算资金应当存放在商业银行，以每个客户的名义单独立户管理。具体办法和实施步骤由国务院规定。证券公司不得将客户的交易结算资金和证券归入其自有财产。禁止任何单位或者个人以任何形式挪用客户的交易结算资金和证券。证券公司破产或者清算时，客户的交易结算资金和证券不属于其破产财产或者清算财产。非因客户本身的债务或者法律规定的其他情形，不得查封、冻结、扣划或强制执行客户的交易结算资金和证券。

证券公司办理经纪业务，应当置备统一制定的证券买卖委托书，供委托人使用。采取其他委托方式的，必须作出委托记录。客户的证券买卖委托，不论是否成交，其委托记录应当按照规定的期限，保存于证券公司。证券公司接受证券买卖的委托，应当根据委托书载明的证券名称、买卖数量、出价方式、价格幅度等，按照交易规则代理买卖证券，如实进行交易记录；买卖成交后，应当按照规定制作买卖成交报告单，交付客户。证券交易中确认交易行为及其交易结果的对账单必须真实，并由交易经办人员以外的审核人员逐笔审核，保证账面证券余额与实际持有的证券相一致。

证券公司为客户买卖证券提供融资融券服务，应当按照国务院的规定并经国务院证券监督管理机构批准。证券公司办理经纪业务，不得接受客户的全权委托而决定证券买卖、选择证券种类、决定买卖数量或者买卖价格。证券公司不得以任何方式对客户证券买卖的收益或者赔偿证券买卖的损失作出承诺。证券公司及其从业人员不得未经过其依法设立的营业场所私下接受客户委托买卖证券。证券公司的从业人员在证券交易活动中，执行所属的证券公司的指令或者利用职务违反交易规则的，由所属的证券公司承担全部责任。

证券公司应当妥善保存客户开户资料、委托记录、交易记录和与内部管理、业务经营有关的各项资料，任何人不得隐匿、伪造、篡改或毁损。上述资料的保存期限不得少于20年。证券公司应当按照规定向国务院证券监督管理机构报送业务、财务等经营管理信息和资料。

6. 证券公司的监管

国务院证券监督管理机构有权要求证券公司及其股东、实际控制人在指定的期限内提供有关信息、资料。证券公司及其股东、实际控制人向国务院证券监督管理机构报送或者提供的信息、资料，必须真实、准确、完整。

国务院证券监督管理机构认为有必要时，可以委托会计师事务所、资产评估机构对证券公司的财务状况、内部控制状况、资产价值进行审计或评估。具体办法由国务院证券监督管理机构会同有关主管部门制定。

证券公司的净资本或者其他风险控制指标不符合规定的，国务院证券监督管理机构应当责令其限期改正；逾期未改正，或者其行为严重危及该证券公司的稳健运行、损害客户合法权益的，国务院证券监督管理机构可以区别情形，对其采取下列措施：限制业务活动，责令暂停部分业务，停止批准新业务；停止批准增设、收购营业性分支机构；限制分配红利，限制向董事、监事、高级管理人员支付报酬、提供福利；限制转让财产或者在财产上设定其他权利；责令更换董事、监事、高级管理人员或者限制其权利；责令控股股东转让股权或者限制有关股东行使股东权利；撤销有关业务许可。

证券公司整改后，应当向国务院证券监督管理机构提交报告。国务院证券监督管理机构经验收，对符合有关风险控制指标的，应当自验收完毕之日起3日内解除对其采取的前款规定的有关措施。

证券公司的股东有虚假出资、抽逃出资行为的，国务院证券监督管理机构应当责令其限期改正，并可责令其转让所持证券公司的股权。在股东按照要求改正违法行为、转让所持证券公司的股权前，国务院证券监督管理机构可以限制其股东权利。

证券公司的董事、监事、高级管理人员未能勤勉尽责，致使证券公司存在重大违法违规行为或重大风险的，国务院证券监督管理机构可以撤销其任职资格，并责令公司予以更换。

证券公司违法经营或者出现重大风险，严重危害证券市场秩序、损害投资者利益的，国务院证券监督管理机构可以对该证券公司采取责令停业整顿、指定其他机构托管、接管或撤销等监管措施。

在证券公司被责令停业整顿、被依法指定托管、接管或者清算期间，或者出现重大风险时，经国务院证券监督管理机构批准，可以对该证券公司直接负责的董事、监事、高级管理人员和其他直接责任人员采取以下措施：通知出境管理机关依法阻止其出境；申请司法机关禁止其转移、转让或以其他方式处分财产，或在财产上设定其他权利。

三、证券登记结算机构

（一）证券登记结算机构的概念和职能

证券登记结算机构是为证券交易提供集中登记、存管与结算服务，不以营利为目的的法人。

证券登记结算机构履行下列职能：证券账户、结算账户的设立；证券的存管和过户；证券持有人名册登记；证券交易所上市证券交易的清算和交收；受发行人的委托派发证券权益；办理与上述业务有关的查询；国务院证券监督管理机构批准的其他业务。

证券持有人持有的证券，在上市交易时，应当全部存管在证券登记结算机构。证券登记结算机构在登记结算过程中，不得挪用客户的证券；应当向证券发行人提供证券持有人名册及其有关资料；应当根据证券登记结算的结果，确认证券持有人持有证券的事实，提供证券持有人登记资料；应当保证证券持有人名册和登记过户记录真实、准确、完整，不得隐匿、伪造、篡改或毁损；应当采取相应措施保证业务的正常进行；应当妥善保存登记、存管和结算的原始凭证及有关文件和资料。其保存期限不得少于20年。

（二）证券登记结算机构的设立和解散

设立证券登记结算机构必须经国务院证券监督管理机构批准，并应当具备下列条件：自有资金不少于人民币2亿元；具有证券登记、存管和结算服务所必需的场所和设施；主要管理人员和从业人员必须具有证券从业资格；国务院证券监督管理机构规定的其他条件。证券登记结算机构的名称中应当标明“证券登记结算”字样。

证券登记结算采取全国集中统一的运营方式。证券登记结算机构章程、业务规则应当依法制定，并须经国务院证券监督管理机构批准。

证券登记结算机构申请解散，应当经国务院证券监督管理机构批准。

四、证券服务机构

（一）证券服务机构及其人员从业资格

证券服务机构包括投资咨询机构、财务顾问机构、资信评级机构、资产评估机构、会计师事务所。证券交易服务机构从事证券服务业务，必须经国务院证券监督管理机构和有关主管部门批准。

投资咨询机构、财务顾问机构、资信评级机构、资产评估机构、会计师事务所从事证券服务业务的审批管理办法，由国务院证券监督管理机构和有关主管部门制定。

投资咨询机构、财务顾问机构、资信评级机构从事证券服务业务的人员，必须具备证券专业知识和从事证券业务或证券服务业务 2 年以上经验。认定其证券从业资格的标准和管理办法，由国务院证券监督管理机构制定。

（二）证券服务机构的管理

投资咨询机构及其从业人员从事证券服务业务不得有下列行为：代理委托人从事证券投资；与委托人约定分享证券投资收益或分担证券投资损失；买卖本咨询机构提供服务的上市公司股票；利用传播媒介或通过其他方式提供、传播虚假或误导投资者的信息；法律、行政法规禁止的其他行为。有上述所列行为之一，给投资者造成损失的，依法承担赔偿责任。

从事证券服务业务的投资咨询机构和资信评级机构，应当按照国务院有关主管部门规定的标准或收费办法收取服务费用。

证券服务机构为证券的发行、上市、交易等证券业务活动制作、出具审计报告、资产评估报告、财务顾问报告、资信评级报告或法律意见书等文件，应当勤勉尽责，对所制作、出具的文件内容的真实性、准确性、完整性进行核查和验证。其制作、出具的文件有虚假记载、误导性陈述或重大遗漏，给他人造成损失的，应当与发行人、上市公司承担连带赔偿责任，但能够证明自己没有过错的除外。

五、证券业协会

证券业协会是指依法成立的证券业自律性质的社会团体法人。证券公司应当加入证券业协会。证券业协会的权力机构为全体会员组成的会员大会。证券业协会章程由会员大会制定，并报国务院证券监督管理机构备案。证券业协会设理事会，理事会成员依章程的规定由选举产生。

证券业协会履行下列职责：教育和组织会员遵守证券法律、行政法规；依法维护会员的合法权益，向证券监督管理机构反映会员的建议和要求；收集整理证券信息，为会员提供服务；制定会员应遵守的规则，组织会员单位的从业人员的业务培训，开展会员间的业务交流；对会员之间、会员与客户之间发生的证券业务纠纷进行调解；组织会员就证券业的发展、运作及有关内容进行研究；监督、检查会员行为，对违反法律、行政法规或者协会章程的，按照规定给予纪律处分；证券业协会章程规定的其他职责。

六、证券监督管理机构

国务院证券监督管理机构依法对证券市场实行监督管理，维护证券市场秩序，保障其合法运行。国务院证券监督管理机构在对证券市场实施监督管理中履行下列职责：依法制定有关证券市场监督管理的规章、规则，并依法行使审批或者核准权；依法对证券的发行、上市、交易、登记、存管、结算进行监督管理；依法对证券发行人、上市公司、证券交易所、证券公司、证券登记结算机构、证券投资基金管理公司、证券服务机构的证券业务活动，进行监督管理；依法制定从事证券业务人员的资格标准和行为准则，并监督实施；依法监督检查证券发行、上市和交易的信息公开情况；依法对证券业协会的活动进行指导和监督；依法对违反证券市场监督管理法律、行政法规的行为进行查处；法律、行政法规规定的其他职责。

国务院证券监督管理机构可以和其他国家或者地区的证券监督管理机构建立监督管理合作机制，实施跨境监督管理。国务院证券监督管理机构依法履行职责，有权采取下列措施：对证券发行人、上市公司、证券公司、证券投资基金管理公司、证券服务机构、证券交易所、证券登记结算机构进行现场检查；进入涉嫌违法行为发生场所调查取证；询问当事人和与被调查事件有关的单位和个人，要求其对与被调查事件有关的事项作出说明；查阅、复制与被调查事件有关的财产权登记、通信记录等资料；查阅、复制当事人和与被调查事件有关的单位和个人的证券交易记录、登记过户记录、财务会计资料及其他相关文件和资料；对可能被转移、隐匿或者毁损的文件和资料，可以予以封存；查询当事人和与被调查事件有关的单位和个人的资金账户、证券账户和银行账户；对有证据证明已经或者可能转移或者隐匿违法资金、证券等涉案财产或者隐匿、伪造、毁损重要证据的，经国务院证券监督管理机构主要负责人批准，可以对其进行冻结或者查封；在调查操纵证券市场、内幕交易等重大证券违法行为时，经国务院证券监督管理机构主要负责人批准，可以限制被调查事件当事人的证券买卖，但限制的期限不得超过 15 个交易日；案情复杂的，可以延长 15 个交易日。

国务院证券监督管理机构依法履行职责，进行监督检查或者调查，其监督检查、调查的人员不得少于 2 人，并应当出示合法证件和监督检查、调查通知书。监督检查、调查的人员少于 2 人或者未出示合法证件和监督检查、调查通知书的，被检查、调查的单位有权拒绝。国务院证券监督管理机构工作人员必须忠于职守，依法办事，公正廉洁，不得利用职务便利牟取不正当利益，不得泄露所知悉的有关单位和个人的商业秘密。国务院证券监督管理机构依法履行职责，被检查、调查的单位和个人应当配合，如实提供有关文件和资料，不得拒绝、阻碍和隐瞒。国务院证券监督管理机构依法制定的规章、规则和监督管理工作制度应当公开。国务院证券监督管理机构依据调查结果，对证券违法行为作出的处罚决定，应当公开。

本章小结

证券法是规范资本市场的主要法律，旨在规范证券发行和交易行为，保护投资者的合法权益，维护社会经济秩序和社会公共利益，促进社会主义市场经济的发展。本章主要阐述了证券的概念和特征、证券的发行和交易、相关机构等方面的内容。重点阐明了证券运行和监管的规则。

关键术语和概念

证券　股票　债券　股票发行　保荐人　承销　股票交易　内幕交易　操纵市场　暂停上市　持续信息公开　上市公司　上市公司收购　要约收购　证券交易所　证券公司　证券登记结算机构　证监会

案例分析

【案例1】

某机构投资者对已在上海证券交易所上市的A公司进行调研时，发现A公司如下信息：

（1）甲为A公司的实际控制人，通过B公司持有A公司34%的股份。甲担任A公司的董事长、法定代表人。2009年8月7日，经董事会决议（甲回避表决），A公司为B公司向C银行借款4 000万元提供连带责任保证，并发布公告予以披露。2010年3月1日，C银行通知A公司，B公司的借款到期未还，要求A公司承担保证责任。A公司为此向C银行支付了4 000万元借款本息。

（2）乙在2009年12月至2010年2月底期间连续买入A公司股票，持有A公司股份总额达到3%。A公司为B公司承担保证责任后，乙于2010年3月5日直接向人民法院提起股东代表诉讼，要求甲赔偿A公司因承担保证责任造成的损失。甲则辩称：乙在起诉前未向公司监事会提出书面请求，故请求人民法院驳回乙的起诉。

（3）2010年3月10日，A公司公告拟于4月1日召开年度股东大会。董事会推荐了3名独立董事候选人，其中，候选人丙为B公司财务主管，候选人丁持有A公司股份总额1%的股份。

（4）2010年3月24日，乙向A公司董事会书面提出年度股东大会临时提案，要求罢免甲的董事职务。A公司董事会当即拒绝将该临时提案列为年度股东大会审议事项。3月25日，乙联合持有A公司股份总额8%的股东张某，共同公告拟于4月1日在同一地点召开A公司临时股东大会。4月1日，A公司的两个“股东大会”在同一酒店同时召开。出席“年度股东大会”的股东所持A公司股份总额为35%；出席“临时股东大会”的股东所持A公司股份总额为40%。后者通过了对甲的董事罢免案，并选举乙为A公司董事。

（5）2010年4月21日，B公司与乙达成股权转让协议。4月23日，A公司、B公司和乙联合公布了该协议内容：B公司将所持A公司27%的股份转让给乙，转让后B公司仍持有A公司7%的股份；同时，乙向A公司全体股东发出要约，拟另行收购A公司已发行股份的4%。随后，甲辞职，乙被股东大会选举为董事。

（6）2010年6月3日，A公司董事会通过决议，决定购买乙控制的C公司100%的股权，该交易金额达到A公司资产总额的25%。12月6日，A公司董事会又通过决议，决定购买乙所持D公司的全部股权，该交易金额达到A公司资产总额的20%。上述两项交易完成后，A公司的主营业务转换为汽车零配件生产。

（7）在上述两项股权交易公告前，A公司的股价均出现了异常波动。经调查发现：乙借用他人账户，于2010年6月1日至12月3日期间大量买入A公司的股票；董事戊于12

月 6 日董事会开会期间，电话委托买入 A 公司股票 1 万股；A 公司秘书庚在电梯中听到公司高管议论公司重组事宜后，于 12 月 3 日买入公司股票 2 000 股。因受市场环境影响，上述人员买入 A 公司股票后均未获利，其中，乙账面亏损达 3 亿元；戊账面亏损 2 万元；庚已卖出股票，亏损 2 000 元。

根据上述内容，分别回答下列问题：

（1）A 公司董事会为 B 公司提供担保的决议是否有效？并说明理由。

（2）乙是否具备对甲提起股东代表诉讼的资格？甲请求人民法院驳回乙起诉的理由是否成立？并分别说明理由。

（3）丙、丁是否符合 A 公司独立董事的任职资格？并分别说明理由。

（4）2010 年 3 月 24 日，乙提出的临时提案是否应被列为 A 公司年度股东大会审议事项？4 月 1 日，乙与股东张某共同召集 A 公司临时股东大会的程序是否合法？并分别说明理由。

（5）乙在受让 B 公司转让的 A 公司 27% 的股份时，向 A 公司全体股东发出要约收购 4% 的股份是否符合法律规定？并说明理由。

（6）2010 年 12 月 6 日，A 公司董事会通过的购买乙所持 D 公司股权的决议是否有效？并说明理由。

（7）乙、戊、庚是否存在内幕交易行为？并分别说明理由。

【答案及解析】

（1）A 公司董事会为 B 公司提供担保的决议无效。根据规定，公司为公司股东或者实际控制人提供担保的，必须经股东大会决议。

（2）乙不具备对甲提起股东代表诉讼的资格。根据规定，股份有限公司连续 180 日以上单独或者合计持有公司 1% 以上股份的股东可以书面依法提起股东代表诉讼。在本题中，乙持有股份的时间不足 180 日。

甲请求人民法院驳回乙起诉的理由成立。根据规定，公司董事、高级管理人员执行公司职务时违反法律、行政法规或者公司章程的规定，给公司造成损失的，股份有限公司连续 180 日以上单独或者合计持有公司 1% 以上股份的股东可以书面请求监事会向人民法院提起诉讼；监事会收到股东的书面请求后拒绝提起诉讼或者自收到请求之日起 30 日内未提起诉讼，或者情况紧急、不立即提起诉讼将会使公司利益受到难以弥补的损害的，股份有限公司连续 180 日以上单独或者合计持有公司 1% 以上股份的股东方可以自己的名义直接向人民法院提起诉讼。

（3）丙不符合独立董事任职资格。根据规定，在直接或间接持有上市公司已发行股份 5% 以上的股东单位任职的人员不得担任该上市公司的独立董事。

丁不符合独立董事任职资格。根据规定，直接或间接持有上市公司已发行股份 1% 以上的自然人股东不得担任该上市公司的独立董事。

（4）乙提出的临时提案不应列为年度股东大会的审议事项。根据规定，单独或者合计持有公司 3% 以上股份的股东，可以在股东大会召开 10 日前提出临时提案并书面提交董事会。在本题中，乙提出临时提案的时间距年度股东大会召开时间不足 10 日。

乙与股东张某共同召集 A 公司临时股东大会的程序不合法。根据规定，股东大会由董事会召集，董事会不能或者不履行召集股东大会会议职责的，监事会应当及时召集和主持；监事会不召集和主持的，连续90日以上单独或合计持有公司10%以上股份的股东可以自行召集和主持。在本题中，即使董事会拒绝召集临时股东大会，乙与股东张某也应该要求监事会召集，不应直接自行召集。

（5）乙发出要约收购4%的股份不符合规定。根据规定，以要约方式收购一个上市公司股份的，其预定收购的股份比例不得低于该上市公司已发行股份的5%。

（6）A公司董事会通过购买乙所持D公司股权的决议无效。根据规定，上市公司在1年内购买、出售重大资产或者担保金额超过公司资产总额30%的，应当由股东大会作出决议，并经出席会议的股东所持表决权的2/3以上通过。

（7）乙、戊、庚均存在内幕交易行为。根据规定，发行人的董事（乙、戊）由于所任公司职务可以获取公司有关内幕信息，而秘书（庚）属于内幕信息知情人员，在该内幕信息公开前不得买卖该公司证券，否则构成内幕交易。

【案例2】

甲公司是在上海证券交易所上市的公司，乙公司、丙公司为A所控制的两家非上市公司。2009年1月5日前，乙公司、丙公司分别在交易所购入甲公司已发行股份的3%，均价为每股5.1元。1月7日，乙公司再购入甲公司发行股份的2%，1月9日，乙公司编制权益变动报告书，向中国证监会、证券交易所提交书面报告，通知甲公司并公告其已购入甲公司发行股份的5%。在1月8日至9日期间，乙公司仍不断购入甲公司股份。至1月9日，乙公司直接持有甲公司的股份已达8%，均价为每股7元，而丙公司在1月7日至9日期间，卖出了其直接持有的甲公司的全部股份，获利1元。

1月30日，A与甲公司的大股东B达成协议，由乙公司受让B持有的甲公司35%的股份。乙公司向中国证监会申请豁免要约收购未果后，经中国证监会许可，于3月13日公告发出收购甲公司所有股份的要约。要约收购报告书披露：该要约有效期为30天；要约价格为每股7元，该价格高于乙公司发出要约提示性公告日期30个交易日甲公司股票的每日加权平均价格的算术平均值；为鼓励股东尽快接受要约，凡在4月1日前接受要约的股东将获得每股8元的优惠收购价。

从上海证券交易所公布的要约收购数据来看，至4月7日，共计有持有甲公司已发行股份50%的股东接受了要约，该股份被冻结保管。4月8日，已经接受要约的持有甲公司已发行的股份5%的C委托证券公司办理撤回预受要约手续。至要约期限届满，共计有持有甲公司已发行股份45%的股东接受了乙公司发出的收购要约。

乙公司收购甲公司的股份后，甲公司的股权分布不符合上市要求，甲公司于5月20日被上海证券交易所宣布终止上市。6月3日，C要求乙公司以要约价格购买其持有的甲公司5%股份。

D为乙公司董事，在1月8日以自己的账户买入甲公司股份100万股，均价为每股5.4元。后以每股8元的价格接受了乙公司的要约，扣除有关税费后获利254万元。

E持有甲公司股票1万股，其未接受乙公司的要约。5月21日，E向甲公司董事会提出书面请求：①应当将丙公司买卖甲公司股票的1亿元收益收归公司所有；②应当将D买卖甲公司股票获利的254万元收归公司所有。

根据上述内容，分别回答下列问题：

（1）2009年1月5日前，乙、丙两公司分别购入甲公司3%股票的行为，是否需要公告？并说明理由。

（2）从1月8日至1月9日，乙公司购入甲公司3%股份的行为是否合法？并说明理由。

（3）乙公司拟购甲公司35%股份时，是否需要发出全面要约收购？并说明理由。

（4）乙公司发出的要约收购报告书披露的内容是否有违法之处？并说明理由。

（5）C是否有权撤回预受要约？并说明理由。

（6）在甲公司终止上市后，C是否有权要求乙公司以要约价格购买其股份？并说明理由。

（7）D买卖甲公司股票的行为是否合法？并说明理由。

（8）E请求乙公司董事会收回丙公司股票买卖收益1亿元的要求是否成立？并说明理由。

（9）E请求乙公司董事会收回D股票买卖收益254万元的要求是否成立？并说明理由。

【答案及解析】

（1）乙、丙两公司分别购入甲公司3%股票的行为，应当进行公告。根据规定，投资者之间受同一主体控制的，为一致行动人。而投资者及其一致行动人在一个上市公司中拥有的权益应当合并计算。另外，投资者及其一致行动人拥有权益的股份达到一个上市公司已发行股份的5%时，应当在该事实发生之日起3日内编制权益变动报告书，向中国证监会、证券交易所提交书面报告，抄报该上市公司所在地的中国证监会派出机构，通知该上市公司，并予以公告。本题中，乙、丙两公司同受A控制，为一致行动人，其持有的甲公司已发行股份合并计算为6%，超过5%，所以此时应当履行报告、公告义务。

（2）乙公司购入3%股份的行为合法。根据规定，投资者及其一致行动人拥有权益的股份达到一个上市公司已发行股份的5%时，应当在该事实发生之日起3日内编制权益变动报告书，并履行报告公告义务；在上述期限内，不得再行买卖该上市公司的股票。题目中是在1月5日达到5%，则“事实发生之日起3日”就是“1月5日、1月6日、1月7日”，则在这3日内不得再行买卖；而本问是针对“1月8日至1月9日”间的购买股票行为，此时已经超过3日，是合法的。

（3）乙公司应当发出全面要约收购。根据规定，收购人通过协议收购拥有权益的股份达到该公司已发行股份的30%时，继续进行收购的，应当依法向该上市公司的股东发出全面要约或者部分要约；但经国务院证券监督管理机构免除发出要约的除外。另外，收购人向中国证监会提出申请但未取得豁免的，应当发出全面要约。所以本题中，乙公司向证监会申请豁免未果，应当发出全面要约。

（4）第一，要约价格符合规定。根据规定，收购人进行要约收购的，对同一种类股票的要约价格，不得低于要约收购提示性公告日前6个月内收购人取得该种股票所支付的最高价格。第二，“优惠收购价”的行为不符合规定。根据规定，收购要约提出的各项收购条件，适用于被收购公司的所有股东。所以对个别股东进行优惠的行为不符合规定。

（5）C 有权撤回预受要约。根据规定，在要约收购期限届满 3 个交易日前，预受股东可以委托证券公司办理撤回预受要约的手续，证券登记结算机构根据预受要约股东的撤回申请解除对预受要约股票的临时保管。在要约收购期限届满前 3 个交易日内，预受股东不得撤回其对要约的接受。本题中，收购期限届满是 4 月 13 日（3 月 13 日 +30 天），C 在 4 月 8 日要求撤回的行为，符合法律规定。

（6）C 有权要求乙公司以要约价格购买其股份。根据规定，收购期限届满，被收购公司股权分布不符合上市条件，该上市公司的股票由证券交易所依法终止上市交易。在收购行为完成前，其余仍持有被收购公司股票的股东，有权在收购报告书规定的合理期限内向收购人以收购要约的同等条件出售其股票，收购人应当收购。所以 C 的要求符合规定。

（7）D 买卖甲公司股票的行为不符合规定。根据规定，持有公司 5% 以上股份的股东及其董事、监事、高级管理人员，为内幕信息的知情人员。证券交易内幕信息的知情人在内幕信息公开前，不得买卖该公司的证券。本题中，乙公司在 1 月 7 日已经持有甲公司股份 5%，为“持有公司 5% 以上股份的股东”，而 D 是乙公司的董事，所以 D 是内幕信息知情人，D 在内幕信息公开前（乙公司于 1 月 9 日方进行公告，而 D 的行为发生在 1 月 8 日）购买甲公司股票，是内幕交易，不符合规定。

（8）E 请求收回丙公司股票买卖收益的要求不成立。根据规定，违反法律规定，在限制转让期限内买卖证券的，责令改正，给予警告，并处以与买卖证券等值以下的罚款。所以本题丙公司在禁售期内买卖股票，不符合规定，但是应处以罚款，而不是收归公司所有。

（9）E 请求收回 D 股票买卖收益的要求不成立。根据规定，证券交易内幕信息的知情人，在内幕信息公开前买卖该证券，责令依法处理非法持有的证券，没收违法所得，并处以违法所得 1 倍以上 5 倍以下的罚款。所以这里不是收归公司所有。

第五章　企业破产法

【本章学习要点】

◈破产的概念和特征

◈破产的申请与受理

◈管理人制度

◈破产财产和破产债权

◈债权人会议、重整程序与和解制度

◈破产清算程序

第一节　破产法基础理论

一、破产的概念和特征

（一）破产的概念

破产是指当企业法人不能清偿到期债务时，由人民法院主持，将债务的全部财产依法抵偿所欠的各种债务，不足部分不再清偿。法律上的破产有两层含义：一是指债务人经营失败，无力清偿到期债务的客观状态；二是指为解决债务纠纷，人民法院依法主持债务清偿，使债务人退出竞争或使企业终止的一种法律程序。广义上的破产还包括为避免企业破产而进行的重整与和解制度。

（二）破产的特征

1. 破产是一种特殊的债务清偿程序

破产作为一种特殊的债务清偿程序，表现在：第一，破产还债按照破产法规定的特定程序进行；第二，破产是以债务人的全部财产作为清偿全体债权人的物质基础，并且清偿是一次性的；第三，清偿程序结束后，债务人主体资格消灭。

2. 破产是一种以公平偿债为目的的债务清偿程序

债务人所欠的各种债务原因不同、次序有先后、数额有大小。如果债权人分别行使权利则会使原本在法律上平等的多个债权人难以获得同等的受偿机会。通过破产程序，则可以将债务人的全部财产集中起来，按照法定的顺序和债权比例分配给各债权人，不能清偿的部分由各债权人共同分担损失，从而使债权人的债权得到较公平的清偿。

3. 破产是一种由法院主持进行的偿债程序

为了实现债务人的有限财产在债权人之间公平、公正地分配，破产程序必须在法院的主持和监督下依照法定程序进行。此外，破产最终要消灭债务人的主体资格，要对债务人进行清算，为确保这项工作的顺利进行，防止债务人恶意破产或逃匿财产等不法行为，也需要司法部门的介入。总而言之，破产之所以由法院主持也是为了确保破产的公平和公正，也是为了破产程序的顺利进行。

二、破产法及其适用范围

（一）破产法的概念

破产法是调整破产关系的法律规范的总称。具体来说，我国的破产法是规范企业破产界限、明确破产程序、设立破产当事人权责关系的法律规范的总称。

破产法是一种以程序法为主，兼有实体法内容的法律制度。破产法的程序性规范主要有：案件的申请与受理、管理人的确定、重整与和解、债务人财产、债权的申报、债权人会议、破产清算、破产宣告、破产财产的处理和分配、破产程序的终结等。同时破产法也涉及一些实体内容，如破产界限、破产债权、破产财产、破产费用、取回权、别除权、抵销权、追回权、否认权等。

（二）我国破产法的立法状况

我国第一部破产基本法是1986年12月全国人民代表大会常务委员会通过的《破产法（试行）》。该法适用于全民所有制企业。由于当时《全民所有制工业企业法》还未出台，《破产法（试行）》的生效时间延长至《全民所有制工业企业法》出台并实施满3个月，即1988年11月1日。之后，1991年4月全国人大通过的《民事诉讼法》专章规定了“企业法人破产还债程序”，将全民所有制企业以外的具有法人资格的企业的破产案件纳入立法。在《破产法（试行）》实施过程中，结合我国国有企业改革的实际情况，最高人民法院先后于1991年11月和2002年7月发布了有关司法解释，对于破产实务中遇到的具体问题作了进一步规定。

2006年8月27日，第十届全国人大常委会第二十三次会议通过了《中华人民共和国企业破产法》（以下简称《破产法》）。新法扩大了适用范围，减少了以往政策性破产的不合理措施，细化了破产程序和当事人的权责，使破产制度更加符合现代企业制度发展的方向。新法自2007年6月1日起施行，《破产法（试行）》同时废止。

（三）我国破产法的适用范围

我国的破产法适用于在我国取得法人资格的各类企业。根据《破产法》的有关规定：

（1）破产案件审理程序，《破产法》没有规定的，适用《民事诉讼法》的有关规定。

（2）在《破产法》施行前，国务院规定的期限和范围内的国有企业实施破产的特殊事宜，按照国务院的有关规定办理。

（3）商业银行、证券公司、保险公司等金融机构有《破产法》第二条规定情形的，国务院金融监督管理机构可以向人民法院提出对该金融机构进行重整或破产清算的申请。国务院金融监督管理机构依法对出现重大经营风险的金融机构采取接管、托管等措施的，可以向人民法院申请中止以该金融机构为被告或被执行人的民事诉讼程序或者执行程序。金融机构实施破产的，国务院可依照本法和其他有关法律的规定制定实施办法。

(4) 依照本法开始的破产程序，对债务人在中华人民共和国领域外的财产发生法律效力。

(5) 对其他法律规定企业法人以外的组织的清算，属于破产清算的，参照适用《破产法》规定的程序。

第二节　破产申请与受理

一、破产原因

破产原因是指认定债务人丧失债务清偿能力，法院据以启动破产程序、宣告债务人破产的法律事实，即引起破产程序发生的原因。

我国《破产法》第二条规定："企业法人不能清偿到期债务，并且资产不足以清偿全部债务或者明显缺乏清偿能力的，依照本法规定清理债务。企业法人有前款规定情形，或者有明显丧失清偿能力可能的，可以依照本法规定进行重整。"该条款规定了破产清算的原因和企业重整的原因。

(一) 破产清算的原因

根据《破产法》，破产清算的原因包括以下两个方面：

1. 不能清偿到期债务

不能清偿到期债务是指债务人对请求偿还的到期债务，因为丧失清偿能力而无法持续偿还的法律事实。不能清偿到期债务包括三层含义：债务已到偿还期限，债权人提出清偿请求；债务人明显不具有偿还能力；债务人不能清偿债务呈连续状态。

2. 资产不足以清偿全部债务或者明显缺乏清偿能力的

资产不足以清偿全部债务，即资不抵债，是指企业的全部资产总额不足以偿付其所负的全部债务总额。实际上，企业资不抵债并非一定彻底丧失清偿能力，也许只是一时资金周转等问题暂时停止支付。

明显缺乏清偿能力是指债务人不能以任何方式清偿债务，即使信用、经营能力也无法帮助其恢复清偿能力。

(二) 企业重整的原因

根据《破产法》，具备下列原因之一的，可以进行企业重整：

1. 具备破产清算原因

重整的原因之一是出现破产清算的情形。

2. 有明显丧失清偿能力可能

就明显丧失清偿能力而言，法律尚未作出规定。实践中，如果企业的财务出现了危机，有可能丧失偿债能力的，允许这些企业及时提出重整申请。

二、破产申请的提出

（一）破产申请人

根据《破产法》第七条规定，破产申请人可以是债务人、债权人和依法负有清算责任的人。

1. 债务人

债务人有《破产法》第二条规定的情形，可以向人民法院提出重整、和解或者破产清算申请。

2. 债权人

债务人不能清偿到期债务的，债权人可以向人民法院提出对债务人进行重整或者破产清算的申请。

3. 依法负有清算责任的人

企业法人已解散但未清算或者未清算完毕，资产不足以清偿债务的，依法负有清算责任的人应当向人民法院申请破产清算。

（二）破产申请的提出

债务人、债权人和依法负有清算责任的人，向人民法院提出破产申请，应当提交破产申请书和有关证据。破产申请书应当载明下列事项：申请人、被申请人的基本情况；申请目的；申请的事实和理由；人民法院认为应当载明的其他事项。债务人提出申请的，还应当向人民法院提交财产状况说明、债务清册、债权清册、有关财务会计报告、职工安置预案以及职工工资的支付和社会保险费用的缴纳情况。

人民法院受理破产申请前，申请人可以请求撤回申请。

三、破产申请的受理

破产申请的受理是指人民法院经过审查，决定将破产申请立案的诉讼活动。破产申请的受理是破产程序开始的标志。

（一）破产案件的管辖

破产案件由债务人住所地人民法院管辖。

（二）破产申请的受理

1. 审查

债权人提出破产申请的，人民法院应当自收到申请之日起 5 日内通知债务人。债务人对申请有异议的，应当自收到人民法院的通知之日起 7 日内向人民法院提出。人民法院应当自异议期满之日起 10 日内裁定是否受理。

除前款规定的情形外，人民法院应当自收到破产申请之日起 15 日内裁定是否受理。有特殊情况需要延长前两款规定的裁定受理期限的，经上一级人民法院批准，可以延长 15 日。

2. 受理

人民法院受理破产申请的，应当自裁定作出之日起 5 日内送达申请人。债权人提出申请的，人民法院应当自裁定作出之日起 5 日内送达债务人。债务人应当自裁定送达之日起 15 日内，向人民法院提交财产状况说明、债务清册、债权清册、有关财务会计报告以及职工工资的支付和社会保险费用的缴纳情况。

3. 不受理

人民法院裁定不受理破产申请的，应当自裁定作出之日起 5 日内送达申请人并说明理由。申请人对裁定不服的，可以自裁定送达之日起 10 日内向上一级人民法院提起上诉。

人民法院受理破产申请后至破产宣告前，经审查发现债务人不符合《破产法》第二条规定情形的，可以裁定驳回申请。申请人对裁定不服的，可以自裁定送达之日起 10 日内向上一级人民法院提起上诉。

4. 法院指定管理人和公告

人民法院裁定受理破产申请的，应当同时指定管理人。人民法院应当自裁定受理破产申请之日起 25 日内通知已知债权人，并予以公告。

通知和公告应当载明下列事项：申请人、被申请人的名称或者姓名；人民法院受理破产申请的时间；申报债权的期限、地点和注意事项；管理人的名称或者姓名及其处理事务的地址；债务人的债务人或者财产持有人应当向管理人清偿债务或交付财产的要求；第一次债权人会议召开的时间和地点；人民法院认为应当通知和公告的其他事项。

（三）破产申请受理的效力

1. 债务人的有关人员应当承担相关的法定义务

自人民法院受理破产申请的裁定送达债务人之日起至破产程序终结之日，债务人的有关人员承担下列义务：妥善保管其占有和管理的财产、印章和账簿、文书等资料；根据人民法院、管理人的要求进行工作，并如实回答询问；列席债权人会议并如实回答债权人的询问；未经人民法院许可，不得离开住所地；不得新任其他企业的董事、监事、高级管理人员。前款所称有关人员，是指企业的法定代表人；经人民法院决定，可以包括企业的财务管理人员和其他经营管理人员。

2. 债务人对个别债权人的清偿无效

人民法院受理破产申请后，债务人对个别债权人的债务清偿无效。

3. 债务人的债务人或者财产持有人应当向管理人清偿债务或者交付财产

人民法院受理破产申请后，债务人的债务人或者财产持有人应当向管理人清偿债务或者交付财产。债务人的债务人或者财产持有人故意违反前款规定向债务人清偿债务或者交付财产，使债权人受到损失的，不免除其清偿债务或者交付财产的义务。

4. 管理人有权决定解除或继续履行债务人和对方当事人均未履行完毕的合同

人民法院受理破产申请后，管理人对破产申请受理前成立而债务人和对方当事人均未履行完毕的合同有权决定解除或者继续履行，并通知对方当事人。管理人自破产申请受理之日起 2 个月内未通知对方当事人，或者自收到对方当事人催告之日起 30 日内未答复的，视为解除合同。

管理人决定继续履行合同的，对方当事人应当履行；但是，对方当事人有权要求管理人提供担保。管理人不提供担保的，视为解除合同。

5. 中止对债务人财产的其他民事执行程序

人民法院受理破产申请后，有关债务人财产的保全措施应当解除，执行程序应当中止。人民法院受理破产申请后，已经开始而尚未终结的有关债务人的民事诉讼或者仲裁应当中止；在管理人接管债务人的财产后，该诉讼或者仲裁继续进行。人民法院受理破产申请后，有关债务人的民事诉讼，只能向受理破产申请的人民法院提起。

第三节　管理人制度

一、管理人的概念和职责

（一）管理人的概念

管理人是人民法院指定的，在破产程序中管理破产企业财产和经营事务的临时性机构。管理人依照《破产法》规定执行职务，向人民法院报告工作，并接受债权人会议和债权人委员会的监督。

（二）管理人的职责

管理人履行下列职责：接管债务人的财产、印章和账簿、文书等资料；调查债务人财产状况，制作财产状况报告；决定债务人的内部管理事务；决定债务人的日常开支和其他必要开支；在第一次债权人会议召开之前，决定继续或者停止债务人的营业；管理和处分债务人的财产；代表债务人参加诉讼、仲裁或者其他法律程序；提议召开债权人会议；人民法院认为管理人应当履行的其他职责。

管理人应当勤勉尽责，忠实执行职务。管理人经人民法院许可，可以聘用必要的工作人员。管理人依法规定执行职务，向人民法院报告工作，并接受债权人会议和债权人委员会的监督。管理人应当列席债权人会议，向债权人会议报告职务执行情况，并回答询问。管理人的报酬由人民法院确定。债权人会议对管理人的报酬有异议的，有权向人民法院提出。管理人没有正当理由不得辞去职务。管理人辞去职务应当经人民法院许可。

二、管理人的组成

1. 管理人由人民法院指定

人民法院可以指定有关部门、机构的人员组成的清算组或依法设立的律师事务所、会计师事务所、破产清算事务所等社会中介机构担任管理人。人民法院根据债务人的实际情况，可以在征询有关社会中介机构的意见后，指定该机构具备相关专业知识并取得执业资格的人员担任管理人。

破产管理人与清算组有所区别，清算组的职责主要是清理债务人企业的债权债务，编制财产状况报告，代表企业参与民事诉讼活动；管理人除此以外，还受法院指派管理债务人企业，参与企业重整与和解等程序。清算组的组成人员可以是债务人企业（公司股东、董事、监事、高级管理人员）、政府机构、中介机构人员；管理人的组成人员以社会中介机构的人员为主，也可以指定清算组担任管理人。

2. 管理人的任职资格

人民法院根据债务人的实际情况，可以在征询有关社会中介机构的意见后，指定该机构具备相关专业知识并取得执业资格的人员担任管理人。

有下列情形之一的，不得担任管理人：因故意犯罪受过刑事处罚；曾被吊销相关专业执业证书；与本案有利害关系；人民法院认为不宜担任管理人的其他情形。个人担任管理人的，应当参加执业责任保险。

3. 管理人的更换

债权人会议认为管理人不能依法、公正执行职务或有其他不能胜任职务情形的，可以申请人民法院予以更换。

第四节 破产财产和破产债权

一、债务人财产

（一）债务人财产的概念和特征

1. 债务人财产的概念

依照《破产法》的规定，债务人财产是指破产申请受理时属于债务人的全部财产，以及破产申请后至破产程序终结前债务人取得的财产。债务人财产和破产财产没有本质的区别，只是两者所处的时间段不同，债务人被宣告破产后，债务人财产称为破产财产。破产财产是指依照破产程序分配给破产债权人的破产企业的所有财产，是企业被宣告破产后，可用来清偿债务的财产。

2. 债务人财产的特征

（1）债务人财产的目的性。债务人财产是用于依破产程序向全体债权人进行清偿债务的财产。

（2）债务人财产的法定性。债务人财产的范围由法律明文规定，根据法律不属于债务人财产的，就不得用于清偿债务。

（3）债务人财产的独立性。破产申请受理后，管理人接管企业财产和营业事务，只有管理人才有权对破产财产进行占有、清理、估价和处理，因此债务人财产呈现相对的独立性。

（4）债务人财产的分配性。破产财产可以变价或折价为金钱来清偿债务，因此要求债务人财产是可以扣押并强制执行的财产。

（二）债务人财产的范围

债务人财产包括破产申请受理时属于债务人的全部财产以及破产申请后至破产程序终结前债务人取得的财产。

1. 破产申请受理时属于债务人的全部财产

债务人在破产申请受理时所有的或者经营管理的全部财产包括：有形财产，如厂房、机器设备、原材料、流动资金等；无形及其他财产，如债权、股权、期权、商标权、专利权、以有偿出让方式取得的土地使用权等。

2. 破产申请受理后至破产程序终结前债务人取得的财产

破产申请受理后至破产程序终结前，债务人仍然有可能取得财产，具体包括：债务人投资的收益；破产财产的孳息；在债务人继续营业的情况下取得的收益；基于其他合法原因取得的财产，如接受捐赠、政府拨款等。

管理人接管的财产通常不等同于债务人的财产，管理人接管的财产可能因为管理人行使否认权而增加，也可能因为利害关系人向管理人主张取回权或抵销权而减少。

（三）否认权

否认权，是指对于债务人及其负责人实施的危害债权人利益的行为，管理人享有的请求人民法院撤销该行为或确认该行为无效，从而追回所转移财产的权利。根据《破产法》，管理人可以行使否定权的情形有以下四种：

（1）人民法院受理破产申请前1年内，涉及债务人财产的下列行为，管理人有权请求人民法院予以撤销：无偿转让财产的；以明显不合理的价格进行交易的；对没有财产担保的债务提供财产担保的；对未到期的债务提前清偿的；放弃债权的。

（2）人民法院受理破产申请前6个月内，债务人不能清偿到期债务，并且资产不足以清偿全部债务或者明显缺乏清偿能力的，仍对个别债权人进行清偿的，管理人有权请求人民法院予以撤销。但是，个别清偿使债务人财产受益的除外。

（3）涉及债务人财产的下列行为无效：为逃避债务而隐匿、转移财产的；虚构债务或承认不实债务的。

（4）债务人的董事、监事和高级管理人员利用职权从企业获取的非正常收入和侵占的企业财产，管理人应当追回。

（四）取回权

债务人被宣告破产后，依法用于清偿债务的财产是债务人的财产，这其中并不包括属于债务人占有的他人财产，因而相关的权利人可以通过管理人取回属于自己的财产。

人民法院受理破产申请后，债务人占有的不属于债务人的财产，该财产的权利人可以通过管理人取回。但是《破产法》另有规定的除外。

人民法院受理破产申请时，出卖人已将买卖标的物向作为买受人的债务人发运，债务人尚未收到且未付清全部价款的，出卖人可以取回在运途中的标的物。但是管理人可以支付全部价款，请求出卖人交付标的物。

（五）抵销权

破产抵销权是指债权人在破产申请受理前对债务人即破产人负有债务的，无论是否已到清偿期限，无论债务标的、给付种类是否相同，均可在破产财产最终分配前向管理人主张相互抵销。

债权人在破产申请受理前对债务人负有债务的，可以向管理人主张抵销。但是，有下列情形之一的，不得抵销：债务人的债务人在破产申请受理后取得他人对债务人的债权的；债权人已知债务人有不能清偿到期债务或破产申请的事实，对债务人负担债务的，但是，债权人因为法律规定或者有破产申请1年前所发生的原因而负担债务的除外；债务人的债务人已知债务人有不能清偿到期债务或者破产申请的事实，对债务人取得债权的，但是，债务人的债务人因为法律规定或有破产申请1年前所发生的原因而取得债权的除外。

二、破产债权

破产债权是指在破产程序启动前成立的，依法申报确认，并从破产财产中获得公平清偿的可强制执行的财产请求权。破产债权是《破产法》上的请求权，必须具备《破产法》规定的条件：一是基于破产申请受理前的原因而产生的请求权；二是依法申报并得到确认的请求权。

（一）债权申报的期限和受理主体

人民法院受理破产申请时对债务人享有债权的债权人，依照《破产法》规定的程序行使权利。人民法院受理破产申请后，应当确定债权人申报债权的期限。债权申报期限自人民法院发布受理破产申请公告之日起计算，最短不得少于30日，最长不得超过3个月。债权人应当在人民法院确定的债权申报期限内向管理人申报债权。

（二）破产债权的范围

债权人可以申报的债权包括：

（1）未到期的债权，在破产申请受理时视为到期。附利息的债权自破产申请受理时起停止计息。

（2）附条件、附期限的债权和诉讼、仲裁未决的债权，债权人可以申报。

（3）连带债权人可以由其中一人代表全体连带债权人申报债权，也可以共同申报债权。

（4）债务人的保证人或其他连带债务人已经代替债务人清偿债务的，以其对债务人的求偿权申报债权。债务人的保证人或者其他连带债务人尚未代替债务人清偿债务的，以其对债务人的将来求偿权申报债权。但是，债权人已经向管理人申报全部债权的除外。

（5）连带债务人数人被裁定适用《破产法》规定的程序的，其债权人有权就全部债权分别在各破产案件中申报债权。

（6）管理人或者债务人依照《破产法》规定解除合同的，对方当事人以因合同解除所产生的损害赔偿请求权申报债权。

（7）债务人是委托合同的委托人，被裁定适用《破产法》规定的程序，受托人不知该事实，继续处理委托事务的，受托人以由此产生的请求权申报债权。

（8）债务人是票据的出票人，被裁定适用《破产法》规定的程序，该票据的付款人继续付款或者承兑的，付款人以由此产生的请求权申报债权。

债务人所欠职工的工资和医疗、伤残补助、抚恤费用，所欠的应当划入职工个人账户的基本养老保险、基本医疗保险费用，以及法律、行政法规规定应当支付给职工的补偿金，不必申报，由管理人调查后列出清单并予以公示。职工对清单记载有异议的，可以要求管理人更正；管理人不予更正的，职工可以向人民法院提起诉讼。

（三）破产债权申报的注意事项

债权人申报债权时，应当书面说明债权的数额和有无财产担保，并提交有关证据。申报的债权是连带债权的，应当说明。

在人民法院确定的债权申报期限内，债权人未申报债权的，可以在破产财产最后分配前补充申报，但是，此前已进行的分配，不再对其补充分配。为审查和确认补充申报债权的费用，由补充申报人承担。债权人未依照《破产法》规定申报债权的，不得依照《破产法》规定的程序行使权利。

（四）破产债权的审核确认

1. 管理人接受申报

管理人收到债权申报材料后，应当登记造册，对申报的债权进行审查，并编制债权表。债权表和债权申报材料由管理人保存，供利害关系人查阅。

2. 破产债权的核查确认

管理人编制的债权表，应当提交第一次债权人会议核查。债务人、债权人对债权表记载的债权无异议的，由人民法院裁定确认。债务人、债权人对债权表记载的债权有异议的，可以向受理破产申请的人民法院提起诉讼。

第五节　债权人会议、重整程序与和解制度

一、债权人会议

（一）债权人会议的概念和组成

1. 债权人会议的概念

债权人会议是全体债权人为参与破产程序而共同组成的表达债权人意志、对有关破产的重要事项进行决议的意思表示机构。

债权人会议是决议机构，在核查债权、通过重整计划、和解协议以及破产财产的处理、分配方案等方面享有一定的决议权。债权人会议是监督机构，监督管理人管理和处分债务人财产的行为。债权人会议认为管理人不称职的，有申请更换的权利。债权人会议是根据人民法院的通知或公告而组成，随着破产程序的结束而终止的临时机构，只有在需要讨论决定破产程序中的有关事项时才召集债权人会议。债权人会议是一个债权人自己管理自己的自治机构。

2. 债权人会议的组成、召集

依法申报债权的债权人为债权人会议的成员，有权参加债权人会议，享有表决权。债权尚未确定的债权人，除人民法院能够为其行使表决权而临时确定债权额的外，不得行使表决权。对债务人的特定财产享有担保权的债权人，未放弃优先受偿权利的，对于相关事项不享有表决权。

债权人可以委托代理人出席债权人会议，行使表决权。代理人出席债权人会议，应当

向人民法院或者债权人会议主席提交债权人的授权委托书。债权人会议应当有债务人的职工和工会的代表参加，对有关事项发表意见。

债权人会议设主席一人，由人民法院从有表决权的债权人中指定。债权人会议主席主持债权人会议。

第一次债权人会议由人民法院召集，自债权申报期限届满之日起 15 日内召开。以后的债权人会议，在人民法院认为必要时，或者管理人、债权人委员会、占债权总额 1/4 以上的债权人向债权人会议主席提议时召开。召开债权人会议，管理人应当提前 15 日通知已知的债权人。

（二）债权人会议的职权

债权人会议行使下列职权：核查债权；申请人民法院更换管理人，审查管理人的费用和报酬；监督管理人；选任和更换债权人委员会成员；决定继续或者停止债务人的营业；通过重整计划；通过和解协议；通过债务人财产的管理方案；通过破产财产的变价方案；通过破产财产的分配方案；人民法院认为应当由债权人会议行使的其他职权。

债权人会议应当对所议事项的决议做成会议记录。

（三）债权人会议的决议

1. 债权人会议决议的方法

债权人会议的决议方法有两种：第一，由出席债权人会议的有表决权的债权人过半数通过，并且其所代表的债权数额占无财产担保债权总额的半数以上。债权人会议对一般事项的决议，通常采用这种方法。第二，由出席债权人会议的有表决权的债权人的过半数通过，并且其所代表的债权数额占无财产担保债权总额的 2/3 以上。债权人会议通过和解协议的决议，必须采用这种方法。

对于债务人财产的管理、变价方案，经债权人会议表决未通过的，由人民法院裁定。对破产财产的分配方案，经债权人会议二次表决仍未通过的，也由人民法院裁定。

2. 债权人会议决议的效力

债权人会议的决议，对全体债权人均有约束力。

债权人认为债权人会议的决议违反法律规定或者侵害其合法权益的，可以自债权人会议作出决议之日起 15 日内提请人民法院裁定撤销该决议，责令债权人会议依法重新作出决议。

在人民法院作出裁定之前，债权人不应当停止执行债权人会议的决议。

债权人对人民法院的有关裁定不服的，可以自裁定宣布之日或收到通知之日起 15 日内向该人民法院申请复议。复议期间不停止该裁定的执行。

（四）债权人委员会

债权人委员会是债权人会议的代表机关或常设机构，在破产程序中代表债权人全体的利益监督破产程序。债权人委员会作为债权人会议的代表机关，由债权人会议选任，向债权人会议负责。当债权人会议的决议与债权人委员会的意见不同时，债权人会议的决议具有优先的效力。

债权人会议可以决定设立债权人委员会。债权人委员会由债权人会议选任的债权人代表和一名债务人的职工代表或者工会代表组成。债权人委员会成员不得超过 9 人。债权人委员会成员应当经人民法院书面决定认可。

债权人委员会行使下列职权：监督债务人财产的管理和处分；监督破产财产分配；提议召开债权人会议；债权人会议委托的其他职权。

债权人委员会执行职务时，有权要求管理人、债务人的有关人员对其职权范围内的事务作出说明或者提供有关文件。管理人、债务人的有关人员违反《破产法》规定拒绝接受监督的，债权人委员会有权就监督事项请求人民法院作出决定；人民法院应当在 5 日内作出决定。

管理人实施下列行为，应当及时报告债权人委员会：涉及土地、房屋等不动产权益的转让；探矿权、采矿权、知识产权等财产权的转让；全部库存或者营业的转让；借款；设定财产担保；债权和有价证券的转让；履行债务人和对方当事人均未履行完毕的合同；放弃权利；担保物的取回；对债权人利益有重大影响的其他财产处分行为。未设立债权人委员会的，管理人实施前款规定的行为应当及时报告人民法院。

二、重整程序

（一）重整的概念和意义

1. 重整的概念

重整是指在人民法院主持下，债务人重新管理财产和营业事务，希望通过经营恢复清偿债务能力、避免破产清算的活动。重整、清算和和解是我国破产法规定的三大程序。

2. 重整的意义

重整的对象是不能清偿到期债务，并且资产不足以清偿全部债务或明显缺乏清偿能力的企业法人。所以，重整的意义在于通过经营，恢复这些企业法人清偿债务的能力、避免其破产清算，使企业法人的主体资格得以保留。

（二）重整申请和重整期间

1. 重整申请

《破产法》第七十条规定，债务人或者债权人可以依法，直接向人民法院申请对债务人进行重整。债权人申请对债务人进行破产清算的，在人民法院受理破产申请后、宣告债务人破产前，债务人或者出资额占债务人注册资本 1/10 以上的出资人，可以向人民法院申请重整。

根据上述规定，重整申请人包括债务人、债权人和债务人的出资人。重整申请有两种情况：一是直接提出重整申请，希望进入重整程序；二是人民法院受理破产案件后、在宣告债务人破产前，债务人或出资额占债务人注册资本 1/10 以上的出资人，向人民法院申请重整，从破产清算程序向重整程序转换。

人民法院经审查认为重整申请符合规定的，应当裁定债务人重整，并予以公告。

2. 重整期间

《破产法》第七十二条规定，自人民法院裁定债务人重整之日起至重整程序终止，为重整期间。重整期间的开始时间为人民法院裁定债务人重整之日。重整期间的结束时间为重整程序终止之时。重整程序终止的情况主要有以下几种：第一，在重整期间，债务人的经营状况和财产状况继续恶化、缺乏挽救的可能性或债务人有欺诈、恶意减少企业财产、无理拖延或其他显著不利于债权人的行为或由于债务人的行为致使管理人无法执行职务的；第二，债务人或管理人未按期提出重整计划草案的；第三，已通过的重整计划未获得批准的；第四，重整计划草案未获通过且没有得到人民法院批准的；第五，人民法院经审查认为重整计划草案不符合法律规定的。

3. 重整人

重整人是指在重整期间中，负责债务人财产的管理、处分、执行业务、代表债务人拟订重整计划的法定机构。

（1）债务人作为重整人。根据《破产法》规定，经债务人申请，人民法院批准，在管理人的监督下，债务人可以自行管理财产和营业事务；已接管债务人财产和营业事务的管理人应当向债务人移交财产和营业事务，管理人的职权由债务人行使。

（2）管理人作为重整人。根据《破产法》规定，管理人负责管理财产和营业事务的，可以聘任债务人的经营管理人员负责营业事务。管理人作重整人的，仍然需要借助债务人经营管理人员的优势，当然，管理人也可以聘任债务人企业以外的经营管理人员负责企业的营业事务。

4. 担保实务的处理

在重整期间，对债务人的特定财产享有的担保权暂停行使。但是担保物有损坏或者价值明显减少的可能，足以危害担保权人权利的，担保权人可以向人民法院请求恢复行使担保权。在重整期间，债务人或管理人为继续营业而借款的，可以为该借款设定担保。

担保权人随意执行其对抵押资产的权利，可能不利于实现重整程序的基本目标，因此在重整期间对债务人的特定财产享有的担保权暂停行使。在特殊情况下，担保权人可以向人民法院请求恢复行使担保权。在重整期间，债务人或者管理人为继续营业而借款的，可以为该借款设定担保，实践中，企业在重整期间借款通常需要提供担保，因为进入重整程序的企业的信用本身就存在问题。

5. 债务人财产保障

债务人合法占有的他人财产，该财产的权利人在重整期间要求取回的，应当符合事先约定的条件。人民法院受理破产申请后，对于不属于破产人的财产，该财产的权利人可以通过管理人收回，当然这种取回必须符合事先约定的条件。

在重整期间，债务人的出资人不得请求投资收益分配。重整期间对债务人的出资人进行收益分配既不利于重整，也不利于保护债权人的利益。在重整期间，债务人的董事、监事、高级管理人员不得向第三人转让其持有的债务人的股权。但是，经人民法院同意的除外。禁止上述人员向第三人转让其持有的债务人的股权，目的在于调动他们参与重整的积极性，加强他们的责任感。

6. 重整程序的终止

在重整期间，有下列情形之一的，经管理人或者利害关系人请求，人民法院应当裁定终止重整程序，并宣告债务人破产：债务人的经营状况和财产状况继续恶化，缺乏挽救的可能性；债务人有欺诈、恶意减少债务人财产或其他显著不利于债权人的行为；由于债务人的行为致使管理人无法执行职务。

（三）重整计划的制订和批准

重整计划是指由重整人制订的，以维持债务人继续营业、谋求债务人复兴为目的，以清理债权债务关系为内容的多方协议。重整的目的是使债权人最终可能得到的回报达到最大化，提供一个比债务人破产清算更好的结果，同时保留债务人的生存能力，以此维持雇员的就业机会和与客户的商业关系。

1. 提交重整计划草案的期限

债务人自行管理财产和营业事务的，由债务人制作重整计划草案。管理人负责管理财产和营业事务的，由管理人制作重整计划草案。债务人或者管理人应当自人民法院裁定债务人重整之日起6个月内，同时向人民法院和债权人会议提交重整计划草案。规定的期限届满，经债务人或者管理人请求，有正当理由的，人民法院可以裁定延期3个月。债务人或者管理人未按期提出重整计划草案的，人民法院应当裁定终止重整程序，并宣告债务人破产。

2. 重整计划草案的内容

重整计划草案应当包括下列内容：债务人的经营方案；债权分类；债权调整方案；债权受偿方案；重整计划的执行期限；重整计划执行的监督期限；有利于债务人重整的其他方案。

3. 重整计划的表决与批准

重整计划应实行分组表决。《破产法》第八十二条规定，下列各类债权的债权人参加讨论重整计划草案的债权人会议，依照下列债权分类，分组对重整计划草案进行表决：对债务人的特定财产享有担保权的债权；债务人所欠职工的工资和医疗、伤残补助、抚恤费用，所欠的应当划入职工个人账户的基本养老保险、基本医疗保险费用，以及法律、行政法规规定应当支付给职工的补偿金；债务人所欠税款；普通债权。人民法院在必要时可以决定在普通债权组中设小额债权组对重整计划草案进行表决。重整计划不得规定减免债务人欠缴的《破产法》第八十二条第一款第二项规定以外的社会保险费用；该项费用的债权人不参加重整计划草案的表决。

人民法院应当自收到重整计划草案之日起30日内召开债权人会议，对重整计划草案进行表决。出席会议的同一表决组的债权人过半数同意重整计划草案，并且其所代表的债权额占该组债权总额的2/3以上的，即该组通过重整计划草案。债务人或管理人应当向债权人会议就重整计划草案作出说明，并回答询问。债务人的出资人代表可以列席讨论重整计划草案的债权人会议。重整计划草案涉及出资人权益调整事项的，应当设出资人组，对该事项进行表决。

各表决组均通过重整计划草案时，重整计划即为通过。自重整计划通过之日起10日内，债务人或者管理人应当向人民法院提出批准重整计划的申请。人民法院经审查认为符合本法规定的，应当自收到申请之日起30日内裁定批准，终止重整程序，并予以公告。

部分表决组未通过重整计划草案的，债务人或管理人可以同未通过重整计划草案的表决组协商。该表决组可以在协商后再表决一次。双方协商的结果不得损害其他表决组的利益。未通过重整计划草案的表决组拒绝再次表决或者再次表决仍未通过重整计划草案，但重整计划草案符合下列条件的，债务人或者管理人可以申请人民法院批准重整计划草案。

（1）按照重整计划草案，《破产法》第八十二条第一款第一项所列债权就该特定财产将获得全额清偿，其因延期清偿所受的损失将得到公平补偿，并且其担保权未受到实质性损害，或者该表决组已经通过重整计划草案。

（2）按照重整计划草案，《破产法》第八十二条第一款第二项、第三项所列债权将获得全额清偿，或者相应表决组已经通过重整计划草案。

（3）按照重整计划草案，普通债权所获得的清偿比例，不低于其在重整计划草案被提请批准时依照破产清算程序所能获得的清偿比例，或者该表决组已经通过重整计划草案。

（4）重整计划草案对出资人权益的调整公平、公正，或者出资人组已经通过重整计划草案。

（5）重整计划草案公平对待同一表决组的成员，并且所规定的债权清偿顺序不违反法律规定。

（6）债务人的经营方案具有可行性。

人民法院经审查认为重整计划草案符合上述规定的，应当自收到申请之日起 30 内裁定批准，终止重整程序，并予以公告。重整计划的执行，不属于重整程序。

重整计划草案未获得通过且未依照《破产法》第八十七条的规定获得批准，或者已通过的重整计划未获得批准的，人民法院应当裁定终止重整程序，并宣告债务人破产。

4. 重整计划的法律效力

经人民法院裁定批准的重整计划，对债务人和全体债权人均有约束力。债权人未依照《破产法》规定申报债权的，在重整计划执行期间不得行使权利；在重整计划执行完毕后，可以按照重整计划规定的同类债权的清偿条件行使权利。债权人对债务人的保证人和其他连带债务人所享有的权利，不受重整计划的影响。

（四）重整计划的执行、监督与终止

根据《破产法》的规定，重整计划由债务人负责执行，因而，债权人在审查重整计划草案时，必须考虑重整计划草案中对债务人董事、监事、经理等高级管理人员中有违法行为者及不称职者的更换，以免重整计划在由债务人执行的过程中发生问题。人民法院裁定批准重整计划后，已接管财产和营业事务的管理人应当向债务人移交财产和营业事务。

自人民法院裁定批准重整计划之日起，在重整计划规定的监督期内，由管理人监督重整计划的执行。在监督期内，债务人应当向管理人报告重整计划执行情况和债务人财务状况。监督期届满时，管理人应当向人民法院提交监督报告。自监督报告提交之日起，管理人的监督职责终止。管理人向人民法院提交的监督报告，重整计划的利害关系人有权查阅。经管理人申请，人民法院可以裁定延长重整计划执行的监督期限。

债务人不能执行或不执行重整计划的，人民法院经管理人或者利害关系人请求，应当裁定终止重整计划的执行，并宣告债务人破产。人民法院裁定终止重整计划执行的，债权人在重整计划中作出的债权调整的承诺失去效力。债权人因执行重整计划所受的清偿仍然有效，债权未受清偿的部分作为破产债权。前款规定的债权人，只有在其他同顺位债权人同自己所受的清偿达到同一比例时，才能继续接受分配。为重整计划的执行提供的担保继续有效。按照重整计划减免的债务，自重整计划执行完毕时起，债务人不再承担清偿责任。

三、和解制度

（一）和解的概念

和解，也叫破产和解，是指具备破产原因的债务人，为避免破产清算，与债权人就延期偿还和减免债务问题达成协议，经法院认可后生效的法律程序。和解是一种特殊的法律行为，与一般的法律行为不同，这种法律行为不仅需要债权人会议与债务人意思表示一致，而且要经过人民法院的裁定认可，方能成立。

和解具有以下特征：以避免破产清算为目的；和解申请由债务人提出；和解的成立首先要取决于债权人的态度；和解协议最终必须经过法院许可方可成立；和解协议无强制执行力。

（二）和解的程序

债务人可以依照《破产法》规定，直接向人民法院申请和解；也可以在人民法院受理破产申请后、宣告债务人破产前，向人民法院申请和解。债务人申请和解，应当提出和解协议草案。人民法院经审查认为和解申请符合《破产法》规定的，应当裁定和解，予以公告，并召集债权人会议讨论和解协议草案。对债务人的特定财产享有担保权的权利人，自人民法院裁定和解之日起可以行使权利。

债权人会议通过和解协议的决议，由出席会议的有表决权的债权人过半数同意，并且其所代表的债权额占无财产担保债权总额的2/3以上。

债权人会议通过和解协议的，由人民法院裁定认可，终止和解程序，并予以公告。管理人应当向债务人移交财产和营业事务，并向人民法院提交执行职务的报告。和解协议草案经债权人会议表决未获得通过，或者已经债权人会议通过的和解协议未获得人民法院认可的，人民法院应当裁定终止和解程序，并宣告债务人破产。

（三）和解协议的程序

1. 和解协议的生效

经人民法院裁定认可的和解协议，对债务人和全体和解债权人均有约束力。和解债权人是指人民法院受理破产申请时对债务人享有无财产担保债权的人。和解债权人未依照《破产法》规定申报债权的，在和解协议执行期间不得行使权利；在和解协议执行完毕后，可以按照和解协议规定的清偿条件行使权利。和解债权人对债务人的保证人和其他连带债务人所享有的权利，不受和解协议的影响。债务人应当按照和解协议规定的条件清偿债务。按照和解协议减免的债务，自和解协议执行完毕时起，债务人不再承担清偿责任。

2. 和解协议无效

因债务人的欺诈或其他违法行为而成立的和解协议，人民法院应当裁定无效，并宣告债务人破产。如果人民法院裁定和解协议无效，和解债权人因执行和解协议所受的清偿，在其他债权人所受清偿同等比例的范围内，不予返还。

3. 和解协议的终止执行

债务人不能执行或不执行和解协议的，人民法院经和解债权人请求，应当裁定终止和解协议的执行，并宣告债务人破产。人民法院裁定终止和解协议执行的，和解债权人在和解协议中作出的债权调整的承诺失去效力。和解债权人因执行和解协议所受的清偿仍然有效，和解债权未受清偿的部分作为破产债权。前款规定的债权人，只有在其他债权人同自己所受的清偿达到同一比例时，才能继续接受分配。

人民法院受理破产申请后，债务人与全体债权人就债权债务的处理自行达成协议的，可以请求人民法院裁定认可，并终结破产程序。

第六节　破产清算程序

一、破产宣告

破产宣告，是指受理破产案件的人民法院对具备破产原因的债务人的破产事实予以认定、并使债务人进入破产清算程序的司法活动。人民法院宣告破产，采用裁定形式。破产宣告的裁定一般应当包括债务人的基本情况、宣告债务人破产的理由和事实根据以及破产宣告的日期等内容。

人民法院依法规定宣告债务人破产的，应当自裁定作出之日起 5 日内送达债务人和管理人，自裁定作出之日起 10 日内通知已知债权人，并予以公告。债务人被宣告破产后，债务人称为破产人，债务人财产称为破产财产，人民法院受理破产申请时对债务人享有的债权称为破产债权。

破产宣告前，有下列情形之一的，人民法院应当裁定终结破产程序，并予以公告：第三人为债务人提供足额担保或为债务人清偿全部到期债务的；债务人已清偿全部到期债务的。

二、破产清算

破产清算，是指破产宣告后，以破产财产对破产人的普通债务按照规定的顺序进行清偿。在破产清算中，用于清偿的财产是破产人的破产财产；需要清偿的债务是所有没有担保的债权，即普通破产债权。

（一）破产财产的变价

破产宣告后，管理人应当及时拟订破产财产变价方案，提交债权人会议讨论。管理人应当按照债权人会议通过的或人民法院依法裁定的破产财产变价方案，适时变价出售破产财产。

变价出售破产财产应当通过拍卖进行。但是债权人会议另有决议的除外。破产企业可以全部或部分变价出售。企业变价出售时，可以将其中的无形资产和其他财产单独变价出售。按照国家规定不能拍卖或限制转让的财产，应当按照国家规定的方式处理。

（二）破产费用和共益债务

破产费用是指在破产程序中为全体债权人共同利益而支付的各项费用的总称。人民法院受理破产申请后发生的下列费用，为破产费用：破产案件的诉讼费用；管理、变价和分配债务人财产的费用；管理人执行职务的费用、报酬和聘用工作人员的费用。

共益债务是指在破产程序中为全体债权人利益而由债务人财产负担的债务的总称。破产费用和共益债务由债务人财产随时清偿。人民法院受理破产申请后发生的下列债务，为共益债务：因管理人或者债务人请求对方当事人履行双方均未履行完毕的合同所产生的债务；债务人财产受无因管理所产生的债务；因债务人不当得利所产生的债务；为债务人继续营业而应支付的劳动报酬和社会保险费用以及由此产生的其他债务；管理人或者相关人员执行职务致人损害所产生的债务；债务人财产致人损害所产生的债务。

破产费用和共益债务由债务人财产随时清偿。债务人财产不足以清偿所有破产费用和共益债务的，先行清偿破产费用。债务人财产不足以清偿所有破产费用或者共益债务的，按照比例清偿。债务人财产不足以清偿破产费用的，管理人应当提请人民法院终结破产程序。人民法院应当自收到请求之日起 15 日内裁定终结破产程序，并予以公告。

（三）破产财产的分配

破产财产在优先清偿破产费用和共益债务后，依照下列顺序清偿：第一，破产人所欠职工的工资和医疗、伤残补助、抚恤费用，所欠的应当划入职工个人账户的基本养老保险、基本医疗保险费用，以及法律、行政法规规定应当支付给职工的补偿金；第二，破产人欠缴的除前项规定以外的社会保险费用和破产人所欠税款；第三，普通破产债权。普通破产债权是指没有担保的债权。债权人行使优先受偿权利未能完全受偿的，其未受偿的债权作为普通债权；放弃优先受偿权利的，其债权作为普通债权。破产财产不足以清偿同一顺序的清偿要求的，按照比例分配。破产企业的董事、监事和高级管理人员的工资按照该企业职工的平均工资计算。

破产财产的分配应当以货币分配方式进行。但是，债权人会议另有决议的除外。管理人应当及时拟订破产财产分配方案，提交债权人会议讨论。破产财产分配方案应当载明下列事项：参加破产财产分配的债权人名称或者姓名、住所；参加破产财产分配的债权额；可供分配的破产财产数额；破产财产分配的顺序、比例及数额；实施破产财产分配的方法。

债权人会议通过破产财产分配方案后，由管理人将该方案提请人民法院裁定认可。破产财产分配方案经人民法院裁定认可后，由管理人执行。管理人按照破产财产分配方案实施多次分配的，应当公告本次分配的财产额和债权额。管理人实施最后分配的，应当在公告中指明，并载明本法提存分配的相关事项。

对于附生效条件或者解除条件的债权，管理人应当将其分配额提存。管理人依照前款规定提存的分配额，在最后分配公告日，生效条件未成就或者解除条件成就的，应当分配给其他债权人；在最后分配公告日，生效条件成就或者解除条件未成就的，应当交付给债权人。债权人未受领的破产财产分配额，管理人应当提存。债权人自最后分配公告之日起满 2 个月仍不领取的，视为放弃受领分配的权利，管理人或者人民法院应当将提存的分配额分配给其他债权人。破产财产分配时，对于诉讼或者仲裁未决的债权，管理人应当将其分配额提存。自破产程序终结之日起满 2 年仍不能受领分配的，人民法院应当将提存的分配额分配给其他债权人。

三、破产程序终结

破产程序的终结是指在破产程序进行时，发生法律规定的应当终止破产程序的情形，由人民法院裁定终止破产程序。

破产人无财产可供分配的，管理人应当请求人民法院裁定终结破产程序。管理人在最后分配完结后，应当及时向人民法院提交破产财产分配报告，并提请人民法院裁定终结破产程序。人民法院应当自收到管理人终结破产程序的请求之日起 15 日内作出是否终结破产程序的裁定。裁定终结的，应当予以公告。

管理人应当自破产程序终结之日起 10 日内，持人民法院终结破产程序的裁定，向破产人的原登记机关办理注销登记。管理人于办理注销登记完毕的次日终止执行职务。但是存在诉讼或者仲裁未决情况的除外。

自破产程序依法终结之日起 2 年内，有下列情形之一的，债权人可以请求人民法院按照破产财产分配方案进行追加分配：发现有依法应当追回的财产的；发现破产人有应当供分配的其他财产的。追加分配的财产数量不足以支付分配费用的，不再进行追加分配，由人民法院将其上交国库。

破产人的保证人和其他连带债务人，在破产程序终结后，对债权人依照破产清算程序未受清偿的债权，依法继续承担清偿责任。

本章小结

企业破产法旨在规范企业破产程序，公平清理债权债务，保护债权人和债务人的合法权益，维护社会主义市场经济秩序。本章较为全面地介绍了企业破产的界限、破产程序、破产实现等制度，重点解决在企业破产过程中各方主体的利益维护问题，如破产人、债权人、破产企业职工利益维护问题等。

关键术语和概念

破产　破产申请　管理人　债权人会议　债权人财产　债权申报　重整　和解　和解协议　破产宣告　破产财产　破产债权　破产费用　共益债务

案例分析

【案例 1】

2011 年 3 月 19 日，因甲有限责任公司（简称甲公司）出现无法清偿到期债务的事实，人民法院受理了由债权人提出的对甲公司进行破产清算的申请。管理人接管甲公司后，对其债权债务进行了清理。其中，包括以下事实：

（1）2010 年 1 月 7 日，鉴于与乙公司之间的长期业务合作关系，甲公司向乙公司赠送复印机一台，价值 2.5 万元。

（2）2010 年 1 月 15 日，甲公司以其部分设备作抵押，为乙公司所欠丙公司的 80 万元货款提供了担保，并办理了抵押登记。后乙公司未能在约定期限内清偿所欠丙公司货款。2010年3月30日，经甲、乙、丙三方协商，甲公司将抵押设备依法变现70万元，价款全部用于偿还丙公司后，丙公司仍有10万元货款未得到清偿。

（3）2010年5月7日，甲公司与丁公司订立合同，从丁公司处租赁机床一台，双方约定：租期1年，租金5万元。当日，甲公司向丁公司支付5万元租金，丁公司向甲公司交付机床。2011年3月8日，甲公司故意隐瞒事实，以机床所有人的身份将该机床以20万元的市场价格卖给戊公司，双方约定，戊公司应于2011年5月1日前付清全部价款。当日，甲公司向戊公司交付了机床。人民法院受理甲公司破产清算申请后，丁公司向管理人要求返还其出租给甲公司的机床时，得知机床已被甲公司卖给戊公司而戊公司尚未支付20万元价款的事实。

（4）2010年12月1日，甲公司向A银行借款100万元，期限1年，庚公司为该笔借款向A银行提供了连带责任保证。

2011年4月5日，由于甲公司申请的一项国家一类新药获得批准证二持，经营出现转机，遂向人民法院申请和解，同时提交了和解协议草案。人民法院审查后受理了甲公司的和解申请，并裁定和解。2011年6月23日，债权人会议通过了和解协议，主要内容如下：除对甲公司特定财产享有担保物权的债权人外，其他债权人均按30%的比例减免甲公司债务；自和解协议执行完毕之日起，甲公司不再承担清偿责任；甲公司与主要债权人建立战略性合作安排等。2011年8月31日，和解协议执行完毕。A银行就甲公司所欠其100万元借款本息申报债权后，通过和解程序获偿70%。随后，A银行致函庚公司，要求其承担保证责任，清偿其剩余30%未获偿借款本息，庚公司回函拒绝，理由是：A银行等债权人已与甲公司达成减免债务的和解协议，主债务减免后，保证债务亦应按相应比例减免。

根据上述内容，分别回答下列问题：

（1）管理人是否有权请求人民法院撤销甲公司向乙公司赠送复印机的行为？并说明理由。

（2）丙公司是否有权就其未获清偿的10万元货款向管理人申报债权，要求甲公司继续偿还？并说明理由。

（3）丁公司是否有权要求戊公司返还机床？并说明理由。

（4）丁公司是否有权要求管理人请求人民法院撤销甲公司与戊公司之间的机床买卖行为？并说明理由。

（5）丁公司是否有权要求戊公司将20万元机床价款直接支付给自己？并说明理由。

（6）庚公司拒绝对A银行未获清偿的30%借款本息承担保证责任的理由是否成立？并说明理由。

【答案及解析】

（1）管理人无权撤销甲公司向乙公司赠送复印机的行为。根据规定，人民法院受理破产申请前1年内，债务人无偿转让财产的，管理人有权请求人民法院予以撤销。在本题中，甲公司向乙公司赠送复印机的行为发生于破产受理1年之前。

（2）丙公司无权就其未获清偿的10万元货款向管理人申报债权。根据规定，破产人仅作为担保人为他人债务提供物权担保，担保债权人的债权虽然在破产程序中可以构成别除权，但因破产人不是主债务人，在担保物价款不足以清偿担保债额时，余债不得作为破产债权向破产人要求清偿，只能向原主债务人求偿。

（3）丁公司无权要求戊公司返还机床。因为戊公司受让财产时主观上为善意、以合理价格有偿受让，且机床已经交付，戊公司有权主张善意取得该机床的所有权。

（4）丁公司无权要求管理人请求人民法院撤销甲公司与戊公司之间的机床买卖行为。根据规定，人民法院受理破产申请前1年内，以明显不合理价格进行交易的，管理人有权请求人民法院予以撤销。在本题中，戊公司受让丁公司机床的价格合理。

（5）丁公司有权要求戊公司将20万元机床价款直接支付给自己。根据规定，如果转让其财产的对待给付财产尚未支付（如购买价款）或存在补偿金等，该财产的权利人有权取回代偿物。在本题中，戊公司购买机床的价款尚未支付，丁公司有权行使代偿取回权。

（6）庚公司的理由不成立。根据规定，和解债权人对债务人的保证人和其他连带债务人所享有的权利，不受和解协议的影响。

【案例2】

甲公司向自然人乙借款，丙公司为一般保证人。后人民法院受理了丙公司破产案，但此时甲公司所欠乙的借款尚未到期。乙就其担保债权向管理人进行了申报。在第一次债权人会议对已申请债权进行核查时，债权人丁提出：丙公司作为一般保证人对乙享有先诉抗辩权；借款到期后，如果甲公司向乙偿还了全部借款，则丙公司不承担清偿责任；如果甲公司在借款到期后未向乙清偿债务，乙应先通过诉讼或仲裁向甲公司求偿，当就甲公司的财产依法强制执行后仍不能清偿乙的债权时，乙方可就未能获得清偿部分进行债权申报。

根据上述内容，分别回答下列问题：

（1）债权人丁提出的丙公司对乙享有先诉抗辩权的主张是否成立？并说明理由。

（2）若在借款到期前，乙先从丙公司破产案中通过破产分配获得部分清偿，对乙获得的该部分清偿应如何处理？

（3）若乙先从丙公司破产案中获得部分清偿，在借款到期后，乙应以债权全额还是应以债权未获清偿部分向甲公司主张权利？并说明理由。

（4）若甲公司主动全额清偿了乙的债权，且乙此前从丙公司破产案中获得了部分清偿，则对乙已从丙公司破产案中获得的该部分清偿应如何处理？

【答案及解析】

（1）债权人丁的主张不成立。一般保证人破产，应当取消保证人的先诉抗辩权。因为保证人破产案件被法院受理后，如果继续维持一般保证人的先诉抗辩权，则债权人必须待债务到期后先向债务人求偿，然后才能向一般保证人求偿；但此时保证人的破产财产可能已经分配完毕，相当于免除了其保证责任。所以此时一般保证人不享有先诉抗辩权，债权人可以向一般保证人申报债权。

（2）在一般保证人破产分配过程中，债权人先从保证人处获得的清偿，应当先行提存。

（3）乙应以债权全额向甲公司主张权利。因为一般保证人承担的是补充保证责任，即在主合同纠纷未经审判或者仲裁，并就债务人财产依法强制执行仍不能履行债务前，对债权人可以拒绝承担保证责任。虽然此时一般保证人不能行使先诉抗辩权，但是在承担责任时，还是补充保证责任，仅对债务人实际不能清偿的部分承担责任。所以债权人向债务人求偿时，是以全部债权额求偿，再以“未从债务人处获得清偿的部分”计算应从保证人处获得的清偿。

（4）乙从丙公司破产案中获得的清偿额已经提存，待债权人在债务到期从债务人处获偿后，再按照保证人实际应承担补充责任的范围向债权人支付，余款由法院收回，分配给保证人的其他债权人。题目中，债务人已经全部清偿债务，那么从一般保证人处已经提存的清偿额，就全部用来清偿保证人的其他债权人。

第六章　物权法

【本章学习要点】

◈物权的概念和特征

◈所有权制度

◈用益物权制度

◈担保物权制度

第一节　物权基本理论

一、物权的概念和特征

（一）物权的概念

物权是物权人直接支配特定之物而享受利益的排他性权利。《物权法》第二条规定："本法所称物，包括不动产和动产。法律规定权利作为物权客体的，依照其规定。本法所称物权，是指权利人依法对特定的物享有直接支配和排他的权利，包括所有权、用益物权和担保物权。"

（二）物权的特征

1. 支配性

物权的支配性是指物权人可以直接对物进行支配，不需要借助其他任何人的行为。他可以依自己的意志直接占有、使用，或者以其他方式支配标的物，任何人非经物权人的同意，不得侵害其权利或者加以干涉。物权人对物的支配可以表现为对物的全面支配，如所有权；也可以表现为对物的某一方面的支配，如用益物权和担保物权。

2. 对世性

物权的对世性是指物权的权利主体是特定的，而义务主体则是不特定的，除权利人外，其他任何人都负有不得侵害他人物权的义务，他们都是物权的义务主体，承担不侵害他人物权的不作为义务。

3. 排他性

物权的排他性主要表现在两个方面：第一，物权具有直接排除他人不法侵害的效力，当物权遭到侵害时，物权人凭借物权即可以直接请求侵害人排除侵害。第二，同一物上不能同时设立两个内容相互冲突的物权。例如，同一个物上不能同时有两个所有权，也不能同时有两个以上内容互不相容的他物权。

4. 绝对性

民事权利有绝对权和相对权之分。绝对权的行使不需义务人的积极协助行为，仅有权利人的合法支配行为即能实现。物权的实现不需要特定的义务主体作为积极的协助行为，它以权利人对标的物的合法支配为唯一要件。

二、我国物权法的立法

物权法是确定和调整人与人之间因对物的归属和利用而产生的财产关系的法律规范的总称。物权关系可以分为物的归属关系和物的利用关系。其中，物的归属关系所要解决的是特定民事主体对特定物的排他的全面支配权，物权法对这种物的归属关系的调整形成了财产所有权制度。物的利用关系是指特定民事主体对物的使用价值和交换价值进行利用，以充分发挥物的效用的财产关系。

2007 年 3 月 16 日，第十届全国人民代表大会第五次会议通过了《物权法》，该法自 2007 年 10 月 1 日起施行。《物权法》的出台标志着我国较为完善的物权法律制度正式确立。该法旨在维护国家基本经济制度，维护社会主义市场经济秩序，明确物的归属，发挥物的效用，保护权利人的物权。根据该法规定，我国的物权种类包括所有权、用益物权和担保物权。

三、物权的设立、变更、转让和消灭

（一）不动产登记

不动产物权的设立、变更、转让和消灭，经依法登记，发生效力；未经登记，不发生效力，但法律另有规定的除外。依法属于国家所有的自然资源，所有权可以不登记。不动产登记，由不动产所在地的登记机构办理。国家对不动产实行统一登记制度。统一登记的范围、登记机构和登记办法，由法律、行政法规规定。

当事人申请登记，应当根据不同登记事项提供权属证明和不动产界址、面积等必要材料。登记机构应当履行下列职责：查验申请人提供的权属证明和其他必要材料；就有关登记事项询问申请人；如实、及时登记有关事项；法律、行政法规规定的其他职责。申请登记的不动产的有关情况需要进一步证明的，登记机构可以要求申请人补充材料，必要时可以实地查看。登记机构不得有下列行为：要求对不动产进行评估；以年检等名义进行重复登记；超出登记职责范围的其他行为。

不动产物权的设立、变更、转让和消灭，依照法律规定应当登记的，自记载于不动产登记簿时发生效力。当事人之间订立有关设立、变更、转让和消灭不动产物权的合同，除法律另有规定或者合同另有约定外，自合同成立时生效；未办理物权登记的，不影响合同效力。

不动产登记簿是物权归属和内容的根据。不动产登记簿由登记机构管理。不动产权属证书是权利人享有该不动产物权的证明。不动产权属证书记载的事项，应当与不动产登记簿一致；记载不一致的，除有证据证明不动产登记簿确有错误外，以不动产登记簿为准。

权利人、利害关系人可以申请查询、复制登记资料，登记机构应当为其提供。权利人、利害关系人认为不动产登记簿记载的事项错误的，可以申请更正登记。不动产登记簿记载的权利人书面同意更正或者有证据证明登记确有错误的，登记机构应当予以更正。

不动产登记簿记载的权利人不同意更正的，利害关系人可以申请异议登记。登记机构予以异议登记的，申请人在异议登记之日起 15 日内不起诉，异议登记失效。异议登记不当，造成权利人损害的，权利人可以向申请人请求赔偿损害。

当事人签订买卖房屋或者其他不动产物权的协议，为保障将来实现物权，按照约定可以向登记机构申请预告登记。预告登记后，未经预告登记的权利人同意，处分该不动产的，不发生物权效力。预告登记后，债权消灭或者自能够进行不动产登记之日起 3 个月内未申请登记的，预告登记失效。当事人提供虚假材料申请登记，给他人造成损害的，应当承担赔偿责任。因登记错误，给他人造成损害的，登记机构应当承担赔偿责任。登记机构赔偿后，可以向造成登记错误的人追偿。不动产登记费按件收取，不得按照不动产的面积、体积或者价款的比例收取。具体收费标准由国务院有关部门会同价格主管部门规定。

（二）动产交付

动产物权的设立和转让，自交付时发生效力，但法律另有规定的除外。船舶、航空器和机动车等物权的设立、变更、转让和消灭，未经登记，不得对抗善意第三人。动产物权设立和转让前，权利人已经依法占有该动产的，物权自法律行为生效时发生效力。动产物权设立和转让前，第三人依法占有该动产的，负有交付义务的人可以通过转让请求第三人返还原物的权利代替交付。动产物权转让时，双方约定由出让人继续占有该动产的，物权自该约定生效时发生效力。

（三）其他规定

因人民法院、仲裁委员会的法律文书或者人民政府的征收决定等，导致物权设立、变更、转让或者消灭的，自法律文书或者人民政府的征收决定等生效时发生效力。因继承或者受遗赠取得物权的，自继承或者受遗赠开始时发生效力。因合法建造、拆除房屋等事实行为设立或者消灭物权的，自事实行为成就时发生效力。依法在上述三种情况下享有不动产物权的，处分该物权时，依照法律规定需要办理登记的，未经登记，不发生物权效力。

四、物权的保护

（一）请求确认物权

《物权法》第三十三条规定："因物权的归属、内容发生争议的，利害关系人可以请求确认权利。"当物权归属不明或发生争执时，当事人可以向法院提起诉讼，请求确认物权。此外，我国对土地、房屋等不动产设有专门的行政管理主管，有关不动产物权的争执也可以申请行政主管部门解决。如对行政主管部门的处理不服，可再向人民法院起诉。

（二）请求返还原物

《物权法》第三十四条规定："无权占有不动产或者动产的，权利人可以请求返还原物。"当所有人的财产被他人非法占有时，财产所有人或合法占有人可以依照法律的规定请求不法占有人返还原物，或者请求法院责令不法占有人返还原物。

（三）请求排除妨害

《物权法》第三十五条规定："妨害物权或者可能妨害物权的，权利人可以请求排除妨害或者消除危险。"当他人的行为非法妨害物权人行使物权时，物权人可以请求妨害人排除妨害，也可请求法院责令妨害人排除妨害。排除妨害或者消除危险的请求，不仅直接占有物的所有人可以提出，直接占有物的用益物权人也可以提出。

（四）请求恢复原状

《物权法》第三十六条规定："造成不动产或者动产毁损的，权利人可以请求修理、重作、更换或者恢复原状。"权利人应根据财产的损坏程度来选择请求修理、重作、更换或者恢复原状。恢复原状之请求的提出，必须具备以下条件：①须财产损坏之事实存在；须财产损坏出于他人违法行为；②须损坏的财产有修复的可能。被损坏的财产经修复后，如果其价值有所降低，所有者有权请求侵权行为人赔偿损失。

（五）请求赔偿损失

《物权法》第三十七条规定："侵害物权，造成权利人损害的，权利人可以请求损害赔偿，也可以请求承担其他民事责任。"当他人侵害物权的行为造成物权人的经济损失时，物权人可以直接请求侵害人赔偿损失，也可请求法院责令侵害人赔偿损失。物权人赔偿损失之请求既可以单独提出，也可以在行使物权请求时同时提出。

（六）追究行政责任或刑事责任

侵害物权，除承担民事责任外，违反行政管理规定的，依法承担行政责任；构成犯罪的，依法追究刑事责任。

第二节　所有权制度

一、所有权概述

（一）所有权的概念

所有权是对特定物进行永久、全面支配的物权。我国《物权法》第三十九条规定，所有权人对自己的不动产或者动产，依法享有占有、使用、收益和处分的权利。该规定体现了所有权的积极权能，但是所有权的全面支配权的特性决定了其本身应具有的排除他人非法干涉的功能，即所有权的消极权能。因此，我们可以把所有权的概念表述为：所有权是财产所有人依法对自己的不动产或者动产享有的占有、使用、收益、处分，并排除他人干涉的权利。我国《物权法》依所有权的主体性质将所有权分为国家所有权、集体所有权和私人所有权，并对这三种不同类型的所有权进行平等的保护。

（二）所有权的特征

1. 所有权为自物权

所有权属于自物权，即权利人对自己之物所享有的权利，而他物权则是权利人对他人之物所享有的权利。所有权的行使可以不通过任何中介而实现，而他物权是在他人所有之物上行使。

2. 所有权是完全物权

所有权是对物的最完整的权利。在不违反法律或第三人权利的范围内，所有权人可以对物享有占有、使用、收益和处分的权利，而无须受其他限制。而他物权则仅能在一定范围内对物进行支配，除受法律或第三人权利的限制外，亦须受所有权人的一定限制，不能对物进行自由、全面的支配。

3. 所有权是无期物权

所有权的存在是恒久的、没有期限的限制，所有权人可以无限期地享有所有权，当事人在取得所有权时也无须设定期限。当然，所有权具有恒久性并不等于所有人不可以通过出让等方式消灭其权利。

4. 所有权是具有弹性力物权

所有权的权能可以通过设定他物权等形式与作为整体的所有权分离，如在所有之物上设定质权。但这种分离是暂时和有条件的，一旦他物权期限届满，那些离开所有权整体的权能便回归原位，从而使所有权恢复其全面支配状态。

（三）所有权的权能

所有权人对自己的不动产或者动产，依法享有占有、使用、收益和处分的权利。所有权的权能包括占有权能、使用权能、收益权能和处分权能。

1. 占有权能

占有权能，是指所有权人对标的物实际掌握、控制的权能。

2. 使用权能

使用权能，是指不损毁物体或变更其性质，而按照物的性能和用途加以利用，以满足生产或生活需要的权能。

3. 收益权能

收益权能，是指依法收取由原物产生的新增经济价值的权能。

4. 处分权能

处分权能，是指依法对标的物进行处置，从而决定其命运的权能。处分权能是所有权内容的核心，是否享有处分自由标志着所有权是否完备。

二、国家所有权和集体所有权、私人所有权

（一）国家所有权

法律规定属于国家所有的财产，属于国家所有即全民所有。国有财产由国务院代表国家行使所有权；法律另有规定的，依照其规定。矿藏、水流、海域属于国家所有。城市的土地，属于国家所有。法律规定属于国家所有的农村和城市郊区的土地，属于国家所有。

森林、山岭、草原、荒地、滩涂等自然资源，属于国家所有，但法律规定属于集体所有的除外。法律规定属于国家所有的野生动植物资源，属于国家所有。无线电频谱资源属于国家所有。法律规定属于国家所有的文物，属于国家所有。国防资产属于国家所有。铁路、公路、电力设施、电信设施和油气管道等基础设施，依照法律规定为国家所有的，属于国家所有。

国家机关对其直接支配的不动产和动产，享有占有、使用以及依照法律和国务院的有关规定处分的权利。国家举办的事业单位对其直接支配的不动产和动产，享有占有、使用以及依照法律和国务院的有关规定收益、处分的权利。国家出资的企业，由国务院、地方人民政府依照法律、行政法规规定分别代表国家履行出资人职责，享有出资人权益。

国家所有的财产受法律保护，禁止任何单位和个人侵占、哄抢、私分、截留、破坏。履行国有财产管理、监督职责的机构及其工作人员，应当依法加强对国有财产的管理、监督，促进国有财产保值、增值，防止国有财产损失；滥用职权，玩忽职守，造成国有财产损失的，应当依法承担法律责任。违反国有财产管理规定，在企业改制、合并分立、关联交易等过程中，低价转让、合谋私分、擅自担保或者以其他方式造成国有财产损失的，应当依法承担法律责任。

（二）集体所有权

集体所有的不动产和动产包括：法律规定属于集体所有的土地和森林、山岭、草原、荒地、滩涂；集体所有的建筑物、生产设施、农田水利设施；集体所有的教育、科学、文化、卫生、体育等设施；集体所有的其他不动产和动产。

农民集体所有的不动产和动产，属于本集体成员集体所有。下列事项应当依照法定程序由本集体成员决定：土地承包方案以及将土地发包给本集体以外的单位或者个人承包；个别土地承包经营权人之间承包地的调整；土地补偿费等费用的使用、分配办法；集体出资的企业的所有权变动等事项；法律规定的其他事项。

对于集体所有的土地和森林、山岭、草原、荒地、滩涂等，依照下列规定行使所有权：属于村农民集体所有的，由村集体经济组织或者村民委员会代表集体行使所有权；分别属于村内两个以上农民集体所有的，由村内各该集体经济组织或者村民小组代表集体行使所有权；属于乡镇农民集体所有的，由乡镇集体经济组织代表集体行使所有权。

城镇集体所有的不动产和动产，依照法律、行政法规的规定由本集体享有占有、使用、收益和处分的权利。集体经济组织或者村民委员会、村民小组应当依照法律、行政法规以及章程、村规民约向本集体成员公布集体财产的状况。集体所有的财产受法律保护，禁止任何单位和个人侵占、哄抢、私分、破坏。集体经济组织、村民委员会或者其负责人作出的决定侵害集体成员合法权益的，受侵害的集体成员可以请求人民法院予以撤销。

（三）私人所有权

私人对其合法的收入、房屋、生活用品、生产工具、原材料等不动产和动产享有所有权。私人合法的储蓄、投资及其收益受法律保护。国家依照法律规定保护私人的继承权及其他合法权益。私人的合法财产受法律保护，禁止任何单位和个人侵占、哄抢、破坏。

国家、集体和私人依法可以出资设立有限责任公司、股份有限公司或者其他企业。国家、集体和私人所有的不动产或者动产，投到企业的，由出资人按照约定或者出资比例享有资产收益、重大决策以及选择经营管理者等权利并履行义务。企业法人对其不动产和动产依照法律、行政法规以及章程享有占有、使用、收益和处分的权利。企业法人以外的法人，对其不动产和动产的权利，适用有关法律、行政法规以及章程的规定。

社会团体依法所有的不动产和动产，受法律保护。

三、业主的建筑物区分所有权

业主对建筑物内的住宅、经营性用房等专有部分享有所有权，对专有部分以外的共有部分享有共有和共同管理的权利。业主对其建筑物专有部分享有占有、使用、收益和处分的权利。业主行使权利不得危及建筑物的安全，不得损害其他业主的合法权益。业主对建筑物专有部分以外的共有部分，享有权利，承担义务；不得以放弃权利为由而不履行义务。业主转让建筑物内的住宅、经营性用房，其对共有部分享有的共有和共同管理的权利一并转让。

建筑区划内的道路，属于业主共有，但属于城镇公共道路的除外。建筑区划内的绿地，属于业主共有，但属于城镇公共绿地或者明示属于个人的除外。建筑区划内的其他公共场所、公用设施和物业服务用房，属于业主共有。建筑区划内，规划用于停放汽车的车位、车库应当首先满足业主的需要。建筑区划内，规划用于停放汽车的车位、车库的归属，由当事人通过出售、附赠或者出租等方式约定。占用业主共有的道路或者其他场地的用于停放汽车的车位，属于业主共有。

下列事项由业主共同决定：制定和修改业主大会议事规则；制定和修改建筑物及其附属设施的管理规约；选举或者更换业主委员会成员；选聘和解聘物业服务企业或者其他管理人；筹集和使用建筑物及其附属设施的维修资金；改建、重建建筑物及其附属设施；有关共有和共同管理权利的其他重大事项。决定上述最后两项事项，应当经专有部分占建筑物总面积 2/3 以上的业主且占总人数 2/3 以上的业主同意。决定上述其他事项，应当经专有部分占建筑物总面积过半数的业主且占总人数过半数的业主同意。业主不得违反法律、法规以及管理规约，将住宅改变为经营性用房。业主将住宅改变为经营性用房的，除遵守法律、法规以及管理规约外，应当经有利害关系的业主同意。

业主可以设立业主大会，选举业主委员会。地方人民政府有关部门应当对设立业主大会和选举业主委员会给予指导和协助。业主大会或者业主委员会的决定，对业主具有约束力。业主大会或者业主委员会作出的决定侵害业主合法权益的，受侵害的业主可以请求人民法院予以撤销。

建筑物及其附属设施的维修资金，属于业主共有。经业主共同决定，可以用于电梯、水箱等共有部分的维修。维修资金的筹集、使用情况应当公布。建筑物及其附属设施的费用分摊、收益分配等事项，有约定的，按照约定处理；没有约定或者约定不明确的，按照业主专有部分占建筑物总面积的比例确定。业主可以自行管理建筑物及其附属设施，也可以委托物业服务企业或者其他管理人管理。对建设单位聘请的物业服务企业或者其他管理人，业主有权依法更换。

物业服务企业或者其他管理人根据业主的委托管理建筑区划内的建筑物及其附属设

施，并接受业主的监督。业主应当遵守法律、法规以及管理规约。业主大会和业主委员会，对任意弃置垃圾、排放污染物或者噪声、违反规定饲养动物、违章搭建、侵占通道、拒付物业费等损害他人合法权益的行为，有权依照法律、法规以及管理规约，要求行为人停止侵害、消除危险、排除妨害、赔偿损失。业主对侵害自己合法权益的行为，可以依法向人民法院提起诉讼。

四、相邻关系

相邻关系是指法律为调整相邻不动产的利用，而就两个或者两个以上不动产权利人之间所规定的相互提供便利和接受限制的权利义务关系，如相邻不动产权利人之间的利用邻地通行、采光、安设管线、用水排水等法律关系。相邻关系在性质上是所有权内容的限制或扩张。

不动产的相邻权利人应当按照有利于生产、方便生活、团结互助、公平合理的原则，正确处理相邻关系。法律、法规对处理相邻关系有规定的，依照其规定；法律、法规没有规定的，可以按照当地习惯。

不动产权利人应当为相邻权利人用水、排水提供必要的便利。对自然流水的利用，应当在不动产的相邻权利人之间合理分配。对自然流水的排放，应当尊重自然流向。

不动产权利人对相邻权利人因通行等必须利用其土地的，应当提供必要的便利。不动产权利人因建造、修缮建筑物以及铺设电线、电缆、水管、暖气和燃气管线等必须利用相邻土地、建筑物的，该土地、建筑物的权利人应当提供必要的便利。建造建筑物，不得违反国家有关工程建设标准的规定，妨碍相邻建筑物的通风、采光和日照。

不动产权利人不得违反国家规定而弃置固体废物，排放大气污染物、水污染物、噪声、光、电磁波辐射等有害物质。不动产权利人挖掘土地、建造建筑物、铺设管线以及安装设备等，不得危及相邻不动产的安全。不动产权利人因用水、排水、通行、铺设管线等利用相邻不动产的，应当尽量避免对相邻的不动产权利人造成损害；造成损害的，应当给予赔偿。

五、共有

共有是指由两个以上的权利主体共同享有某项财产所有权的制度。不动产或者动产可以由两个以上单位、个人共有。共有包括按份共有和共同共有。按份共有人对共有的不动产或者动产按照其份额享有所有权。共同共有人对共有的不动产或者动产共同享有所有权。共有人对共有的不动产或者动产没有约定为按份共有或者共同共有，或者约定不明确的，除共有人具有家庭关系等外，视为按份共有。按份共有人对共有的不动产或者动产享有的份额，没有约定或者约定不明确的，按照出资额确定；不能确定出资额的，视为等额享有。

共有人按照约定管理共有的不动产或者动产；没有约定或者约定不明确的，各共有人都有管理的权利和义务。处分共有的不动产或者动产以及对共有的不动产或者动产作重大修缮的，应当经占份额三分之二以上的按份共有人或者全体共同共有人同意，但共有人之间另有约定的除外。对共有物的管理费用以及其他负担，有约定的，按照约定；没有约定或者约定不明确的，按份共有人按照其份额负担，共同共有人共同负担。

共有人约定不得分割共有的不动产或者动产，以维持共有关系的，应当按照约定，但共有人有重大理由需要分割的，可以请求分割；没有约定或者约定不明确的，按份共有人可以随时请求分割，共同共有人在共有的基础丧失或者有重大理由需要分割时可以请求分割。因分割对其他共有人造成损害的，应当给予赔偿。共有人可以协商确定分割方式。不能达成协议，共有的不动产或者动产可以分割并且不会因分割减损价值的，应当对实物予以分割；难以分割或者因分割会减损价值的，应当对折价或者拍卖、变卖取得的价款予以分割。共有人分割所得的不动产或者动产有瑕疵的，其他共有人应当分担损失。

按份共有人可以转让其享有的共有的不动产或者动产份额。其他共有人在同等条件下享有优先购买的权利。因共有的不动产或者动产产生的债权债务，在对外关系上，共有人享有连带债权、承担连带债务，但法律另有规定或者第三人知道共有人不具有连带债权债务关系的除外；在共有人内部关系上，除共有人另有约定外，按份共有人按照份额享有债权、承担债务，共同共有人共同享有债权、承担债务。偿还债务超过自己应当承担份额的按份共有人，有权向其他共有人追偿。

六、所有权取得的特别规定

所有权的取得方式包括原始取得和继受取得。原始取得是指根据法律的规定，取得新物、无主物的所有者，或者不以原所有人的权利的意志为根据而取得原物的所有权。原始取得的方式包括：劳动生产、孳息、没收、征收、拾得遗失物、拾得漂流物、发现埋藏物和隐藏物、添附、善意取得。继受取得是指财产所有人通过一定法律行为或其他法律事实，从原所有人那里取得某项财产的所有权。继受取得的方式包括：买卖、互易、赠与、继承遗产和接受遗赠、其他合法原因。

我国《物权法》第九章对所有权取得的特别情形作出规定，这些特殊取得方式包括善意取得、拾得遗失物、拾得漂流物、发现埋藏物或者隐藏物、从物和孳息取得等内容。

（一）善意取得

善意取得是指让与人无权处分他人之物，并且已经将该物交付给受让人或者已经办理物权变动登记，如果受让人是善意的，即可取得该物的物权。

我国《物权法》第一百零六条规定："无处分权人将不动产或者动产转让给受让人的，所有权人有权追回；除法律另有规定外，符合下列情形的，受让人取得该不动产或者动产的所有权：受让人受让该不动产或者动产时是善意的；以合理的价格转让；转让的不动产或者动产依照法律规定应当登记的已经登记，不需要登记的已经交付给受让人。受让人依照前款规定取得不动产或者动产的所有权的，原所有权人有权向无处分权人请求赔偿损失。当事人善意取得其他物权的，参照前两款规定。"我国善意取得制度同时适用于动产和不动产。善意受让人取得动产后，该动产上的原有权利消灭，但善意受让人在受让时知道或者应当知道该权利的除外。

（二）遗失物的拾得

遗失物的拾得是指发现他人遗失的动产并予以占有的事实行为。拾得遗失物，应当返还权利人。拾得人应当及时通知权利人领取，或者送交公安等有关部门。有关部门收到遗失物，知道权利人的，应当及时通知其领取；不知道的，应当及时发布招领公告。拾得人在遗失物送交有关部门前，有关部门在遗失物被领取前，应当妥善保管遗失物。因故意或者重大过失致使遗失物毁损、灭失的，应当承担民事责任。

所有权人或者其他权利人有权追回遗失物。该遗失物通过转让被他人占有的，权利人有权向无处分权人请求损害赔偿，或者自知道或者应当知道受让人之日起 2 年内向受让人请求返还原物，但受让人通过拍卖或者向具有经营资格的经营者购得该遗失物的，权利人请求返还原物时应当支付受让人所付的费用。权利人向受让人支付所付费用后，有权向无处分权人追偿。

权利人领取遗失物时，应当向拾得人或者有关部门支付保管遗失物等支出的必要费用。权利人悬赏寻找遗失物的，领取遗失物时应当按照承诺履行义务。拾得人侵占遗失物的，无权请求保管遗失物等支出的费用，也无权请求权利人按照承诺履行义务。遗失物自发布招领公告之日起 6 个月内无人认领的，归国家所有。拾得漂流物、发现埋藏物或者隐藏物的，参照拾得遗失物的有关规定。文物保护法等法律另有规定的，依照其规定。

（三）从物和孳息的取得

主物转让的，从物随主物转让，但当事人另有约定的除外。

天然孳息，由所有权人取得；既有所有权人又有用益物权人的，由用益物权人取得。当事人另有约定的，按照约定。法定孳息，当事人有约定的，按照约定取得；没有约定或者约定不明确的，按照交易习惯取得。

第三节　用益物权制度

一、用益物权概述

（一）用益物权的概念

用益物权是对他人所有的动产和不动产以使用、收益为目的的他物权。用益物权与所有权、担保物权等一起构成了物权制度的完整体系。我国《物权法》不仅规定了用益物权的一般规定，还具体规定了土地承包经营权、建设用地使用权、宅基地使用权与地役权四种用益物权。

（二）用益物权的特征

作为物权的一种，用益物权也具有物权的一般属性，如支配性、对世性、排他性、绝对性等。作为他物权的一种，用益物权也具有他物权的基本属性，如派生性、受限制性、不完全性等。除此之外，与其他物权形态相比，用益物权还具有以下一些特征：

1. 用益性

用益性是指用益物权的设立目的在于对物进行使用、收益。用益性是用益物权的基本属性，也是用益物权区别于担保物权的基本标志。

2. 独立性

用益物权可以独立存在，不以其他权利的存在为成立前提，也不随其他权利的让与、消灭而让与、消灭。

3. 占有性

占有性是指用益物权以对标的物的实际占有为成立要件，因为用益物权成立的目的是要对标的物进行使用、收益，而如果不占有标的物，则对标的物进行使用与收益显然无从谈起。

4. 不动产主导性

用益物权的客体多为不动产。对于动产，人们一般可以通过取得其所有权而对其加以使用、收益。不动产所有权的取得往往需花费较大的代价，所有权人也往往基于不动产的保值性和增值性而不愿轻易转让。这样，用益物权就成为解决不动产的所有与利用之矛盾的理想途径，不动产也因此而成为用益物权的主导客体。

（三）用益物权的一般规则

国家所有或者国家所有由集体使用以及法律规定属于集体所有的自然资源，单位、个人依法可以占有、使用和收益。国家实行自然资源有偿使用制度，但法律另有规定的除外。

用益物权人行使权利，应当遵守法律有关保护和合理开发利用资源的规定。所有权人不得干涉用益物权人行使权利。

因不动产或者动产被征收、征用致使用益物权消灭或者影响用益物权行使的，用益物权人有权依法获得相应补偿。

依法取得的海域使用权受法律保护。依法取得的探矿权、采矿权、取水权和使用水域、滩涂从事养殖、捕捞的权利受法律保护。

二、土地承包经营权

土地承包经营权，是指由公民或集体组织，对国家所有或集体所有的土地从事生产活动，依照承包合同的规定而享有的占有、使用和收益的权利。根据这一概念可以得出：承包经营合同是确认土地承包经营权的主要依据；土地承包经营权的主体是公民或集体组织；土地承包经营权的客体为全民所有的土地和集体所有的土地。

农村集体经济组织实行家庭承包经营为基础、统分结合的双层经营体制。农民集体所有和国家所有由农民集体使用的耕地、林地、草地以及其他用于农业的土地，依法实行土地承包经营制度。土地承包经营权人依法对其承包经营的耕地、林地、草地等享有占有、使用和收益的权利，有权从事种植业、林业、畜牧业等农业生产。

耕地的承包期为 30 年。草地的承包期为 30 年至 50 年。林地的承包期为 30 年至 70 年；特殊林木的林地承包期，经国务院林业行政主管部门批准可以延长。前款规定的承包期届满，由土地承包经营权人按照国家有关规定继续承包。

土地承包经营权自土地承包经营权合同生效时设立。县级以上地方人民政府应当向土地承包经营权人发放土地承包经营权证、林权证、草原使用权证，并登记造册，确认土地承包经营权。土地承包经营权人依照农村土地承包法的规定，有权将土地承包经营权采取转包、互换、转让等方式流转。流转的期限不得超过承包期的剩余期限。未经依法批准，不得将承包地用于非农建设。土地承包经营权人将土地承包经营权互换、转让，当事人要求登记的，应当向县级以上地方人民政府申请土地承包经营权变更登记；未经登记，不得对抗善意第三人。

承包期内发包人不得调整承包地。因自然灾害严重毁损承包地等特殊情形，需要适当调整承包的耕地和草地的，应当依照农村土地承包法等法律规定办理。承包期内发包人不得收回承包地。农村土地承包法等法律另有规定的，依照其规定。

承包地被征收的，土地承包经营权人有权依法获得相应补偿。通过招标、拍卖、公开协商等方式承包荒地等农村土地，依照农村土地承包法等法律和国务院的有关规定，其土地承包经营权可以转让、入股、抵押或者以其他方式流转。国家所有的农用地实行承包经营的，参照《物权法》的有关规定。

三、建设用地使用权

根据《物权法》第一百三十五条的规定，建设用地使用权是指自然人、法人依法利用国家所有的土地建造建筑物、构筑物及其附属设施的权利。建设用地使用权是我国用益物权体系中一项重要的物权类型。

建设用地使用权可以在土地的地表、地上或者地下分别设立。新设立的建设用地使用权，不得损害已设立的用益物权。设立建设用地使用权，可以采取出让或者划拨等方式。工业、商业、旅游、娱乐和商品住宅等经营性用地以及同一土地有两个以上意向用地者的，应当采取招标、拍卖等公开竞价的方式出让。严格限制以划拨方式设立建设用地使用权。采取划拨方式的，应当遵守法律、行政法规关于土地用途的规定。

采取招标、拍卖、协议等出让方式设立建设用地使用权的，当事人应当采取书面形式订立建设用地使用权出让合同。建设用地使用权出让合同一般包括下列条款：当事人的名称和住所；土地界址、面积等；建筑物、构筑物及其附属设施占用的空间；土地用途；使用期限；出让金等费用及其支付方式；解决争议的方法。

设立建设用地使用权的，应当向登记机构申请建设用地使用权登记。建设用地使用权自登记时设立。登记机构应当向建设用地使用权人发放建设用地使用权证书。

建设用地使用权人应当合理利用土地，不得改变土地用途；需要改变土地用途的，应当依法经有关行政主管部门批准。建设用地使用权人应当依照法律规定以及合同约定支付出让金等费用。

建设用地使用权人建造的建筑物、构筑物及其附属设施的所有权属于建设用地使用权人，但有相反证据证明的除外。建设用地使用权人有权将建设用地使用权转让、互换、出资、赠与或者抵押，但法律另有规定的除外。建设用地使用权转让、互换、出资、赠与或者抵押的，当事人应当采取书面形式订立相应的合同。使用期限由当事人约定，但不得超过建设用地使用权的剩余期限。建设用地使用权转让、互换、出资或者赠与的，应当向登记机构申请变更登记。建设用地使用权转让、互换、出资或者赠与的，附着于该土地上的建筑物、构筑物及其附属设施一并处分。建筑物、构筑物及其附属设施转让、互换、出资或者赠与的，该建筑物、构筑物及其附属设施占用范围内的建设用地使用权一并处分。

建设用地使用权期间届满前，因公共利益需要提前收回该土地的，应当依法对该土地上的房屋及其他不动产给予补偿，并退还相应的出让金。住宅建设用地使用权期间届满的，自动续期。非住宅建设用地使用权期间届满后的续期，依照法律规定办理。该土地上的房屋及其他不动产的归属，有约定的，按照约定；没有约定或者约定不明确的，依照法律、行政法规的规定办理。建设用地使用权消灭的，出让人应当及时办理注销登记。登记机构应当收回建设用地使用权证书。

四、宅基地使用权

宅基地使用权是指自然人依法对集体所有的土地享有占有和通过建造房屋及其他附属设施等方式予以使用的权利。宅基地使用权是在集体所有土地上设定的旨在对他人土地加以利用而设定的权利。

宅基地使用权具有以下的法律特征：第一，宅基地使用权属于一种用益物权，宅基地的所有权依然属于国家或集体所有。第二，宅基地使用权的主体是公民，而且主要为农村集体经济组织的成员。第三，宅基地使用权的客体主要是集体所有的用于建造自有房屋的土地。第四，宅基地使用权必须办理法定的申请程序，经过有关部门批准后方可取得。第五，宅基地使用权受国家法律的保护，非经法定程序，任何机关和个人都不得任意剥夺公民依法取得的宅基地使用权。

宅基地使用权人依法对集体所有的土地享有占有和使用的权利，有权依法利用该土地建造住宅及其附属设施。宅基地使用权的取得、行使和转让，适用土地管理法等法律和国家有关规定。宅基地因自然灾害等原因灭失的，宅基地使用权消灭。对失去宅基地的村民，应当重新分配宅基地。已经登记的宅基地使用权转让或者消灭的，应当及时办理变更登记或者注销登记。

五、地役权

地役权，是指土地所有人或者使用人为自己使用不动产之便利而使用他人不动产或者对他人不动产使用加以限制的权利。利用他人不动产提高效益的不动产称为需役地；提供给他人使用的不动产，即设定负担的不动产称为供役地。享有地役权的人称为需役人；提供供役地的人称为供役人。

地役权除具有以下特征：第一，地役权以存在两项不动产为前提。第二，地役权具有很强的意定性。第三，地役权具有从属性。具体而言，地役权的从属性包括以下两个方面的内容：地役权不能与需役地分离而单独让与；地役权不能与需役地分离而为其他权利的标的。

地役权人有权按照合同约定，利用他人的不动产，以提高自己的不动产的效益。设立地役权，当事人应当采取书面形式订立地役权合同。地役权合同一般包括下列条款：当事人的姓名或者名称和住所；供役地和需役地的位置；利用目的和方法；利用期限；费用及其支付方式；解决争议的方法。

供役地权利人应当按照合同约定，允许地役权人利用其土地，不得妨害地役权人行使权利。地役权人应当按照合同约定的利用目的和方法利用供役地，尽量减少对供役地权利人物权的限制。地役权自地役权合同生效时设立。当事人要求登记的，可以向登记机构申请地役权登记；未经登记，不得对抗善意第三人。

地役权的期限由当事人约定，但不得超过土地承包经营权、建设用地使用权等用益物权的剩余期限。土地所有权人享有地役权或者负担地役权的，设立土地承包经营权、宅基地使用权时，该土地承包经营权人、宅基地使用权人继续享有或者负担已设立的地役权。土地上已设立土地承包经营权、建设用地使用权、宅基地使用权等权利的，未经用益物权人同意，土地所有权人不得设立地役权。

地役权不得单独转让。土地承包经营权、建设用地使用权等转让的，地役权一并转让，但合同另有约定的除外。地役权不得单独抵押。土地承包经营权、建设用地使用权等抵押的，在实现抵押权时，地役权一并转让。需役地以及需役地上的土地承包经营权、建设用地使用权部分转让时，转让部分涉及地役权的，受让人同时享有地役权。供役地以及供役地上的土地承包经营权、建设用地使用权部分转让时，转让部分涉及地役权的，地役权对受让人具有约束力。

地役权人有下列情形之一的，供役地权利人有权解除地役权合同，地役权消灭：违反法律规定或者合同约定，滥用地役权；有偿利用供役地，约定的付款期间届满后在合理期限内经两次催告未支付费用。

已经登记的地役权变更、转让或者消灭的，应当及时办理变更登记或者注销登记。

第四节　担保物权制度

一、担保物权概述

（一）担保物权的概念和特征

担保物权是指为确保特定债权的实现，债务人或者第三人以自己的特定的不动产、动产及其他的财产权利为标的而设定担保，在债务人不履行到期债务或发生当事人所约定的情形时，债务人有权就该项财产变价并优先受偿的一种限制物权。根据我国《物权法》规定，我国担保物权包括：抵押权、质权和留置权。

担保物权具有以下特征：第一，它是为担保债权的实现而设立的权利，它对所担保的债权而言，具有从属性或附随性的特征。第二，担保物权的行使具有期待性或附条件性。第三，担保物权是对担保财产交换价值的附期限（或附条件）的变价处分权和优先受偿权。第四，担保物权具有不可分性。

（二）担保物权的设立

债权人在借贷、买卖等民事活动中，为保障实现其债权，需要担保的，可以依照《物权法》和其他法律的规定设立担保物权。第三人为债务人向债权人提供担保的，可以要求债务人提供反担保。反担保适用《物权法》和其他法律的规定。设立担保物权，应当依照《物权法》和其他法律的规定订立担保合同。担保合同是主债权债务合同的从合同。主债权债务合同无效，担保合同无效，但法律另有规定的除外。担保合同被确认无效后，债务人、担保人、债权人有过错的，应当根据其过错各自承担相应的民事责任。

（三）担保物权的适用范围

担保物权的担保范围包括主债权及其利息、违约金、损害赔偿金、保管担保财产和实现担保物权的费用。当事人另有约定的，按照约定。

（四）担保物权的实现

担保物权人在债务人不履行到期债务或者发生当事人约定的实现担保物权的情形，依法享有就担保财产优先受偿的权利，但法律另有规定的除外。担保物权实现的前提条件是：被担保的债权已届清偿期；债务人届期未履行债务，致被担保的债权未获清偿；担保物权的实现，以担保合同合法有效为条件。

担保期间，担保财产毁损、灭失或者被征收等，担保物权人可以就获得的保险金、赔偿金或者补偿金等优先受偿。被担保债权的履行期未届满的，也可以提存该保险金、赔偿金或者补偿金等。

被担保的债权既有物的担保又有人的担保的，债务人不履行到期债务或者发生当事人约定的实现担保物权的情形，债权人应当按照约定实现债权；没有约定或者约定不明确，债务人自己提供物的担保的，债权人应当先就该物的担保实现债权；第三人提供物的担保的，债权人可以就物的担保实现债权，也可以要求保证人承担保证责任。提供担保的第三人承担担保责任后，有权向债务人追偿。

（五）担保物权的消灭

有下列情形之一的，担保物权消灭：主债权消灭；担保物权实现；债权人放弃担保物权；法律规定担保物权消灭的其他情形。第三人提供担保，未经其书面同意，债权人允许债务人转移全部或者部分债务的，担保人不再承担相应的担保责任。

二、抵押权

（一）抵押权的概念和特征

根据《物权法》第一百七十九条的规定，抵押权是债权人对债务人或者第三人不转移占有的担保财产，在债务人届期不履行债务或者发生当事人约定的实现抵押权的情形时，依法享有的就抵押财产的变价处分权和就卖的价金优先受偿权的总称。其中，债务人或者第三人为抵押人，债权人为抵押权人，提供担保的财产为抵押财产。

根据上述概念，可以得出抵押权具有以下特征：第一，从属性，即抵押权是因担保债权而设定的担保物权，因此，其从属性表现为其成立、变更、消灭与被担保的债权密不可分。第二，不可分性，即抵押权不可分性，是指被担保的债权未受全部清偿之前，抵押权得就担保物的全部行使权利。第三，代位性，即物上代位性是指抵押物灭失或者出让，其交换价值转化为其他形态的物时，抵押权的效力及于该物。

（二）抵押权的设立

1. 可以抵押的财产

债务人或者第三人有权处分的下列财产可以抵押：建筑物和其他土地附着物；建设用地使用权；以招标、拍卖、公开协商等方式取得的荒地等土地承包经营权；生产设备、原材料、半成品、产品；正在建造的建筑物、船舶、航空器；交通运输工具；法律、行政法规未禁止抵押的其他财产。抵押人可以将前款所列财产一并抵押。

经当事人书面协议，企业、个体工商户、农业生产经营者可以将现有的以及将有的生产设备、原材料、半成品、产品抵押，债务人不履行到期债务或者发生当事人约定的实现抵押权的情形，债权人有权就实现抵押权时的动产优先受偿。

以建筑物抵押的，该建筑物占用范围内的建设用地使用权一并抵押。以建设用地使用权抵押的，该土地上的建筑物一并抵押。抵押人未依照前款规定一并抵押的，未抵押的财产视为一并抵押。乡镇、村企业的建设用地使用权不得单独抵押。以乡镇、村企业的厂房等建筑物抵押的，其占用范围内的建设用地使用权一并抵押。

2. 不得抵押的财产

下列财产不得抵押：土地所有权；耕地、宅基地、自留地、自留山等集体所有的土地使用权，但法律规定可以抵押的除外；学校、幼儿园、医院等以公益为目的的事业单位、社会团体的教育设施、医疗卫生设施和其他社会公益设施；所有权、使用权不明或者有争议的财产；依法被查封、扣押、监管的财产；法律、行政法规规定不得抵押的其他财产。

3. 抵押设立行为的形式

设立抵押权，当事人应当采取书面形式订立抵押合同。抵押合同一般包括下列条款：被担保债权的种类和数额；债务人履行债务的期限；抵押财产的名称、数量、质量、状况、所在地、所有权归属或者使用权归属；担保的范围。

4. 抵押设立登记

以建筑物和其他土地附着物、建设用地使用权、以招标、拍卖、公开协商等方式取得的荒地等土地承包经营权、正在建造的建筑物抵押的，应当办理抵押登记。抵押权自登记时设立。以生产设备、原材料、半成品、产品、交通运输工具、正在建造的船舶、航空器抵押的，抵押权自抵押合同生效时设立；未经登记的，不得对抗善意第三人。

企业、个体工商户、农业生产经营者以其现有的以及将有的生产设备、原材料、半成品、产品抵押的，应当向抵押人住所地的工商行政管理部门办理登记。抵押权自抵押合同生效时设立；未经登记的，不得对抗善意第三人。企业、个体工商户、农业生产经营者以其现有的以及将有的生产设备、原材料、半成品、产品抵押的，不得对抗正常经营活动中已支付合理价款并取得抵押财产的买受人。

（三）抵押财产的转让与出租

抵押期间，抵押人经抵押权人同意转让抵押财产的，应当将转让所得的价款向抵押权人提前清偿债务或者提存。转让的价款超过债权数额的部分归抵押人所有，不足部分由债务人清偿。抵押期间，抵押人未经抵押权人同意，不得转让抵押财产，但受让人代为清偿债务消灭抵押权的除外。

抵押权不得与债权分离而单独转让或者作为其他债权的担保。债权转让的，担保该债权的抵押权一并转让，但法律另有规定或者当事人另有约定的除外。

订立抵押合同前抵押财产已出租的，原租赁关系不受该抵押权的影响。抵押权设立后抵押财产出租的，该租赁关系不得对抗已登记的抵押权。即在抵押设定前已经存在的承租权，在抵押权实行时，依“买卖不破租赁”原则，可以对抗抵押财产的买受人。抵押财产的承租权不因所有权人的变更而受影响，买受人应受租赁合同的约束，概括承受租赁合同的权利与义务。

（四）抵押权的实现

1. 抵押权实现的条件

抵押权实行是一种附条件的法律行为，因此，只有当所附条件成就时，才可以实现。根据《物权法》第一百九十五条规定，抵押权实行以“债务人不履行到期债务或者发生当事人约定的实现抵押权的情形”为要件，即抵押权需具备以下条件：抵押权有效存在；债务人不履行到期债务或者发生当事人约定的实行抵押权的情形。

履行期限没有届满但可以实行抵押权的情形：第一，债务人被人民法院裁定受理破产案件；第二，抵押人故意毁损或者减少抵押物的价值，抵押人应另行提供担保而予以拒绝；第三，债务人明确表示或者以自己的行为表明不履行债务。

2. 抵押权实现的方法

债务人不履行到期债务或者发生当事人约定的实现抵押权的情形，抵押权人可以与抵押人协议以抵押财产折价或者以拍卖、变卖该抵押财产所得的价款优先受偿。协议损害其他债权人利益的，其他债权人可以在知道或者应当知道撤销事由之日起 1 年内请求人民法院撤销该协议。抵押权人与抵押人未就抵押权实现方式达成协议的，抵押权人可以请求人民法院拍卖、变卖抵押财产。抵押财产折价或者拍卖、变卖后，其价款超过债权数额的部分归抵押人所有，不足部分由债务人清偿。

抵押财产折价或者变卖的，应当参照市场价格。抵押权人在债务履行期届满前，不得与抵押人约定债务人不履行到期债务时抵押财产归债权人所有。

债务人不履行到期债务或者发生当事人约定的实现抵押权的情形，致使抵押财产被人民法院依法扣押的，自扣押之日起抵押权人有权收取该抵押财产的天然孳息或者法定孳息，但抵押权人未通知应当清偿法定孳息的义务人的除外。所取得的孳息应当先充抵收取孳息的费用。

建设用地使用权抵押后，该土地上新增的建筑物不属于抵押财产。该建设用地使用权实现抵押权时，应当将该土地上新增的建筑物与建设用地使用权一并处分，但新增建筑物所得的价款，抵押权人无权优先受偿。

3. 抵押权的放弃

抵押权人可以放弃抵押权或者抵押权的顺位。抵押权人与抵押人可以协议变更抵押权顺位以及被担保的债权数额等内容，但抵押权的变更，未经其他抵押权人书面同意，不得对其他抵押权人产生不利影响。债务人以自己的财产设定抵押，抵押权人放弃该抵押权、抵押权顺位或者变更抵押权的，其他担保人在抵押权人丧失优先受偿权益的范围内免除担保责任，但其他担保人承诺仍然提供担保的除外。

4. 抵押财产的分配顺序

抵押物折价或者拍卖、变卖所得的价款，当事人没有约定的，按下列顺序清偿：实现抵押权的费用；主债权的利息；主债权。

同一财产向两个以上债权人抵押的，拍卖、变卖抵押财产所得的价款依照下列规定清偿：抵押权已登记的，按照登记的先后顺序清偿；顺序相同的，按照债权比例清偿；抵押权已登记的先于未登记的受偿；抵押权未登记的，按照债权比例清偿。

（五）最高额抵押权

最高额抵押权是指对于债权人一定范围内的不特定而连续发生的债权预定一个限额，并由债务人或者第三人提供抵押财产予以担保而设定的一种特殊抵押权。《物权法》第二百零三条对最高额抵押权的概念作出相应的规定，为担保债务的履行，债务人或者第三人对一定期间内将要连续发生的债权提供担保财产的，债务人不履行到期债务或者发生当事人约定的实现抵押权的情形，抵押权人有权在最高债权额限度内就该担保财产优先受偿。

根据上述规定，可以得出最高额抵押权具有以下特征：第一，最高额抵押权是对将来发生的、不特定的债权而设定的抵押权；第二，最高额抵押权所担保的债权预定有最高限额，并附有实际发生的债权数额决算期；第三，最高额抵押权适用于对一定期限内连续发生的债权的担保。

最高额抵押权设立前已经存在的债权，经当事人同意，可以转入最高额抵押担保的债权范围。最高额抵押担保的债权确定前，部分债权转让的，最高额抵押权不得转让，但当事人另有约定的除外。

最高额抵押担保的债权确定前，抵押权人与抵押人可以通过协议变更债权确定的期间、债权范围以及最高债权额，但变更的内容不得对其他抵押权人产生不利影响。

有下列情形之一的，抵押权人的债权确定：约定的债权确定期间届满；没有约定债权确定期间或者约定不明确，抵押权人或者抵押人自最高额抵押权设立之日起满 2 年后请求确定债权；新的债权不可能发生；抵押财产被查封、扣押；债务人、抵押人被宣告破产或者被撤销；法律规定债权确定的其他情形。

三、质权

（一）质权的概念和特征

质权是指债务人或者第三人将其动产或财产权利证书转移给债权人占有，以之作为债务的担保，债务人不履行债务时，债权人有权就该动产或财产权利的价值优先受偿的权利。

根据上述概念，可以得出质权具有以下法律特征：第一，质权的设定必须移转占有；第二，质权的标的主要为动产或权利，不包括不动产。

（二）动产质权

动产质权是指债务人或者第三人将其动产移交债权人占有，当债务人不履行债务时，债权人享有的就该动产的价值优先受偿的权利。《物权法》第二百零八条对动产质权的概念作出相应的规定，为担保债务的履行，债务人或者第三人将其动产出质给债权人占有的，债务人不履行到期债务或者发生当事人约定的实现质权的情形，债权人有权就该动产优先受偿。债务人或者第三人为出质人，债权人为质权人，交付的动产为质押财产。质物必须是可以转让的特定物，法律、行政法规禁止转让的动产不得出质。

设立质权，当事人应当采取书面形式订立质权合同。质权合同一般包括下列条款：被担保债权的种类和数额；债务人履行债务的期限；质押财产的名称、数量、质量、状况；担保的范围；质押财产交付的时间。出质人与质权人可以协议设立最高额质权。

质权人在债务履行期届满前，不得与出质人约定债务人不履行到期债务时质押财产归债权人所有。质权自出质人交付质押财产时设立。质权人有权收取质押财产的孳息，但合同另有约定的除外，质权人所取得的孳息应当先充抵收取孳息的费用。

质权人在质权存续期间，未经出质人同意，擅自使用、处分质押财产，给出质人造成损害的，应当承担赔偿责任。质权人负有妥善保管质押财产的义务；因保管不善致使质押财产毁损、灭失的，应当承担赔偿责任。质权人的行为可能使质押财产毁损、灭失的，出质人可以要求质权人将质押财产提存，或者要求提前清偿债务并返还质押财产。

因不能归责于质权人的事由可能使质押财产毁损或者价值明显减少，足以危害质权人权利的，质权人有权要求出质人提供相应的担保；出质人不提供的，质权人可以拍卖、变卖质押财产，并与出质人通过协议将拍卖、变卖所得的价款提前清偿债务或者提存。

质权人在质权存续期间，未经出质人同意转质，造成质押财产毁损、灭失的，应当向出质人承担赔偿责任。质权人可以放弃质权。债务人以自己的财产出质，质权人放弃该质权的，其他担保人在质权人丧失优先受偿权益的范围内免除担保责任，但其他担保人承诺仍然提供担保的除外。

债务人履行债务或者出质人提前清偿所担保的债权的，质权人应当返还质押财产。债务人不履行到期债务或者发生当事人约定的实现质权的情形，质权人可以与出质人协议以质押财产折价，也可以就拍卖、变卖质押财产所得的价款优先受偿。质押财产折价或者变卖的，应当参照市场价格。

出质人可以请求质权人在债务履行期届满后及时行使质权；质权人不行使的，出质人可以请求人民法院拍卖、变卖质押财产。出质人请求质权人及时行使质权，因质权人怠于行使权利造成损害的，由质权人承担赔偿责任。质押财产折价或者拍卖、变卖后，其价款超过债权数额的部分归出质人所有，不足部分由债务人清偿。

（三）权利质权

权利质权是指以可让与的财产权利作为标的的质权。《物权法》第二百二十三条对可以出质的权利作出了具体规定：“债务人或者第三人有权处分的下列权利可以出质：汇票、支票、本票；债券、存款单；仓单、提单；可以转让的基金份额、股权；可以转让的注册商标专用权、专利权、著作权等知识产权中的财产权；应收账款；法律、行政法规规定可以出质的其他财产权利。”

以汇票、支票、本票、债券、存款单、仓单、提单出质的，当事人应当订立书面合同。质权自权利凭证交付质权人时设立；没有权利凭证的，质权自有关部门办理出质登记时设立。汇票、支票、本票、债券、存款单、仓单、提单的兑现日期或者提货日期先于主债权到期的，质权人可以兑现或者提货，并与出质人协议将兑现的价款或者提取的货物提前清偿债务或者提存。

以基金份额、股权出质的，当事人应当订立书面合同。以基金份额、证券登记结算机构登记的股权出质的，质权自证券登记结算机构办理出质登记时设立；以其他股权出质的，质权自工商行政管理部门办理出质登记时设立。基金份额、股权出质后，不得转让，但经出质人与质权人协商同意的除外。出质人转让基金份额、股权所得的价款，应当向质权人提前清偿债务或者提存。

以注册商标专用权、专利权、著作权等知识产权中的财产权出质的，当事人应当订立书面合同。质权自有关主管部门办理出质登记时设立。知识产权中的财产权出质后，出质人不得转让或者许可他人使用，但经出质人与质权人协商同意的除外。出质人转让或者许可他人使用出质的知识产权中的财产权所得的价款，应当向质权人提前清偿债务或者提存。

以应收账款出质的，当事人应当订立书面合同。质权自信贷征信机构办理出质登记时设立。应收账款出质后，不得转让，但经出质人与质权人协商同意的除外。出质人转让应收账款所得的价款，应当向质权人提前清偿债务或者提存。

四、留置权

（一）留置权的概念

留置权，是指债权人按照合同的约定占有债务人的动产，债务人不按照合同约定的期限履行债务的，债权人有权留置该动产，并依照法律的规定将动产折价或者以拍卖、变卖后的价款优先受偿的权利。《物权法》第二百三十条对留置权的概念作出相应的规定："债务人不履行到期债务，债权人可以留置已经合法占有的债务人的动产，并有权就该动产优先受偿。其中债权人为留置权人，占有的动产为留置财产。"根据这一规定，可以得出留置权具有以下法律特征：第一，留置权是法定的担保物权；第二，留置权只发生在特定的合同关系中。

（二）留置权的设定

留置权是法定的担保物权，无须当事人的约定，但必须符合法定的构成要件方可成立。留置权应具备的成立要件包括：第一，债权人与债务人之间有法定的可以产生留置权的合同关系，如保管合同、加工承揽合同。债权人留置的动产，应当与债权属于同一法律关系，但企业之间留置的除外。第二，债权人基于合同规定而占有债务人的动产。留置权人对留置财产丧失占有或者留置权人接受债务人另行提供担保的，留置权消灭。留置权人负有妥善保管留置财产的义务；因保管不善致使留置财产毁损、灭失的，应当承担赔偿责任。第三，债务已届清偿期而债务人未履行义务。法律规定或者当事人约定不得留置的动产，不得留置。

留置财产为可分物的，留置财产的价值应当相当于债务的金额。

（三）留置权的实现

留置权人与债务人应当约定留置财产后的债务履行期间；没有约定或者约定不明确

的，留置权人应当给债务人两个月以上履行债务的期间，但鲜活易腐等不易保管的动产除外。债务人逾期未履行的，留置权人可以与债务人协议以留置财产折价，也可以就拍卖、变卖留置财产所得的价款优先受偿。留置财产折价或者变卖的，应当参照市场价格。

债务人可以请求留置权人在债务履行期届满后行使留置权；留置权人不行使的，债务人可以请求人民法院拍卖、变卖留置财产。留置财产折价或者拍卖、变卖后，其价款超过债权数额的部分归债务人所有，不足部分由债务人清偿。

同一动产上已设立抵押权或者质权，该动产又被留置的，留置权人优先受偿。

本章小结

物权法旨在维护国家基本经济制度，维护社会主义市场经济秩序，明确物的归属，发挥物的效用，保护权利人的物权。本章介绍了物权的基本理论，重点阐述了所有权制度、用益物权制度和担保物权制度。

关键术语和概念

物权　不动产登记　动产交付　所有权　国家所有权　集体所有权　私人所有权　共有　善意取得　用益物权　土地承包经营权　建设用地使用权　宅基地使用权　地役权　担保物权　抵押权　质权　留置权

案例分析

【案例1】

2009年4月，甲公司因不能按时偿还欠乙公司的100万元货款，向乙公司请求延期至2010年4月1日还款，并愿意以本公司所有的3台大型设备进行抵押和1辆轿车进行质押，为其履行还款义务提供担保。乙公司同意了甲公司的请求，并与甲公司订立了书面抵押和质押合同。甲公司将用于质押的轿车的机动车登记证书交给乙公司保管，但未就抵押和质押办理任何登记手续，也未向乙公司交付用于抵押的设备和质押的轿车。

2009年5月，甲公司将用于抵押的3台设备出租给丙公司，将用于质押的轿车出租给丁公司，租期均为1年。

2009年8月，甲公司隐瞒有关事实，与戊公司订立合同出售其用于抵押的3台设备。随后，甲公司通知丙公司：本公司已将出租的3台设备卖给戊公司，要求解除租赁合同，丙公司可不再支付剩余9个月的租金，并请其将这3台设备交付戊公司。丙公司表示同意，且立即向戊公司交付了这3台设备。

2009年9月1日，甲公司再次隐瞒了有关事实，与乙公司订立合同出售其用于质押的轿车。双方办理了过户登记手续，并约定于9月15日之前交付。甲公司在通知丁公司向乙公司交付出租的轿车时，丁公司拒绝了甲公司的要求，并向甲公司主张同等条件下的优先购买权。9月30日，丁公司工作人员在驾驶该轿车外出时，遭遇罕见泥石流，车毁人亡。

2010 年 4 月 1 日，甲公司仍无力向乙公司偿还货款。乙公司在调查了解甲公司资产状况时得知：甲公司出资 200 万元设立的全资子公司庚经营状况良好，资金充裕；另外，庚公司欠甲公司到期货款 150 万元，尚未偿还。2010 年 4 月 15 日，乙公司发函给庚公司，要求其偿还甲公司所欠本公司债务。

根据上述内容，分别回答下列问题：

（1）甲公司是否有权将用于抵押的 3 台设备出租给丙公司？并说明理由。

（2）乙公司是否有权就用于抵押的 3 台设备向戊公司行使抵押权？并说明理由。

（3）在用于质押的轿车灭失前，谁是其所有权人？乙公司是否对该轿车享有质权？并分别说明理由。

（4）丁公司就轿车向甲公司主张同等条件下的优先购买权是否成立？并说明理由。

（5）甲公司是否有权要求丁公司对轿车的灭失承担赔偿责任？并说明理由。

（6）乙公司是否有权要求甲公司对不能交付轿车承担赔偿责任？并说明理由。

（7）乙公司是否有权要求庚公司代甲公司履行债务？并说明理由。

【答案及解析】

（1）甲公司有权将用于抵押的 3 台设备出租给丙公司。根据规定，抵押权设定后，由于抵押物仍然归抵押人占有，因此抵押人有权将抵押物出租。

（2）乙公司无权就用于抵押的 3 台设备向戊公司行使抵押权。根据规定，当事人以生产设备设定抵押的，抵押权自抵押合同生效时设立，未经登记，不得对抗善意第三人。在本题中，乙公司以设备设定抵押，但是未办理登记手续，其抵押权不得对抗善意的戊公司。

（3）①用于质押的轿车灭失前，甲公司是该轿车的所有权人。根据规定，动产物权的转让，自交付时发生效力，但法律另有规定的除外。在本题中，甲公司与乙公司虽然已经办理了过户登记手续，但是轿车尚未交付，所有权未发生转移。②乙公司对该轿车不享有质权。根据规定，质权自质物移交给质权人占有时设立。在本题中甲公司仅将用于质押的轿车的机动车登记证交给乙公司保管，并未实际交付该轿车，质权尚未设立。

（4）丁公司不享有优先购买权。根据规定，只有在房屋租赁中才有优先购买权的适用，对于其他标的的租赁，并不适用优先购买权。

（5）甲公司无权要求丁公司对轿车的灭失承担赔偿责任。根据规定，因不可归责于承租人的事由，致使租赁物部分或者全部毁损、灭失的，承租人可以要求减少租金或者不支付租金。在本题中，轿车的毁损是因不可抗力引起的，承租人并无过错，因此不承担赔偿责任。

（6）乙公司有权要求甲公司承担赔偿责任。根据规定，当事人一方不履行合同义务，在履行义务或者采取补救措施后，对方还有其他损失的，应当承担损害赔偿责任。在本题中，合同标的物轿车已经毁损，甲公司无法继续履行合同义务或者采取其他补救措施，应当对乙公司的损失进行赔偿。

（7）如果甲公司怠于行使其对庚公司的债权，乙公司有权行使代位权，要求庚公司代甲公司履行债务。根据规定，债务人怠于行使其对第三人享有的到期债权，危及债权人债权实现时，债权人为保障自己的债权，有以自己的名义代位行使债务人对次债务人的债权的权利。

【案例 2】

吴某和李某共有一套房屋，所有权登记在吴某名下。2010 年 2 月 1 日，法院判决吴某和李某离婚，并且判决房屋归李某所有，但是并未办理房屋所有权变更登记。3 月 1 日，李某将该房屋卖给张某，张某基于对判决书的信赖支付了 50 万元价款，并入住了该房屋。4 月 1 日，吴某又就该房屋和王某签订了买卖合同，王某在查阅了房屋登记簿，确认房屋仍归吴某所有后，支付了 50 万元价款，并于 5 月 10 日办理了所有权变更登记手续。

根据上述内容，回答问题：

请问该房屋的所有权归谁？

【答案及解析】

2 月 1 日至 5 月 10 日，李某是房屋所有权人。5 月 10 日后，王某是房屋所有权人。《物权法》第二十八条规定，因人民法院、仲裁委员会的法律文书或者人民政府的征收决定等，导致物权设立、变更、转让或者消灭的，自法律文书或者人民政府的征收决定等生效时发生效力。本题中，法院将房屋判归李某所有，因此，李某自法院的判决书生效之日起享有该房屋的所有权。《物权法》第六条规定，不动产物权的设立、变更、转让和消灭，应当依照法律规定登记。动产物权的设立和转让，应当依照法律规定交付。本题中，房屋是不动产，除法律另有规定外，其所有权变动必须办理登记。张某虽然支付了购房款，但是其没有办理产权过户登记，对房屋不享有所有权。王某是善意第三人，且办理了房屋过户手续，对房屋享有所有权。

第七章　合同法

【本章学习要点】

◈合同的订立

◈格式合同

◈合同的保全措施

◈合同履行的抗辩权

◈合同的担保

◈违约责任的构成和形式

◈买卖合同双方的权利和义务

◈租赁合同双方的权利和义务

第一节　合同概述

一、合同的概念

根据我国 1999 年 10 月 1 日起施行的《合同法》第二条规定，合同是平等主体的自然人、法人、其他组织之间设立、变更、终止民事权利义务关系的协议。婚姻、收养、监护等有关身份关系的协议，适用其他法律的规定。

根据以上规定，我们可以总结，合同具有以下法律性质：合同是一种民事法律行为，合同以意思表示为要素，并且按意思表示的内容赋予法律效果；合同是两方以上当事人的意思表示一致的民事法律行为；合同是以设立、变更、终止民事权利义务关系为目的的民事法律行为；合同是当事人各方在平等、自愿的基础上产生的民事法律行为。

二、合同的分类

按照不同的标准，可以将合同划分成以下不同的类型：

（1）有名合同和无名合同。有名合同，又称典型合同，是指法律上已经确定了一定的名称及规则的合同。无名合同，又称非典型合同，是指法律上并未确定一定的名称及规则的合同。

（2）诺成合同与实践合同。诺成合同，是指当事人一方的意思表示一旦经对方同意即能产生法律效果的合同，即“一诺即成”的合同。特点在于当事人双方意思表示一致，合同即告成立。实践合同，是指除当事人双方意思表示一致以外尚须交付标的物才能成立的合同。在这种合同中，除双方当事人的意思表示一致之外，还必须有一方实际交付标的物的行为，才能产生法律效果。实践合同则必须有法律特别规定，比如定金合同，保管合同等。

（3）要式合同和不要式合同。要式合同是指法律或当事人要求必须具备一定形式的合同。不要式合同是指法律或当事人不要求必须具备一定形式的合同。

（4）双务合同和单务合同。双务合同是指双方当事人互负对待给付义务的合同，如买卖、租赁、承揽等合同。单务合同是指只有一方当事人负给付义务的合同，如赠与合同。

（5）有偿合同与无偿合同。有偿合同是指当事人一方享有合同规定的权益，须向对方当事人偿付相应代价的合同，如买卖、租赁等合同。无偿合同是指当事人一方享有合同规定的权益，不必向对方当事人偿付相应代价的合同，如赠与合同。

第二节　合同的订立

一、合同订立的程序

合同的订立又称缔约，是当事人为设立、变更、终止财产权利义务关系而进行协商、达成协议的过程。既然合同为一种协议，就须由当事人各方的意思表示一致，合同订立才能成立。当事人为达成协议，相互为意思表示进行协商到达成合意的过程也就是合同的订立过程。《合同法》第十三条规定："当事人订立合同，采取要约、承诺方式。"依此规定，合同的订立包括要约和承诺两个阶段，当事人为要约和承诺的意思表示均为合同订立的程序。

（一）要约

要约是一方当事人以缔结合同为目的，向对方当事人提出合同条件，希望对方当事人接受的意思表示。发出要约的当事人称为要约人，要约所指向的对方当事人则称为受要约人。我国《合同法》第十四条规定，要约是希望和他人订立合同的意思表示，该意思表示应当符合下列规定：内容具体确定；表明经受要约人承诺，要约人即受该意思表示约束。该条规定揭示了要约的构成要件。

1. 要约应具备的条件

（1）要约是由特定人作出的意思表示。要约旨在与他人订立合同，所以，要约人必须是订立合同一方的当事人，这就要求要约人是特定之人。唯有如此，受要约人才能对之作出承诺，从而订立合同。

（2）要约必须具有订立合同的意图。此点在《合同法》第十四条第二项中已有规定，即要约应表明，一经受要约人承诺，要约人即受该意思表示约束，与之建立合同关系。实践中，应根据要约所实际使用的语言、文字和其他情况判断要约人是否决定与受要约人订立合同。

(3) 要约必须向要约人希望与之订立合同的受要约人发出。要约只有向要约人希望与之订立合同的受要约人发出，才能唤起受要约人的承诺，从而订立合同。然而，对于受要约人是否必须是特定的人，则有不同看法。大陆法系一般认为，要约原则上应向特定的人发出（可以是一人，也可以是数人），但法律并不禁止要约向不特定的人发出。

(4) 要约的内容必须具体、确定。所谓具体，是指要约的内容必须是合同成立所必需的条款（合同的主要条款）。所谓确定，是指要约的内容必须明确，不能含糊不清，使相对人难明其意。

2. 要约邀请

要约邀请也称要约引诱，是指希望他人向自己发出要约的意思表示。依此定义，要约邀请具有以下特点：要约邀请是一种意思表示，故应具备意思表示的一般成立要件；要约邀请的目的在于诱使他人向自己发出要约，而非与他人订立合同，故只是订立合同的预备行为，而非订约行为；要约邀请只是引诱他人发出要约，既不能因相对人的承诺而成立合同，也不能因自己作出某种承诺而约束要约人，行为人撤回其要约邀请，只要没有给善意相对人造成信赖利益的损失，不承担法律责任。在实践中，要约与要约邀请往往很难区别。《合同法》规定，寄送的价目表、拍卖公告、招标公告、招股说明书等都属于要约邀请，商业广告的内容符合要约规定的，视为要约。

3. 要约的效力

《合同法》第十六条第一款规定，要约到达受要约人时生效。这一规定采取了“到达主义”立场。要约一经生效，要约人即受到要约的约束，不得随意撤销或对要约加以限制、变更和扩张。法律赋予要约这种效力，目的在于保护受要约人的合法权益，维护交易安全。受要约人在要约生效时即取得承诺的权利，即取得了依其承诺而成立合同的法律地位，所以受要约人可以承诺，也可以不承诺。

4. 要约的撤回、撤销与失效

要约撤回是指要约在发出后、生效前，要约人使要约不发生法律效力的意思表示。法律规定要约可以撤回，原因在于这时要约尚未发生法律效力，撤回要约不会对要约人产生任何影响，也不会对交易秩序产生不良影响。由于要约在到达受要约人时即生效，因此撤回要约的通知应当在要约到达受要约人之前或者与要约同时到达受要约人。

要约撤销是指要约人在要约生效后、受要约人承诺前，使要约丧失法律效力的意思表示。撤销要约的通知应当在受要约人发出承诺通知之前到达受要约人。也就是说，要约已经到达受要约人，在受要约人作出承诺之前，要约人可以撤销要约。由于撤销要约可能会给受要约人带来不利的影响，损害受要约人的利益，法律规定了两种不得撤销要约的情形：第一，要约人确定了承诺期限或者以其他形式明示要约不可撤销；第二，受要约人有理由认为要约是不可撤销的，并已经为履行合同做了准备工作。

要约失效是指要约丧失法律效力，即要约人与受要约人均不再受其约束，要约人不再承担接受承诺的义务，受要约人也不再享有通过承诺使合同得以成立的权利。要约的失效，即要约丧失法律拘束力。依《合同法》第二十条规定，要约失效的事由有以下几种：受要约人拒绝要约；要约人撤销要约；承诺期限届满，受要约人未作出承诺；受要约人对要约的内容作出实质性变更。

（二）承诺

依据《合同法》第二十一条的规定，承诺是受要约人同意要约的意思表示。即受要约人同意接受要约的全部条件而与要约人成立合同。承诺应当以通知的方式作出，但根据交易习惯或者要约表明可以通过行为作出承诺的除外。

承诺是受要约人同意要约的意思表示。承诺应当具备以下条件：

1. 承诺必须由受要约人作出

要约和承诺是一种相对人的行为。因此，承诺必须由受要约人作出。受要约人以外的任何第三者即使知道要约的内容并对此作出同意的意思表示，也不能认为是承诺。受要约人，通常指的是受要约人本人，但也包括其授权的代理人。无论是前者还是后者，其承诺都具有同等效力。

2. 承诺必须是在有效时间内作出

如果要约未规定存续期间，在对话人之间，承诺应立即作出；在非对话人之间，承诺应在合理的期间作出。凡在要约的存续期间届满后承诺的，是迟到的承诺，不发生承诺的效力，应视为新要约。但是，受约人在要约的存续期间内作出承诺，依通常情形在相当期间内可到达要约人，但因电报故障、信函误投等传达故障致使承诺迟到的，为特殊的迟到。在这种特殊迟到的情况下，承诺人原可期待合同因适时承诺而成立，依诚实信用原则，要约人应有通知义务，即及时地向承诺人发出承诺迟到的通知。怠于为此通知的，承诺视为未迟到，合同因而成立。如甲向乙要约，乙的承诺发生特殊的迟到。甲不依法向乙为此承诺迟到的通知，合同成立；甲向乙发送承诺迟到的通知，但因传达故障乙并未收到，合同不成立。

3. 承诺必须与要约的内容完全一致

《合同法》第三十条规定：承诺的内容应当与要约的内容一致。受要约人对要约的内容作出实质性变更的，为新要约。有关合同标的、数量、质量、价款或者报酬、履行期限、履行地点和方式、违约责任和解决争议方法等的变更，是对要约内容的实质性变更。但承诺的内容并不要求与要约的内容绝对一致或完全等同，即允许承诺对要约的内容作非实质性变更。《合同法》第三十一条又规定，承诺对要约的内容作出非实质性变更的，除要约人及时表示反对或者要约表明承诺不得对要约的内容作出任何变更的以外，该承诺有效，合同的内容以承诺的内容为准。由此可见，非实质性变更的承诺在以下两种情况下不能生效：一是要约人及时表示反对；二是要约中明确表示不得作任何变更。

二、合同订立的形式

《合同法》规定，当事人订立合同有书面形式、口头形式和其他形式。法律、行政法规规定采用书面形式的，应当采用书面形式。当事人约定采用书面形式的，应当采用书面形式。

（一）书面形式

书面形式是指合同书、信件和数据电文（包括电报、电传、传真、电子数据交换和电子邮件）等可以有形地表现所载内容的形式。书面形式明确肯定、有据可查，对于防止争议和解决纠纷有积极意义。实践中，书面形式是当事人最为普遍采用的一种合同约定形式。

（二）口头形式

口头形式是指当事人双方就合同内容面对面或以通信设备交谈达成协议。口头形式直接、简便、迅速，但发生纠纷时难以取证，不易分清责任，所以对于不即时清结的和较重要的合同不宜采用口头形式。

（三）其他形式

除了书面形式和口头形式，合同还可以以其他形式成立。法律没有列举具体的“其他形式”，但可以根据当事人的行为或者特定情形推定合同的成立。这种形式的合同可以称为默示合同，指当事人未用语言或文字明确表示意见，而是根据当事人的行为表明其已经接受或在特定的情形下推定成立的合同。

三、合同的格式条款

合同的格式条款是当事人为了重复使用而预先拟定，并在订立合同时未与对方协商的条款。当事人采用格式条款订立合同时，提供格式条款的一方应当遵循公平原则，确定当事人之间的权利和义务。在实践中，各类合同的示范文本，可以提示当事人在订立合同时更好地明确各自的权利和义务。参照这些文本订立合同，可以减少因合同缺少款项而容易引起纠纷的现象，使合同的订立更加规范。

《合同法》从三个方面对格式条款的使用予以限制：

1. 提供格式条款一方的义务

提供格式条款的一方应当遵循公平原则确定当事人之间的权利和义务，并有提示说明的义务，应当采取合理的方式提请对方注意免除或限制其责任的条款，按照对方的要求对该条款予以说明。如果提供格式条款的一方违反上述规定，导致对方没有注意免除或限制其责任的条款，对方当事人可以向人民法院申请撤销该格式条款。

2. 某些格式条款无效

包括：提供格式条款的一方免除其责任，加重对方责任，排除对方主要权利的条款无效。格式条款具有《合同法》第五十二条规定的情形时无效，这些情形包括：一方以欺诈、胁迫的手段订立合同，损害国家利益；恶意串通，损害国家、集体或者第三人的利益；以合法形式掩盖非法目的；损害社会公共利益；违反法律、行政法规的强制性规定。格式条款具有《合同法》第五十三条规定的情形时无效，这些情形包括：有造成对方人身伤害的免责条款；有因故意或重大过失造成对方财产损失的免责条款。

3. 对格式条款的解释

对格式条款的理解发生争议的，应当按照通常理解予以解释。对格式条款有两种以上解释的，应当作出不利于提供格式条款一方的解释；格式条款和非格式条款不一致的，应当采用非格式条款。

四、合同成立的时间和地点

（一）合同成立的时间

在一般情况下，承诺作出生效后，合同即告成立，当事人于合同成立时开始享有合同权利、承担合同义务。但在一些特殊情况下，合同成立的具体时间依不同情况而定：当事人采用合同书形式订立合同的，自双方当事人签字或者盖章时合同成立，在签字或者盖章之前，当事人一方已经履行主要义务并且对方接受的，该合同成立。当事人采用信件、数据电文等形式订立合同的，可以在合同成立之前要求签订确认书，签订确认书时合同成立。当事人以直接对话方式订立的合同，承诺人的承诺生效时，合同成立；法律、行政法规规定或者当事人约定采用书面形式订立合同，当事人未采用书面形式但一方已经履行主要义务并且对方接受的，该合同成立。当事人签订要式合同的，以法律、行政法规的特殊形式要求完成的时间为合同成立时间。

（二）合同成立的地点

1. 一般规定

《合同法》第三十四条规定，承诺生效的地点为合同成立的地点。采用数据电文形式订立合同的，收件人的主营业地为合同成立的地点；没有主营业地的，其经常居住地为合同成立的地点。当事人另有约定的，按照其约定。

2. 书面合同的成立地点

《合同法》第三十五条规定，当事人采用合同书形式订立合同的，双方当事人签字或者盖章的地点为合同成立的地点。《合同法解释（二）》第四条规定：采用书面形式订立合同，合同约定的签订地与实际签字或者盖章地点不符的，人民法院应当认定约定的签订地为合同签订地；合同没有约定签订地，双方当事人签字或者盖章不在同一地点的，人民法院应当认定最后签字或者盖章的地点为合同签订地。

五、缔约过失责任

一般情况下，当事人根据自愿和诚实信用原则进行协商，决定是否订立合同。协商不成，也无须承担责任。但是，如果当事人违背了诚实信用原则，在订立合同过程中有下列情形之一，给对方造成损失，就应当承担损害赔偿责任：假借订立合同，恶意进行磋商。即根据没有与对方签订合同的目的，以与对方谈判为借口，损害对方或第三人的利益，恶意地与对方进行谈判。故意隐瞒与订立合同有关的重要事实或者提供虚假情况。在订立合同的过程中，一方当事人已经知悉了与合同有关的重要情况，但不告诉对方，继续与对方进行谈判。当事人在订立合同过程中对知悉的商业秘密，无论合同是否成立，泄露或不正当地使用的。有其他违背诚实信用原则的行为，如违背诚实信用原则终止谈判的行为。

负有缔约过失责任的当事人，应当赔偿受损害的当事人，赔偿以受损害的当事人的损失为限，包括直接利益的减少和间接利益的损害。

第三节 合同的履行

一、合同履行的规则

（一）合同内容约定不明确时的履行规则

合同生效后，当事人就质量、价款或者报酬、履行地点等内容没有约定或者约定不明确的，可以协议补充；不能达成补充协议的，按照合同有关条款或者交易习惯确定；仍不能确定的，适用下列规定：

（1）质量要求不明确的，按照国家标准、行业标准履行；没有国家标准、行业标准的，按照通常标准或者符合合同的特定标准履行。

（2）价款或者报酬不明确的，按照订立合同时履行地的市场价格履行；依法应当执行政府定价或者政府指导价的，按照规定履行。

（3）履行地点不明确，给付货币的，在接受货币一方所在地履行；交付不动产的，在不动产所在地履行；其他标的，在履行义务一方所在地履行。

（4）履行期限不明确的，债务人可以随时履行，债权人也可以随时要求履行，但应当给对方必要的准备时间。

（5）履行方式不明确的，按照有利于实现合同的方式履行。

（6）履行费用的负担不明确的，由履行义务一方负担。

（二）涉及第三人的合同履行

1. 向第三人履行的合同

向第三人履行的合同又称利他合同，指双方当事人约定，由债务人向第三人履行债务，第三人直接取得债权的合同。第三人在合同所规定的范围内，享有债权人对债务人所享有的权利。当第三人向债务人请求履行，而债务人不履行时，第三人可以要求损害赔偿。债权人可以要求债务人在未向第三人履行债务或者履行债务不符合约定时，承担违约责任。但如果债务人向第三人履行而使费用增加，则增加的费用应由债权人负担。债务人对第三人负有合同义务，同时债务人对债权人的抗辩不得对抗第三人，债务人保留合同解除权。债权人可以事先征得第三人的同意，也可以不告知第三人，但债务人按照合同向第三人履行时，应当通知第三人。

2. 由第三人履行的合同

由第三人履行的合同又称第三人负担的合同，指双方当事人约定债务由第三人履行的合同，该合同必须征得第三人同意。该合同以债权人、债务人为合同双方当事人，第三人不是合同的当事人。第三人只负担向债权人履行，不承担合同责任。债务人有义务督促第三人向债权人履行合同，如第三人不履行或履行不符合约定时，债权人有权追究债务人的违约责任，债务人应负损害赔偿责任。

二、抗辩权的行使

抗辩权是指在双务合同中，一方当事人在对方不履行或履行不符合约定时，依法对抗对方要求或否认对方权利主张的权利。《合同法》规定了同时履行抗辩权、后履行抗辩权和不安（先履行）抗辩权三种。

（一）同时履行抗辩权

同时履行抗辩权，是指双务合同的当事人应同时履行义务的，一方在对方未履行前，有拒绝对方请求自己履行合同的权利。《合同法》规定，当事人互负债务，没有先后履行顺序的，应当同时履行。一方在对方履行之前有权拒绝其对自己提出的履行要求；一方在对方履行债务不符合约定时，有权拒绝其相应的履行要求。

（二）后履行抗辩权

后履行抗辩权是指合同当事人互负债务，有先后履行顺序，先履行一方未履行的，后履行一方有权拒绝其履行要求。先履行一方履行债务不符合约定的，后履行一方有权拒绝其相应的履行要求。

后履行抗辩权的行使有四个条件：①当事人基于同一双务合同，互负债务。②当事人的履行有先后顺序。③应当先履行的当事人不履行合同或不适当履行合同。④后履行抗辩权的行使人是履行义务顺序在后的一方当事人。

后履行抗辩权的适用包括：①当应当先履行的一方当事人不履行到期债务时，先履行的一方当事人如果不履行已到期债务，那么后履行的当事人有权不履行义务。②当应当先履行的一方当事人履行债务不符合约定时，如果先履行的一方当事人履行有瑕疵或部分履行的，后履行当事人有权不履行相应的合同义务。

（三）不安抗辩权

不安抗辩权是指当事人互负债务，有先后履行顺序的，先履行的一方有确切证据表明另一方丧失履行债务能力时，在对方没有履行或者没有提供担保之前，有中止合同履行的权利。规定不安抗辩权是为了切实保护当事人的合法权益，防止借合同进行欺诈，促使对方履行义务。

1. 不安抗辩权成立的条件

不安抗辩权为双务合同的效力表现，其成立须双方当事人因同一双务合同而互负债务，并且该两项债务存在对价关系。后给付义务人的履行能力明显降低，有不能为对待给付的现实危险。不安抗辩权制度保护先给付义务人是有条件的，只有在后给付义务人有不能为对待给付的现实危险、害及先给付义务人的债权实现时，才能行使不安抗辩权。

所谓后给付义务人的履行能力明显降低，有不能为对待给付的现实危险，包括：其经营状况严重恶化；转移财产、抽逃资金，以逃避债务；谎称有履行能力的欺诈行为；其他丧失或者可能丧失履行能力的情况。

履行能力明显降低，有不能为对待给付的现实危险，须发生在合同成立以后。如果在订立合同时即已经存在，先给付义务人若明知此情形而仍然缔约，法律则无必要对其进行特别保护；若不知此情形，则可以通过合同无效等制度解决。

2. 不安抗辩权的行使

为了兼顾后给付义务人的利益，也便于其能及时提供适当担保，先给付义务人行使不安抗辩权的，应及时通知后给付义务人，该通知的内容包括中止履行的意思表示和指出后给付义务人提供适当担保的合理期限。行使不安抗辩权的先给付义务人并负有证明后给付义务人的履行能力明显降低、有不能为对待给付的现实危险的义务。

先给付义务人及时通知后给付义务人，可使后给付义务人尽量减少损害，及时地恢复履行能力或提供适当的担保以消除不安抗辩权，使先给付义务人履行其义务。

规定先给付义务人负上述举证义务，可防止其滥用不安抗辩权，借口后给付义务人丧失或可能丧失履行能力而随意拒绝履行自己的债务。如果先给付义务人没有确切证据而中止履行，应当承担违约责任。

3. 不安抗辩权的效力

（1）先给付义务人中止履行。按《合同法》第六十八条规定，先给付义务人有确切证据证明后给付义务人的履行能力明显降低，有不能为对待给付的现实危险的，有权中止履行。所谓中止履行，就是暂停履行或者延期履行，履行义务仍然存在。在后给付义务人提供适当担保时，应当恢复履行。此处所谓适当担保，既指设定担保的时间适当，更指设定的担保能保障先给付义务人的债权得以实现。至于担保的类型则不限，可以是保证，也可以是抵押、质押等。

（2）先给付义务人解除合同。按《合同法》规定，先给付义务人中止履行后，后给付义务人在合理期限内未恢复履行能力并且未提供适当担保的，先给付义务人可以解除合同。解除的方式，由先给付义务人通知后给付义务人，通知到达时发生合同解除效力；但后给付义务人有异议时，可以请求人民法院或仲裁机构确认合同解除效力。

先给付义务人主张不安抗辩权若不能成立，则应对其中止履行承担违约责任。

三、保全措施

为防止因债务人的财产管理不当而给债权人的债权带来危害，法律允许债权人为保全其债权的实现而采取的法律措施，这些允许采取的措施，称作合同的保全措施。保全措施包括代位权和撤销权两种。

（一）代位权

我国《合同法》第七十三条规定：“因债务人怠于行使其到期债权，对债权人造成损害的，债权人可以向人民法院请求以自己的名义代位行使债务人的债权，但该债权专属于债务人自身的除外。代位权的行使范围以债权人的债权为限。债权人行使代位权的必要费用，由债务人负担。”

根据该规定，代位权的行使需满足以下条件：债务人对第三人享有合法债权，但债务人怠于行使其债权，如果债务人已经行使了权利，即使不尽如人意，债权人也不能行使代位权；因债务人怠于行使权利已害及债权人的债权，即债务人不履行其对债权人的到期债务，又不以诉讼方式或仲裁方式向其债务人主张其享有的具有金钱给付内容的到期债权，致使债权人的到期债权未能实现；债务人的债权已到期，债务人陷于迟延履行，如果债务人的债务未到履行期或履行期间未届满的，债权人不能行使代位权；债务人的债权不是专属于债务人自身的债权。专属于债务人自身的债权是指基于扶养关系、抚养关系、赡养关系、继承关系产生的给付请求权和劳动报酬、退休金、养老金、安置费、人寿保险、人身伤害赔偿请求权等权利。

代位权的行使范围以债权人的债权为限，否则对超出部分人民法院不予支持。债权人行使代位权的必要费用，由债务人负担。债权人向次债务人（即债务人的债务人）提起的代位权诉讼，经人民法院审理后认定代位权成立的，由次债务人向债权人履行清偿义务，债权人与债务人、债务人与次债务人之间相应的债权、债务关系即予消灭。在代位权诉讼中，债权人胜诉的，诉讼费由次债务人负担，从实现的债权中优先支付。

（二）撤销权

我国《合同法》第七十四条规定："因债务人放弃其到期债权或者无偿转让财产，对债权人造成损害的，债权人可以请求人民法院撤销债务人的行为。债务人以明显不合理的低价转让财产，对债权人造成损害，并且受让人知道该情形的，债权人也可以请求人民法院撤销债务人的行为。撤销权的行使范围以债权人的债权为限。债权人行使撤销权的必要费用，由债务人负担。"

根据《合同法》的规定，债权人行使撤销权，应当具备以下条件：债权人须以自己的名义行使撤销权；债权人对债务人存在有效债权；债权人对债务人的债权可以到期，也可以不到期；债务人实施了减少财产的处分行为；债务人的处分行为有害于债权人债权的实现。

债务人减少财产的处分行为有：①放弃到期债权，对债权人造成损害；②无偿转让财产，对债权人造成损害；③以明显不合理的低价转让财产，对债权人造成损害，并且受让人知道该情形。其中第③种处分行为不但要求有客观上对债权人造成损害的事实，还要求有受让人知道的主观要件。

当债务人的处分行为符合上述条件时，债权人可以请求人民法院撤销债务人的处分行为。撤销权的行使范围以债权人的债权为限。

撤销权的行使期限。《合同法》对撤销权的行使规定有期限限制。撤销权自债权人知道或者应当知道撤销事由之日起 1 年内行使。自债务人的行为发生之日起 5 年内没有行使撤销权的，该撤销权消灭。上述规定中的"5 年"期间为除斥期间，不适用诉讼时效中止、中断或者延长的规定。

一旦人民法院确认债权人的撤销权成立，债务人的处分行为即归于无效。债务人的处分行为无效的法律后果则是双方返还，即受益人应当返还从债务人获得的财产。因此撤销权行使的目的是恢复债务人的责任财产，债权人就撤销权行使的结果并无优先受偿权利。

第四节　合同的担保

担保是指法律规定或者当事人约定的以保证合同履行、保障债权人利益实现的法律措施。担保具有从属性与补充性特征。

合同的担保方式一般有五种，即保证、抵押、质押、留置和定金。其中，保证、抵押、质押和定金都是依据当事人的合同而设立，称为约定担保。留置则是直接依据法律的规定而设立，无须当事人之间特别约定，称为法定担保。保证是以保证人的财产和信用为担保的基础，属于人的担保。抵押、质押、留置是以一定的财产为担保的基础，属于物的担保。定金是以一定的金钱为担保的基础，称为金钱担保。

在物权法中，我们已经探讨了抵押、质押和留置三种担保方式，接下来我们继续分析保证和定金这两种担保方式。

一、保证

（一）保证和保证人

1. 保证的概念

保证，是指第三人和债权人约定，当债务人不履行或不能履行其债务时，该第三人按照约定或法律规定履行债务或者承担责任的担保方式。这里的第三人称为保证人；债权人既是主合同的债权人，又是保证合同中的债权人。"按照约定或法律规定履行债务或者承担责任"称为保证债务，也称为保证责任。

同一债务有两个以上保证人的，保证人应当按照保证合同约定的保证份额，承担保证责任。各保证人与债权人没有约定保证份额的，应当认定为连带共同保证。连带共同保证的债务人在主合同规定的债务履行期届满没有履行债务的，债权人可以要求债务人履行债务，也可以要求任何一个保证人承担全部保证责任，保证人都负有担保全部债权实现的义务。

2. 保证人

根据《担保法》的规定，具有代为清偿债务能力的法人、其他组织或者公民，可以作为保证人。所谓可以作为保证人的"其他组织"是指：依法登记领取营业执照的独资企业、合伙企业；依法登记领取营业执照的联营企业；依法登记领取营业执照的中外合作经营企业；经民政部门核准登记的社会团体；经核准登记领取营业执照的乡镇、街道、村办企业。

根据担保法及其司法解释，下列主体不得作为保证人：

（1）未经国务院批准的国家机关。《担保法》第八条规定，国家机关不得作为保证人，但经国务院批准为使用外国政府或者国际经济组织贷款进行转贷的除外。外国政府贷款和国际经济组织贷款一般由国家有关主管机关负责借入，然后按有关规定转贷给国内有关单位。在转贷时，一般要求国内借款单位提供还款担保，这种担保得由国家机关提供。如外国政府贷款的转贷，就要求借款单位提供省、自治区、直辖市或计划单列市计委的还款担保。

（2）学校、幼儿园、医院等以公益为目的的事业单位、社会团体。但在实践中，有许多事业单位和社会团体并非从事公益事业，对这些从事非公益事业的事业单位和社会团体，依据国家政策允许从事经营活动的，应当认为其有从事保证活动的民事权利能力，可以担任保证人。因此，《担保法解释》第十六条规定，从事经营活动的事业单位、社会团体为保证人的，如无其他导致保证合同无效的情况，其所签订的保证合同应当认定为有效。

（3）企业法人的分支机构、职能部门。企业法人的分支机构、职能部门因其主体资格、清偿能力等方面的原因，不宜充任保证人。《担保法》第十条规定，企业法人的分支机构、职能部门不得作为保证人。企业法人的分支机构有法人书面授权的，可以在授权范围内提供保证。最高人民法院《担保法解释》第十七、十八条也规定，企业法人的分支机构未经法人书面授权以及企业法人的职能部门提供保证的，保证合同无效。

（二）保证合同和保证方式

1. 保证合同

保证合同，是指保证人与债权人约定，在主债务人不履行其债务时，由保证人承担保证债务（保证责任）的协议。保证合同是单务合同、无偿合同、诺成性合同、要式合同。根据《担保法》第十五条的规定，保证合同应当包括以下内容：①被保证的主债权种类与数额。②债务人履行债务的期限。③保证的方式。④保证担保的范围。⑤保证期间。⑥双方认为需要约定的其他事项。

根据最高人民法院《担保法解释》的规定，在以下两种情况下，保证合同也成立：第三人单方以书面形式向债权人出具担保书，债权人接受且未提出异议的；主合同中虽然没有保证条款，但是保证人在主合同上以保证人的身份签字或者盖章的。

2. 保证方式

保证的方式有一般保证和连带责任保证两种。

（1）一般保证。当事人在保证合同中约定，在债务人不能履行债务时，由保证人承担保证责任的，为一般保证。

一般保证的保证人在主合同纠纷未经审判或者仲裁，并就债务人财产依法强制执行仍不能履行债务前，对债权人可以拒绝承担保证责任。

有下列情形之一的，保证人不得行使上述权利：债务人住所变更，致使债权人要求其履行债务发生重大困难的，即债务人下落不明、移居境外，且无财产可供执行；人民法院受理债务人破产案件，中止执行程序的；保证人以书面形式放弃规定的权利的。

（2）连带责任保证。当事人在保证合同中约定保证人与债务人对债务承担连带责任的，为连带责任保证。

连带责任保证的债务人在主合同规定的债务履行期届满没有履行债务的，债权人可以要求债务人履行债务，也可以要求保证人在其保证范围内承担保证责任。

当事人对保证方式没有约定或者约定不明确的，按照连带责任保证承担保证责任。

一般保证和连带责任保证的保证人享有债务人的抗辩权。债务人放弃对债务的抗辩权的，保证人仍有权抗辩。

（三）保证责任

1. 保证责任的范围

保证人在约定的保证担保范围内承担保证责任。《担保法》第二十一条规定，保证担保的范围包括主债权及利息、违约金、损害赔偿金和实现债权的费用。保证合同另有约定的，按照约定。当事人对保证担保的范围没有约定或者约定不明确的，保证人应当对全部债务承担责任。保证担保的范围，当事人可以单就本金债权为保证，不保证利息；也可以仅就债权的一部分设定保证；还可以只保证缔结保证合同时已存在的债权，而不涉及后扩张的部分。基于保证的附从性，约定的保证担保的范围不得超出主债务的数额，否则，超出部分无效。

2. 债权让与的保证责任

在保证期间，债权人依法将主债权转让给第三人的，保证债权同时转让，保证人在原保证担保的范围内对受让人承担保证责任。但是，保证人与债权人事先约定仅对特定的债权人承担保证责任或者禁止债权转让的，保证人不再承担保证责任。

3. 债务转移的保证责任

债权人许可债务人转让部分债务而未经保证人书面同意的，保证人对未经其同意转让部分的债务，不再承担保证责任。但是，保证人仍应对未转让部分的债务承担保证责任。

4. 保证担保与物的担保并存的保证责任

同一债权既有保证又有物的担保的，属于共同担保。根据《物权法》的规定，被担保的债权既有物的担保又有人的担保，债务人不履行到期债务或发生当事人约定的实现担保物权的情形，债权人应当按照约定实现债权；没有约定或者约定不明确，债务人自己提供物的担保的，债权人应当先就该物的担保实现债权；第三人提供物的担保的，债权人可以就物的担保实现债权，也可以要求保证人承担保证责任。提供担保的第三人承担担保责任后，有权向债务人追偿。

5. 债务合同变更的保证责任

债权人与债务人对主合同数量、价款、币种、利率等内容作了变动，未经保证人同意的，如果减轻债务人的债务的，保证人仍应当对变更后的合同承担保证责任；如果加重债务人的债务的，保证人对加重的部分不承担保证责任。债权人与债务人对主合同履行期限作了变动，未经保证人书面同意的，保证期间为原合同约定的或者法律规定的期间。债权人与债务人协议变动主合同内容，但并未实际履行的，保证人仍应当承担保证责任。

6. 保证人的追偿权

保证人承担保证责任后，有权向债务人追偿。

保证期间，人民法院受理债务人破产案件的，债权人既可以向人民法院申报债权，也可以向保证人主张权利。债权人申报债权后在破产程序中未受清偿的部分，保证人仍应当承担保证责任。债权人要求保证人承担保证责任的，应当在破产程序终结后 6 个月内提出。债权人知道或者应当知道债务人破产，既未申报债权也未通知保证人，致使保证人不能预先行使追偿权的，保证人在该债权在破产程序中可能受偿的范围内免除保证责任。人民法院受理债务人破产案件后，债权人未申报债权，各连带共同保证的保证人应当作为一个主体申报债权，预先行使追偿权。

（四）保证期间

保证期间，是指当事人约定或者法律规定的保证人承担保证责任的时间期限。保证人与债权人约定保证期间的，按照约定执行。无此约定的，在一般保证场合，“保证期间为主债务履行期届满之日起6个月；在连带责任保证的情况下，债权人有权自主债务履行期届满之日起6个月内要求保证人承担保证责任”。

对保证期间，最高人民法院《担保法解释》第三十一条至三十三条还作了如下规定：第一，保证期间不因任何事由发生中断、中止、延长的法律效果；第二，保证合同约定的保证期间早于或者等于主债务履行期间的，视为没有约定，保证期间为主债务履行期届满之日起6个月；第三，保证合同约定保证人承担保证责任直至主债务本息还清时为止等类似内容的，视为约定不明，保证期间为主债务履行期届满之日起2年；第四，主合同对主债务履行期限没有约定或者约定不明的，保证期间自债权人要求债务人履行义务的宽限期届满之日起计算。

二、定金

（一）定金的概念

定金是指合同当事人约定一方向对方给付一定数额的货币（即定金）作为债权的担保。债务人履行债务后，定金抵作价款或者收回。给付定金的一方不履行约定的债务的，无权要求返还定金；收受定金的一方不履行约定的债务的，应当双倍返还定金。

定金应当以书面形式约定。具体形式可以是单独订立的书面的定金合同，也可以是当事人之间约定定金性质的信函、传真等，还可以是主合同中约定的定金条款。定金合同应记载定金的交付期限、数额和明确定金性质、定金罚则等必要事项。定金合同是实践性合同，从实际交付定金之日起生效，即如果当事人只达成合意而未交付定金，则定金合同不成立。定金合同是从合同，其成立和有效以主合同的成立和有效为前提，主合同无效或被撤销的，定金合同不发生效力，主合同因解除或其他原因消灭时，定金合同也消灭。

当事人约定以交付定金作为订立主合同担保的，给付定金的一方拒绝订立主合同的，无权要求返还定金；收受定金的一方拒绝订立主合同的，应当双倍返还定金。当事人约定以交付定金作为主合同成立或者生效要件的，给付定金的一方未支付定金，但主合同已经履行或者已经履行主要部分的，不影响主合同的成立或者生效。

定金交付后，交付定金的一方可以按照合同的约定以丧失定金为代价而解除主合同，收受定金的一方可以双倍返还定金为代价而解除主合同。

因当事人一方迟延履行或者其他违约行为，致使合同目的不能实现，可以适用定金罚则。但法律另有规定或者当事人另有约定的除外。当事人一方不完全履行合同的，应当按照未履行部分所占合同约定内容的比例，适用定金罚则。

因不可抗力、意外事件致使主合同不能履行的，不适用定金罚则。因合同关系以外第三人的过错，致使主合同不能履行的，适用定金罚则。受定金处罚的一方当事人，可以依法向第三人追偿。

（二）定金的数额

定金的数额由当事人约定，但不得超过主合同标的额的20%。

当事人约定的定金数额超过主合同标的额20%的，超过的部分，人民法院不予支持。

实际交付的定金数额多于或者少于约定数额，视为变更定金合同；收受定金一方提出异议并拒绝接受定金的，定金合同不生效。

第五节　合同的变更和转让

一、合同的变更

合同的变更有广义、狭义之分。广义指合同主体和内容的变更，前者指合同债权或债务的转让，即由新的债权人或债务人替代原债权人或债务人，而合同内容并无变化；后者指合同当事人权利义务的变化。狭义的合同变更指合同内容的变更。从我国《合同法》的第五章的有关规定看，合同主体的变更称为合同的转让，合同的变更仅指合同内容的变更，是指合同成立后，当事人双方根据客观情况的变化，依照法律规定的条件和程序，经协商一致，对原合同内容进行修改、补充或者完善。例如有关标的物数量的增减、质量标准的修改、履行地点的变动、标的物包装要求的改变等。

二、合同的转让

（一）合同转让的概念

合同的转让是指合同当事人一方将其合同的权利和义务全部或部分转让给第三人的行为。合同转让包括以下几个方面的含义：①合同的转让仅指合同主体的变更，一般是一方当事人将自己在合同中的权利或义务全部或部分转让给第三人。②合同转让不是合同内容的改变，不改变合同约定的权利义务。③合同转让应经对方当事人同意或通知对方，否则转让不发生法律效力。④合同转让如涉及批准、登记手续的，还必须办理有关手续。

（二）合同权利转让

我国《合同法》规定，债权人可以将合同的权利全部或部分转让给第三人。合同权利全部转让的，原合同关系消灭，受让人取代原债权人的地位，成为新的债权人，原债权人脱离合同关系。合同权利部分转让的，受让人作为第三人加入到合同关系中，与原债权人共同享有债权。债权人转让主权利时，附属于主权利的从权利也一并转让，受让人在取得债权时，也取得与债权有关的从权利，但该从权利专属于债权人自身的除外。

下列三种情形，债权人不得转让合同权利：

（1）根据合同性质不得转让。主要是指基于当事人特定身份而订立的合同，如出版合同、赠与合同、委托合同、雇用合同等。

（2）根据当事人约定不得转让。当事人在订立合同时，可以对权利的转让作出特别的约定，禁止债权人将权利转让给第三人。这种约定只要是当事人真实的意思表示，并且不违反法律规定和社会公德，就产生法律效力，对当事人就有法律约束力。但这种约定不得约束第三人，如果一方当事人违反约定，将合同权利转让给善意第三人，则善意第三人可以取得该项权利。

（3）依照法律规定不得转让。我国的一些法律对某些权利的转让作出了禁止性规定，如《担保法》规定，最高额抵押的主合同债权不得转让。对于这些规定，当事人应严格遵守，不得违反法律规定，擅自转让法律禁止转让的权利。

债权人转让权利不需要经债务人同意，但应当通知债务人。未经通知，该转让对债务人不发生效力。债务人接到债权转让通知后，债权让与行为就生效，如果债务人对让与人享有债权，并且债务人的债权先于转让的债权到期或同时到期的，债务人可以向受让人主张抵销。债务人对让与人的抗辩，可以向受让人主张。债权人转让权利的通知不得撤销，但经受让人同意的除外。

（三）合同义务转移

我国《合同法》规定，债务人将合同义务的全部或者部分转移给第三人的，应当经债权人同意。这是因为新债务人的资信情况和偿还能力需得到债权人的认可，以免债权人的利益受到不利影响。债务人转移义务的，新债务人可以主张原债务人对债权人的抗辩。新债务人应当承担与主债务有关的从债务，但该从债务专属于原债务人自身的除外。

（四）合同权利义务的一并转让

合同权利义务的一并转让是指当事人一方经对方同意，将自己在合同中的权利和义务一并转让给第三人。合同权利义务的一并转让可以是合同权利和义务全部由出让人转移至受让人，即全部转让；也可以是合同权利和义务的一部分由出让人转移至受让人，即部分转让。

合同关系的一方当事人将权利和义务一并转让时，除了应当征得另一方当事人的同意外，还应当遵守《合同法》有关转让权利和义务的其他规定：不得转让法律禁止转让的权利；转让合同权利和义务时，从权利和从债务一并转让，受让人取得与债权有关的从权利和从债务，但该从权利和从债务专属于让与人自身的除外；转让合同权利和义务不影响债务人抗辩权的行使；债务人对让与人享有债权的，可以依照有关规定向受让人主张抵销；法律、行政法规规定应当办理批准、登记手续的，应当依照其规定办理。

第六节　违约责任

违约责任是违反合同的民事责任的简称，是指合同当事人一方不履行合同义务或履行合同义务不符合合同约定所应承担的民事责任。我国《民法通则》第一百一十一条、《合同法》第一百零七条对违约责任均作了概括性规定。

违约责任的构成要件：有违约行为；无免责事由。前者称为违约责任的积极要件，后者称为违约责任的消极要件。

一、违约行为

违约行为，是指当事人一方不履行合同义务或者履行合同义务不符合约定条件的行为。这一定义表明：①违约行为的主体是合同当事人。合同具有相对性，违反合同的行为只能是合同当事人的行为。如果由于第三人的行为导致当事人一方违反合同，对于合同对方来说只能是违反合同的当事人实施了违约行为，第三人的行为不构成违约。②违约行为是一种客观的违反合同的行为。违约行为的认定以当事人的行为是否在客观上与约定的行为或者合同义务相符合为标准，而不管行为人的主观状态如何。③违约行为侵害的客体是合同对方的债权。违约行为的发生，使债权人的债权无法实现，从而侵害了债权。

违约行为根据发生的时间点的不同，可以分为以下两种：

（一）实际违约

实际违约的具体形态包括：①不履行。包括履行不能和拒绝履行。履行不能是指债务人在客观上已经没有履行能力。如在提供劳务的合同中，债务人丧失了劳动能力；在以特定物为标的的合同中，该特定物灭失。拒绝履行是指合同履行期到来后，一方当事人能够履行而故意不履行合同规定的全部义务。②迟延履行。迟延履行是指合同债务已经到期，债务人能够履行而未履行。③不适当履行。不适当履行是指债务人虽然履行了债务，但其履行不符合合同的约定，包括瑕疵给付（即履行有瑕疵，侵害对方履行利益，如给付数量不完全、给付质量不符合约定、给付时间和地点不当等）和加害给付（即因不适当履行造成对方履行利益之外的其他损失，如出售不合格产品导致买受人的损害）。

（二）预期违约

1. 预期违约的概念和特点

预期违约也称先期违约，是指在合同履行期限到来之前，一方无正当理由但明确表示其在履行期到来后将不履行合同，或者其行为表明其在履行期到来后将不可能履行合同。其特点是：当事人在合同履行期到来之前的违约；侵害的是对方当事人期待的债权而不是现实的债权。

2. 预期违约的形态

预期违约包括两种形态，即明示预期违约（明示毁约）和默示预期违约（默示毁约）。

明示毁约，是指一方当事人无正当理由，明确地向对方表示将在履行期届至时不履行合同。其要件为：一方当事人明确肯定地向对方作出毁约的表示；须表明将不履行合同的主要义务；无正当理由。

默示毁约，是指在履行期到来之前，一方以自己的行为表明其将在履行期届至后不履行合同。其特点为：债务人虽然没有表示不履行合同，但其行为表明将不履行合同或不能履行合同。例如，特定物买卖合同的出卖人在合同履行期届至前将标的物转卖给第三人，或买受人在付款期到来之前转移财产和存款以逃避债务。

二、免责事由

《合同法》规定的法定免责事由仅限于不可抗力。不可抗力是指不能预见、不能避免并不能克服的客观情况。常见的不可抗力有：①自然灾害。如地震、台风、洪水、海啸等。②政府行为。政府行为一定是指当事人在订立合同以后发生，且不能预见的情形。如运输合同订立后，由于政府颁布禁运的法律，使合同不能履行。③社会异常现象。一些偶发的事件阻碍合同的履行，如罢工、骚乱等。

不可抗力发生后对当事人责任的影响，要注意几点：①不可抗力并非当然免责，要根据不可抗力对合同履行的影响决定。《合同法》规定，因不可抗力不能履行合同的，根据不可抗力的影响，部分或者全部免除责任。②当事人迟延履行后发生不可抗力的，不能免除责任。③不可抗力事件发生后，主张不可抗力一方要履行两个义务：一是及时通报合同不能履行或者需要迟延履行、部分履行的事由；二是取得有关不可抗力的证明。

《合同法解释（二）》还特别规定了情势变更制度。所谓情势变更，是指在合同成立以后，如果客观情况发生了当事人在订立合同时无法预见的、非不可抗力造成的不属于商业风险的重大变化，继续履行合同对于一方当事人明显不公平或者不能实现合同的，当事人请求人民法院变更或者解除合同的，人民法院应当根据公平原则，并结合案件的实际情况确定是否变更或者解除。

三、承担违约责任的形式

违约的当事人承担违约责任的主要形式有继续履行、采取补救措施、赔偿损失、支付违约金、给付或者双倍返还定金等。具体适用哪种违约责任，由当事人根据自己的要求加以选择。

（一）继续履行

我国《合同法》规定，当事人一方未支付价款或者报酬的，对方可以要求其支付价款或者报酬。当事人一方不履行非金钱债务或者履行非金钱债务不符合约定的，对方可以要求履行，但有下列情形之一的除外：法律上或者事实上不能履行；债务的标的不适于强制履行或者履行费用过高；债权人在合理期限内未要求履行。

（二）采取补救措施

当事人一方履行合同义务不符合约定的，应当按照当事人的约定承担违约责任。受损害方可以根据受损害的性质以及损失的大小，合理选择，要求对方适当履行，如采取修理、更换、重作、退货、减少价款或者报酬等措施，也可以选择解除合同、中止履行合同、通过提存履行债务、行使担保债权等补救措施。

（三）赔偿损失

赔偿损失的确定方式有两种：法定损害赔偿和约定损害赔偿。

1. 法定损害赔偿

法定损害赔偿是指由法律规定的，由违约方对守约方因其违约行为而对守约方遭受的损失承担的赔偿责任。根据《合同法》的规定，法定损害赔偿应遵循以下原则：

（1）完全赔偿原则。违约方对于守约方因违约所遭受的全部损失承担的赔偿责任。具体包括：直接损失与间接损失；积极损失与消极损失（可得利益损失）。《合同法》第一百一十三条规定，损失“包括合同履行后可以获得的利益”，可见其赔偿范围包括现有财产损失和可得利益损失。前者主要表现为标的物灭失、为准备履行合同而支出的费用、停工损失、为减少违约损失而支出的费用、诉讼费用等。后者是指在合同适当履行后可以实现和取得的财产利益。

（2）合理预见规则。违约损害赔偿的范围以违约方在订立合同时预见到或者应当预见到的损失为限。合理预见规则是限制法定违约损害赔偿范围的一项重要规则，其理论基础是意思自治原则和公平原则。是否预见到或者应当预见到可能的损失，应当根据订立合同时的事实或者情况加以判断。

（3）减轻损失规则。一方违约后，另一方应当及时采取合理措施，以防止损失的扩大；否则，不得就扩大的损失要求赔偿。其特点是：一方违约导致了损失的发生；相对方未采取适当措施防止损失的扩大，造成了损失的扩大。

2. 约定损害赔偿

约定损害赔偿是指当事人在订立合同时，预先约定一方违约时应当向对方支付一定数额的赔偿金或约定损害赔偿额的计算方法。它具有预定性（缔约时确定）、从属性（以主合同的有效成立为前提）、附条件性（以损失的发生为条件）。当事人一方不履行合同义务或者履行合同义务不符合约定的，在履行义务或者采取补救措施后，对方还有其他损失的，应当赔偿损失。损失赔偿额应当相当于因违约而造成的损失，包括合同履行后可以获得的利益，但不得超过违反合同一方订立合同时预见到或者应当预见到的因违反合同可能造成的损失。

（四）支付违约金

违约金是指合同当事人一方由于不履行合同或者履行合同不符合约定，按照合同的约定，向对方支付的一定数额的货币。违约金有法定违约金和约定违约金之分。对违约金的约定是一种合同关系，违约金的标的物可以是金钱，也可以是金钱以外的其他财产。

违约金是对不能履行或者不能完全履行合同行为的一种带有惩罚性质的经济补偿手段，不论违约的当事人一方是否已给对方造成损失，都应当支付。违约金是对损害赔偿额的预先约定，既可能高于实际损失，也可能低于实际损失，畸高和畸低均会导致不公平结果。为此，我国《合同法》第一百一十四条第二款也作了规定。其特点是：①以约定违约金“低于造成的损失”或“过分高于造成的损失”为条件；②经当事人请求；③由法院或仲裁机构裁量；④“予以增加”或“予以适当减少”。

关于违约金的增加，《合同法解释（二）》第二十八条规定，当事人依照《合同法》第一百一十四条第二款的规定，请求人民法院增加违约金的，增加后的违约金数额以不超过实际损失额为限。增加违约金以后，当事人又请求对方赔偿损失的，人民法院不予支持。

关于违约金的减少，《合同法解释（二）》第二十九条规定：当事人主张约定的违约金过高，请求予以适当减少的，人民法院应当以实际损失为基础，兼顾合同的履行情况、当事人的过错程度以及预期利益等综合因素，根据公平原则和诚实信用原则予以衡量，并作出裁决。当事人约定的违约金超过造成损失的30%的，一般可以认定为《合同法》第一百一十四条第二款规定的“过分高于造成的损失”。

（五）定金罚则

定金是合同当事人一方为了确保合同的履行，依据法律规定或当事人双方的约定，由一方当事人按照合同标的额的一定比例，预先向对方支付的金钱。

《合同法》规定，当事人可以依照《担保法》约定一方向对方给付定金作为债权的担保。债务人履行债务后，定金应当抵作价款或者收回。给付定金的一方不履行约定的债务的，无权要求返还定金；收受定金的一方不履行约定的债务的，应当双倍返还定金。

当事人既约定违约金，又约定定金的，一方违约时，对方可以选择适用违约金或者定金条款。但由于二者在目的、性质、功能等方面具有共性而不能并用。当事人执行定金条款后不足以弥补所受损害的，仍可以请求赔偿损失。

第七节　几种主要的合同制度

我国《合同法》分则部分规定了十五种基本合同类型，分别是：买卖合同，供用电、水、气、热力合同，赠与合同，借款合同，租赁合同，融资租赁合同，承揽合同，建设工程合同，运输合同，技术合同，保管合同，仓储合同，委托合同，行纪合同及居间合同。下面介绍几种社会生活实践中最为常见的合同类型。

一、买卖合同

（一）买卖合同的概念和特征

1. 买卖合同的概念

买卖合同是出卖人转移标的物的所有权于买受人，买受人支付价款的合同。买卖是商品交换最普遍的形式，也是典型的有偿合同。根据《合同法》第一百七十四、一百七十五条的规定，法律对其他有偿合同的事项未作规定时，参照买卖合同的规定；互易等移转标的物所有权的合同，也参照买卖合同的规定。

2. 买卖合同的特征

（1）买卖合同是有偿合同。买卖合同的实质是以等价有偿方式转让标的物的所有权，即出卖人移转标的物的所有权于买方，买方向出卖人支付价款。

（2）买卖合同是双务合同。在买卖合同中，买方和卖方都享有一定的权利，承担一定的义务。而且，其权利和义务存在对应关系，即买方的权利就是卖方的义务，买方的义务就是卖方的权利。

（3）买卖合同是诺成合同。买卖合同自双方当事人意思表示一致时就可以成立，不需要交付标的物。

（4）买卖合同一般是不要式合同。通常情况下，买卖合同的成立、有效并不需要具备一定的形式，但法律另有规定者除外。

（二）买卖合同当事人的权利和义务

1. 出卖人的主要义务

（1）交付标的物。出卖人应当按照约定的期限交付标的物。当事人约定交付期间的，出卖人可以在该交付期间内的任何时间交付。当事人没有约定标的物的交付期间或者约定不明确的，依照法律规定执行。标的物在订立合同之前已为买受人占有的，合同生效的时间为交付时间。

出卖人应当按照约定的地点交付标的物。当事人没有约定交付地点或者约定不明确，依照《合同法》的有关规定仍不能确定的，适用下列规定：第一，标的物需要运输的，出卖人应当将标的物交付给第一承运人以运交买受人。第二，标的物不需要运输，出卖人和买受人订立合同时知道标的物在某一地点的，出卖人应当在该地点交付标的物；不知道标的物在某一地点的，应当在出卖人订立合同时的营业地交付标的物。

出卖人应当按照约定或者交易习惯向买受人交付提取标的物单证以外的有关单证和资料。

（2）转移标的物的所有权。买受人的最终目的是获得标的物的所有权，将标的物的所有权转移给买受人是出卖人的另一项主要义务，这也是买卖合同区别于其他涉及财产转移占有的合同的本质特性之一。

出卖人应当履行向买受人交付标的物或者交付提取标的物的单证，并转移标的物的所有权的义务。故交付标的物时，标的物必须是属于出卖人所有或者出卖人有权处分的物。法律、行政法规禁止或限制转让的标的物，不得随意转让，应依照有关规定执行。

出卖人就交付的标的物，负有保证第三人不得向买受人主张任何权利的义务，但买受人订立合同时知道或者应当知道第三人对买卖的标的物享有权利的，或法律另有其他规定的除外。买受人有确切证据证明第三人可能就标的物主张权利的，可以中止支付相应的价款，但出卖人提供适当担保的除外。

（3）瑕疵担保义务。这是指出卖人就其所交付的标的物具备约定或法定品质所负的担保义务，即出卖人须保证标的物移转于买受人之后，不存在品质或使用价值降低、效用减弱的瑕疵。标的物欠缺约定或法定品质的，称为物的瑕疵。依其被发现的难易程度，物的瑕疵可划分为表面瑕疵和隐蔽瑕疵。

认定物的瑕疵的标准，合同有约定的，依合同约定；如无约定而由出卖人提供标的物的样品或有关标的物的质量说明的，以该样品或说明的质量标准为依据。不存在上述两种依据时，如当事人事后有协商标准，依协商标准；如无协商标准，按照合同的有关条款或交易习惯所确定的标准。如标准仍不能确定的，按照国家标准、行业标准履行；没有国家标准、行业标准的，按照通常标准或者符合合同目的的特定标准履行。

标的物的瑕疵应由出卖人负担保义务时，如有瑕疵，买受人可以请求减少价款，也可以要求出卖人更换、修理，或者自行修理，费用由出卖人负担。因标的物的瑕疵使合同目的不能实现时，买受人可以拒绝接受标的物或者解除合同。

因标的物主物有瑕疵而解除合同时，解除合同的效力及于从物；反之，从物有瑕疵的，仅能部分解除合同，解除的效力不及主物。标的物为数物时，其中一物有瑕疵的，买受人仅得就有瑕疵的物解除合同；数物之价值不能分离的，则可就数物解除合同；买卖标的物是分批交付的，买受人只能就不能达到合同目的的该批标的物部分解除合同，但各批标的物有关联的，则可就该批以及以后的各批标的物解除合同。

2. 买受人的主要义务

（1）支付价款。买卖合同中买受人应当按照约定的数额支付价款。对价款没有约定或者约定不明确的，可以补充协议；不能达成协议的，除依法由政府定价的以外，按照订立合同时履行地的市场价格履行。出卖人多交标的物的，买受人可以接收或者拒绝接收多交的部分。买受人接收多交部分的，按照合同的价格支付价款；买受人拒绝接收多交部分的，应当及时通知出卖人。标的物在交付之前产生的孳息，归出卖人所有，交付之后产生的孳息，归买受人所有。

买受人应当按照约定的地点支付价款。对支付地点没有约定或者约定不明确的，可以协议补充；不能达成补充协议的，买受人应当在出卖人的营业地支付，但约定支付价款以交付标的物或者交付提取标的物单证为条件的，在交付标的物或者交付提取标的物单证的所在地支付。

买受人应当按照约定的时间支付价款。对支付时间没有约定或者约定不明确的，可以协议补充；不能达成协议的，买受人应当在收到标的物或者提取标的物单证的同时支付。

（2）受领标的物。对于出卖人交付标的物及其有关权利和凭证，买受人有及时受领义务。

（3）对标的物的检查及通知义务。买受人受领标的物后，应当在当事人约定或法定期限内，依通常程序尽快检查标的物。若发现应由出卖人负担保责任的瑕疵时，应妥善保管标的物并将其瑕疵立即通知出卖人。

（三）标的物所有权的转移和风险责任负担

买卖合同的标的物，除法律另有规定或当事人另有约定外，自交付时起发生所有权转移。

根据我国《合同法》规定，风险负担按交付原则确定。具体来说，即标的物毁损、灭失的风险，在标的物交付之前由出卖人承担，交付之后由买受人承担，但法律另有规定或当事人另有约定的除外。对于不动产或船舶、航空器等以登记为权利变动公示方式的，风险由所有权人负担。

对于各种不同的交付方式，《合同法》确定的风险负担原则是：①买受人亲自提取标的物的，出卖人将标的物置于约定或法定地点时起，风险由买受人承担。②出卖人出卖交由承运人运输的在途标的物，除当事人另有约定外，自合同成立时起，在途风险由买受人承担。③对于需要运输的标的物，没有约定交付地点或约定不明确的，自出卖人将标的物交付给第一承运人起，风险由买受人承担。④买受人受领迟延的，自迟延成立时起由买受人负担标的物风险。

根据《合同法》规定，出卖人未按照约定交付有关标的物的单证和资料的，不影响标的物毁损、灭失风险的转移。因标的物质量不符合要求致使不能实现合同目的，买受人拒绝接受标的物或者解除合同的，标的物毁损、灭失的风险由出卖人承担。

（四）特种买卖合同

1. 分期付款买卖

分期付款买卖，是指合同成立之时，出卖人将标的物交付给买受人，买受人将其应付的总价款，在一定期限内分次向出卖人支付的买卖合同。根据《合同法》规定，分期付款买卖的买受人未支付到期价款的金额达到全部价款的1/5，出卖人可以要求买受人支付全部价款或者解除合同。出卖人解除合同的，可以向买受人要求支付该标的物的使用费。

2. 样品买卖

样品买卖又称货样买卖，是按货物样品确定买卖标的物的买卖，出卖人交付的货物应当与当事人保留的样品具有相同的品质。凭样品买卖是一种特殊买卖，其特殊性表现在以货物样品来确定标的物。订货交易多采用凭样品买卖方式。《合同法》规定，凭样品买卖的当事人应当封存样品，并可以对样品质量予以说明。出卖人交付的标的物应当与样品及其说明的质量相同。凭样品买卖的买受人不知道样品有隐蔽瑕疵的，即使交付的标的物与样品相同，出卖人交付的标的物的质量仍然应当符合同种物的通常标准。

3. 试用买卖

在试用买卖中，出卖人于买卖成立前有义务将标的物交付给买受人试用。试用买卖中出卖人的这一义务不是履行行为，也不是一般买卖合同当事人的基本义务，而是与买卖相关的出卖人的一项独立的义务。出卖人不按约定让买受人试用时，买受人有权要求出卖人交付标的物并由其试用，否则试用合同不能生效。

试用买卖以买受人试用标的物后在一定期限内表示认可为买卖合同的生效条件。试用买卖合同经当事人双方意思表示一致即可成立，但合同并未生效。只有合同成立后出卖人将标的物交付买受人试用并经买受人认可，买卖合同才可生效。因此，试用买卖是一种附条件的买卖合同。买受人认可标的物，则为条件成就；买受人不认可标的物，则为条件不成就。根据试用买卖合同，出卖人有允许买受人试用的义务，买受人则享有自由决定是否购买的权利，在其决定购买前，标的物的所有权仍属于出卖人。

4. 房屋买卖合同

房屋买卖合同是指出卖人将房屋所有权依约转给买受人所有，买受人支付价金的买卖合同。我国的《商品房买卖合同解释》就商品房买卖合同中的相关问题作了专门规定。其中重要的问题有以下几点：

（1）销售广告的性质认定。有关商品房的销售广告和宣传资料为要约邀请，对出卖人无合同上的约束力。但广告中就商品房开发规划范围内的房屋及相关设施所作的说明和允诺具体确定，并对合同的订立以及房屋价格的确定有重大影响的，视为要约。而且该内容即使未订入合同，仍属于合同的组成部分，当事人违反这些内容的，承担违约责任。

（2）商品房预售合同的效力。商品房预售，属于法律规定的特许经营范围，因此出卖人必须申领商品房预售许可证明。出卖人未取得预售许可而与买受人订立预售合同的，合同无效，但是在起诉前取得预售许可的，合同有效。商品房预售合同应当办理登记备案手续，但该登记备案手续并非合同生效条件，当事人另有约定的除外。

（3）商品房买卖中法定解除权的行使。根据上述司法解释，买受人可以行使解除权的情形有：第一，因房屋主体结构质量不合格不能交付使用，或者房屋交付使用后，房屋主体结构质量经核验确属不合格的；第二，因房屋质量问题严重影响正常居住使用的；第三，房屋套内建筑面积或者建筑面积与合同约定的面积误差比绝对值超过3%的；第四，出卖人迟延交付房屋或者买受人迟延支付购房款，经催告后在3个月的合理期限内仍未履行的；第五，约定或者法定的办理房屋所有权登记的期限届满后超过1年，因出卖人的原因导致买受人无法办理房屋所有权登记的。

（4）可以适用惩罚性赔偿金的情形。如果出卖人行为构成了欺诈，买受人可以在解除合同并赔偿损失的前提下，还可以要求出卖人承担不超过已付房款一倍的惩罚性赔偿金。这些情形包括：第一，商品房买卖合同订立后，出卖人未告知买受人又将该房屋抵押给第三人；第二，商品房买卖合同订立后，出卖人又将该房屋出卖给第三人；第三，故意隐瞒没有取得商品房预售许可证明的事实或者提供虚假商品房预售许可证明；第四，故意隐瞒所售房屋已经抵押的事实；第五，故意隐瞒所售房屋已经出卖给第三人或者为拆迁补偿安置房屋的事实。

二、赠与合同

（一）赠与合同的特征

赠与合同，指一方当事人将自己的财产无偿给予他方，他方受领该财产的合同。将财产无偿给予对方的人称为赠与人，无偿接受他人财产的人称为受赠人，赠与的财产为赠与物或受赠物。赠与物应为赠与人合法所有，并为法律允许其处分的财产。赠与的动产所有权自交付时起转移，不动产所有权依不动产权利转移方式转移。

赠与合同具有下列特征：

1. 赠与合同是无偿合同

在赠与合同中，赠与人依约无偿转移其赠与物的所有权于受赠人，受赠人取得赠与物的所有权而不必向赠与人偿付相应的对待给付。但因赠与人的过失给受赠人造成损失的，受赠人有权请求赔偿。如赠与人故意不告知其赠与财产之瑕疵或保证无瑕疵的，对受赠人因物之瑕疵所受的损害应负赔偿责任。

2. 赠与合同是单务合同

赠与人只承担将赠与物无偿地交付给受赠人的义务，而受赠人只享受接受赠与物的权利。即使受赠人依约定负有一定义务，该义务与给予赠与物之间不存在对待给付关系，因而不构成双务合同。

3. 赠与合同是诺成合同

赠与合同是实践合同还是诺成合同，各国立法规定不一。我国《合同法》规定赠与合同为诺成合同，自当事人意思表示一致时起成立。

（二）当事人的权利义务

1. 赠与人的义务

（1）交付赠与物的义务。赠与人应按约定将赠与物之所有权交付受赠人，在赠与物为不动产时，还应协助办理有关登记手续。赠与物的所有权转移时间，可准用买卖合同的规定。根据我国《合同法》规定，在具有救灾、扶贫等社会公益、道德义务性质的赠与合同，以及经过公证的赠与合同中，受赠人可以请求交付。赠与人因故意或重大过失致使赠与财产毁损或灭失的，应负损害赔偿责任。

（2）瑕疵担保义务。附义务的赠与，赠与物或权利有瑕疵的，赠与人在附义务的限度内承担与出卖人相同的瑕疵担保责任。赠与人故意不告知瑕疵或保证无瑕疵，造成受赠人损失的，应当承担损害赔偿责任。

2. 受赠人的义务

受赠人有无偿取得赠与物的权利，但赠与合同约定负担义务的，受赠人须按约定履行义务。在赠与属于附义务赠与时，受赠人应在赠与物的价值限度内履行所附义务，受赠人不履行其义务时，赠与人有权请求受赠人履行其义务或撤销其赠与。

（三）赠与的撤销

赠与的撤销有任意撤销与法定撤销之分。赠与合同成立后，除具有救灾、扶贫等社会公益、道德义务性质的赠与合同，以及经过公证的赠与合同外，赠与人在赠与物交付前得任意撤销合同。对于已经履行的赠与合同，受赠人有如下情形的，赠与人也得撤销合同：①受赠人对赠与人或其近亲属有故意侵害行为。②受赠人对赠与人负有扶养义务而不履行的。③不履行赠与合同约定的义务的。以上三项撤销权自赠与人知道或应当知道有撤销原因时起1年内行使，逾期则归于消灭。④对于受赠人的违法行为致使赠与人死亡或丧失民事行为能力的，赠与人的继承人或法定代理人可以撤销赠与。该撤销权的行使期限为6个月。

三、借款合同

（一）借款合同的概念和内容

借款合同是借款人向贷款人借款，到期返还借款并支付利息的合同。

借款合同的内容包括借款种类、币种、借款用途、借款数额、借款利率、还款期限和方式等条款。订立借款合同，贷款人可以要求借款人依照《担保法》的规定提供担保。借款合同采用书面形式，但自然人之间借款另有约定的除外。

（二）当事人的权利义务

1. 贷款人的权利义务

贷款人的主要义务是按照约定的日期、数额提供借款。贷款人未按照约定的日期、数额提供借款，造成借款人损失的，应当赔偿损失。贷款人不得将借款人的营业秘密泄露于第三方；否则，应承担相应的法律责任。

贷款人的权利主要有：①有权请求返还本金和利息。②对借款使用情况的监督检查权。贷款人可以按照约定监督检查贷款的使用情况。借款人未按照约定的借款用途使用借款的，贷款人可以停止发放借款、提前收回借款或者解除合同。

2. 借款人的权利义务

借款人按照约定用途使用借款。合同对借款有约定用途的，借款人须按照约定用途使用借款，接受贷款人对贷款使用情况实施的监督检查。借款人未按照约定的借款用途使用借款的，贷款人可以停止发放借款、提前收回借款或者解除合同。

借款人按期归还借款本金和利息。当借款为无偿时，借款人须按期归还借款本金；当借款为有偿时，借款人除须归还借款本金外，还必须按约定支付利息。

（三）借款利息的规定

借款的利息不得预先在本金中扣除。利息预先在本金中扣除的，应当按照实际借款数额返还借款并计算利息。借款人应当按照约定的期限支付利息。在借款人未按照约定的日期、数额收取借款的情况下，仍应当按照约定的日期、数额支付利息。对支付利息的期限没有约定或者约定不明确的，当事人可以协议补充；不能达成补充协议时，借款期间不满

1 年的，应当在返还借款时一并支付；借款期间为 1 年以上的，应当在每届满 1 年时支付，剩余期间不满 1 年的，应当在返还借款时一并支付。自然人之间的借款合同对支付利息没有约定或者约定不明确的，视为不支付利息；约定支付利息的，借款的利率不得违反国家有关限制借款利率的规定。借款人未按照约定的期限返还借款的，应当按照约定或者国家有关规定支付逾期利息。借款人提前偿还借款的，除当事人另有约定的以外，应当按照实际借款的期间计算利息。

四、租赁合同

（一）租赁合同的概念和内容

租赁合同是出租人将租赁物交付承租人使用、收益，承租人支付租金的合同。在当事人中，提供物的使用或收益权的一方为出租人；对租赁物有使用或收益权的一方为承租人。租赁物须为法律允许流通的动产和不动产。

租赁合同的内容包括租赁物的名称、数量、用途、租赁期限、租金及其支付期限和方式、租赁物维修等条款。租赁期限 6 个月以上的，应当采用书面形式。当事人未采用书面形式的，视为不定期租赁。租赁期限不得超过 20 年；超过 20 年的，超过部分无效。租赁期间届满，当事人可以续订租赁合同，但约定的租赁期限自续订之日起不得超过 20 年。当事人对租赁期限没有约定或者约定不明确的，可以补充协议，不能达成补充协议的，按照合同有关条款或者交易习惯确定。仍不能确定的，视为不定期租赁。

（二）当事人的权利义务

1. 出租人的义务

（1）交付出租物。出租人应依照合同约定的时间和方式交付租赁物。物的使用以交付占有为必要的，出租人应按照约定交付承租人实际占有使用。

（2）在租赁期间保持租赁物符合约定用途。租赁合同是继续性合同，在其存续期间，出租人有继续保持租赁物的法定或者约定品质的义务，使租赁物合于约定的使用收益状态。倘发生品质降低而害及承租人使用收益或其他权利时，则应维护修缮，恢复原状。因修理租赁物而影响承租人使用、收益的，出租人应相应减少租金或延长租期，但按约定或习惯应由承租人修理，或租赁物的损坏因承租人过错所致的除外。

（3）瑕疵担保。当租赁物有瑕疵或存在权利瑕疵致使承租人不能依约使用收益时，承租人有权解除合同，承租人因此所受损失，出租人应负赔偿责任，但承租人订约时明知有瑕疵的除外。

2. 承租人的义务

（1）支付租金。承租人应当按照约定的期限支付租金。承租人无正当理由未支付租金或延期支付租金的，出租人可以要求承租人在合理期限内支付。承租人逾期不支付的，出租人可以解除合同。

（2）按照约定的方法使用租赁物。承租人应按照约定的方法使用租赁物；无约定的或约定不明确的，可以由当事人事后达成补充协议来确定；不能达成协议的，按合同的有关条款或交易习惯确定；仍不能确定的，应根据租赁物的性质使用。承租人按照约定的方法或者租赁物的性质使用致使租赁物受到损耗的，因属于正常损耗，不承担损害赔偿责任。承租人不按照约定的方法或者租赁物的性质使用致使租赁物受到损耗的，实为承租人违约，出租人可以解除合同并要求赔偿损失。

（3）妥善保管租赁物。承租人应以善良管理人的注意妥善保管租赁物，未尽妥善保管义务，造成租赁物毁损或灭失的，应当承担损害赔偿责任。而且承租人未经出租人同意对租赁物进行改善和增设他物的，出租人可以请求承租人恢复原状或赔偿损失。

（4）通知义务。在租赁关系存续期间，出现以下情形之一的，承租人应当及时通知出租人：租赁物有修理、防止危害的必要；其他依诚实信用原则应该通知的事由。承租人怠于通知，致出租人不能及时救济而受到损害的，承租人应负赔偿责任。

（5）返还租赁物。租赁合同终止时，承租人应将租赁物返还出租人。逾期不返还，即构成违约，须给付违约金或逾期租金，并须负担逾期中的风险。经出租人同意对租赁物进行改善和增设他物的，承租人可以请求出租人偿还租赁物增值部分的费用。

（三）承租人的转租权

承租人转租租赁物须经出租人同意。转租与债务的转移不同。转租期间，承租人与出租人的租赁合同继续有效，第三人不履行对租赁物妥善保管义务造成损失的，由承租人向出租人负赔偿责任。承租人未经同意而转租的，出租人可终止合同。

（四）买卖不破租赁

《合同法》第二百二十九条规定，租赁物在租赁期间发生所有权变动的，不影响租赁合同的效力。据此，在租赁合同有效期间，租赁物因买卖、继承等使租赁物的所有权发生变更的，租赁合同对新所有权人仍然有效，新所有权人不履行租赁义务时，承租人得以租赁权对抗新所有权人，这在学理上称为“买卖不破租赁”。

（五）房屋租赁合同的特别规定

2009年，最高人民法院发布了《房屋租赁合同解释》，对房屋租赁有关问题进行了明确规定，该解释的主要内容有：

1. 违法建筑的租赁

出租人就未取得建设工程规划许可证或者未按照建设工程规划许可证的规定建设的房屋，与承租人订立的租赁合同无效。但在一审法庭辩论终结前取得建设工程规划许可证或者经主管部门批准建设的，人民法院应当认定有效。

2. 租赁合同的登记备案

当事人以房屋租赁合同未按照法律、行政法规规定办理登记备案手续为由，请求确认合同无效的，人民法院不予支持。当事人约定以办理登记备案手续为房屋租赁合同生效条件的，从其约定。但当事人一方已经履行主要义务，对方接受的除外。

3. 一房数租

出租人就同一房屋订立数份租赁合同，在合同均有效的情况下，承租人均主张履行合同的，人民法院按照下列顺序确定履行合同的承租人：已经合法占有租赁房屋的；已经办理登记备案手续的；合同成立在先的。不能取得租赁房屋的承租人请求解除合同、赔偿损失的，依照合同法的有关规定处理。

4. 转租

出租人知道或者应当知道承租人转租，但在6个月内未提出异议，其以承租人未经同意为由请求解除合同或者认定转租合同无效的，人民法院不予支持。因租赁合同产生的纠纷案件，人民法院可以通知次承租人作为第三人参加诉讼。

5. “买卖不破租赁”规则的例外

租赁房屋在租赁期间发生所有权变动，承租人请求房屋受让人继续履行原租赁合同的，人民法院应予支持。但租赁房屋具有下列情形或者当事人另有约定的除外：房屋在出租前已设立抵押权，因抵押权人实现抵押权发生所有权变动的；房屋在出租前已被人民法院依法查封的。

6. 有限购买权

出租人出卖租赁房屋的，应当在出卖之前的合理期限内通知承租人，承租人享有以同等条件优先购买的权利。我国法律只对房屋租赁规定了优先购买权，其他标的物租赁并不适用优先购买权。因此，如果出租人出卖租赁房屋未在合理期限内通知承租人或者存在其他侵害承租人优先购买权的情形，承租人可以请求出租人承担赔偿责任，但不得主张出租人与第三人签订的房屋买卖合同无效。不过，具有下列情形之一的，承租人不得主张优先购买权：房屋共有人行使优先购买权的；出租人将房屋出卖给近亲属，包括配偶、父母、子女、兄弟姐妹、祖父母、外祖父母、孙子女、外孙子女的；出租人履行通知义务后，承租人在口内未明确表示购买的；第三人善意购买租赁房屋并已经办理登记手续的。

五、融资租赁合同

融资租赁合同是出租人根据承租人对出卖人、租赁物的选择，向出卖人购买租赁物，提供给承租人使用，承租人支付租金的合同。融资租赁合同的内容包括租赁物名称、数量、规格、技术性能、检验方法、租赁期限、租金构成及其支付期限和方式、币种、租赁期间届满租赁物的归属等条款。

（一）融资租赁合同的特点

融资租赁合同包含了三个方面的含义：

（1）出租人按照承租人的要求出资购买租赁物，这是融资租赁合同不同于租赁合同的一个显著的特点。在租赁合同中，出租人是将自己现存的租赁物出租给承租人进行使用、收益，由承租人支付租金。但在融资租赁合同中，出租人是根据承租人对租赁物的选择去购买租赁物，然后将其出租给承租人使用，所以在这个意义上说，这种合同为承租人起到了融资的功能，使其仅仅支付比较少的租金就可以获得自己需要的租赁物的使用权。

（2）出租人须将购买的租赁物交付给承租人使用收益。在融资租赁合同中，出租人花费了较大的代价购买了承租人指定的租赁物并非为了自己使用，而是为了将其出租给承租人进行使用、收益，所以该合同虽然涉及买卖，但买卖的最直接的目的就是为了出租，这是不同于普通的买卖合同之处。

（3）承租人必须向出租人支付租金。租金是承租人使用租赁物的代价，在融资租赁合同中，承租人必须支付租金才能取得对租赁物的使用权，这也是该合同的“租赁”特性。

融资租赁合同是出租人根据承租人对出卖人、租赁物的选择，向出卖人购买租赁物，提供给承租人使用，承租人支付租金的合同。借款合同是借款人向贷款人借款，到期返还借款并支付利息的合同。所以这两种合同具有一个公共的特性，即都是为了满足承租人或者借款人融资的需求。但从总体上看，这两种合同还是有很大的区别的，因为融资租赁合同的内容更加复杂，其不仅具有租赁合同的特性，还具有买卖合同的特性。

（二）融资租赁物的所有权归属

融资租赁期间，出租人享有租赁物的所有权。因此，承租人破产时，租赁物不属于破产财产。但与一般所有人不同的是，出租人并不承担租赁物的瑕疵担保责任，对承租人占有租赁物期间，租赁物造成第三人的人身或财产损害也不承担责任。

出租人与承租人可以约定租赁期间届满后租赁物的归属。对租赁物的归属没有约定或者约定不明确，按照《合同法》第六十一条的规定仍不能确定的，租赁物的所有权归出租人。

本章小结

合同是适应商品经济的客观要求而出现的，是商品交换在法律上的表现形式。合同法是市场经济国家最为重要的法律。本章主要对我国《合同法》的相关重要制度进行了介绍，涉及合同的订立、合同的履行、合同的担保、合同的转让以及违约责任等诸多方面。

关键术语和概念

要约　承诺　要约邀请　保证　定金　代为权　撤销权　格式合同　合同的转让
不安抗辩权　预期违约　违约金　不可抗力　买卖合同　融资　租赁合同

案例分析

【案例1】

2006年7月10日，甲与乙订立买卖合同，以500万元的价格向乙购买一套精装修住房。当日，甲支付了40万元定金，乙将房屋交付给甲。双方约定：甲应于8月1日前付清余款；乙应在收到余款后两日内办理房屋过户手续。7月15日，当地突降特大暴雨，该房屋被淹没，损失额达60万元。甲认为该损失应当由乙承担。8月1日，甲向乙支付余款时直接扣除60万元，仅付400万元，同时要求乙办理房屋过户手续。乙收到上述款项后拒绝办理房屋过户手续。后经协商，甲于8月20日再向乙支付30万元，同日，乙将房屋过户至甲的名下。

2006年11月1日，甲将房屋出租给丙，约定租期1年，但双方未依法办理登记备案手续。租期届满后，丙将房屋交还甲，但以房屋租赁合同未登记备案因而无效为由，拒绝支付所欠剩余租金。

2008年4月1日，甲与丁订立房屋买卖合同，约定价款600万元。丁依约于4月5日付清全部价款，甲将房屋钥匙交给丁。但甲与丁在办理过户登记时，登记机构因电脑系统发生故障停止办公，申请未被受理。因丁需紧急出差，双方遂约定待丁回来之后再办理房屋过户登记手续。

2008 年 4 月 10 日，不知甲、丁之间已签订房屋买卖合同的戊向甲表示愿以 650 万元的价格购买其房屋。甲同意，即刻与戊订立了房屋买卖合同。戊于次日付清了全部房款。双方于 4 月 5 日办理完过户登记手续。

4 月 20 日，丁出差归来。要求甲尽快办理房屋过户手续。甲告知丁已将房屋卖给他人，愿意退还 600 万元并要求解除合同。丁当即拒绝，坚持要甲办理过户手续。

2008 年 5 月 10 日，丁在确悉房屋已过户至戊名下时，以自己与甲订约在先，甲、戊之间的房屋买卖合同无效为由，要求甲、戊退还房屋。戊则认为，由于甲、丁未办理过户手续，所以他们之间的房屋买卖合同尚未发生效力。

根据上述内容，分别回答下列问题：

（1）甲提出的 60 万元房屋损失应由乙承担的主张是否成立？并说明理由。

（2）甲于 2006 年 8 月 1 日向乙支付 400 万元房款后，乙是否有权拒绝为之办理房屋过户登记手续？并说明理由。

（3）甲与丙之间的房屋租赁合同是否有效？并说明理由。

（4）甲与丁之间的房屋买卖合同是否发生效力？并说明理由。

（5）甲与戊之间的房屋买卖合同是否有效？戊是否取得了房屋所有权？并分别说明理由。

（6）丁若请求人民法院判决甲返还房屋，能否得到支持？并说明理由。

（7）丁对甲的诉讼时效何时届满？并说明理由。

【答案及解析】

（1）甲的主张不成立。根据规定，标的物毁损、灭杀的风险，在标的物交付之前由出卖人承担，交付之后由买受人承担，但法律另有规定或者当事人另有约定的除外。在本题中，风险由甲承担。

（2）乙有权拒绝。在本题中，当事人在买卖合同中事先约定“乙在收到余款后 2 日内办理房屋过户手续”，由于甲在支付余款时直接扣除 60 万元，这不合法，应视为甲未按照合同约定付清余款，因此，乙有权拒绝为之办理房屋过户登记手续。

（3）甲与丙之间的租赁合同有效。根据规定，当事人以房屋租赁合同未按照法律、行政法规规定办理登记备案手续为由，请求确认合同无效的，人民法院不予支持。

（4）甲与丁之间的买卖合同生效。根据规定，当事人之间订立有关设立、变更、转让和消灭不动产物权的合同，除法律另有约定或者合同另有约定外，自合同成立时生效；未办理物权登记的，不影响合同效力。

（5）①甲与戊之间的房屋买卖合同有效。根据规定，甲与戊之间的房屋买卖合同自成立时生效。②戊取得了房屋所有权。根据规定，不动产物权的设立、变更、转让和消灭，经依法登记，发生效力。

（6）不能得到支持。根据规定，在出卖人就同意标的物订立多重买卖合同的情形，如果合同均不具有《合同法》第五十二条规定的无效情形，买受人因不能按照合同约定取得标的物的所有权，可以请求追究出卖人的违约责任。在本题中，由于戊已经依法取得该房屋的所有权，丁不能请求甲返还房屋，但有权要求甲承担违约责任。

（7）于2010年5月10日届满。根据规定，丁对甲的诉讼时效为2年，自丁知道其权利受到侵害之日（2008年4月20日）起计算；但是，2008年5月10日，丁要求甲、戊退还房屋，引起诉讼时效中断。

【案例2】

2007年1月10日，甲公司与乙公司签订一份买卖合同。合同约定：甲公司向乙公司购买CAT320B型挖掘机5台，每台40万元，共计200万元；合同签订之日起5个工作日内甲公司向乙公司付款100万元，余款自挖掘机交付之后每月5日前支付10万元，10个月付清；甲公司任何一个月未按期付款，乙公司享有解除合同的权利；货款付清之前，乙公司保留该5台挖掘机的所有权。乙公司在收到100万元货款后3日内交付挖掘机。

甲公司依约支付100万元货款，乙公司在约定时间内向甲公司交付挖掘机时，因合同未约定履行地点及履行费用负担，双方发生争议。在争议未决的情况下，乙公司委托运输公司将挖掘机送到甲公司，为此支付运费1万元。

在乙公司保留挖掘机所有权期间发生以下事实：①甲公司发现一台挖掘机有重大质量问题，无法使用；②一台挖掘机因被突发洪水浸泡受损，送丙修理厂修理，因未支付修理费而被丙修理厂扣留；③甲公司将一台挖掘机出租给丁公司，租期3个月，获得租金10万元；④甲公司连续3个月没有支付货款。

根据上述内容，分别回答下列问题：

（1）如何确定该买卖合同的履行地点？并说明理由。

（2）甲公司可否因1台挖掘机的质量问题而解除5台挖掘机的买卖合同？并说明理由。

（3）在乙公司保留所有权的情况下，挖掘机因洪水所受损失应当由谁承担？并说明理由。

（4）如丙修理厂不知保留所有权的事实，丙修理厂能否对挖掘机行使留置权？并说明理由。

（5）在甲公司连续3个月没有付款的情况下，乙公司能否要求解除合同？并说明理由。

（6）在甲公司连续3个月没有付款的情况下，乙公司享有什么权利？并说明理由。

（7）甲公司与丁公司之间的租赁合同是否有效？甲公司是否有权收取租金？并说明理由。

【答案及解析】

（1）应该在乙所在地履行。根据法律规定，合同生效后，当事人就质量、价款或者报酬、履行地点等内容没有约定或者约定不明确的，可以协议补充；不能达成补充协议的，按照合同有关条款或者交易习惯确定。依照以上的规定仍不能确定的，对于履行地点需要按照如下原则进行确定：履行地点不明确，给付货币的，在接受货币一方所在地履行；交付不动产的，在不动产所在地履行；其他标的，在履行义务一方所在地履行。本题中甲是收取货物、交付货款的一方，乙是收取货款、交付货物的一方，所以应该在乙所在地履行。

（2）甲不可以因此而解除合同。根据规定，标的物为数物，其中一物不符合约定的，买受人可以就该物解除，但该物与他物分离使标的物的价值显受损害的，当事人可以就数物解除合同。本题中仅仅有一台挖掘机存在质量问题，而且这不影响其他挖掘机的质量，因此甲不可以解除整个合同。

（3）应该由甲承担损失。根据法律规定，标的物毁损、灭失的风险，在标的物交付之前由出卖人承担，交付之后由买受人承担，但法律另有规定或者当事人另有约定的除外。本题中约定的所有权保留条款对风险的移转没有影响，挖掘机已经交付给甲了，所以应该由甲承担损失。

（4）丙修理厂可以行使留置权。根据规定，债权人留置的动产，应当与债权属于同一法律关系，但企业之间留置的除外。本题中留置的挖掘机与修理是同一法律关系，所以丙修理厂可以留置挖掘机。

（5）乙公司可以解除合同。根据法律规定，当事人可以约定一方解除合同的条件。解除合同的条件成就时，解除权人可以解除合同。本题中甲、乙约定甲公司任何一个月未按期付款，乙公司享有解除合同的权利，而甲公司连续 3 个月没有支付货款，这符合了约定的条件，因此乙可以解除合同。

（6）乙可以要求甲支付全部的价款或者解除合同。根据法律规定，分期付款的买受人未支付到期价款的金额达到全部价款的五分之一的，出卖人可以要求买受人支付全部价款或者解除合同。本题中没有支付的金额是 30 万元，为全部分期付款金额的 30%，所以乙可以要求甲支付全部的价款或者解除合同。

（7）租赁合同有效，甲有权收取租金。根据法律规定，附条件的法律行为，条件成就时，该法律行为的效力发生。本题中，“货款付清”是 5 台挖掘机“所有权”转移的条件，由于条件尚未成就，5 台挖掘机的所有权虽然未转移，但是根据《物权法》的规定，物权包括所有权、用益物权和担保物权，甲此时虽然不享有所有权，但还享有用益物权中的占有、使用和收益的权利，出租财产属于收益的权利，因此，甲有权出租该挖掘机并有权收取租金。

第八章　金融法

【本章学习要点】

◈票据的无因性

◈票据的形式：本票、汇票、支票

◈票据的行为：出票、背书、保证、承兑、付款、追索

◈汇付的流程

◈托收中银行的权利义务

◈信用证法律关系

◈经常项目外汇

◈资本项目外汇

第一节　票据法

票据是出票人依法签发、自己允诺或委托他人按指定日期无条件支付一定款项的书面凭证。由于票据具有极强的流通转让性，在经济生活中能够发挥近似于货币的功能，所以又被称为“货币证券”。

一、票据的特征

票据是有价证券的一种，票据上记载的权利与票据不可分离，票据权利的发生必须做成票据；票据权利的行使原则上必须持有票据；票据权利人在实现了自己的权利即受领了票据金额后，应将票据交给向其付款的人。票据具有以下特征：

1. 要式性

要式性是指票据的做成必须符合法定的形式要求。票据的要式性在各国票据法中均有体现。根据《中华人民共和国票据法》（以下简称《票据法》），票据的要式性集中表现在以下几个方面：①票据上的签章。自然人在票据上的签章，为签名、盖章或者签名加盖章；法人或其他使用票据的单位在票据上的签章，为该法人或该单位的盖章加其法定代表人或者其授权的代理人的签章。②确定的金额。票据金额以中文大写和数码同时记载，二者必须一致，否则，票据无效。③必须记载事项。对于其他法定的必须记载事项，有任何一项未予记载的，票据无效。④票据记载事项的更改。票据金额、日期、收款人名称不得更改，更改的票据无效；对票据上的其他记载事项，原记载人可以更改，更改时应当由原记载人签章证明。票据不仅是支付工具，更是流通工具。票据当事人的权利义务全凭票据

上的文义确定，如果票据记载事项的方式不统一，或对某些重要事项记载不明，则当事人的权利义务难以确定，势必影响票据的流通秩序。

2. 无因性

无因性是指票据是否有效，与出票或转让原因无关。只要票据符合法定形式，其持票人即能取得票据文义载明的权利，票据到期时，付款人必须无条件支付。无因性的实质是实现票据关系与其基础关系的分离。票据关系是基于票据行为在票据当事人之间产生的债权债务关系；而票据的基础关系则是指作为票据当事人之间签发票据或转让票据的原因的法律关系。尽管票据的签发或转让都以某种原因为依据，但西方各国法律均把票据关系与其基础关系作严格区分，强调票据的无因性。因为只有票据当事人的票据权利和票据义务不因票据基础关系的瑕疵而受影响，才能保障票据交易的安全，人们才会敢于受让票据，促进票据的转让流通。

3. 独立性

独立性是指在同一票据上进行的各个票据行为均独立发生效力。即使票据因出票人无权利能力或行为能力而被撤销，已在该票据上进行的背书、承兑、支付等其他各个票据行为的效力均不受影响。我国《票据法》第六条规定："无民事行为能力人或者限制民事行为能力人在票据上签章的，其签章无效，但是不影响其他签章的效力。"在同一票据上进行的各个票据行为独立发生效力，则后手享有优于前手的权利，不受前手权利缺陷的影响。强调票据行为的独立性，亦有助于保障票据持票人的权利，促进票据的流通转让。

4. 流通转让性

可以流通转让是票据的基本特性。票据的流通转让与民法上的债权让与有很大区别。民法上的债权让与，一般须由转让、受让双方签署协议，并通知债务人，否则债务人仍可向原债权人清偿债务。而票据流通转让则比债权让与简单得多，仅凭交付或经适当背书后交付受让人即可完成合法转让手续。任何经这种方式得到票据的持票人都有权向债务人提示付款，债务人不得以没有得到原债权人的通知为由拒绝清偿债务。此外，前述票据的要式性、无因性和独立性也分别从不同的角度保证了票据能安全、迅速、简便地流通转让。

二、票据的形式

由于各国法律对于票据的定义和性质的认定不同，因而对于票据的形式也存在分歧。大陆法系国家认为，票据是要式无因的支付凭证，因此一般只限于本票和汇票两种形式；而英美法系国家则认为，票据不仅是支付凭证，也属流通证券，因此它不仅包括本票和汇票，也包括支票。我国《票据法》所称票据，包括汇票、本票和支票三种形式。

1. 汇票

汇票是出票人签发的，委托付款人在见票时或者在指定日期或者在将来可以确定的日期，向收款人或持票人无条件支付确定金额的票据。汇票的当事人有出票人、付款人和收款人。出票人是签发汇票并将其交付与他人之人；收款人是从出票人处取得汇票之人，是汇票的权利人；付款人又称受票人，是出票人在汇票中委托其向收款人付款的人。由于出票是单方法律行为，因此汇票签发后，只为收款人创设了对付款人的付款请求权，而不能为付款人设立付款义务。有鉴于此，《票据法》规定出票人对收款人及正当持票人承担当汇票提示时付款人一定承兑或付款的担保责任，收款人据此取得对出票人的偿还请求权，又称追偿权。

在汇票未经承兑之前，付款人只是汇票的关系人而不是汇票的债务人。汇票一经承兑，付款人即成为承兑人，即汇票的第一债务人，负绝对的付款责任。出票人是汇票的第二债务人，收款人如遭付款人拒绝承兑或拒绝付款，有权向出票人行使追索权。

2. 本票

本票是出票人签发的，允诺自己在见票时或在指定的日期或在可以确定的将来日期，无条件向收款人或持票人支付确定金额的票据。本票只有出票人与收款人两方当事人。出票人是签发本票并将其交付他人之人，他完成出票行为后即成为本票的付款人，承担见票付款或定期付款的义务。收款人是自出票人取得本票，有权向出票人提示并要求出票人付款之人。

根据出票人的不同，本票分为一般本票与银行本票。由企业或个人签发的为一般本票，由银行签发的则为银行本票。我国《票据法》规定的本票，限于银行本票。银行签发的见票即付的不记名本票，可以代替现金流通，因此，各国对签发银行本票均有一定的限制。我国《票据法》第七十五条规定，本票出票人的资格由中国人民银行审定，具体管理办法由中国人民银行规定。

3. 支票

支票是存款客户签发的，委托银行或其他金融机构在见票时无条件支付确定金额给收款人或持票人的票据。

支票与汇票都是委托他人付款的票据，但二者又有所不同：支票的付款人只能是银行或其他金融机构，而汇票的付款人既可以是银行，也可以是企业、个人；支票只能是即期的，而汇票可以为即期，也可以为远期。

与汇票一样，支票也有出票人、付款人与收款人三方当事人，其中出票人可以签发以自己为收款人的支票。支票的付款人必须是依法办理支票存款业务的银行或其他金融机构，出票人必须是在银行或其他金融机构开立有支票存款账户的客户。

根据付款方式的不同，支票分为现金支票和转账支票。我国《票据法》第八十四条规定，现金支票只能用于支取现金；转账支票只能用于转账，不得支取现金。

三、票据行为

票据行为是指以发生、变更或消灭票据法律关系为目的的法律行为。多数国家的票据立法都对汇票票据行为作了详细规定，而对本票和支票，仅规定其特有的票据行为，其余适用对汇票票据行为的有关规定。我国《票据法》对汇票的出票、背书、承兑、保证、付款、追索等作有详尽规定，而对本票和支票的票据行为则规定得十分简单。根据《票据法》的规定，本票的背书、保证、付款行为和追索权的行使，支票的背书、付款行为和追索权的行使，除有特别规定外，适用有关汇票的规定。因此，以下以汇票为主论述票据行为。

1. 出票

出票是出票人做成票据并将其交付给收款人的票据行为。出票必须包括制作票据和交付票据两个方面。制作票据必须符合票据法的要求，否则票据无效。例如我国《票据法》第二十二条规定，汇票必须记载下列事项：表明“汇票”的字样；无条件支付的委托；确定的金额；付款人名称；收款人名称；出票日期；出票人签章。汇票上未记载前款规定事项之一的，汇票无效。出票行为一旦完成，汇票的出票人即承担保证付款人承兑与付款的责任，收款人或持票人如果得不到承兑或付款，有权向出票人追索。

2. 背书

背书是持票人在票据的背面或者粘单上记载有关事项并签章的法律行为。背书在法律上的效力有二：一是权利转让的效力。记名票据的持有人可以通过背书并交付票据，向他人转让其票据权利。二是担保效力。背书人对其全部后手负担保责任，当持票人得不到承兑或付款时，背书人必须支付票据款项或承担追索责任。因此，票据上的背书越多，其信用越高。

根据目的与方式的不同，可以有不同的背书。最常见的背书有以下几种：①转让背书。转让背书是指以转让票据上的权利为目的所作的背书，背书人转让其在票据上的权利，被背书人取得该票据上的权利。除非背书人在背书时另有记载，背书均属于转让背书。前段关于背书效力的论述，主要是针对转让背书。②限制转让背书。对背书人在背书时注明“不得转让”字样的，各国法律作有不同的规定。我国《票据法》第三十四条规定，背书人在汇票上记载“不得转让”字样，其后手再背书转让的，原背书人对后手的被背书人不承担保证责任。③委托取款背书。即背书人在背书时注明，其作背书的目的是委托被背书人代为取款。作出这种背书后，被背书人不能取得票据上的权利，只能以代理人的资格行使票据上的权利，包括要求付款人承兑与付款的权利。在遭拒付时追索的权利以及对有关当事人提起诉讼的权利。我国《票据法》第三十五条第一款规定，背书记载“委托收款”字样的，被背书人有权代背书人行使被委托的汇票权利，但是，被背书人不得再以背书转让汇票权利。④设质背书。设质背书是以设定质权为目的的背书。此种背书的被背书人，可以以质权人的资格行使票据上的权利，如要求承兑、付款、行使追索权等。我国《票据法》第三十五条第二款规定，汇票可以设定质押，质押时应当以背书记载“质押”字样。被背书人依法实现其质权时，可以行使汇票权利。

3. 承兑

承兑是远期汇票的付款人明确表示接受出票人委托，承担付款责任，并将此意旨记载在票据上的行为。本票、支票及即期汇票不存在承兑问题。承兑的意义在于：

（1）承兑使付款人成为第一债务人，即承兑人。出票人的出票是单方法律行为，出票人委托付款人付款，付款人不一定接受委托。只有付款人在汇票上承兑后成为承兑人，他才对汇票的付款承担责任，成为汇票的第一债务人。

（2）如果付款人拒绝承兑，可视为付款人拒付，收款人或持票人可以及时向前手直至出票人行使追索权，以保护自己的汇票权利。

（3）经过承兑，特别是经过银行承兑的汇票，因为付款有保障，能更为顺利地流通转让。承兑不得附有条件，附条件的承兑视为拒绝承兑。我国《票据法》第四十三条规定，付款人承兑汇票，不得附有条件；承兑附有条件的，视为拒绝承兑。

4. 保证

保证是由票据债务人以外的人以担保主票据行为所产生的债务为目的所作的从票据行

为。保证适用于汇票与本票。支票可以由付款银行保付，但一般没有债务人以外的他人保证。我国《票据法》第四十五条规定，汇票的债务可以由保证人承担保证责任，保证人由汇票债务人以外的他人担当；第四十七条规定，保证人在汇票上未记载被保证人的，已承兑的汇票，承兑人为被保证人，未承兑的汇票，出票人为被保证人；第五十条规定，被保证的汇票，保证人应当与被保证人对持票人承担连带责任。

5. 付款

票据的付款是收款人或持票人提示即期票据或到期的远期票据，由承兑人或付款人付款的行为。当收款人或持票人在票据到期日提示票据要求付款时，是否必须立即付款，有无一定的宽限期，各国法律作了不同的规定。我国《票据法》第五十四条规定，持票人按规定提示付款时，付款人必须在当日足额付款。

6. 追索

持票人提示票据，付款人拒绝付款，即发生收款人或持票人向其背书人、出票人或其他票据债务人追索的问题。追索权的行使，不一定要在付款人拒付时。在票据到期前，有下列情况之一的，持票人也可以行使追索权：①票据被拒绝承兑的；②承兑人或者付款人死亡、逃匿的；③付款人或承兑人被依法宣告破产或因违法被终止业务活动的。持票人行使追索权，必须在法定期间内做成拒绝证明。拒绝证明是证明票据被拒付或出现上述持票人不能得到付款的情况的证明文件。我国《票据法》第六十一条规定，汇票到期被拒绝付款的，持票人可以对背书人、出票人以及汇票的其他债务人行使追索权；第六十四条规定，承兑人或者付款人被人民法院依法宣告破产的，人民法院的有关司法文书具有拒绝证明的效力；承兑人或付款人因违法被责令终止业务活动的，有关行政主管部门的决定具有拒绝证明的效力。持票人行使追索权，还须在法定期间内将拒付的事实通知其前手。我国《票据法》第六十六条规定，持票人应当自收到被拒绝承兑或被拒绝付款的有关证明之日起3日内，将被拒绝事由书面通知其前手；其前手应当自收到通知之日起在3日内通知其再前手。

第二节　支付法律制度

支付结算是指单位、个人在社会经济活动中使用票据、银行卡、汇兑、托收承付、委托收款、电子支付等结算方式进行货币给付及其资金清算的行为。作为支付结算的与票据有关的法律、法规以及部门规章和政策性规定都适用票据结算方式。本节仅就票据结算之外的结算方式及其他有关问题加以说明。

一、汇兑

汇兑是指汇款人委托银行将其款项支付给收款人的结算方式。汇兑分为信汇和电汇两种。

信汇是以邮寄方式将汇款凭证转给外地收款人指定的汇入行，而电汇则是以电报方式将汇款凭证转发给收款人指定的汇入行。当事人应按以下程序办理汇兑：

（1）汇款人按要求签发汇兑凭证。根据《支付结算办法》的规定，汇款人签发汇兑凭证时，必须记载下列事项：表明“信汇”或“电汇”的字样；无条件支付的委托；确定的金额；收款人名称；汇款人名称；汇入地点、汇入行名称；汇出地点、汇出行名称；委托日期；汇款人签章。

汇款人和收款人均为个人，需要在汇入银行支取现金的，应在信、电汇凭证的“汇款金额”大写栏，先填写“现金”字样，后填写汇款金额。

（2）汇出银行受理汇兑凭证，并进行认真审查。汇出银行审查汇兑凭证的内容有：汇兑凭证填写的各项内容是否齐全、正确；汇款人账户内是否有足够支付的余额；汇款人的印章是否与预留银行印鉴相符。

（3）汇入银行接收汇出银行的汇兑凭证之后，应审查汇兑凭证上联行专用章与联行报单印章是否一致，确认无误后，根据收款人的不同情况进行审查并办理付款手续。

根据《支付结算办法》的规定，如果收款人需要委托他人向汇入银行支取款项的，应在取款通知上签章，注明本人身份证件的名称、号码、发证机关和“代理”字样以及代理人姓名。代理人代理取款时，也应在取款通知上签章，注明其身份证件的名称、号码及发证机关，并同时交验代理人和被代理人的身份证件。

二、银行托收

银行托收（Collection）是出口商为向国外的进口商收取货款，开具汇票，委托出口地银行通过其在进口地的分行或代理行向进口商收取款项的支付方式。

1. 银行托收的当事人

银行托收可以有6方当事人：①委托人。委托人是委托银行办理托收业务的客户，通常是出口商、卖方、托运人。委托人还是出票人。②托收银行。托收行是接受委托人的委托，转委托国外银行代为收款的出口地银行。当托收行把汇票寄给代收行时，须作背书。③代收银行。代收行是接受托收行的委托向付款人收取款项的进口地银行，通常是托收行的国外分行或代理行。④付款人。付款人是代收行向其收取货款的人，通常就是进口商、买方。付款人还是受票人。⑤提示银行。提示行是向付款人提示汇票和单据的银行。代收行可以委托与付款人有往来账户关系的银行作为提示行，也可以自己兼任提示行。⑥需要时的代理人。需要时的代理人是经委托人指定于发生拒付时在付款地代为办理货物存放、保险、转售、运回等事宜的人。

委托人和托收行之间是委托代理关系。按照国际上的习惯做法，委托人在委托银行代为托收时，都要填写一份托收委托书，具体规定托收的指示及双方的责任，这份委托书就构成委托人与托收行之间的代理合同。托收行与代收行之间亦是委托代理关系，他们之间的代理合同由托收指示书、委托书、原来签订的业务协议构成。委托人与托收行之间，托收行与代收行之间均为代理关系，他们的权利与义务应受代理法的一般原则支配，特别是代理人应尽职尽责完成代理事务并不得越权；而被代理人应补偿代理人的开支，向其支付报酬；代理的法律效果直接归属于被代理人。

从以上委托人与托收行、托收行与代收行的关系可以看出，托收的一个重要特点是银行的地位严格限于作为代理人，银行对款项能否支付不承担任何义务或责任。

2. 银行托收的业务程序

（1）委托人出具汇票，向托收行提出托收申请，填具托收指示书，附具或不附具装运单据。

（2）托收行接受申请后，委托其在进口地的往来银行代收行代为办理收款事宜。

（3）代收行向付款人作付款提示或承兑提示，在付款人付款后通知托收行，托收行即向委托人付款。如付款人拒付，则代收行通知托收行，再由托收行通知委托人。

托收流程

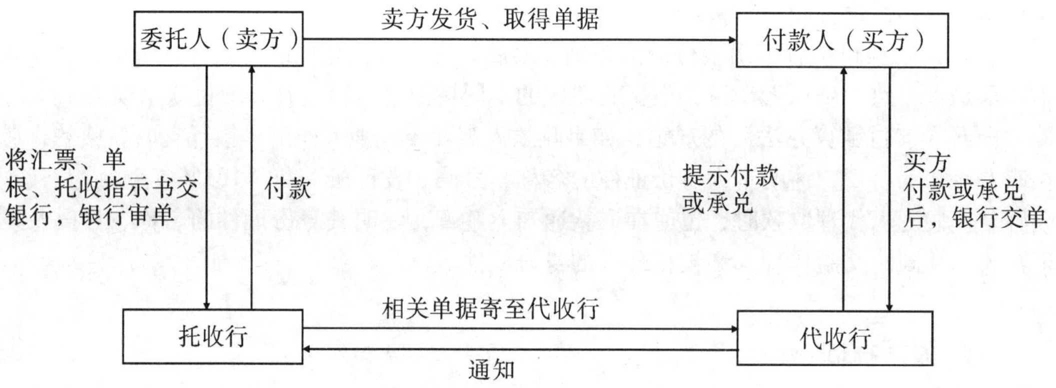

图 8－1　银行托收的业务流程图

3. 银行托收的种类

按出口商开具的汇票是否附带货运单据，托收可以分为光票托收与跟单托收。光票托收是出口商仅开具汇票而不附带货运单据的托收。跟单托收是除了开具汇票以外，还附带货运单据的托收。在国际贸易结算中，货款托收大多采用跟单托收。跟单托收根据交单条件的不同，又可以分为以下几种：

（1）即期付款交单（简称 D/P Sight）。出口商开具即期汇票，连同单据通过托收行寄到进口地的代收行；代收行向进口商提示即期汇票；进口商审核有关单据无误后，立即付款赎单，货款与代表货物所有权的单据同时交付。

（2）远期付款交单（简称 D/P after Sight）。出口商开具远期汇票，附单据通过托收行寄至进口地代收行；代收行提示远期汇票给进口商；进口商审单无误后，承兑汇票，于汇票到期时付款赎单。

（3）承兑交单（简称 D/A）。出口商开具远期汇票，连同货运单据通过银行向进口商提示；进口商审查无误后，承兑汇票，并取得代表货物所有权的货运单据；汇票经承兑后仍为代收行所掌握，待汇票到期，代收行向进口商提示付款。

三、信用证

1. 信用证的概念

信用证是银行以自身的信誉向出口商提供有条件付款保证的一种书面凭证。国际商会

《跟单信用证统一惯例》对信用证作了如下定义：信用证意指一项约定，即由一家银行（“开证行”）应客户（“申请人”）的要求和指示或以其自身的名义，在符合信用证条款的条件下，凭规定的单据向第三者（“受益人”）或其指定人付款，或承兑并支付受益人出具的汇票；或授权另一家银行付款，或承兑并支付该汇票；或授权另一家银行议付。

2. 信用证的当事人

信用证有以下 6 方当事人：

（1）开证申请人。信用证的开证申请人是进口商，即货物销售合同的买方。如进口商与出口商在货物销售合同中约定采用信用证方式支付货款，进口商就有义务向其所在地银行申请开立以出口商为受益人的信用证。

（2）开证行。开证行是接受开证申请人的委托，开立信用证的银行。开证行与开证申请人的关系是以开证申请书的形式建立起来的一种合同关系。开证申请人在开证申请书中写明他对开证行开立信用证的具体要求。开证行一旦接受委托开出信用证，它就承担了按信用证规定付款的义务，同时也享有要求开证申请人支付本金、利息及开证费用的权利。开证行与开证申请人的合同，独立于货物买卖合同。因此，信用证开出后，开证行对出口商承担第一位的付款责任。只要出口商提交的单据与信用证要求相符，开证行就必须付款。

（3）受益人。信用证的受益人是信用证上所指定的有权使用该证的出口商或实际供货人。按照各国法律与惯例，不可撤销信用证是受益人与开证行之间的一项独立合同。开证行应按信用证条款对受益人承担付款责任。作为出口商，受益人必须按合同发送货物并提交与信用证要求相符的单据，才能得到开证行的付款。

（4）通知行。通知行是受开证行的委托，将信用证转交出口商的银行。从法律上讲，通知行是开证行在出口地的代理人。他们之间的代理关系受他们之间的委托代理合同约束。通知行的代理责任只限于按开证行的委托通知信用证的受益人，证实信用证的真实性。通知行与受益人不存在合同关系，因此，通知行对受益人不承担议付或付款责任。

（5）议付行。议付行是愿意买入或贴现受益人按信用证开立的跟单汇票的银行。议付行可以是指定的银行，也可以是非指定的银行，这由信用证条款来规定。议付行之所以愿意买入跟单汇票，是由于开证行在信用证上有单证相符即付款的承诺。因此议付行应审核受益人提交的单据，只有单据与信用证的规定严格相符才能买入汇票，否则议付行将不能得到开证行的付款。议付行在向受益人付款后处于合法持票人的地位，可享受票据法对合法持票人的保护。

（6）付款行。付款行是信用证指定的支付货款的银行。它既可以是开证行，也可以是另外一家银行。

3. 信用证的业务程序

信用证的业务运作步骤如下：①进口商与出口商双方在货物销售合同中订进信用证支付条款。②进口商在当地银行填写开证申请书，根据合同内容填写各项规定和要求，并交纳押金或提供其他保证，由银行开立信用证。③开证行将信用证航寄或电传给接受委托的出口商所在地通知行。④通知行核对函开信用证签字、印鉴无误，或电传信用证密押相符，判明信用证真实后，将信用证转交受益人。⑤受益人审核信用证与合同相符后，按信用证规定装运货物，备齐各项单据，开出跟单汇票，在信用证有效期内，送请议付行议付。议付行审核单据与信用证规定相符后，扣除汇票议付日至信用证到期日的利息，垫付货款给受益人。⑥议付行将汇票和单据寄付款行索偿。付款行审核单据无误后，付给议付行。⑦开证行通知开证申请人付款赎单。

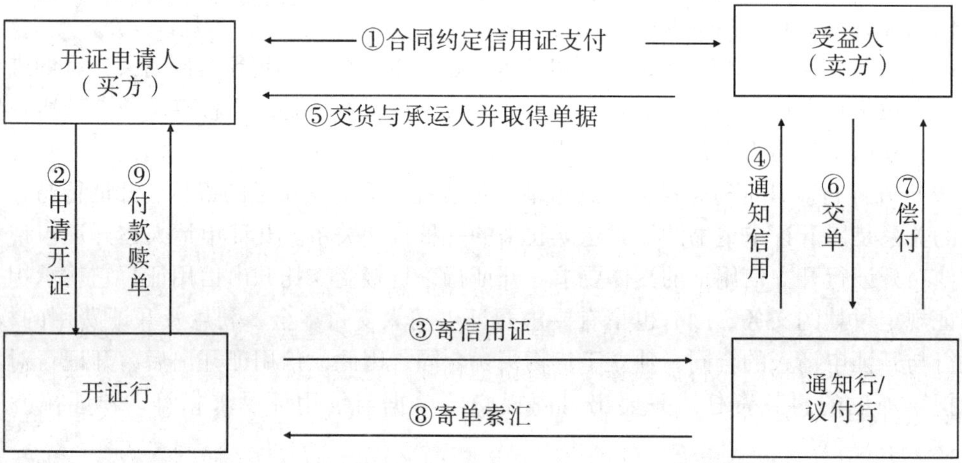

图 8－2　信用证流程图

第三节　外汇管理法律制度

外汇，是指以外币表示的可以用作国际清偿的支付手段和资产，包括：外币现钞，包括纸币、铸币；外币支付凭证或者支付工具，包括票据、银行存款凭证、银行卡等；外币有价证券，包括债券、股票等；特别提款权；其他外汇资产。

外汇管理，是一个国家或地区对外汇的买卖、借贷、转让、收支、国际清偿、外汇汇率和外汇市场的控制和规范的行为。1996 年 1 月 29 日，国务院制定并发布了《外汇管理条例》，并于 1997 年 1 月 14 日进行过修正。现行的《外汇管理条例》是国务院于 2008 年 8 月 1 日通过的。该条例连同大量的规章和操作性规定，构成了我国外汇管理制度的主要依据。

一、对经常项目外汇的管理

经常项目，通常是指一个国家或地区对外交往中经常发生的交易项目，包括贸易收支、服务收支、收益和经常转移。其中，贸易及服务收支是最主要内容。在经常项目下发生的外汇，即经常项目外汇。贸易收支又称货物贸易收支，是一国出口货物所得外汇收入和进口货物的外汇支出的总称。服务收支又称服务贸易收支，是一国对外提供各类服务所得外汇收入和接受服务发生的外汇支出的总称，包括国际运输、旅游等项下外汇收支。收益包括职工报酬和投资收益两部分，其中，职工报酬主要为工资、薪金和其他福利，投资收益主要是利息、红利等。经常转移也称单方面转移，是资金或货物在国际间的单向转移，不产生归还或偿还问题。经常转移包括个人转移和政府转移，前者指个人之间的无偿赠与或赔偿等，后者指政府间的军事及经济援助、赔款、赠与等。

我国对经常项目外汇的管理体现了人民币经常项目下可兑换的精神，《外汇管理条例》明确规定："国家对经常性国际支付和转移不予限制。"其主要包括以下内容：

（1）境内机构经常项目外汇收入必须调回境内，不得违反国家有关规定，擅自将外汇存放境外；只有符合国家有关规定的经常项目外汇收入，才能经批准暂时存放境外。境内机构的经常项目外汇收入，应按照《结汇、售汇及付汇管理规定》，卖给外汇指定银行，或者经批准在外汇指定银行开立外汇账户，除外商投资企业以外的境内机构的经常项目外汇收入，除少数几类经允许可开立外汇账户存放外，须按规定全部卖给外汇指定银行；外商投资企业的经常项目外汇收入，可在外汇管理局核定的最高金额以内开立外汇账户保留，超出部分应当卖给外汇指定银行，或通过外汇调剂中心卖出。

（2）根据《结汇、售汇及付汇管理规定》的规定，超过等值 1 万美元的现钞结汇，结汇人应当向外汇指定银行提供真实的身份证明和外汇来源证明，外汇指定银行予以结汇登记后报外汇管理局备案。境内机构的经常项目用汇，按照《结汇、售汇及付汇管理规定》，持有效凭证和商业单据向外汇指定银行购汇支付；有外汇账户的，从其外汇账户支付或到外汇指定银行兑付。境内机构的出口收汇和进口付汇，分别按《出口收汇结汇核销管理暂行办法》与《进口付汇核销管理暂行办法》的规定办理核销手续。

（3）属于个人所有的外汇，可以自行持有，也可以存入银行或者卖给外汇指定银行；对个人持有外汇，除不得私自买卖、不得私自携带或邮寄出境外，其他无任何限制。个人因私用汇，在规定限额以内购汇；超过规定限额的个人因私用汇，应当向外汇管理局提出申请，经外汇管理局确认属实的，可以购汇。居民个人移居境外后，其境内资产产生的收益，可以持规定的证明材料和有效凭证向外汇指定银行购汇汇出或者携带出境。但是，对居住在境内的中国公民所持有的外币支付凭证、外币有价证券等形式的外汇资产，未经外汇管理局批准，不得携带或者邮寄出境。

（4）驻华机构和来华人员的合法人民币收入，需要汇出境外的，可以持有关证明材料和凭证到外汇指定银行兑付。驻华机构和来华人员由境外汇入或者携带入境的外汇，可以自行保存，可以存入银行或者卖给外汇指定银行，也可以持有效凭证汇出或者携带出境。外商投资企业外方投资者的利润、红利，按照规定应当以外币支付的股息，依法纳税后，持董事会利润分配决议书从企业外汇账户中支付或到外汇指定银行兑付。

二、对资本项目外汇的管理

资本项目，是指国际收支中引起对外资产和负债水平发生变化的交易项目，包括资本转移、非生产及非金融资产的收买或放弃、直接投资、证券投资、衍生产品投资及贷款等。

我国在放松对经常项目外汇的管理后，现仍对资本项目外汇实行严格的管理，其主要内容包括：

（1）境内机构的资本项目外汇收入，除国务院另有规定外，应当调回境内。个别企业因特殊业务，需要将其资本项目外汇收入暂时存放境外或暂时不能调回境内的，必须逐笔报外汇管理局审批。

（2）境内机构的资本项目外汇收入实行外汇账户制度；资本项目外汇收入，应当在外汇指定银行开立外汇账户存放，未经外汇管理局批准，不得卖给外汇指定银行。但是，根据《结汇、售汇及付汇管理规定》，境内机构向境外出售房地产及其他资产所收入的外汇，应当卖给外汇指定银行。

（3）境内机构向境外投资，在向审批主管部门申请前，由外汇管理局审查其外汇资金来源；经批准后，按照国务院关于境外投资外汇管理的规定办理有关资金汇出手续。

（4）借用国外贷款，由国务院确定的政府部门、外汇管理局批准的金融机构和企业按照国家有关规定办理；金融机构在境外发行外币债券，须经外汇管理局批准，并按照国家有关规定办理；提供对外担保，只能由符合国家规定条件的金融机构和企业办理，并须经外汇管理局批准。

（5）依法终止的外商投资企业，按照国家有关规定进行清算、纳税后，属于外方投资者所有的人民币，可以向外汇指定银行购汇汇出或者携带出境；属于中方投资者所有的外汇，应当全部卖给外汇指定银行。

三、对金融机构经营外汇业务的管理

在人民币汇率实行以市场供求为基础的、单一的、有管理的浮动汇率制以及实行人民币在经常项目下可兑换后，对金融机构外汇业务的监管就显得更为重要。对金融机构外汇业务的管理主要包括以下内容：

（1）金融机构经营外汇业务，须经外汇管理局批准，领取经营外汇业务许可证；未经外汇管理局批准，任何单位和个人不得经营外汇业务；经批准经营外汇业务的金融机构，经营外汇业务不得超出批准的范围。金融机构终止经营外汇业务，应当向外汇管理局提出申请；经批准终止经营外汇业务的，应当依法进行外汇债权、债务的清算，并缴销经营外汇业务许可证。

（2）经营外汇业务的金融机构，应当按照国家有关规定为客户开立外汇账户，办理有关外汇业务。有些外汇开户单位可以向外汇管理局提出申请，持外汇管理局核发的《外汇账户使用证》或《开户通知书》到外汇指定银行办理开户手续；而另一些外汇，开户单位可以直接持有效凭证到外汇指定银行办理开户手续。

（3）金融机构经营外汇业务，应当按照规定交存外汇存款准备金；经营外汇业务的金融机构应遵守外汇资产负债比例管理的规定，并建立呆账准备金。

（4）外汇指定银行办理结汇业务所需的人民币资金，应当使用自有资金；其结算周转外汇，实行比例幅度管理，具体幅度由中国人民银行根据实际情况核定。中国人民银行对各外汇指定银行每日的结算周转外汇头寸规定了具体数额，各外汇指定银行保有的结算周转外汇的数额不得低于该数额，不足部分应当通过银行间外汇市场补足。

（5）经营外汇业务的金融机构应当接受外汇管理局的检查、监督。向其报送外汇资产负债表、损益表以及其他财务会计报表资料。

四、对人民币汇率和外汇市场的管理

关于人民币汇率和外汇市场的管理主要包括以下方面：

（1）人民币汇率实行以市场供求为基础的、单一的、有管理的浮动汇率制度。以市场供求为基础，是指外汇市场的供求状况与价格水平是决定人民币汇率的主要依据。单一汇率，是指只有一个统一的汇率，适用于所有人民币与外汇的兑换；各外汇指定银行和经营外汇业务的其他金融机构，根据中国人民银行公布的汇率，在规定的浮动范围内确定对客户的外汇买卖价。有管理的浮动，是指中国人民银行对汇率实施宏观调控与监管。按照《中国人民银行法》的规定，中国人民银行就汇率作出的决定，报国务院批准后执行；中国人民银行为执行货币政策，可以在公开市场上买卖外汇。《外汇管理条例》进一步明确规定，中国人民银行根据银行间外汇市场形成的价格，公布人民币对主要外币的汇率。

（2）外汇指定银行和经营外汇业务的其他金融机构是银行间外汇市场的交易者。目前，我国银行间外汇市场的交易者主要是外汇指定银行与经营外汇业务的其他金融机构，不允许其他单位和个人进入外汇市场从事外汇交易。当然，并非所有的外汇指定银行和经营外汇业务的其他金融机构都可以入市交易，外汇指定银行和经营外汇业务的其他金融机构须经中国外汇交易中心批准为其会员，并报国家外汇管理局备案后方可入市交易。

（3）外汇市场交易的币种和形式由外汇管理局规定和调整。外汇交易应遵循公平、公开、公正和诚实信用的原则。国家外汇管理局及其分局是外汇市场的管理机构，依法监督管理全国的外汇市场。中国人民银行作为我国的中央银行是银行间外汇市场的特殊参与者，对银行间外汇市场起调控作用，《外汇管理条例》规定，中国人民银行根据货币政策的要求和外汇市场的变化，依法对外汇市场进行调控。

五、法律责任

1. 逃汇、套汇的法律责任

违反规定将境内外汇转移境外，或者以欺骗手段将境内资本转移境外等逃汇行为的，由外汇管理机关责令限期调回外汇，处逃汇金额30%以下的罚款；情节严重的，处逃汇金额30%以上等值以下的罚款；构成犯罪的，依法追究刑事责任。

违反规定以外汇收付应当以人民币收付的款项，或者以虚假、无效的交易单证等向经营结汇、售汇业务的金融机构骗购外汇等非法套汇行为的，由外汇管理机关责令对非法套汇资金予以回兑，处非法套汇金额30%以下的罚款；情节严重的，处非法套汇金额30%以上等值以下的罚款；构成犯罪的，依法追究刑事责任。

2. 扰乱外汇出入境管理秩序的法律责任

违反规定将外汇汇入境内的，由外汇管理机关责令改正，处违法金额30%以下的罚款；情节严重的，处违法金额30%以上等值以下的罚款。

非法结汇的，由外汇管理机关责令对非法结汇资金予以回兑，处违法金额30%以下的罚款。

违反规定携带外汇出入境的，由外汇管理机关给予警告，可以处违法金额20%以下的罚款。法律、行政法规规定由海关予以处罚的，从其规定。

有擅自对外借款、在境外发行债券或者提供对外担保等违反外债管理行为的，由外汇管理机关给予警告，处违法金额30%以下的罚款。

违反规定，擅自改变外汇或者结汇资金用途的，由外汇管理机关责令改正，没收违法所得，处违法金额30%以下的罚款；情节严重的，处违法金额30%以上等值以下的罚款。

有违反规定以外币在境内计价结算或者划转外汇等非法使用外汇行为的，由外汇管理机关责令改正，给予警告，可以处违法金额30%以下的罚款。

3. *破坏外汇市场秩序的法律责任*

私自买卖外汇、变相买卖外汇，倒买倒卖外汇或者非法介绍买卖外汇数额较大的，由外汇管理机关给予警告，没收违法所得，处违法金额30%以下的罚款；情节严重的，处违法金额30%以上等值以下的罚款；构成犯罪的，依法追究刑事责任。

未经批准擅自经营结汇、售汇业务的，由外汇管理机关责令改正，有违法所得的，没收违法所得，违法所得50万元以上的，并处违法所得1倍以上5倍以下的罚款；没有违法所得或者违法所得不足50万元的，处50万元以上200万元以下的罚款；情节严重的，由有关主管部门责令停业整顿或者吊销业务许可证；构成犯罪的，依法追究刑事责任。

未经批准经营结汇、售汇业务以外的其他外汇业务的，由外汇管理机关或者金融业监督管理机构依照前款规定予以处罚。

本章小结

金融法包括的范围非常广泛，本章主要介绍跟支付相关的一些金融法律制度，包括票据法，票据以外的支付结算制度，以及外汇管理法律制度。第一节重点阐述了票据的特征，票据的行为和票据的形式；第二节则介绍了三种常用的支付方式：汇付、托收和信用证，分别对它们的法律特征，付款流程予以了分析；第三节则结合我国的《外汇管理条例》，对我国经常项目外汇管理、资本项目外汇管理及人民币汇率管理制度作了介绍。

关键术语和概念

票据　本票　汇票　支票　出票　背书　承兑　追索权　汇付　托收　信用证　外汇　经常项目外汇　资本项目外汇　汇率

案例分析

【案例1】

甲公司为支付货款，向乙公司签发了一张以A银行为承兑人、金额为20万元的银行承兑汇票。A银行在票据承兑栏中进行了签章。乙公司为向丙公司支付租金，将该票据交付丙公司，但未在票据上背书和签章。丙公司因需向丁公司支付工程款，欲将该票据转让给丁公司。丁公司发现票据上无转让背书，遂提出异议。丙公司便私刻了乙公司法定代表人刘某的人名章和乙公司公章，加盖于背书栏，并直接记载丁公司为被背书人。丁公司不知有假，接受了票据。之后，丁公司为偿付欠款将该票据背书转让给了戊公司。

根据上述内容，分别回答下列问题：

（1）A 银行拒绝向戊公司付款的理由是否成立？并说明理由。

（2）A 银行拒绝付款后，戊公司可以向哪些当事人进行追索？

（3）若戊公司在 A 银行拒绝付款后向甲公司进行追索，甲公司可否以与乙公司之间的买卖合同纠纷尚未解决为由拒绝向戊公司承担票据责任？并说明理由。

（4）丙公司将私刻的人名章和公章加盖于背书栏，并直接记载丁公司为被背书人的行为属于票据法上的什么行为？应当承担何种法律责任？

【答案及解析】

（1）A 银行的理由不成立。根据规定，承兑人不得以其与出票人之间的资金关系对抗持票人。

（2）戊公司可以向甲公司、丁公司和 A 银行进行追索。

（3）不能。根据规定，票据债务人不得以自己与持票人的前手之间的抗辩事由对抗持票人。

（4）属于伪造行为。如果伪造人的行为给他人造成损害的，必须承担民事责任；构成犯罪的，还应承担刑事责任。

【案例 2】

甲公司向乙公司购买水泵一台，为支付货款，签发了一张以自己为出票人、以乙公司为收款人、以 M 银行为承兑人、票面金额为 30 万元、到期日为 2008 年 8 月 3 日的银行承兑汇票，并交付给乙公司。甲公司和 M 银行均在该汇票上进行了签章。

乙公司的财务人员 A 利用工作之便，将上述汇票扫描，利用其他途径获得 M 银行的空白银行承兑汇票进行技术处理，“克隆”了一张与原始汇票几乎完全一样的汇票，然后将“克隆汇票”留在乙公司，将原始汇票偷出。A 以乙公司的名义，向丙公司购买了一批黄金制品，归自己所有，并将原始汇票背书转让给丙公司，在背书人签章处加盖了伪造的乙公司公章，签署了虚构的 B 的姓名。

乙公司为向丁公司购买钢材，将“克隆汇票”背书转让给了丁公司。

在上述汇票付款到期日，丙公司和丁公司分别持有原始汇票和“克隆汇票”向 M 银行请求付款。M 银行以丙公司所持有汇票的背书人的签章系伪造为由拒绝付款，以丁公司持汇票系伪造为由而拒绝付款。

根据上述内容，分别回答下列问题：

（1）A 在原始汇票上伪造乙公司的签章是否导致该汇票无效？并说明理由。

（2）M 银行是否可以拒绝丙公司的付款请求？并说明理由。

（3）如果 M 银行拒绝丙公司的付款请求，丙公司是否可以向甲公司追索？并说明理由。

（4）如果 M 银行拒绝丙公司的付款请求，丙公司是否有权向 A 追索？并说明理由。

（5）M 银行是否可以拒绝丁公司的付款请求？并说明理由。

（6）如果 M 银行拒绝丁公司的付款请求，丁公司是否有权向乙公司追索？并说明理由。

【答案及解析】

（1）A 在原始凭证上伪造乙公司的签章不会导致该汇票无效。根据规定，票据上有伪造签章的，不影响票据上其他真实签章的效力。可以看出，伪造签章不会直接导致汇票无效，本题中，A 在原始汇票上伪造乙公司的签章后背书给丙公司，而甲公司、M 银行的签章均为真实的，该汇票仍为有效。

（2）M 银行不能拒绝丙公司的付款请求。根据规定，票据上有伪造签章的，在票据上真正签章的当事人，仍应对被伪造的票据的债权人承担票据责任，票据债权人在提示承兑、提示付款或者行使追索权时，在票据上真正签章人不能以伪造为由进行抗辩。另外，凡是善意的、已付对价的正当持票人可以向票据上的一切债务人请求付款，不受前手权利瑕疵和前手相互间抗辩的影响。本题中，M 银行属于在汇票上真正签章的当事人，在持票人丙公司提示付款时，真正签章人 M 银行不能以伪造为由进行抗辩，另外，丙公司是支付了合理对价且为善意的持票人，享有票据权利。

（3）丙公司可以向甲公司追索。根据规定，票据上有伪造签章的，不影响票据上其他真实签章的效力。在票据上真正签章的当事人，仍应对被伪造的票据的债权人承担票据责任，票据债权人在提示承兑、提示付款或者行使追索权时，在票据上真正签章人不能以伪造为由进行抗辩。本题中，甲公司属于在汇票上真正签章的当事人，在丙公司行使追索权时，真正签章人甲公司不能以伪造为由进行抗辩。

（4）丙公司无权向 A 追索。根据规定，由于伪造人没有以自己的名义签章，因此不承担票据责任。但是，如果伪造人的行为给他人造成损失的，必须承担民事责任；构成犯罪的，还应承担刑事责任。在本题中，A 属于伪造人，A 在票据上没有以自己的名义签章，因此，A 不承担票据责任。

（5）M 银行可以拒绝丁公司的付款请求。根据规定，丁公司持有的汇票属于汇票本身的伪造，该汇票属于无效票据，丁公司不享有票据权利，本题中，丁公司取得的汇票为“克隆汇票”，其上所有的签章均不是当事人以真实意思所签，该汇票本身无效，M 银行是可以拒绝付款的。

（6）丁公司无权向乙公司追索。由于该汇票本身无效，因此乙公司实际并没有在该“克隆汇票”上签章，因此不承担票据责任，但丁公司可以基于双方的买卖合同要求乙公司承担违约责任，赔偿丁公司的损失。

第九章　知识产权法

【本章学习要点】

◈知识产权的概念和特征

◈专利法

◈商标法

◈著作权法

第一节　知识产权法概述

一、知识产权概述

（一）知识产权的概念

知识产权是指人们对于自己的智力活动创造的成果和经营管理活动中的标记、信誉依法享有的专有权利。广义的知识产权包括著作权、邻接权、商标权、商号权、商业秘密权、产地标记权、专利权、集成电路布图设计权等。狭义的知识产权只包括专利权、商标权、著作权。

（二）知识产权的特征

1. 知识产权的无形性

知识产权的客体是智力成果或具有财产价值的标记，是一种没有形体的财富。知识产权客体的非物质性是知识产权的本质属性，这是其与其他有形财产权最本质的区别。

2. 知识产权的法定性

知识产权的法定性是指知识产权的范围和产生由法律规定。知识产权没有形体，可以同时为多个主体所共同占有，很难为拥有者所完全控制，因此知识产权必须通过法律加以确认。

3. 知识产权的专有性

知识产权的专有性是指对于某一智力成果的专有权只有一个，只能专属于权利人，非经法律特别规定或权利人同意，任何人不得占有、使用或处分。

4. 知识产权的地域性

根据一国（或地区）法律取得的知识产权，原则上只在该国（或地区）范围内发生法律效力，超出其范围就没有法律效力了。

5. 知识产权的时间性

知识产权只在法定的时间内受法律保护，权利人的专有权有时间限制，有效期届满，权利即告终止，其智力成果进入公有领域，任何人都可以自由使用而不发生侵权问题。

二、知识产权法的概念

知识产权法是指因调整知识产权的归属、行使、管理和保护等活动中产生的社会关系的法律规范的总称。知识产权法的综合性和技术性特征十分明显，在知识产权法中，既有私法规范，也有公法规范；既有实体法规范，也有程序法规范。但从法律部门的归属上讲，知识产权法仍属于民法，是民法的特别法。

第二节　专利法

一、专利和专利法的概念

（一）专利的概念

专利是专利权的简称，是指国家专利主管部门，依据专利法的规定授予申请人在一定期限内对其发明创造享有使用、制造、销售和转让的专有权。在我国，专利一词，一般是指专利权本身，也可以指依专利法获得专利权的标的，即发明创造。

（二）专利法的概念

专利法是调整因发明创造而产生的各种社会关系的法律规范的总称。为了鼓励和保护发明创造，促进科学技术的发展，以适应社会主义现代化建设和改革开放的需要，我国于1984 年 3 月 12 日第六届全国人大常委会第四次会议通过了《专利法》，从 1985 年 4 月 1 日起施行。2008 年 12 月 27 日第十一届全国人民代表大会常务委员会第六次会议通过了对《专利法》的第三次修正，该修正案自 2009 年 10 月 1 日起施行。

二、专利权的主体和客体

（一）专利权的主体

专利权的主体是指可以依法申请并取得专利权以及承担相应义务的单位和个人，统称为专利权人。我国专利法规定的专利权主体包括：

1. 职务发明人或设计人所在单位

国家机关、企业、事业、社会团体的工作人员执行本单位的任务或主要是利用本单位的物质条件所完成的职务发明创造，专利申请权属于该单位，发明人或设计人享有署名权和获得奖励权。

2. 发明人或设计人

发明人或设计人在工作时间以外，独立完成的非职务发明创造，专利申请权属于发明人或设计人。申请被批准后，专利权归申请的发明人或设计人所有。由两个或两个以上发明人或设计人共同完成的发明创造，称为共同发明创造。完成该项发明创造的人称为共同发明人或共同设计人。共同发明人或共同设计人应当是对发明有共同的创造性贡献的人，仅仅从资金、设备、场地等方面提供便利，或从事辅助性工作的人，不能作为共同发明人或共同设计人。共同发明创造的申请权和专利权属于共同发明人或共同设计人，但另有协议的除外。

3. 外国人、外国企业或者外国组织

外国人、外国企业或者外国组织的发明创造在我国申请专利权，若在我国有居所或营业所的，可以享受国民待遇；没有居所或营业所的，可以依照其所属国同我国签订的协议或共同参加的国际条约或互惠原则，给予国民待遇。

（二）专利权的客体

专利权的客体是指专利权所指向的对象，指依法可以取得专利权的发明创造。各国专利法都根据本国的经济科技发展状况确定其专利法的保护范围。我国专利法所指的发明创造包括发明、实用新型和外观设计。

1. 发明

专利法所称的发明是指对产品、方法或者其改造所提出的新的技术方案。基于这一定义，发明可以分为产品发明和方法发明。产品发明是指人工制造的各种新物品的发明；方法发明是指把一种对象改造为另一种对象所用的手段的发明，包括制造产品方法、使用产品方法等发明。

2. 实用新型

它是指对产品的形状、构造或者其结合所提出的适于实用的新的技术方案。实用新型仅仅指具有一定形状的物品发明，并且对产品的创造性要求较低。

3. 外观设计

它是指对产品的形状、图案或者其结合以及色彩与形状、图案的结合所作出的富有美感并适于工业应用的新设计。外观设计不涉及产品的设计技术和制造技术，仅仅美化产品的外表和形状。

根据我国《专利法》，对下列各项不授予专利权：科学发现；智力活动的规则和方法；疾病的诊断和治疗方法；动物和植物品种；用原子核变换方法获得的物质对平面印刷品的图案、色彩或者二者的结合作出的主要起标识作用的设计。

三、专利权人的权利和义务

（一）专利权人的权利

1. 独占权

专利权人享有自己制造、使用和销售其专利权产品，或者使用其专利权方法的权利。未经专利权人许可或者依照法律规定，他人不得实施其专利。

2. 转让权

专利权和专利申请权都可以转让。我国单位或个人向外国人转让专利权的，必须经国务院专利行政部门批准；转让专利权，当事人应当订立书面合同，并经国务院专利行政部门登记和公告后生效。

3. 许可权

专利权人享有许可他人实施其专利并收取使用费的权利，但必须订立书面实施许可合同，被许可人无权允许合同规定以外的任何单位或个人实施该专利。

4. 排除侵害权

专利权人享有在其专利权受到侵害时，请求专利管理机关进行处理，或者直接向人民法院起诉的权利。

5. 投资权

专利权人有权将其专利作价投资，投资作价由双方协商议定。

6. 标记权

专利权人有权在专利产品或者该产品的包装上标明专利标记和专利号。发明人或设计人无论是否是专利权人，都有权在专利文件上写明自己是发明人或者设计人。

7. 放弃专利权的权利

专利权人有权以书面声明形式放弃其专利权。

（二）专利权人的义务

1. 实施专利发明的义务

专利权人负有自己在中国制造其专利产品、使用其专利方法或者许可他人在中国制造其专利产品、使用其专利方法的义务。一项专利发明只有经过实施才能转换为生产力。

2. 缴纳专利年费的义务

专利权人应从取得专利权的当年开始缴纳专利年费，不按规定缴纳年费的，专利权应予终止。

3. 给予报酬或奖励的义务

职务发明创造取得专利后，作为专利权人的单位有向发明人或设计人给予报酬或奖励的义务。

（三）专利实施的强制许可

专利实施的强制许可是指依照法定的条件，不需经过专利权人同意由国家专利管理机关授权而实施其专利。强制许可主要是防止专利权人不实施其专利又不允许他人实施其专利，从而妨碍科技与经济的发展。我国《专利法》将强制许可分为三类：

1. 不实施时的强制许可

在下列两种情况下，国务院专利行政部门根据具备实施条件的单位或者个人的申请，可以给予实施发明专利或者实用新型专利的强制许可：一是专利权人自专利权被授予之日起满 3 年，且自提出专利申请之日起满 4 年，无正当理由未实施或者未充分实施其专利的；二是专利权人行使专利权的行为被依法认定为垄断行为，为消除或者减少该行为对竞争产生的不利影响的。

2. 根据公共利益需要的许可

在国家出现紧急状态或者非常情况时，或者为了公共利益的目的，国务院专利行政部门可以给予实施发明专利或者实用新型专利的强制许可。为了公共健康目的，对取得专利权的药品，国务院专利行政部门可以给予制造并将其出口到符合中华人民共和国参加的有关国际条约规定的国家或者地区的强制许可。

3. 从属专利的强制许可

一项取得专利权的发明或者实用新型比前已经取得专利权的发明或者实用新型具有显著经济意义的重大技术进步，其实施又有赖于前一发明或者实用新型的实施的，国务院专利行政部门根据后一专利权人的申请，可以给予实施前一发明或者实用新型的强制许可。在上述给予实施强制许可的情形下，国务院专利行政部门根据前一专利权人的申请，也可以给予实施后一发明或者实用新型的强制许可。

取得实施强制许可的单位或者个人不享有独占的实施权，并且无权允许他人实施。取得实施强制许可的单位或者个人应当付给专利权人合理的使用费，或者依照中华人民共和国参加的有关国际条约的规定处理使用费问题。付给使用费的，其数额由双方协商；双方不能达成协议的，由国务院专利行政部门裁决。

四、授予专利权的条件

（一）授予发明和实用新型专利权的条件

根据《专利法》第二十二条规定，授予专利权的发明和实用新型，应当具备新颖性、创造性和实用性。

1. 新颖性

新颖性是指该发明或者实用新型不属于现有技术；也没有任何单位或者个人就同样的发明或者实用新型在申请日以前向国务院专利行政部门提出过申请，并记载在申请日以后公布的专利申请文件或者公告的专利文件中。

申请专利的发明创造在申请日以前6个月内，有下列情形之一的，不丧失新颖性：在中国政府主办或者承认的国际展览会上首次展出的；在规定的学术会议或者技术会议上首次发表的；他人未经申请人同意而泄露其内容的。

2. 创造性

创造性是指与现有技术相比，该发明具有突出的实质性特点和显著的进步，该实用新型具有实质性特点和进步。

3. 实用性

实用性是指该发明或者实用新型能够制造或者使用，并且能够产生积极效果。

《专利法》所称现有技术，是指申请日以前在国内外为公众所知的技术。

（二）授予外观设计专利权的条件

根据《专利法》第二十三条规定，授予专利权的外观设计，应当不属于现有设计；也没有任何单位或者个人就同样的外观设计在申请日以前向国务院专利行政部门提出过申请，并记载在申请日以后公告的专利文件中。授予专利权的外观设计与现有设计或者现有设计特征的组合相比，应当具有明显区别。授予专利权的外观设计不得与他人在申请日以前已经取得的合法权利相冲突。《专利法》所称现有设计，是指申请日以前在国内外为公众所知的设计。

五、取得专利权的程序

（一）专利的申请

1. 专利申请的原则

（1）申请在先原则。它是指谁先申请将来专利权就授予谁。两个以上的申请人在同一天分别就同样的发明创造申请专利的，自行协商确定申请人；如果协商不成，或者有一方不愿协商，专利局将驳回所有申请人的申请。国务院专利行政部门收到专利申请文件之日为申请日。如果申请文件是邮寄的，以寄出的邮戳日为申请日。

（2）一项发明一项专利原则。一项发明或者实用新型专利申请应当限于一项发明或者实用新型。属于一个总的发明构思的两项以上的发明或者实用新型，可以作为一项申请提出。一项外观设计专利申请应当限于一项外观设计。同一产品两项以上的相似外观设计，或者用于同一类别并且成套出售或者使用的产品的两项以上外观设计，可以作为一项申请提出。

（3）优先权原则。申请人自发明或者实用新型在外国第一次提出专利申请之日起12个月内，或者自外观设计在外国第一次提出专利申请之日起6个月内，又在中国就相同主题提出专利申请的，依照该外国同中国签订的协议或者共同参加的国际条约，或者依照相互承认优先权的原则，可以享有优先权。申请人自发明或者实用新型在中国第一次提出专利申请之日起12个月内，又向国务院专利行政部门就相同主题提出专利申请的，可以享有优先权。《专利法》第三十条规定，申请人要求优先权的，应当在申请的时候提出书面声明，并且在3个月内提交第一次提出的专利申请文件的副本；未提出书面声明或者逾期未提交专利申请文件副本的，视为未要求优先权。

2. 专利申请的文件

申请发明或者实用新型专利的，应当提交请求书、说明书及其摘要和权利要求书等文件。请求书应当写明发明或者实用新型的名称，发明人的姓名，申请人姓名或者名称、地址，以及其他事项。说明书应当对发明或者实用新型作出清楚、完整的说明，以所属技术领域的技术人员能够实现为准；必要的时候，应当有附图。摘要应当简要说明发明或者实用新型的技术要点。权利要求书应当以说明书为依据，清楚、简要地限定要求专利保护的范围。依赖遗传资源完成的发明创造，申请人应当在专利申请文件中说明该遗传资源的直接来源和原始来源；申请人无法说明原始来源的，应当陈述理由。

申请外观设计专利的，应当提交请求书、该外观设计的图片或者照片以及对该外观设计的简要说明等文件。申请人提交的有关图片或者照片应当清楚地显示要求专利保护的产品的外观设计。

（二）专利申请的审批

1. 发明专利的审批程序

（1）形式审查。国务院专利行政部门收到发明专利申请后，经初步审查认为符合《专利法》要求的，自申请日起满18个月，即行公布。国务院专利行政部门可以根据申请人的请求早日公布其申请。

（2）实质审查。发明专利申请自申请日起3年内，国务院专利行政部门可以根据申请人随时提出的请求，对其申请进行实质审查；申请人无正当理由逾期不请求实质审查的，该申请即被视为撤回。国务院专利行政部门认为必要的时候，可以自行对发明专利申请进行实质审查。发明专利的申请人请求实质审查的时候，应当提交在申请日前与其发明有关的参考资料。发明专利已经在外国提出过申请的，国务院专利行政部门可以要求申请人在指定期限内提交该国为审查其申请进行检索的资料或者审查结果的资料；无正当理由逾期不提交的，该申请即被视为撤回。

国务院专利行政部门对发明专利申请进行实质审查后，认为不符合《专利法》规定的，应当通知申请人，要求其在指定的期限内陈述意见，或者对其申请进行修改；无正当理由逾期不答复的，该申请即被视为撤回。发明专利申请经申请人陈述意见或者进行修改后，国务院专利行政部门仍然认为不符合《专利法》规定的，应当予以驳回。

（3）授予发明专利权。发明专利申请经实质审查没有发现驳回理由的，由国务院专利行政部门作出授予发明专利权的决定，发给发明专利证书，同时予以登记和公告。发明专利权自公告之日起生效。

2. 实用新型和外观设计专利的审批

实用新型和外观设计专利申请经初步审查没有发现驳回理由的，由国务院专利行政部门作出授予实用新型专利权或者外观设计专利权的决定，发给相应的专利证书，同时予以登记和公告。实用新型专利权和外观设计专利权自公告之日起生效。

（三）专利申请的复审

国务院专利行政部门设立专利复审委员会。专利申请人对国务院专利行政部门驳回申请的决定不服的，可以自收到通知之日起3个月内，向专利复审委员会请求复审。专利复审委员会复审后，作出决定，并通知专利申请人。专利申请人对专利复审委员会的复审决定不服的，可以自收到通知之日起3个月内向人民法院起诉。

六、专利权的期限、终止和无效

（一）专利权的期限

专利权的保护具有时间限制，超过法律规定的有效期，专利权就自行消灭。根据我国《专利法》，发明专利权的期限为20年，实用新型专利权和外观设计专利权的期限为10年，均自申请日起计算。

（二）专利权的终止

专利权在期限届满时自然终止，专利权在期限届满前终止的为提前终止。专利权在期限届满前终止包括两种情况：一是没有按照规定缴纳年费的；二是专利权人以书面声明放弃其专利权的。专利权在期限届满前终止的，由国务院专利行政部门登记和公告。

（三）专利权的无效

自国务院专利行政部门公告授予专利权之日起，任何单位或者个人认为该专利权的授予不符合《专利法》有关规定的，可以请求专利复审委员会宣告该专利权无效。

专利复审委员会对宣告专利权无效的请求应当及时审查和作出决定，并通知请求人和专利权人。宣告专利权无效的决定，由国务院专利行政部门登记和公告。对专利复审委员会宣告专利权无效或者维持专利权的决定不服的，可以自收到通知之日起3个月内向人民法院起诉。人民法院应当通知无效宣告请求程序的对方当事人作为第三人参加诉讼。

宣告无效的专利权视为自始即不存在。宣告专利权无效的决定，对在宣告专利权无效前人民法院作出并已执行的专利侵权的判决、调解书，已经履行或者强制执行的专利侵权纠纷处理决定，以及已经履行的专利实施许可合同和专利权转让合同，不具有追溯力。但是因专利权人的恶意给他人造成的损失，应当给予赔偿。依照上述规定不返还专利侵权赔偿金、专利使用费、专利权转让费，明显违反公平原则的，应当全部或者部分返还。

七、专利权的法律保护

（一）专利侵权

在专利权的有效期限内，任何单位和个人未经专利权人许可而实施其专利，触犯其专利权的保护范围的，构成专利侵权行为。发明或者实用新型专利权的保护范围以其权利要求的内容为准，说明书及附图可以用于解释权利要求。外观设计专利权的保护范围以表示在图片或者照片中的该外观设计专利产品为准。

未经专利权人许可，实施其专利，即侵犯其专利权，引起纠纷的，由当事人协商解决；不愿协商或者协商不成的，专利权人或者利害关系人可以向人民法院起诉，也可以请求管理专利工作的部门处理。管理专利工作的部门处理时，认定侵权行为成立的，可以责令侵权人立即停止侵权行为，当事人不服的，可以自收到处理通知之日起15日内依照《行政诉讼法》向人民法院起诉；侵权人期满不起诉又不停止侵权行为的，管理专利工作的部门可以申请人民法院强制执行。进行处理的管理专利工作的部门应当事人的请求，可以就侵犯专利权的赔偿数额进行调解；调解不成的，当事人可以依照《民事诉讼法》向人民法院起诉。

专利侵权纠纷涉及新产品制造方法的发明专利的，制造同样产品的单位或者个人应当提供其产品制造方法不同于专利方法的证明。专利侵权纠纷涉及实用新型专利或者外观设计专利的，人民法院或者管理专利工作的部门可以要求专利权人或者利害关系人出具由国务院专利行政部门对相关实用新型或者外观设计进行检索、分析和评价后作出的专利权评价报告，作为审理、处理专利侵权纠纷的证据。在专利侵权纠纷中，被控侵权人有证据证明其实施的技术或者设计属于现有技术或者现有设计的，不构成侵犯专利权。

侵犯专利权的诉讼时效为2年，自专利权人或者利害关系人得知或者应当得知侵权行为之日起计算。发明专利申请公布后至专利权授予前使用该发明未支付适当使用费的，专利权人要求支付使用费的诉讼时效为2年，自专利权人得知或者应当得知他人使用其发明之日起计算，但是专利权人于专利权授予之日前即已得知或者应当得知的，自专利权授予之日起计算。

（二）专利侵权例外

有下列情形之一的，不视为侵犯专利权：专利产品或者依照专利方法直接获得的产品，由专利权人或者经其许可的单位、个人售出后，使用、许诺销售、销售、进口该产品的；在专利申请日前已经制造相同产品、使用相同方法或者已经作好制造、使用的必要准备，并且仅在原有范围内继续制造、使用的；临时通过中国领陆、领水、领空的外国运输工具，依照其所属国同中国签订的协议或者共同参加的国际条约，或者依照互惠原则，为运输工具自身需要而在其装置和设备中使用有关专利的；专为科学研究和实验而使用有关专利的；为提供行政审批所需要的信息，制造、使用、进口专利药品或者专利医疗器械的，以及专门为其制造、进口专利药品或者专利医疗器械的。

（三）对专利侵权行为的法律制裁

我国《专利法》规定，针对专利侵权的不同情形，分别追究其行政责任、民事责任或刑事责任。

假冒专利的，除依法承担民事责任外，由管理专利工作的部门责令改正并予公告，没收违法所得，可以并处违法所得 4 倍以下的罚款；没有违法所得的，可以处 20 万元以下的罚款；构成犯罪的，依法追究刑事责任。

管理专利工作的部门根据已经取得的证据，对涉嫌假冒专利行为进行查处时，可以询问有关当事人，调查与涉嫌违法行为有关的情况；对当事人涉嫌违法行为的场所实施现场检查；查阅、复制与涉嫌违法行为有关的合同、发票、账簿以及其他有关资料；检查与涉嫌违法行为有关的产品，对有证据证明是假冒专利的产品，可以查封或者扣押。管理专利工作的部门依法行使法定职权时，当事人应当予以协助、配合，不得拒绝、阻挠。

侵犯专利权的赔偿数额按照权利人因被侵权所受到的实际损失确定；实际损失难以确定的，可以按照侵权人因侵权所获得的利益确定。权利人的损失或者侵权人获得的利益难以确定的，参照该专利许可使用费的倍数合理确定。赔偿数额还应当包括权利人为制止侵权行为所支付的合理开支。权利人的损失、侵权人获得的利益和专利许可使用费均难以确定的，人民法院可以根据专利权的类型、侵权行为的性质和情节等因素，确定给予 1 万元以上 100 万元以下的赔偿。

专利权人或者利害关系人有证据证明他人正在实施或者即将实施侵犯专利权的行为，如不及时制止将会使其合法权益受到难以弥补的损害的，可以在起诉前向人民法院申请采取责令停止有关行为的措施。申请人提出申请时，应当提供担保；不提供担保的，驳回申请。人民法院应当自接受申请之时起 48 小时内作出裁定；有特殊情况需要延长的，可以延长 48 小时。裁定责令停止有关行为的，应当立即执行。当事人对裁定不服的，可以申请复议 1 次；复议期间不停止裁定的执行。申请人自人民法院采取责令停止有关行为的措施之日起 15 日内不起诉的，人民法院应当解除该措施。申请有错误的，申请人应当赔偿被申请人因停止有关行为所遭受的损失。

为了制止专利侵权行为，在证据可能灭失或者以后难以取得的情况下，专利权人或者利害关系人可以在起诉前向人民法院申请保全证据。人民法院采取保全措施，可以责令申请人提供担保；申请人不提供担保的，驳回申请。人民法院应当自接受申请之时起 48 小时内作出裁定；裁定采取保全措施的，应当立即执行。申请人自人民法院采取保全措施之日起 15 日内不起诉的，人民法院应当解除该措施。

第三节　商标法

一、商标和商标法

（一）商标的概念

商标是商品和商业服务的标记，即商品的经营者和服务者用以标明自己所生产或销售的商品，或自己所提供的服务，与其他经营者生产或销售的同类商品或提供的同类服务相区别的标记。

商标可以从不同的角度进行分类。以下是常见的分类：

1. 文字商标、图形商标和组合商标

以商标的结构为标准，可以分为文字商标、图形商标和组合商标。文字商标是指以文字组成的商标，可以使用汉字、汉字拼音，也可以使用外国文字；图形商标是指以图形构成的商标；组合商标是指以文字和图形构成的商标，要求文字图形协调一致，整个图案构成统一整体。

2. 商品商标、服务商标、集体商标和证明商标

以商标的使用对象为标准，可以分为商品商标、服务商标、集体商标和证明商标。集体商标是指以团体、协会或者其他组织名义注册，供该组织成员在商事活动中使用，以表明使用者在该组织中的成员资格的标志；证明商标是指由对某种商品或者服务具有监督能力的组织所控制，而由该组织以外的单位或者个人使用于其商品或者服务，用以证明该商品或者服务的原产地、原料、制造方法、质量或者其他特定品质的标志；商品商标是指区别商品的特定标记，使用于商品生产者或销售者经营的商品上；服务商标是指区别商业服务的特定标记，其使用对象为特定的商业服务。

3. 注册商标和非注册商标

以商标是否注册为标准，可以分为注册商标和非注册商标。注册商标是指经商标局依法核准注册并刊登在商标公告上的商标，注册商标的商标注册人依法享有商标的专用权；非注册商标是指未经商标局核准注册的商标，非注册商标虽然可以使用，但不享有商标专用权。

（二）商标法的概念

商标法是调整在商标注册、使用、管理、转让和保护过程中发生的社会关系的法律规范的总称。我国于1982年8月23日第五届全国人民代表大会第二十四次会议通过了《商标法》，自1983年3月1日起施行。1983年3月10日，国务院发布《商标法实施细则》。1993年2月22日，第七届全国人民代表大会常务委员会第三十次会议通过了《关于修改〈商标法〉的决定》。修正后的《商标法》自1993年7月1日起施行。1993年7月，国务院批准了第二次修订的《商标法实施细则》，7月28日由国家工商行政管理局发布施行。2001年10月27日，第九届全国人大常务委员会第二十四次会议对《商标法》进行了第二次修正，自2001年12月1日起施行。

二、商标权的主体和客体

（一）商标权的主体

商标权的主体是指可以申请商标注册并享有商标专用权的单位和个人。根据我国《商标法》的规定，商标注册申请人必须是依法成立的企业、具有法人资格的事业单位、个体工商户、社会团体、个人合伙。外国人或者外国企业在中国申请商标注册的，应当按其所属国和中华人民共和国签订的协议或者共同参加的国际条约办理，或者按对等原则办理。

自然人、法人或者其他组织对其生产、制造、加工、拣选或者经销的商品，需要取得商标专用权的，应当向商标局申请商品商标注册。自然人、法人或者其他组织对其提供的服务项目，需要取得商标专用权的，应当向商标局申请服务商标注册。

（二）商标权的客体

商标权的客体是指注册商标。商标应当便于识别，并不得与他人在先取得的合法权利相冲突，无论使用文字商标、图形商标还是组合商标。

根据我国《商标法》第十条的规定，下列标志不得作为商标使用：同中华人民共和国的国家名称、国旗、国徽、军旗、勋章相同或者近似的，以及同中央国家机关所在地特定地点的名称或者标志性建筑物的名称、图形相同的；同外国的国家名称、国旗、国徽、军旗相同或者近似的，但该国政府同意的除外；同政府间国际组织的名称、旗帜、徽记相同或者近似的，但经该组织同意或者不易误导公众的除外；与表明实施控制、予以保证的官方标志、检验印记相同或者近似的，但经授权的除外；同“红十字”、“红新月”的名称、标志相同或者近似的；带有民族歧视性的；夸大宣传并带有欺骗性的；有害于社会主义道德风尚或者有其他不良影响的。县级以上行政区划的地名或者公众知晓的外国地名，不得作为商标。但是，地名具有其他含义或者作为集体商标、证明商标组成部分的除外；已经注册的使用地名的商标继续有效。

根据我国《商标法》第十一条的规定，下列标志不得作为商标注册：仅有本商品的通用名称、图形、型号的；仅仅直接表示商品的质量、主要原料、功能、用途、重量、数量及其他特点的；缺乏显著特征的。如果这些标志经过使用取得显著特征，并便于识别的，可以作为商标注册。

此外，就相同或者类似商品申请注册的商标是复制、模仿或者翻译他人未在中国注册的驰名商标，容易导致混淆的，不予注册并禁止使用。就不相同或者不相类似商品申请注册的商标是复制、模仿或者翻译他人已经在中国注册的驰名商标，误导公众，致使该驰名商标注册人的利益可能受到损害的，不予注册并禁止使用。

三、商标权人的权利和义务

（一）商标权人的权利

1. 专用权

商标专用权是指商标权人对其注册商标享有独占的使用权。商标专有权人有权在其注册商标所核定的商品、包装及其装潢上使用该商标，有权通过使用商标获得收益。

2. 转让权

注册商标是一种无形财产，商标权人有权依法将其商标转让给他人并获得收益。商标转让须经商标局核准后予以公告。

3. 许可权

商标权人有权许可他人使用其商标，但应当订立书面合同。许可人应当监督被许可人使用其注册商标的商品质量，被许可人必须在商品上标明商标权人名称和商品的产地。

4. 续展权

注册商标有效期满，商标权人需要继续使用的，可以在期满前6个月内申请续展注册；如果在此期间未能提出申请的，还可以给予6个月的宽展期。

5. 请求保护权

当注册商标专用权被侵犯时，商标权人有权请求工商局和人民法院给予保护。

（二）商标权人的义务

商标权人有依法缴纳各项商标费用的义务；商标权人有保证注册商标商品的质量，不粗制滥造、以次充好、欺骗消费者的义务；商标权人应依法使用注册商标，不得自行改变注册的文字、图形或组合；不得自行改变注册人的名称、地址或其他注册事项；不得自行转让注册商标；不得连续3年停止使用注册商标。

四、商标注册

商标注册，是指商标使用人将其使用的商标依照《商标法》以及《商标法实施细则》规定的注册条件、程序，向商标管理机关提出注册申请，经商标局依法审核批准后，载入商标注册簿，发给商标注册证，并予公告，从而授予注册申请人以商标专用权的法律活动。

（一）商标注册的申请

商品和服务项目都可以被申请注册商标。在注册办法上，采用自愿注册的原则。但对于国家规定必须使用注册商标的商品，如人用药品、烟草制品，以及必须使用注册商标的其他商品等，必须使用注册商标。我国商标注册申请采用“一类商品、一个商标、一份申请”的原则。如果同一申请人在不同类别商品上使用同一商标的，应当按商品分类表分别提出申请。如果注册商标需要扩大使用到同类其他商品上，也应当另行提出申请。申请人应当向所在地市、县工商行政管理局提出申请，外国国民必须委托国务院指定的机构代理申请。

（二）商标注册的审批

1. 商标注册的审核原则

根据我国《商标法》的规定，两个或两个以上的申请人，在同一种商品或类似商品上，以相同或近似的商标申请注册的，初步审查并公告申请在先的商标，即申请在先原则；同一天申请的，初步审定并公告使用在先的商标，即使用在先原则。申请商标注册不得损害他人现有的在先权利，也不得以不正当手段抢先注册他人已经使用并有一定影响的商标。

2. 商标注册的审核程序

（1）初步审查。商标局对受理的申请，依照商标法进行审查。其中审查包括形式审查和实质审查。形式审查也就是初步审查，主要就商标注册的申请是否具备法定的条件、手续进行审查，审查内容包括商标注册申请人的申请资格、申请日期、申请注册商标的商品使用范围是否为一类商品一份申请、商标申请有关的文件、商标图样和申请注册费用是否齐全等。实质审查主要是对申请注册的商标的文字、图形的含义及其客观效果进行实质性的审查。实质审查的内容有：商标是否具有显著特征；商标是否违背商标法规定的禁用条款；商标是否与他人在同一种或类似商品上已注册或已初步审定予以公告的商标混同；商标同商品结合起来是否有不良的客观效果等。

（2）批准。初步审定的商标，自公告之日起 3 个月内任何人都可以提出异议。如果 3 个月之内没有异议，或者异议不成立的，给予核准注册并予以公告。经过商标局核准注册并刊登在商标公告上的商标称为注册商标。

五、注册商标的期限和续展

商标注册的期限是指注册商标具有法律效力的持续期间。注册商标专用权具有时间性。根据我国《商标法》规定，注册商标有效期为 10 年，从商标核准注册之日起计算。这是指商标专用权的有效期限，在有效期限内商标专用权受到法律保护，超过期限，又未申请续展的，即丧失该注册商标的专用权。

注册商标的续展，即延长注册商标的有效期限，继续保护商标专用权的效力。《商标法》第三十八条规定，注册商标有效期满，需要继续使用的，应当在期满前 6 个月内申请续展注册；在此期间未能提出申请的，可以给予 6 个月的宽展期。宽展期满仍未提出申请的，注销其注册商标。每次续展注册的有效期为 10 年。超过宽限期不申请续展注册的，即丧失商标专用权。商标专用权人可以多次申请续展。

六、商标使用的管理

（一）对注册商标的管理

对注册商标的管理是指商标局对注册商标依法实施管理的行为。根据《商标法》第四十四条规定，使用注册商标，有下列行为之一的，由商标局责令限期改正或者撤销其注册商标：自行改变注册商标的；自行改变注册商标的注册人名义、地址或者其他注册事项的；自行转让注册商标的；连续 3 年停止使用的。

使用注册商标，其商品粗制滥造、以次充好、欺骗消费者的，由各级工商行政管理部门区分不同情况，责令限期改正，并可以予以通报或者处以罚款，或者由商标局撤销其注册商标。注册商标被撤销的或者期满不再续展的，自撤销或者注销之日起 1 年内，商标局对与该商标相同或者近似的商标注册申请，不予核准。

已经注册的商标，违反《商标法》第十条、第十一条、第十二条规定的，或者是以欺骗手段或者其他不正当手段取得注册的，由商标局撤销该注册商标；其他单位或者个人可以请求商标评审委员会裁定撤销该注册商标。

已经注册的商标，违反《商标法》第十三条、第十五条、第十六条、第三十一条规定的，自商标注册之日起5年内，商标所有人或者利害关系人可以请求商标评审委员会裁定撤销该注册商标。对恶意注册的，驰名商标所有人不受5年的时间限制。

国家规定必须使用注册商标的商品，必须申请商标注册，未经核准注册的，不得在市场销售。如果违反这一规定，由地方工商行政管理部门责令限期申请注册，可以并处罚款。

（二）对未注册商标的管理

对未注册商标的管理是指商标局对未注册商标依法实施管理的行为。根据《商标法》第四十八条规定，使用未注册商标，有下列行为之一的，由地方工商行政管理部门予以制止，限期改正，并可以予以通报或者处以罚款：冒充注册商标的；违反《商标法》第十条规定的；粗制滥造、以次充好、欺骗消费者的。

（三）对商标标识的管理

对商标标识的管理是指商标管理机关依法对商标标识进行管理的行为。任何人不得非法印制或者买卖商品标识。如果违反这一规定，则由工商行政管理机关予以制止，收缴其商标标识，并可根据情节处以非法经营额20%以下的罚款；销售自己商标标识的，商标局可以撤销其注册商标；但属于侵犯注册商标专用权的，则按照侵权的有关规定处理。

对商标局撤销注册商标的决定，当事人不服的，可以自收到通知之日起15日内向商标评审委员会申请复审，由商标评审委员会做出决定，并书面通知申请人。当事人对商标评审委员会的决定不服的，可以自收到通知之日起30日内向人民法院起诉。

（四）对注册商标使用许可的管理

对注册商标使用许可的管理是指商标管理机关依法对已经注册而许可他人使用所实施的管理行为。商标注册人许可他人使用其注册商标，必须签订商标使用许可合同。许可人应当在规定期限内，将许可合同副本交送其所在地县级工商行政管理机关存查，由许可人所在地县级工商行政管理机关报送商标局备案。如果违反这一规定，则由工商行政管理机关责令限期改正；拒不改正的，由许可人所在地工商行政管理机关报请商标局撤销该注册商标，并收缴被许可人的商标标识。

七、注册商标专用权的法律保护

（一）商标侵权行为

他人以盈利为目的，未经商标专用权人的许可而擅自使用其已经注册的商标的行为。根据《商标法》第五十二条规定，有下列行为之一的，均属侵犯注册商标专用权：未经商标注册人的许可，在同一种商品或者类似商品上使用与其注册商标相同或者近似的商标的；销售侵犯注册商标专用权的商品的；伪造、擅自制造他人注册商标标识或者销售伪造、擅自制造的注册商标标识的；未经商标注册人同意，更换其注册商标并将该更换商标的商品又投入市场的；给他人的注册商标专用权造成其他损害的。

此外，我国《商标法实施细则》规定，有下列行为之一的，属于侵犯注册商标专用权的行为：经销明知或者应知是侵犯他人注册商标专用权商品的；在同一种或者类似商品上，将与他人注册商标相同或者近似的文字、图形作为商品名称或者商品装潢使用，并足以造成误认的；故意为侵犯他人注册商标专用权行为提供仓储、运输、邮寄、隐匿等便利条件的。

（二）注册商标专用权的法律保护

当注册商标专用权被侵害时，由当事人协商解决；不愿协商或者协商不成的，商标注册人或者利害关系人可以向人民法院起诉，也可以请求工商行政管理部门处理。工商行政管理部门处理时，认定侵权行为成立的，责令立即停止侵权行为，没收、销毁侵权商品和专门用于制造侵权商品、伪造注册商标标识的工具，并可处以罚款。当事人对处理决定不服的，可以自收到处理通知之日起 15 日内依照《行政诉讼法》向人民法院起诉；侵权人期满不起诉又不履行的，工商行政管理部门可以申请人民法院强制执行。进行处理的工商行政管理部门根据当事人的请求，可以就侵犯商标专用权的赔偿数额进行调解；调解不成的，当事人可以依照《民事诉讼法》向人民法院起诉。

根据《商标法》的规定，对侵权人应追究的法律责任有民事责任、行政责任和刑事责任。

1. 民事责任

他人侵犯商标专用权的，商标权人可以直接向人民法院起诉，要求侵权人停止侵害，消除影响，赔偿损失。侵犯商标专用权的赔偿数额，为侵权人在侵权期间因侵权所获得的利益，或者被侵权人在被侵权期间因被侵权所受到的损失，包括被侵权人为制止侵权行为所支付的合理开支。这里所称侵权人因侵权所得利益，或者被侵权人因被侵权所受损失难以确定的，由人民法院根据侵权行为的情节判决给予 50 万元以下的赔偿。销售不知道是侵犯注册商标专用权的商品，能证明该商品是自己合法取得的并说明提供者的，不承担赔偿责任。

2. 行政责任

对侵犯注册商标专用权的，任何人可以向侵权人所在地或者侵权行为地县级以上工商行政管理机关控告或者检举。对侵犯注册商标专用权的，工商行政管理机关有权责令立即停止销售、收缴并销毁侵权商标标识、消除现存商品上的侵权商标、收缴直接专门用于商标侵权的模具和印板等作案工具。对侵犯注册商标专用权，尚未构成犯罪的，工商行政管理机关可根据情节处以非法经营额 50% 以下或者侵权所获利润 5 倍以下的罚款。对侵犯注册商标专用权的单位的直接责任人员，工商行政管理机关可根据情节处以 1 万元以下的罚款。

3. 刑事责任

侵犯他人注册商标专用权情节严重的，构成侵犯知识产权罪，将受到法律的严厉惩罚。我国《商标法》第五十九条规定，未经商标注册人许可，在同一种商品上使用与其注册商标相同的商标，构成犯罪的，除赔偿被侵权人的损失外，依法追究刑事责任。伪造、擅自制造他人注册商标标识或者销售伪造、擅自制造的注册商标标识，构成犯罪的，除赔偿被侵权人的损失外，依法追究刑事责任。销售明知是假冒注册商标的商品，构成犯罪的，除赔偿被侵权人的损失外，依法追究刑事责任。

第四节 著作权法

一、著作权的概念

著作权是指作者或其他著作权人对文学、艺术和科学作品所享有的各项专有权利的总称。著作权通常有狭义和广义之分：狭义的著作权仅指作者对其作品依法享有的权利；广义的著作权既包括狭义的著作权内容，还包括著作邻接权，即作品传播者依法享有的权利，如艺术表演者的权利、录音录像制品制作者的权利、广播电视组织的权利、图书和报刊出版者的权利等。我国著作权法采用广义著作权的概念。

从上述概念可以看出：第一，著作权的主体是著作权人，即依法享有著作权的人。第二，著作权的客体是基于创作活动而产生的作品，即通过人的思维的分析、概括而产生的，以一定形式表现出来的脑力劳动成果。第三，著作权的内容是兼具财产权和人身权内容的专有权利。

著作权作为知识产权中的一种，除了具有知识产权的一般特征外，还具有以下特点：第一，著作权的内容具有丰富性和复杂性。著作权中所包含的人身权和财产权方面的具体内容比较多：从人身权上看，主要有署名权、发表权、修改权、保护作品完整权等；从财产权上看，主要有复制权、发行权、获得报酬权、演绎权等。同时，由著作权客体的多样性和广泛性所决定，不同的著作权的内容又不尽相同，具有复杂性。第二，著作权的产生和保护具有自动性。作品一经创作产生，不论是否发表，著作权即自动产生，开始受著作权法保护。

二、著作权的主体与归属

（一）著作权的主体

著作权的主体，也称著作权人，是指依法对文学、艺术和科学作品享有著作权的人。《著作权法》第九条规定："著作权人包括：作者；其他依照本法享有著作权的公民、法人或者其他组织。"

1. 作者

作者即指创作作品的人，包括公民和法人或者其他组织。

判断作者的标准是看其有无参加作品的创作。创作是指直接产生文学、艺术和科学作品的智力活动。为他人创作从事组织工作，提供咨询意见、物质条件或者其他辅助活动，不是创作作品的人。由法人或者其他组织主持，代表法人或者其他组织意志创作，并由法人或者其他组织承担责任的作品，法人或者其他组织视为作者。如无相反证明，在作品上署名的公民、法人或者其他组织为作者。

2. 其他依照本法享有著作权的公民、法人或者其他组织

其他依照本法享有著作权的公民、法人或者其他组织简称其他著作权人。其他著作权

人取得著作权主要有以下两种情况：第一，因委托、转让或许可使用等合同取得著作权。第二，因继承、接受遗赠或承受等继受取得著作权。

（二）著作权的归属

1. 著作权归属的一般原则

著作权属于作者，法律另有规定的除外。

2. 演绎作品著作权的归属

改编、翻译、注释、整理已有作品而产生的作品，其著作权由改编、翻译、注释、整理人享有，但行使著作权时不得侵犯原作品的著作权。

3. 合作作品著作权的归属

两人以上合作创作的作品，著作权由合作作者共同享有。没有参加创作的人，不能成为合作作者。合作作品可以分割使用的，作者对各自创作的部分可以单独享有著作权，但行使著作权时不得侵犯合作作品整体的著作权。

4. 汇编作品著作权的归属

汇编若干作品、作品的片段或者不构成作品的数据或者其他材料，对其内容的选择或者编排体现独创性的作品，为汇编作品，其著作权由汇编人享有，但行使著作权时，不得侵犯原作品的著作权。

5. 影视作品著作权的归属

电影作品和以类似摄制电影的方法创作的作品著作权由制片者享有，但编剧、导演、摄影、作词、作曲等作者享有署名权，并有权按照与制片者签订的合同获得报酬。电影作品和以类似摄制电影的方法创作的作品中的剧本、音乐等可以单独使用的作品的作者有权单独行使其著作权。

6. 职务作品著作权的归属

公民为完成法人或者其他组织工作任务所创作的作品是职务作品，除《著作权法》第十六条第二款的规定以外，著作权由作者享有，但法人或者其他组织有权在其业务范围内优先使用。作品完成 2 年内，未经单位同意，作者不得许可第三人以与单位使用的相同方式使用该作品。

有下列情形之一的职务作品，作者享有署名权，著作权的其他权利由法人或者其他组织享有，法人或者其他组织可以给予作者奖励：主要是利用法人或者其他组织的物质技术条件创作，并由法人或者其他组织承担责任的工程设计图、产品设计图、地图、计算机软件等职务作品；法律、行政法规规定或者合同约定著作权由法人或者其他组织享有的职务作品。

7. 委托作品著作权的归属

受委托创作的作品，著作权的归属由委托人和受托人通过合同约定。合同未作明确约定或者没有订立合同的，著作权属于受托人。

8. 美术作品著作权的归属

美术等作品原件所有权的转移，不视为作品著作权的转移，但美术作品原件的展览权由原件所有人享有。

三、著作权的客体

著作权的客体是指《著作权法》保护的对象，即作品，是指文学、艺术和科学领域内具有独创性并能以某种形式复制的智力创作成果。其构成要件如下：

第一，智力创作成果。作品首先是一种智力成果，是智力劳动的结果。其次是一种创作成果。

第二，独创性。独创性是指作品是由作者创造性地独立完成的，而不是抄袭、剽窃、篡改他人作品。

第三，可复制性。即作品能够以一定的物质形式表现或固定下来，为他人所感知。

《著作权法》所称的作品，包括以下列形式创作的文学、艺术和自然科学、社会科学、工程技术等作品：文字作品；口述作品；音乐、戏剧、曲艺、舞蹈、杂技艺术作品；美术、建筑作品；摄影作品；电影作品和以类似摄制电影的方法创作的作品；工程设计图、产品设计图、地图、示意图等图形作品和模型作品；计算机软件；法律、行政法规规定的其他作品。

根据《著作权法》的规定，不适用于《著作权法》保护的对象有：法律、法规，国家机关的决议、决定、命令和其他具有立法、行政、司法性质的文件及其官方正式译文；时事新闻；历法、通用数表、通用表格和公式。

四、著作权的内容

根据《著作权法》的规定，著作权包括下列人身权和财产权：

（一）著作人身权

著作人身权，又称为精神权利，是作者基于作品依法享有的以人身利益为内容的权利。著作人身权具有永久性、不可分割性和不可剥夺性的特点。著作人身权包括：发表权，即决定作品是否公之于众的权利；署名权，即表明作者身份，在作品上署名的权利；修改权，即修改或者授权他人修改作品的权利；保护作品完整权，即保护作品不受歪曲、篡改的权利。

（二）著作财产权

著作财产权，是指著作权人自己使用或者授权他人以一定方式使用作品而获取财产利益的权利。著作财产权可以转让、继承或放弃。

著作财产权包括：复制权，即以印刷、复印、拓印、录音、录像、翻录、翻拍等方式将作品制作一份或者多份的权利；发行权，即以出售或者赠与方式向公众提供作品的原件或者复制件的权利；出租权，即有偿许可他人临时使用电影作品和以类似摄制电影的方法创作的作品、计算机软件的权利，计算机软件不是出租的主要标的的除外；展览权，即公开陈列美术作品、摄影作品的原件或者复制件的权利；表演权，即公开表演作品，以及用各种手段公开播送作品的表演的权利；放映权，即通过放映机、幻灯机等技术设备公开再现美术、摄影、电影和以类似摄制电影的方法创作的作品等的权利；广播权，即以无线方式公开广播或者传播作品，以有线传播或者转播的方式向公众传播广播的作品，以及通过扩音器或者其他传送符号、声音、图像的类似工具向公众传播广播的作品的权利；信息网络传播权，即以有线或者无线方式向公众提供作品，使公众可以在其个人选定的时间和地点获得作品的权利；摄制权，即以摄制电影或者以类似摄制电影的方法将作品固定在载体上的权利；改编权，即改变作品，创作出具有独创性的新作品的权利；翻译权，即将作品从一种语言文字转换成另一种语言文字的权利；汇编权，即将作品或者作品的片段通过选择或者编排，汇集成新作品的权利；应当由著作权人享有的其他权利。

著作权人可以许可他人行使上述规定的权利，并依照约定或者《著作权法》有关规定获得报酬。著作权人可以全部或者部分转让上述规定的权利，并依照约定或者《著作权法》有关规定获得报酬。

五、著作权的保护期限和限制

（一）著作权的保护期限

我国《著作权法》规定，作者的署名权、修改权、保护作品完整权的保护期不受限制。公民的作品财产权利的保护期为作者终生及其死亡后50年，截止于作者死亡后第50年的12月31日；如果是合作作品，截止于最后死亡的作者死亡后第50年的12月31日。

法人或者其他组织的作品、著作权（署名权除外）由法人或者其他组织享有的职务作品，其财产权利的保护期为50年，截止于作品首次发表后第50年的12月31日，但作品自创作完成后50年内未发表的，《著作权法》不再保护。

电影作品和以类似摄制电影的方法创作的作品、摄影作品，其财产权利的保护期为50年，截止于作品首次发表后第50年的12月31日，但作品自创作完成后50年内未发表的，《著作权法》不再保护。

（二）著作权的限制

根据我国《著作权法》，著作权的限制主要体现在以下两个方面：

1. 合理使用

在下列情况下使用作品，可以不经著作权人许可，不向其支付报酬，但应当指明作者姓名、作品名称，并且不得侵犯著作权人依法享有的其他权利：为个人学习、研究或者欣赏，使用他人已经发表的作品；为介绍、评论某一作品或者说明某一问题，在作品中适当引用他人已经发表的作品；为报道时事新闻，在报纸、期刊、广播电台、电视台等媒体中不可避免地再现或者引用已经发表的作品；报纸、期刊、广播电台、电视台等媒体刊登或者播放其他报纸、期刊、广播电台、电视台等媒体已经发表的关于政治、经济、宗教问题的时事性文章，但作者声明不许刊登、播放的除外；报纸、期刊、广播电台、电视台等媒体刊登或者播放在公众集会上发表的讲话，但作者声明不许刊登、播放的除外；为学校课堂教学或者科学研究，翻译或者少量复制已经发表的作品，供教学或者科研人员使用，但不得出版发行；国家机关为执行公务在合理范围内使用已经发表的作品；图书馆、档案馆、纪念馆、博物馆、美术馆等为陈列或者保存版本的需要，复制本馆收藏的作品；免费表演已经发表的作品，该表演未向公众收取费用，也未向表演者支付报酬；对设置或者陈列在室外公共场所的艺术作品进行临摹、绘画、摄影、录像；将中国公民、法人或者其他组织已经发表的以汉语言文字创作的作品翻译成少数民族语言文字作品在国内出版发行；将已经发表的作品改成盲文出版。

2. 法定许可使用

在下列情况下，可以不经著作权人同意有偿使用他人已经发表的作品：为实施九年制义务教育和国家教育规划而编写出版教科书，除作者事先声明不许使用的外，可以不经著作权人许可，在教科书中汇编已经发表的作品片段或者短小的文字作品、音乐作品或者单幅的美术作品、摄影作品，但应当按照规定支付报酬，指明作者姓名、作品名称，并且不得侵犯著作权人依法享有的其他权利。法定许可使用同样适用于对出版者、表演者、录音录像制作者、广播电台、电视台的权利的限制。

六、邻接权

邻接权，是指与著作权有关的权利，即作品传播者所享有的专有权利。具体而言是指作品的传播者以他人作品为基础进行表演或录制音像制品或者制作广播、电视节目等进行传播活动而依法享有的专有权利。根据我国《著作权法》规定，邻接权包括出版者权、表演者权、录音录像制作者权、广播组织权。

邻接权与著作权不同，两者的主要区别如下：第一，权利主体不同。著作权保护的主体是作品的创作者或依法取得著作权的人；邻接权保护的主体是以表演、录音录像或广播方式帮助作者传播作品的人员。后者在传播作品中，加入了自己的创造性劳动，改变了原作的表现形式。第二，权利客体不同。著作权的客体是作品；表演者权的客体是表演活动；录音录像制作者的权利的客体是其制作的录音录像制品；广播组织者的权利的客体是其制作的广播、电视节目。第三，权利内容不同。著作权包括著作人身权和著作财产权；邻接权不包括人身权（表演者权除外）。

本章小结

知识产权是指人们对于自己的智力活动创造的成果和经营管理活动中的标记、信誉依法享有的专有权利。在现代信息社会知识产权尤为重要。本章主要阐述了专利权、商标权和著作权，目的在于明细知识产权人及其相对人之间的权利义务关系，在保护知识产权的同时，又要避免知识产权的垄断。

关键术语和概念

知识产权　专利　专利权人　发明　实用新型　外观设计　新颖性　创造性　实用性　商标　商标权人　著作权　作品　合理使用　法定许可使用

案例分析

【案例1】

个体经营户王小小从事理发服务业，使用“一剪没”作为未注册商标长期使用，享有较高声誉。王小小通过签订书面合同许可其同一城区的表妹张薇薇使用“一剪没”商标从事理发业务。后张薇薇以自己的名义申请“一剪没”商标使用于理发业务并获得注册。

根据上述内容，回答下列问题：

请问个体经营户王小小怎样保护自己的权益？

【答案及解析】

《商标法》第四十一条第二款规定，已经注册的商标，违反本法第十三条、第十五条、第十六条、第三十一条规定的，自商标注册之日起5年内，商标所有人或者利害关系人可以请求商标评审委员会裁定撤销该注册商标。对恶意注册的，驰名商标所有人不受5年的时间限制。《商标法》第三十一条规定，申请商标注册不得损害他人现有的在先权利，也不得以不正当手段抢先注册他人已经使用并有一定影响的商标。本题中，王小小已经将“一剪没”作为未注册商标使用，且在当地有较高声誉，张薇薇以自己的名义申请注册“一剪没”属于以不正当手段抢先注册他人已经使用并有一定影响的商标的行为。因此，王小小有权自“一剪没”注册之日起5年内请求商标评审委员会撤销该注册商标。

【案例2】

甲、乙、丙三人合作开发一项技术，合同中未约定权利归属。该项技术开发完成后，甲、丙想要申请专利，而乙主张通过商业秘密来保护，三人因此发生了争议。

根据上述内容，回答问题：

对该争议如何解决？

【答案及解析】

《合同法》第三百四十条第三款规定，合作开发的当事人一方不同意申请专利的，另一方或者其他各方不得申请专利。本题中，乙不同意申请专利，甲、丙不得申请专利，且乙也无须向甲、丙进行补偿。

【案例3】

甲公司聘请乙专职从事汽车发动机节油技术开发。因开发进度没有达到甲公司的要求，甲公司减少了给乙的开发经费。乙于2007年3月辞职到丙公司，获得了更高的薪酬和更多的开发经费。2008年1月，乙成功开发了一种新型汽车节油装置技术。

根据上述内容，回答问题：

请问关于该技术专利申请权应归属于谁？

【答案及解析】

《专利法》第六条第一款规定，执行本单位的任务或者主要是利用本单位的物质技术条件所完成的发明创造为职务发明创造。职务发明创造申请专利的权利属于该单位；申请被批准后，该单位为专利权人。《专利法实施细则》第十一条第一款规定，专利法第六条所称执行本单位的任务所完成的职务发明创造，是指：……（三）退职、退休或者调动工作后1年内作出的，与其在原单位承担的本职工作或者原单位分配的任务有关的发明创造。因此，调动工作后1年内作出的与其在原单位承担的本职工作有关的发明创造是职务发明创造，申请被批准后，单位为专利权人。本题中，乙于2007年3月辞职到丙公司，2008年1月开发出新型汽车节油装置技术，此时并没有超过1年，因此乙开发出的新型汽车节油装置技术仍然属于职务发明，申请专利的权利属于甲公司，申请被批准后，甲公司为专利权人。

【案例4】

作曲家甲创作了一首歌曲《雪花飘飘》，唱片公司乙经甲同意并请歌星丙演唱，将该歌和其他歌曲一起制作成 DVD 唱片。某酒店将合法购买的该正版 DVD 唱片在其咖啡厅播放。

根据上述内容，回答问题：

如何定性该酒店的行为?

【答案及解析】

邻接权，是指与著作权有关的权利，即作品传播者所享有的权利。根据《著作权法》的规定，邻接权包括表演者权、录音录像制作者权、广播组织权。《著作权法》第十条第一款第九项规定，表演权，即公开表演作品以及用各种手段公开播送作品的表演的权利。该酒店虽然是将合法购买的正版 DVD 唱片在其咖啡厅播放，但其仍侵犯了歌曲著作权人甲的表演权，因为甲并未许可酒店可用播放 DVD 的方式公开播送作品，因此该酒店的行为侵犯了甲的表演权。

第十章　竞争法律制度

【本章学习要点】

◆反不正当竞争法

◆反垄断法

◆产品质量法

◆消费者权益保护法

第一节　反不正当竞争法

一、反不正当竞争法概述

（一）不正当竞争

1. 不正当竞争的概念

《反不正当竞争法》第二条规定："本法所称的不正当竞争，是指经营者违反本法规定，损害其他经营者的合法权益，扰乱社会经济秩序的行为。"该条款概括地描述了不正当竞争的概念，《反不正当竞争法》第二章具体列举出全部不正当竞争的行为。

2. 不正当竞争的特征

为了准确把握不正当竞争概念的实质，这里有必要根据我国《反不正当竞争法》的具体规定，来揭示不正当竞争的特征：

（1）不正当竞争的行为主体只能是从事竞争活动的经营者。经营者是指从事商品经营或者营利性服务的法人、其他经济组织和个人。

（2）经营者的行为违反自愿、平等、公平、诚实信用原则和公认的商业道德。

（3）经营者所实施的行为必须是发生在市场交易中，即发生在商品买卖、提供劳务和服务之中。

（4）经营者所实施的行为必须损害了其他经营者的合法权益，或扰乱了社会经济秩序。

（二）反不正当竞争法

反不正当竞争法是指规制不正当竞争的法律规范的总称。狭义上的反不正当竞争法是指《反不正当竞争法》，广义上的反不正当竞争法是指我国法律、法规和规章中的反不正当竞争法律规范，例如《价格法》和《招标投标法》，涉及反不正当竞争法律规范。本节所讨论的是狭义上的反不正当竞争法。

为保障社会主义市场经济健康发展，鼓励和保护公平竞争，制止不正当竞争行为，保护经营者和消费者的合法权益，1993 年 9 月 2 日，第八届全国人民代表大会常务委员会第三次会议通过了《反不正当竞争法》，自 1993 年 12 月 1 日起施行。

二、不正当竞争行为

根据我国《反不正当竞争法》，不正当竞争的表现形式包括以下十一种：

（一）假冒、仿冒行为

经营者不得采用下列不正当手段从事市场交易，损害竞争对手：假冒他人的注册商标；擅自使用知名商品特有的名称、包装、装潢，或者使用与知名商品近似的名称、包装、装潢，造成和他人的知名商品相混淆，使购买者误认为是该知名商品；擅自使用他人的企业名称或者姓名，引人误认为是他人的商品；在商品上伪造或者冒用认证标志、名优标志等质量标志，伪造产地，对商品质量作引人误解的虚假表示。

（二）公用企业或者相关经营者的垄断行为

公用企业或者其他依法具有独占地位的经营者，不得限定他人购买其指定的经营者的商品，以排挤其他经营者的公平竞争。

（三）政府及其所属部门不得滥用职权行为

政府及其所属部门不得滥用行政权力，限定他人购买其指定的经营者的商品，限制其他经营者正当的经营活动。政府及其所属部门不得滥用行政权力，限制外地商品进入本地市场，或者本地商品流向外地市场。

（四）商业贿赂行为

经营者不得采用财物或者其他手段进行贿赂以销售或者购买商品。在账外暗中给予对方单位或者个人回扣的，以行贿论处；对方单位或者个人在账外暗中收受回扣的，以受贿论处。

经营者销售或者购买商品，可以以明示方式给对方折扣，可以给中间人佣金。经营者给对方折扣、给中间人佣金的，必须如实入账。接受折扣、佣金的经营者必须如实入账。

（五）虚假广告和宣传行为

经营者不得利用广告或者其他方法，对商品的质量、制作成分、性能、用途、生产者、有效期限、产地等作引人误解的虚假宣传。广告的经营者不得在明知或者应知的情况下，代理、设计、制作、发布虚假广告。

（六）侵犯商业秘密的行为

商业秘密，是指不为公众所知悉、能为权利人带来经济利益、具有实用性并经权利人采取保密措施的技术信息和经营信息。

经营者侵犯商业秘密的行为包括：以盗窃、利诱、胁迫或者其他不正当手段获取权利人的商业秘密；披露、使用或者允许他人使用以前项手段获取的权利人的商业秘密；违反约定或者违反权利人有关保守商业秘密的要求，披露、使用或者允许他人使用其所掌握的商业秘密。第三人明知或者应知上述所列违法行为，获取、使用或者披露他人的商业秘密，视为侵犯商业秘密。

（七）倾销行为

倾销行为是指经营者以排挤竞争对手为目的，以低于成本的价格销售商品的行为。

有下列情形之一的，不属于不正当竞争行为：销售鲜活商品；处理有效期限即将到期的商品或者其他积压的商品；季节性降价；因清偿债务、转产、歇业降价销售商品。

（八）搭售行为

经营者销售商品，不得违背购买者的意愿搭售商品或者附加其他不合理的条件。

（九）不正当有奖销售行为

不正当有奖销售行为包括：采用谎称有奖或者故意让内定人员中奖的欺骗方式进行有奖销售；利用有奖销售的手段推销质次价高的商品；抽奖式的有奖销售，最高奖的金额超过5 000元。

（十）商业诋毁行为

经营者捏造、散布虚伪事实，损害竞争对手的商业信誉、商品声誉的行为。

（十一）串通竞标行为

投标者串通投标，抬高标价或者压低标价。投标者和招标者不得相互勾结，以排挤竞争对手的公平竞争。

三、不正当竞争行为的法律责任

不正当竞争行为不仅损害其他经营者的合法权益，还扰乱社会经济秩序、破坏市场竞争机制，具有多重危害性，因此我国《反不正当竞争法》对不正当竞争行为规定了民事责任、行政责任和刑事责任。

（一）承担民事责任的情形

不正当竞争行为首先侵犯的是他人的民事权益，对此，《反不正当竞争法》第二十条规定："经营者违反本法规定，给被侵害的经营者造成损害的，应当承担损害赔偿责任，被侵害的经营者的损失难以计算的，赔偿额为侵权人在侵权期间因侵权所获得的利润；并应当承担被侵害的经营者因调查该经营者侵害其合法权益的不正当竞争行为所支付的合理费用。被侵害的经营者的合法权益受到不正当竞争行为损害的，可以向人民法院提起诉讼。"

（二）适用有关单行法的情形

不正当竞争行为直接触犯了其他单行法的规定时，就适用有关的单行法来追究法律责任。《反不正当竞争法》第二十一条规定："经营者假冒他人的注册商标，擅自使用他人的企业名称或者姓名，伪造或者冒用认证标志、名优标志等质量标志，伪造产地，对商品质量作引人误解的虚假表示的，依照《商标法》、《产品质量法》的规定处罚。"

（三）视情节追究行政责任或刑事责任的情形

经营者擅自使用知名商品特有的名称、包装、装潢，或者使用与知名商品近似的名称、包装、装潢，造成和他人的知名商品相混淆，使购买者误认为是该知名商品的，监督检查部门应当责令停止违法行为，没收违法所得，可以根据情节处以违法所得 1 倍以上 3 倍以下的罚款；情节严重的可以吊销营业执照；销售伪劣商品，构成犯罪的，依法追究刑事责任。

经营者采用财物或者其他手段进行贿赂以销售或者购买商品，构成犯罪的，依法追究刑事责任；不构成犯罪的，监督检查部门可以根据情节处以 1 万元以上 20 万元以下的罚款，有违法所得的，予以没收。

（四）追究行政责任或刑事责任的情形

公用企业或者其他依法具有独占地位的经营者，限定他人购买其指定的经营者的商品，以排挤其他经营者的公平竞争的，省级或者设区的市的监督检查部门应当责令停止违法行为，可以根据情节处以 5 万元以上 20 万元以下的罚款。被指定的经营者借此销售质次价高商品或者滥收费用的，监督检查部门应当没收违法所得，可以根据情节处以违法所得 1 倍以上 3 倍以下的罚款。

经营者利用广告或者其他方法，对商品作引人误解的虚假宣传的，监督检查部门应当责令停止违法行为，消除影响，可以根据情节处以 1 万元以上 20 万元以下的罚款。

广告的经营者，在明知或者应知的情况下，代理、设计、制作、发布虚假广告的，监督检查部门应当责令停止违法行为，没收违法所得，并依法处以罚款。

经营者侵犯商业秘密的，监督检查部门应当责令停止违法行为，可以根据情节处以 1 万元以上 20 万元以下的罚款。

经营者进行不正当有奖销售的，监督检查部门应当责令停止违法行为，可以根据情节处以 1 万元以上 10 万元以下的罚款。

投标者串通投标，抬高标价或者压低标价；投标者和招标者相互勾结，以排挤竞争对手的公平竞争的，其中标无效。监督检查部门可以根据情节处以 1 万元以上 20 万元以下的罚款。

经营者有违反被责令暂停销售，不得转移、隐匿、销毁与不正当竞争行为有关的财物的行为的，监督检查部门可以根据情节处以被销售、转移、隐匿、销毁财物的价款的 1 倍以上 3 倍以下的罚款。

政府及其所属部门滥用行政权力，限定他人购买其指定的经营者的商品、限制其他经营者正当的经营活动，或者限制商品在地区之间正常流通的，由上级机关责令其改正；情节严重的，由同级或者上级机关对直接责任人员给予行政处分。被指定的经营者借此销售质次价高商品或者滥收费用的，监督检查部门应当没收违法所得，可以根据情节处以违法所得 1 倍以上 3 倍以下的罚款。

四、不正当竞争的监督检查

（一）监督检查的部门

《反不正当竞争法》第三条规定：“各级人民政府应当采取措施，制止不正当竞争行为，为公平竞争创造良好的环境和条件。县级以上人民政府工商行政管理部门对不正当竞争行为进行监督检查；法律、行政法规规定由其他部门监督检查的，依照其规定。”根据该条规定，县级以上人民政府工商行政管理部门是我国《反不正当竞争法》的主要行政执法机关，对不正当竞争行为进行监督检查。如果法律、行政法规作出特别规定的，其他部门可以根据相应法律对不正当竞争行为进行监督检查。

（二）监督检查部门的职权

监督检查部门在监督检查不正当竞争行为时，有权行使下列职权：按照规定程序询问被检查的经营者、利害关系人、证明人，并要求提供证明材料或者与不正当竞争行为有关的其他资料；查询、复制与不正当竞争行为有关的协议、账册、单据、文件、记录、业务函电和其他资料；检查与商标侵权或相关的其他侵权的不正当竞争行为有关的财物，必要时可以责令被检查的经营者说明该商品的来源和数量，暂停销售，听候检查，不得转移、隐匿、销毁该财物。

监督检查部门工作人员监督检查不正当竞争行为时，应当出示检查证件。监督检查部门在监督检查不正当竞争行为时，被检查的经营者、利害关系人和证明人应当如实提供有关资料或者情况。

（三）监督检查人员的法律责任

监督检查不正当竞争行为的国家机关工作人员滥用职权、玩忽职守，构成犯罪的，依法追究刑事责任；不构成犯罪的，给予行政处分。

监督检查不正当竞争行为的国家机关工作人员徇私舞弊，对明知有违反本法规定构成犯罪的经营者故意包庇不使他受追诉的，依法追究刑事责任。

第二节 反垄断法

一、反垄断法基本理论

（一）垄断行为的概念

垄断是指市场主体在市场运行过程中通过排他性控制，或对市场竞争进行实质性限制，而妨碍公平竞争秩序的行为或状态。《反垄断法》规定的垄断行为包括：经营者达成垄断协议、经营者滥用市场支配地位、具有或者可能具有排除、限制竞争效果的经营者集中。

（二）反垄断法的概念

反垄断法是调整国家规制垄断过程中所发生的社会关系的法律规范的总称。2007 年 8 月 30 日第十届全国人民代表大会常务委员会第二十九次会议通过了《反垄断法》，该法自 2008 年 8 月 1 日起施行。该法的宗旨是：预防和制止垄断行为，保护市场公平竞争，提高经济运行效率，维护消费者利益和社会公共利益，促进社会主义市场经济健康发展。

（三）反垄断法的适用范围

《反垄断法》第二条规定，中华人民共和国境内经济活动中的垄断行为，适用本法；

中华人民共和国境外的垄断行为，对境内市场竞争产生排除、限制影响的，适用本法。根据该条款规定，反垄断法的适用范围如下：第一，发生在我国境内经济活动中的垄断行为。第二，发生在我国境外的垄断行为，对境内市场竞争产生排除、限制影响的垄断行为。此外，《反垄断法》第三十二条规定，行政机关和法律、法规授权的具有管理公共事务职能的组织不得滥用行政权力，限定或者变相限定单位或者个人经营、购买、使用其指定的经营者提供的商品。根据该条款规定，反垄断法还适用于行政性垄断。

为了促进科技进步、保护幼稚产业，维护社会公共利益，对于某些领域、行业的部分垄断行为排除适用《反垄断法》。其一，知识产权例外，《反垄断法》第五十五条规定，经营者依照有关知识产权的法律、行政法规规定行使知识产权的行为，不适用本法；但是，经营者滥用知识产权，排除、限制竞争的行为，适用本法。其二，特定生产者例外，《反垄断法》第五十六条规定，农业生产者及农村经济组织在农产品生产、加工、销售、运输、储存等经营活动中实施的联合或者协同行为，不适用本法。

（四）反垄断调查机制

1. 反垄断调查机构

国务院设立反垄断委员会，负责组织、协调、指导反垄断工作，履行下列职责：研究拟订有关竞争政策；组织调查、评估市场总体竞争状况，发布评估报告；制定、发布反垄断指南；协调反垄断行政执法工作；国务院规定的其他职责。国务院反垄断委员会的组成和工作规则由国务院规定。国务院反垄断执法机构依照《反垄断法》负责反垄断执法工作。国务院反垄断执法机构根据工作需要，可以授权省、自治区、直辖市人民政府相应的机构，依法规定负责有关反垄断执法工作。

2. 反垄断调查程序

反垄断执法机构可以依举报人举报对涉嫌垄断的行为立案调查，也可以是依职权主动立案调查。举报采用书面形式并提供相关事实和证据的，反垄断执法机构应当进行必要的调查。反垄断执法机构调查涉嫌垄断行为，可以采取下列措施：进入被调查的经营者的营业场所或者其他有关场所进行检查；询问被调查的经营者、利害关系人或者其他有关单位或者个人，要求其说明有关情况；查阅、复制被调查的经营者、利害关系人或者其他有关单位或者个人的有关单证、协议、会计账簿、业务函电、电子数据等文件、资料；查封、扣押相关证据；查询经营者的银行账户。反垄断执法机构采取上述规定的措施，应当向该机构主要负责人书面报告，并经批准。反垄断执法机构调查涉嫌垄断行为，执法人员不得少于2人，并应当出示执法证件。执法人员进行询问和调查，应当制作笔录，并由被询问人或者被调查人签字。

反垄断执法机构对涉嫌垄断行为调查核实后，认为构成垄断行为的，应当依法作出处理决定，并可以向社会公布。对反垄断执法机构调查的涉嫌垄断行为，被调查的经营者承诺在反垄断执法机构认可的期限内采取具体措施消除该行为后果的，反垄断执法机构可以决定中止调查。中止调查的决定应当载明被调查的经营者承诺的具体内容。

反垄断执法机构决定中止调查的，应当对经营者履行承诺的情况进行监督。经营者履行承诺的，反垄断执法机构可以决定终止调查。有下列情形之一的，反垄断执法机构应当恢复调查：经营者未履行承诺的；作出中止调查决定所依据的事实发生重大变化的；中止调查的决定是基于经营者提供的不完整或者不真实的信息作出的。

3. 调查者与被调查者的义务

反垄断执法机构及其工作人员对执法过程中知悉的商业秘密负有保密义务。被调查的经营者、利害关系人或者其他有关单位或者个人应当配合反垄断执法机构依法履行职责，不得拒绝、阻碍反垄断执法机构的调查。被调查的经营者、利害关系人有权陈述意见。反垄断执法机构应当对被调查的经营者、利害关系人提出的事实、理由和证据进行核实。

二、垄断协议

（一）垄断协议的概念和构成要件

垄断协议也称联合限制竞争，是指两个或两个以上的经营者以协议、决议或其他联合方式实施的限制竞争行为。垄断协议可以表现为企业间限制竞争的合同或协议、企业团体的决议及企业间的协同行为等形式。垄断协议行为的主体为经营者、行业协会。实践中，垄断协议主要表现为横向垄断协议，即处于产业链同一环节的两个或两个以上经营者所为的联合限制竞争行为（主要包括固定定价、划分市场、联合抵制、不当技术联合等）和纵向垄断协议，即处于同一产业链上下环节（即有交易关系或供求关系）的两个或两个以上经营者所为的联合限制竞争行为（主要包括固定转售价格、限定转售最低价格等）。

构成垄断协议应具备的要件为：第一，协议或者协同行为由多个独立主体构成。垄断协议必须发生在两个或两个以上的有竞争关系的经营者之间，具有“多个主体共同行为”的特征。同时，参加联合的主体应是在事实上具有独立性的主体，否则不能认定为限制竞争行为的联合主体。第二，经营者之间存在通谋或协同一致的行为。这种通谋或协同一致的行为，可以表现在各方签署形成的协议、合同、备忘录中，也可以表现在企业团体的决定或决议中，还可以是行为人之间协同一致的行为。

（二）横向垄断协议

我国《反垄断法》规定，禁止具有竞争关系的经营者达成下列垄断协议：

1. 固定或者变更商品价格

价格竞争是经营者之间最重要、最基本的竞争方式，所以，经营者之间通过协议、决议或协同行为，固定或变更商品价格的行为，是最为严重的反竞争行为。

2. 限制商品的生产数量或销售数量

产品或服务的供应数量减少，必然会导致价格上升，损害消费者利益，所以，经营者之间限制商品的生产数量或销售数量的协议是典型的垄断协议。

3. 分割销售市场或原材料采购市场

经营者之间分割地域、客户或产品市场的行为限制了商品的供应，限制了经营者之间的自由竞争。

4. 限制购买新技术、新设备或者限制开发新技术、新产品

开发新技术、新产品，是一种有效的竞争手段，也有利于保护消费者利益。经营者通过协议对新技术、新设备的购买，以及新技术、新产品的开发作出限制，是减少竞争、破坏竞争的行为。

5. 联合抵制交易

联合抵制交易，集体拒绝交易，是指协议各方联合起来不与其他竞争对手、供应商或销售商进行交易。

6. 国务院反垄断执法机构认定的其他垄断协议

（三）纵向垄断协议

我国《反垄断法》规定，禁止经营者与交易相对人达成下列垄断协议：

1. 固定向第三人转售商品的价格

固定转售商品价格协议，与横向垄断协议中的固定价格协议一样，是最为严重的反竞争行为。

2. 限定向第三人转售商品的最低价格

限制最高转售价格，即限制了销售商的涨价幅度，有利于保护消费者利益，同时，也可以使销售商在最高限价和批发价或出厂价之间竞争。所以，通过分析该协议是否排除、限制竞争而判断是否属于垄断协议；而限制最低转售价格，不利于保护消费者利益，所以，将其作为反垄断法规制的对象。

3. 国务院反垄断执法机构认定的其他垄断协议

（四）垄断协议的适用例外

《反垄断法》在概括地禁止垄断的同时，也允许乃至鼓励某些垄断行为的存在，从而形成反垄断法上的适用例外制度。

经营者能够证明所达成的协议属于下列情形之一的，不适用垄断协议的规定：为改进技术、研究开发新产品的；为提高产品质量、降低成本、增进效率，统一产品规格、标准或者实行专业化分工的；为提高中小经营者经营效率，增强中小经营者竞争力的；为实现节约能源、保护环境、救灾救助等社会公共利益的；因经济不景气，为缓解销售量严重下降或者生产明显过剩的；为保障对外贸易和对外经济合作中的正当利益的；法律和国务院规定的其他情形。

属于上述前五项情形，不适用《反垄断法》中有关垄断协议规定的，经营者还应当证明所达成的协议不会严重限制相关市场的竞争，并且能够使消费者分享由此产生的利益。

三、滥用市场支配地位

（一）滥用市场支配地位的概念

我国《反垄断法》规定，市场支配地位，是指经营者在相关市场内具有能够控制商品价格、数量或者其他交易条件，或者能够阻碍、影响其他经营者进入相关市场能力的市场地位。滥用市场支配地位是指具有市场支配地位的经营者滥用其支配地位，从事排除、限制竞争的市场行为。滥用市场支配地位的特点是：第一，行为主体具有特定性，即行为主体是具有市场支配地位的企业，而非一般企业。第二，行为目的具有特定性，即实施滥用行为是为了维持或增强其支配地位。第三，行为本身具有反竞争性，即滥用行为是排除、限制竞争的行为。

反垄断法一般只禁止滥用市场支配地位，而不禁止市场支配地位本身，这是因为市场支配地位的产生一般不违法。例如，向社会提供电力、电信、铁路、邮政、自来水等服务的公用事业企业基本上都占有市场支配地位，然而他们的市场支配地位甚至垄断地位是因为政府的授权，这种市场支配地位当然是合法的。

（二）滥用市场支配地位的具体情形

我国《反垄断法》规定，禁止具有市场支配地位的经营者从事下列滥用市场支配地位的行为：以不公平的高价销售商品或者以不公平的低价购买商品；没有正当理由，以低于成本的价格销售商品；没有正当理由，拒绝与交易相对人进行交易；没有正当理由，限定交易相对人只能与其进行交易或者只能与其指定的经营者进行交易；没有正当理由搭售商品，或者在交易时附加其他不合理的交易条件；没有正当理由，对条件相同的交易相对人在交易价格等交易条件上实行差别待遇；国务院反垄断执法机构认定的其他滥用市场支配地位的行为。

（三）认定经营者具有市场支配地位的因素

我国《反垄断法》规定，认定经营者具有市场支配地位，应当依据下列因素：该经营者在相关市场的市场份额，以及相关市场的竞争状况；该经营者控制销售市场或者原材料采购市场的能力；该经营者的财力和技术条件；其他经营者对该经营者在交易上的依赖程度；其他经营者进入相关市场的难易程度；与认定该经营者市场支配地位有关的其他因素。

有下列情形之一的，可以推定经营者具有市场支配地位：第一，一个经营者在相关市场的市场份额达到1/2的；第二，两个经营者在相关市场的市场份额合计达到2/3的；第三，三个经营者在相关市场的市场份额合计达到3/4的。有上述第二、三种情形，其中有的经营者市场份额不足1/10的，不应当推定该经营者具有市场支配地位。被推定具有市场支配地位的经营者，有证据证明不具有市场支配地位的，不应当认定其具有市场支配地位。

四、经营者集中

（一）经营者集中的具体情形

经营者集中是指经营者通过合并、收购、委托经营、联营或其他方式，集中经营者的经济力量，提高市场地位的行为，包括经营者合并和经营者控制。我国《反垄断法》规定，经营者集中是指下列情形：经营者合并；经营者通过取得股权或者资产的方式取得对其他经营者的控制权；经营者通过合同等方式取得对其他经营者的控制权或者能够对其他经营者施加决定性影响。

（二）经营者集中的申报

经营者集中达到国务院规定的申报标准的，经营者应当事先向国务院反垄断执法机构申报，未申报的不得实施集中。经营者集中的申报标准是参与集中的经营者作为是否申报并接受反垄断审查的法律依据，但是我国《反垄断法》没有直接规定，而是授权国务院作具体规定。

我国《反垄断法》规定，经营者集中有下列情形之一的，可以不向国务院反垄断执法机构申报：参与集中的一个经营者拥有其他每个经营者50%以上有表决权的股份或者资产的；参与集中的每个经营者50%以上有表决权的股份或者资产被同一个未参与集中的经营者拥有的。

（三）经营者集中申报的材料要求

经营者向国务院反垄断执法机构申报集中，应当提交下列文件、资料：申报书；集中对相关市场竞争状况影响的说明；集中协议；参与集中的经营者经会计师事务所审计的上一会计年度财务会计报告；国务院反垄断执法机构规定的其他文件、资料。申报书应当载明参与集中的经营者的名称、住所、经营范围、预定实施集中的日期和国务院反垄断执法机构规定的其他事项。

经营者提交的文件、资料不完备的，应当在国务院反垄断执法机构规定的期限内补交文件、资料。经营者逾期未补交文件、资料的，视为未申报。

（四）反垄断执法机构的审查程序

国务院反垄断执法机构应当自收到经营者提交的文件、资料之日起30日内，对申报的经营者集中进行初步审查，作出是否实施进一步审查的决定，并书面通知经营者。国务院反垄断执法机构作出决定前，经营者不得实施集中。国务院反垄断执法机构作出不实施进一步审查的决定或者逾期未作出决定的，经营者可以实施集中。

国务院反垄断执法机构决定实施进一步审查的，应当自决定之日起90日内审查完毕，作出是否禁止经营者集中的决定，并书面通知经营者。作出禁止经营者集中的决定，应当说明理由。审查期间，经营者不得实施集中。有下列情形之一的，国务院反垄断执法机构经书面通知经营者，可以延长前款规定的审查期限，但最长不得超过60日：经营者同意延长审查期限的；经营者提交的文件、资料不准确，需要进一步核实的；经营者申报后有关情况发生重大变化的。国务院反垄断执法机构逾期未作出决定的，经营者可以实施集中。

（五）反垄断执法机构审查的考虑因素

审查经营者集中，反垄断执法机构应当考虑下列因素：

第一，参与集中的经营者在相关市场的市场份额及其对市场的控制力。经营者在相关市场的市场份额越大，对市场的控制力就越大，就越有能力自主决定在市场上的交易条件，就越有可能排挤竞争对手或者损害消费者的利益。

第二，相关市场的市场集中度。市场集中度与市场支配地位有着密切的联系，市场集中度越高，产生或者加强市场支配地位的可能性也就越大，具有排除或者限制竞争效果的可能性也会越大。

第三，经营者集中对市场进入、技术进步的影响。集中后的经营者在没有竞争压力的情况下可能不再有技术创新的动力，所以在进行经营者集中审查时，也要考虑对技术进步的影响。

第四，经营者集中对消费者和其他有关经营者的影响。主要是指拟实施的集中是否有利于消费者更加方便，并有多选择的机会以获得优质产品和服务，或是否有利于其他经营者开展经营活动。

第五，经营者集中对国民经济发展的影响。主要指从宏观的角度判断拟实施的经营者集中对国民经济发展是否将产生不利影响。

第六，国务院反垄断执法机构认为应当考虑的影响市场竞争的其他因素。

（六）经营者集中的禁止及其例外

经营者集中具有或者可能具有排除、限制竞争效果的，国务院反垄断执法机构应当作出禁止经营者集中的决定。但是，经营者能够证明该集中对竞争产生的有利影响明显大于不利影响，或者符合社会公共利益的，国务院反垄断执法机构可以作出对经营者集中不予禁止的决定。

对不予禁止的经营者集中，国务院反垄断执法机构可以决定附加减少集中对竞争产生不利影响的限制性条件。国务院反垄断执法机构应当将禁止经营者集中的决定或者对经营者集中附加限制性条件的决定，及时向社会公布。

对外资并购境内企业或者以其他方式参与经营者集中，涉及国家安全的，除依照《反垄断法》的规定进行经营者集中审查外，还应当按照国家有关规定进行国家安全审查。

五、滥用行政权力排除、限制竞争

（一）滥用行政权力排除、限制竞争的概念

滥用行政权力排除、限制竞争，即通常所谓“行政性垄断”，是指行政机关和法律法规授权的具有管理公共事务职能的组织滥用行政权力，排除、限制竞争的行为。行政性垄断与普通的市场性垄断具有共同的本质，即排除、限制竞争，从而损害市场绩效，减损消费者福利。此外，由于政府具有公共管理的职能和权力，具有制定、颁布具有规范性效力的文件等有效行政手段，因此，行政性垄断的危害可能比市场性垄断更加严重。

（二）禁止滥用行政权力排除、限制竞争的情形

行政机关和法律、法规授权的具有管理公共事务职能的组织不得滥用行政权力，限定或者变相限定单位或者个人经营、购买、使用其指定的经营者提供的商品。

行政机关和法律、法规授权的具有管理公共事务职能的组织不得滥用行政权力，实施下列行为，妨碍商品在地区之间的自由流通：对外地商品设定歧视性收费项目、实行歧视性收费标准，或者规定歧视性价格；对外地商品规定与本地同类商品不同的技术要求、检验标准，或者对外地商品采取重复检验、重复认证等歧视性技术措施，限制外地商品进入本地市场；采取专门针对外地商品的行政许可，限制外地商品进入本地市场；设置关卡或者采取其他手段，阻碍外地商品进入或者本地商品运出；妨碍商品在地区之间自由流通的其他行为。

行政机关和法律、法规授权的具有管理公共事务职能的组织不得滥用行政权力，以设定歧视性资质要求、评审标准或者不依法发布信息等方式，排斥或者限制外地经营者参加本地的招标投标活动。

行政机关和法律、法规授权的具有管理公共事务职能的组织不得滥用行政权力，采取与本地经营者不平等待遇等方式，排斥或者限制外地经营者在本地投资或者设立分支机构。

行政机关和法律、法规授权的具有管理公共事务职能的组织不得滥用行政权力，强制经营者从事垄断行为。

行政机关不得滥用行政权力，制定含有排除、限制竞争内容的规定。

六、法律责任

经营者违反《反垄断法》规定，达成并实施垄断协议的，由反垄断执法机构责令停止违法行为，没收违法所得，并处上一年度销售额1%以上10%以下的罚款；尚未实施所达成的垄断协议的，可以处50万元以下的罚款。经营者主动向反垄断执法机构报告达成垄断协议的有关情况并提供重要证据的，反垄断执法机构可以酌情减轻或者免除对该经营者的处罚。行业协会违反《反垄断法》规定，组织本行业的经营者达成垄断协议的，反垄断执法机构可以处50万元以下的罚款；情节严重的，社会团体登记管理机关可以依法撤销登记。经营者违反《反垄断法》规定，滥用市场支配地位的，由反垄断执法机构责令停止违法行为，没收违法所得，并处上一年度销售额1%以上10%以下的罚款。经营者违反《反垄断法》规定实施集中的，由国务院反垄断执法机构责令停止实施集中、限期处分股份或者资产、限期转让营业以及采取其他必要措施恢复到集中前的状态，可以处50万元以下的罚款。反垄断执法机构确定具体罚款数额时，应当考虑违法行为的性质、程度和持续的时间等因素。经营者实施垄断行为，给他人造成损失的，依法承担民事责任。

行政机关和法律、法规授权的具有管理公共事务职能的组织滥用行政权力，实施排除、限制竞争行为的，由上级机关责令改正；对直接负责的主管人员和其他直接责任人员依法给予处分。反垄断执法机构可以向有关上级机关提出依法处理的建议。法律、行政法规对行政机关和法律、法规授权的具有管理公共事务职能的组织滥用行政权力实施排除、限制竞争行为的处理另有规定的，依照其规定。

对反垄断执法机构依法实施的审查和调查，拒绝提供有关材料、信息，或者提供虚假材料、信息，或者隐匿、销毁、转移证据，或者有其他拒绝、阻碍调查行为的，由反垄断执法机构责令改正，对个人可以处2万元以下的罚款，对单位可以处20万元以下的罚款；情节严重的，对个人处2万元以上10万元以下的罚款，对单位处20万元以上100万元以下的罚款；构成犯罪的，依法追究刑事责任。

对反垄断执法机构依法作出的决定不服的，可以先依法申请行政复议；对行政复议决定不服的，可以依法提起行政诉讼。对反垄断执法机构作出的上述规定以外的决定不服的，可以依法申请行政复议或者提起行政诉讼。

反垄断执法机构工作人员滥用职权、玩忽职守、徇私舞弊或者泄露执法过程中知悉的商业秘密，构成犯罪的，依法追究刑事责任；尚不构成犯罪的，依法给予处分。

第三节　产品质量法

一、产品质量法概述

（一）产品质量

产品是指一切人们运用劳动手段对劳动对象进行加工而成，用于满足人们生产和生活需要并具有使用价值的物品。根据《产品质量法》第二条规定：“本法所称产品是指经过加工、制作，用于销售的产品。建设工程不适用本法规定；但是建设工程使用的建筑材料、建筑构配件和设备，属于前款规定的产品范围的，适用本法规定。”此外，该法第七十三条规定：“军工产品质量监督管理办法，由国务院、中央军事委员会另行制定。因核设施、核产品造成损害的赔偿责任，法律、行政法规另有规定的，依照其规定。”

产品质量是指在正常使用条件下，为满足合理的使用要求所必须具备的物质、技术、心理和社会特征的综合状态。产品质量的性能包括功能性（适用性）、安全性、可靠性、经济性、可维修性等。产品应满足明示或默示要求能力的特性。

（二）产品质量法

产品质量法是调整在生产、流通和消费过程中因产品质量所发生的社会关系的法律规范的总称。产品质量法有狭义和广义之分。狭义的产品质量法特指 1993 年 2 月通过的、2000 年 7 月修正的《产品质量法》；广义的产品质量法，通常泛指《产品质量法》、《标准化法》、《计量法》、《食品卫生法》、《药品管理法》和《消费者权益保护法》等与产品质量有关的法律、法规的总称。

产品质量法的调整对象是在生产、流通和消费过程中因产品质量所发生的社会关系。具体包括以下两个方面：

第一，产品质量监督管理关系，即各级产品质量监督管理部门与生产者、销售者之间在产品质量监督管理过程中发生的社会关系。这种关系具有行政管理性质，当事人之间存在着管理与被管理的关系。

第二，产品质量责任关系，即生产者、销售者与消费者之间在产品质量方面的权利义务关系以及由此产生的产品质量责任关系。这种关系具有平等的民事法律关系的性质，当事人之间处于平等的法律地位。

二、产品质量的监督

（一）产品质量的监督部门

国务院产品质量监督部门主管全国产品质量监督工作。国务院有关部门在各自的职责范围内负责产品质量监督工作。县级以上地方产品质量监督部门主管本行政区域内的产品质量监督工作。县级以上地方人民政府有关部门在各自的职责范围内负责产品质量监督工作。法律对产品质量的监督部门另有规定的，依照有关法律的规定执行。

县级以上产品质量监督部门根据已经取得的违法嫌疑证据或者举报，对涉嫌违反《产品质量法》规定的行为进行查处时，可以行使下列职权：对当事人涉嫌从事违法的生产、销售活动的场所实施现场检查；向当事人的法定代表人、主要负责人和其他有关人员调查、了解与涉嫌从事违法的生产、销售活动有关的情况；查阅、复制当事人有关的合同、发票、账簿以及其他有关资料；对有根据认为不符合保障人体健康和人身、财产安全的国家标准、行业标准的产品或者有其他严重质量问题的产品，以及直接用于生产、销售该项产品的原辅材料、包装物、生产工具，予以查封或者扣押。县级以上工商行政管理部门按照国务院规定的职责范围，对涉嫌违法行为进行查处时，可以行使上述规定的职权。

产品质量检验机构必须具备相应的检测条件和能力，经省级以上人民政府产品质量监督部门或者其授权的部门考核合格后，方可承担产品质量检验工作。法律、行政法规对产品质量检验机构另有规定的，依照有关法律、行政法规的规定执行。

从事产品质量检验、认证的社会中介机构必须依法设立，不得与行政机关和其他国家机关存在隶属关系或者其他利益关系。产品质量检验机构、认证机构必须依法按照有关标准，客观、公正地出具检验结果或者认证证明。产品质量认证机构应当依照国家规定对准许使用认证标志的产品进行认证后的跟踪检查；对不符合认证标准而使用认证标志的，要求其改正；情节严重的，取消其使用认证标志的资格。消费者有权就产品质量问题，向产品的生产者、销售者查询；向产品质量监督部门、工商行政管理部门及有关部门申诉，接受申诉的部门应当负责处理。

（二）产品质量的标准制度

产品质量应当检验合格，不得以不合格产品冒充合格产品。可能危及人体健康和人身、财产安全的工业产品，必须符合保障人体健康和人身、财产安全的国家标准、行业标准；未制定国家标准、行业标准的，必须符合保障人体健康和人身、财产安全的要求。禁止生产、销售不符合保障人体健康和人身、财产安全的标准和要求的工业产品。具体管理办法由国务院规定。

（三）企业质量体系认证制度

《产品质量法》第十四条规定，国家根据国际通用的质量管理标准，推行企业质量体系认证制度。企业根据自愿原则可以向国务院产品质量监督部门认可的或者国务院产品质量监督部门授权的部门认可的认证机构申请企业质量体系认证。经认证合格的，由认证机构颁发企业质量体系认证证书。

（四）产品质量认证制度

国家参照国际先进的产品标准和技术要求，推行产品质量认证制度。企业根据自愿原则可以向国务院产品质量监督部门认可的或者国务院产品质量监督部门授权的部门认可的认证机构申请产品质量认证。经认证合格的，由认证机构颁发产品质量认证证书，准许企业在产品或者其包装上使用产品质量认证标志。

（五）产品质量的监督检查制度

国家对产品质量实行以抽查为主要方式的监督检查制度，对可能危及人体健康和人身、财产安全的产品，影响国计民生的重要工业产品以及消费者、有关组织反映有质量问题的产品进行抽查。抽查的样品应当在市场上或者企业成品仓库内的待销产品中随机抽取。监督抽查工作由国务院产品质量监督部门规划和组织。县级以上地方产品质量监督部门在本行政区域内也可以组织监督抽查。法律对产品质量的监督检查另有规定的，依照有关法律的规定执行。

国家监督抽查的产品，地方不得另行重复抽查；上级监督抽查的产品，下级不得另行重复抽查。根据监督抽查的需要，可以对产品进行检验。检验抽取样品的数量不得超过检验的合理需要，并不得向被检查人收取检验费用。监督抽查所需检验费用按照国务院规定列支。

生产者、销售者对抽查检验的结果有异议的，可以自收到检验结果之日起 15 日内向实施监督抽查的产品质量监督部门或者其上级产品质量监督部门申请复检，由受理复检的产品质量监督部门作出复检结论。

对依法进行的产品质量监督检查，生产者、销售者不得拒绝。依法规定进行监督抽查的产品质量不合格的，由实施监督抽查的产品质量监督部门责令其生产者、销售者限期改正。逾期不改正的，由省级以上人民政府产品质量监督部门予以公告；公告后经复查仍不合格的，责令停业，限期整顿；整顿期满后经复查产品质量仍不合格的，吊销营业执照。

国务院和省、自治区、直辖市人民政府的产品质量监督部门应当定期发布其监督抽查的产品的质量状况公告。产品质量监督部门或者其他国家机关以及产品质量检验机构不得向社会推荐生产者的产品；不得以对产品进行监制、监销等方式参与产品经营活动。

三、生产者、销售者的产品质量责任和义务

（一）生产者的产品质量责任和义务

生产者应当对其生产的产品质量负责。产品质量应当符合下列要求：不存在危及人身、财产安全的不合理的危险，有保障人体健康和人身、财产安全的国家标准、行业标准的，应当符合该标准；具备产品应当具备的使用性能，但是，对产品存在使用性能的瑕疵作出说明的除外；符合在产品或者其包装上注明采用的产品标准，符合以产品说明、实物样品等方式表明的质量状况。

产品或者其包装上的标识必须真实，并符合下列要求：有产品质量检验合格证明；有中文标明的产品名称、生产厂厂名和厂址；根据产品的特点和使用要求，需要标明产品规格、等级、所含主要成分的名称和含量的，用中文相应予以标明；需要事先让消费者知晓的，应当在外包装上标明，或者预先向消费者提供有关资料；限期使用的产品，应当在显著位置清晰地标明生产日期和安全使用期或者失效日期；使用不当，容易造成产品本身损坏或者可能危及人身、财产安全的产品，应当有警示标志或者中文警示说明。裸装的食品和其他根据产品的特点难以附加标识的裸装产品，可以不附加产品标识。

易碎、易燃、易爆、有毒、有腐蚀性、有放射性等危险物品以及储运中不能倒置和其他有特殊要求的产品，其包装质量必须符合相应要求，依照国家有关规定作出警示标志或者中文警示说明，标明储运注意事项。

生产者不得生产国家明令淘汰的产品。生产者不得伪造产地，不得伪造或者冒用他人的厂名、厂址。生产者不得伪造或者冒用认证标志等质量标志。生产者生产产品，不得掺杂、掺假，不得以假充真、以次充好，不得以不合格产品冒充合格产品。

（二）销售者的产品质量责任和义务

第一，销售者应当建立并执行进货检查验收制度，验明产品合格证明和其他标识。

第二，销售者应当采取措施，保持销售产品的质量。

第三，销售者不得销售国家明令淘汰并停止销售的产品和失效、变质的产品。

第四，销售者销售的产品的标识应当符合《产品质量法》第二十七条的规定。

第五，销售者不得伪造产地，不得伪造或者冒用他人的厂名、厂址。

第六，销售者不得伪造或者冒用认证标志等质量标志。

第七，销售者销售产品，不得掺杂、掺假，不得以假充真、以次充好，不得以不合格产品冒充合格产品。

四、产品质量责任

产品质量责任是指经营者及对产品质量负有直接责任的人员违反产品质量义务，造成他人人身、财产损害时所应承担的法律责任。产品质量责任的方式主要有民事责任、行政责任和刑事责任。

（一）民事责任

1. 违约责任

售出的产品有下列情形之一的，销售者应当负责修理、更换、退货；给购买产品的消费者造成损失的，销售者应当赔偿损失：不具备产品应当具备的使用性能而事先未作说明的；不符合在产品或者其包装上注明采用的产品标准的；不符合以产品说明、实物样品等方式表明的质量状况的。销售者负责修理、更换、退货、赔偿损失后，属于生产者的责任或者属于向销售者提供产品的供货者的责任的，销售者有权向生产者、供货者追偿。销售者未依法给予修理、更换、退货或者赔偿损失的，由产品质量监督部门或者工商行政管理部门责令改正。生产者之间，销售者之间，生产者与销售者之间订立的买卖合同、承揽合同有不同约定的，合同当事人按照合同约定执行。

2. 侵权责任

因产品存在缺陷造成人身、缺陷产品以外的其他财产（以下简称他人财产）损害的，生产者应当承担赔偿责任。生产者能够证明有下列情形之一的，不承担赔偿责任：未将产品投入流通的；产品投入流通时，引起损害的缺陷尚不存在的；将产品投入流通时的科学技术水平尚不能发现缺陷的存在的。

由于销售者的过错使产品存在缺陷，造成人身、他人财产损害的，销售者应当承担赔偿责任。销售者不能指明缺陷产品的生产者也不能指明缺陷产品的供货者的，销售者应当承担赔偿责任。

因产品存在缺陷造成人身、他人财产损害的，受害人可以向产品的生产者要求赔偿，也可以向产品的销售者要求赔偿。属于产品的生产者的责任，产品的销售者赔偿的，产品的销售者有权向产品的生产者追偿。属于产品的销售者的责任，产品的生产者赔偿的，产品的生产者有权向产品的销售者追偿。

因产品存在缺陷造成受害人人身伤害的，侵害人应当赔偿医疗费、治疗期间的护理费、因误工减少的收入等费用；造成残疾的，还应当支付残疾者生活自助具费、生活补助费、残疾赔偿金以及由其扶养的人所必需的生活费等费用；造成受害人死亡的，并应当支付丧葬费、死亡赔偿金以及由死者生前扶养的人所必需的生活费等费用。

因产品存在缺陷造成受害人财产损失的，侵害人应当恢复原状或者折价赔偿。受害人因此遭受其他重大损失的，侵害人应当赔偿损失。

因产品存在缺陷造成损害要求赔偿的诉讼时效期间为2年，自当事人知道或者应当知道其权益受到损害时起计算。因产品存在缺陷造成损害要求赔偿的请求权，在造成损害的缺陷产品交付最初消费者满10年丧失；但是，尚未超过明示的安全使用期的除外。

《产品质量法》所称缺陷，是指产品存在危及人身、他人财产安全的不合理的危险；产品有保障人体健康和人身、财产安全的国家标准、行业标准的，是指不符合该标准。

社会团体、社会中介机构对产品质量作出承诺、保证，而该产品又不符合其承诺、保证的质量要求，给消费者造成损失的，与产品的生产者、销售者承担连带责任。

（二）行政责任

1. 经营者的行政责任

根据《产品质量法》的第四十九条至第五十六条规定，生产者、销售者违法产品质量法律规定的行为具体包括：生产、销售不符合保障人体健康和人身、财产安全的国家标准、行业标准的产品的；在产品中掺杂、掺假，以假充真、以次充好，或者以不合格产品冒充合格产品的；生产国家明令淘汰的产品的，销售国家明令淘汰并停止销售的产品的；销售失效、变质的产品的；伪造产品产地的，伪造或者冒用他人厂名、厂址的，伪造或者冒用认证标志等质量标志的；产品标识不符合规定的；拒绝接受依法进行的产品质量监督检查的。相关的行政机关针对生产者、销售者违法行为可以依法作出责令停止违法行为、没收违法所得、罚款、吊销营业执照等措施。

《产品质量法》第六十二条规定，服务业的经营者将禁止销售的产品用于经营性服务的，责令停止使用；对知道或者应当知道所使用的产品属于禁止销售的产品的，按照违法使用的产品（包括已使用和尚未使用的产品）的货值金额，对其处罚。

2. 运输、保管、仓储者的行政责任

《产品质量法》第六十一条规定，知道或者应当知道禁止生产、销售的产品而为其提供运输、保管、仓储等便利条件的，或者为以假充真的产品提供制假生产技术的，没收全部运输、保管、仓储或者提供制假生产技术的收入，并处违法收入50%以上3倍以下的罚款。

3. 产品质量检验机构、认证机构的行政责任

《产品质量法》第五十七条规定，产品质量检验机构、认证机构伪造检验结果或者出具虚假证明的，责令改正，对单位处5万元以上10万元以下的罚款，对直接负责的主管人员和其他直接责任人员处1万元以上5万元以下的罚款；有违法所得的，并处没收违法所得；情节严重的，取消其检验资格、认证资格。

产品质量检验机构、认证机构出具的检验结果或者证明不实，造成损失的，应当承担相应的赔偿责任；造成重大损失的，撤销其检验资格、认证资格。

产品质量认证机构对不符合认证标准而使用认证标志的产品，未依法要求其改正或者取消其使用认证标志资格的，对因产品不符合认证标准给消费者造成的损失，与产品的生产者、销售者承担连带责任；情节严重的，撤销其认证资格。

（三）刑事责任

《产品质量法》第五章规定了对生产者和销售者追究刑事责任的情形：

第一，生产、销售不符合保障人体健康和人身、财产安全的国家标准、行业标准的产品构成犯罪的，依法追究刑事责任。

第二，在产品中掺杂、掺假，以假充真，以次充好，或者以不合格产品冒充合格产品构成犯罪的，依法追究刑事责任。

第三，销售失效、变质的产品构成犯罪的，依法追究刑事责任。

第四，知道或者应当知道属于禁止生产、销售的产品而为其提供运输、保管、仓储等便利条件构成犯罪的，依法追究刑事责任。

第五，以暴力、威胁方法阻碍产品质量监督部门或者工商行政管理部门的工作人员依法执行职务的，依法追究刑事责任。

此外，《产品质量法》第五章还规定了对生产者和销售者之外的其他人员追究刑事责任的情形：

第一，产品质量检验机构、认证机构伪造检验结果或者出具虚假证明构成犯罪的，依法追究刑事责任。

第二，各级人民政府工作人员和其他国家机关工作人员有下列情形之一的，依法给予行政处分；构成犯罪的，依法追究刑事责任：包庇、放纵产品生产、销售中违反《产品质量法》规定行为的；向从事违法生产、销售活动的当事人通风报信，帮助其逃避查处的；阻挠、干预产品质量监督部门或者工商行政管理部门依法对产品生产、销售中违反《产品质量法》规定的行为进行查处，造成严重后果的。

第三，产品质量监督部门或者工商行政管理部门的工作人员滥用职权、玩忽职守、徇私舞弊，构成犯罪的，依法追究刑事责任；尚不构成犯罪的，依法给予行政处分。

第四节　消费者权益保护法

一、消费者权益保护法概述

（一）消费者的概念

消费作为社会再生产的一个重要环节，是生产、交换、分配的目的与归宿，它包括生产消费和生活消费。《消费者权益保护法》第二条规定，消费者为生活消费需要购买、使用商品或者接受服务，其权益受本法保护；本法未作规定的，受其他有关法律、法规保护。根据该条款，可知这里所指消费是生活消费。

消费者仅指公民个人，不包括国家机关、企业事业单位和其他社会组织；消费者购买、使用商品或者接受服务是为了生活消费，而不是为了生产消费；消费者的消费不仅包括购买、使用商品而且包括接受服务。此外，《消费者权益保护法》第五十四条规定，农民购买、使用直接用于农业生产的生产资料，参照本法执行。

（二）消费者权益保护法概述

1. 消费者权益保护法的概念

消费者权益保护法是调整在保护消费者权益过程中发生的经济关系的法律规范的总称。消费者权益保护法通常有狭义和广义之分。狭义的消费者权益保护法一般是指《消费者权益保护法》；广义的消费者权益保护法除《消费者权益保护法》外，还包括《民法通则》、《反不正当竞争法》、《产品质量法》、《商标法》、《广告法》、《食品安全法》、《药品管理法》等法律法规中关于保护消费者权益的内容。我们这里主要讨论狭义的消费者权益保护法。

消费者权益保护法的调整对象是在保护消费者权益过程中产生的各种社会关系。具体包括：国家机关与经营者之间的关系，即指国家有关管理部门在对经营者的生产、销售、服务活动进行监督管理，以及对侵害消费者合法权益的行为给予制裁的过程中所发生的社会关系；国家机关与消费者之间的关系，即指国家管理部门在为消费者提供指导、服务与保护的过程中所发生的社会关系；经营者与消费者之间的关系，即指经营者因违法行为给消费者造成损害，消费者请求赔偿，以及消费者对经营者进行监督的过程中所发生的社会关系。

2. 我国消费者权益保护的立法

我国于 1993 年 10 月 31 日第八届全国人大常委会第四次会议通过了第一部关于消费者权益保护的基本法——《消费者权益保护法》。该法的制定和实施，对保护消费者的合法权益、维护社会经济秩序、促进社会主义市场经济持续健康发展有着十分重要的意义。

3. 消费者权益保护法的立法宗旨与基本原则

消费者权益保护法的立法宗旨是为保护消费者的合法权益，维护社会经济秩序，促进社会主义市场经济健康发展。

我国《消费者权益保护法》规定了以下原则：一是经营者应当依法提供商品或者服务的原则；二是经营者与消费者进行交易应当遵循自愿、平等、公平、诚实信用的原则；三是国家保护消费者的合法权益不受侵犯的原则；四是一切组织和个人对损害消费者合法权益的行为进行社会监督的原则。

二、消费者的权利

我国《消费者权益保护法》明确规定了消费者享有下列九个方面的权利：

（一）保障安全权

消费者在购买、使用商品和接受服务时享有人身、财产安全不受损害的权利。消费者有权要求经营者提供的商品和服务，符合保障人身、财产安全的要求。

（二）知悉真情权

消费者享有知悉其购买、使用的商品或者接受的服务的真实情况的权利。消费者有权根据商品或者服务的不同情况，要求经营者提供商品的价格、产地、生产者、用途、性能、规格、等级、主要成分、生产日期、有效期限、检验合格证明、使用方法说明书、售后服务，或者服务的内容、规格、费用等有关情况。

（三）自主选择权

消费者享有自主选择商品或者服务的权利。消费者有权自主选择提供商品或者服务的经营者，自主选择商品品种或者服务方式，自主决定购买或者不购买任何一种商品、接受或者不接受任何一项服务。消费者在自主选择商品或者服务时，有权进行比较、鉴别和挑选。

（四）公平交易权

消费者享有公平交易的权利。消费者在购买商品或者接受服务时，有权获得质量保障、价格合理、计量正确等公平交易条件，有权拒绝经营者的强制交易行为。

（五）依法求偿权

消费者因购买、使用商品或者接受服务受到人身、财产损害的，享有依法获得赔偿的权利。

（六）依法结社权

消费者享有依法成立维护自身合法权益的社会团体的权利。

（七）获得消费教育权

消费者享有获得有关消费和消费者权益保护方面的知识的权利。消费者应当努力掌握所需商品或者服务的知识和使用技能，正确使用商品，提高自我保护意识。

（八）维护尊严权

消费者在购买、使用商品和接受服务时，享有其人格尊严、民族风俗习惯得到尊重的权利。

（九）监督批评权

消费者享有对商品和服务以及保护消费者权益工作进行监督的权利。消费者有权检举、控告侵害消费者权益的行为和国家机关及其工作人员在保护消费者权益工作中的违法失职行为，有权对保护消费者权益工作提出批评、建议。

三、经营者的义务

经营者的义务是指经营者在经营活动中必须为一定行为或者不为一定行为，以保障实现消费者权利的责任。我国《消费者权益保护法》明确规定了经营者须承担下列义务：

（一）履行法定或约定义务

经营者向消费者提供商品或者服务，应当依照《产品质量法》和其他有关法律、法规的规定履行义务。经营者和消费者有约定的，应当按照约定履行义务，但双方的约定不得违背法律、法规的规定。

（二）听取意见、接受监督

经营者应当听取消费者对其提供的商品或者服务的意见，接受消费者的监督。

（三）保障人身和财产安全

经营者应当保证其提供的商品或者服务符合保障人身、财产安全的要求。对可能危及人身、财产安全的商品和服务，应当向消费者作出真实的说明和明确的警示，并说明和标明正确使用商品或者接受服务的方法以及防止危害发生的方法。经营者发现其提供的商品或者服务存在严重缺陷，即使正确使用商品或者接受服务仍然可能对人身、财产安全造成危害的，应当立即向有关行政部门报告和告知消费者，并采取防止危害发生的措施。

（四）提供真实信息

经营者应当向消费者提供有关商品或者服务的真实信息，不得作引人误解的虚假宣传。经营者对消费者就其提供的商品或者服务的质量和使用方法等问题提出的询问，应当作为真实、明确的答复。商店提供的商品应当明码标价。

（五）标明真实名称和标志

经营者应当标明其真实名称和标记。租赁他人柜台或者场地的经营者，应当标明其真实名称和标记。

（六）出具凭证、单据

经营者提供商品或者服务，应当按照国家有关规定或者商业惯例向消费者出具购货凭证或者服务单据；消费者索要购货凭证或者服务单据的，经营者必须出具。

（七）保证质量

经营者应当保证在正常使用商品或者接受服务的情况下其提供的商品或者服务应当具有的质量、性能、用途和有效期限；但消费者在购买该商品或者接受该服务前已经知道其存在瑕疵的除外。经营者以广告、产品说明、实物样品或者其他方式表明商品或者服务的质量状况的，应当保证其提供的商品或者服务的实际质量与表明的质量状况相符。

（八）履行三包义务

经营者提供商品或者服务，按照国家规定或者与消费者的约定，承担包修、包换、包退或者其他责任的，应当按照国家规定或者约定履行，不得故意拖延或者无理拒绝。

（九）不得作出不公平、不合理的规定

经营者不得以格式合同、通知、声明、店堂告示等方式作出对消费者不公平、不合理的规定，或者减轻、免除其损害消费者合法权益应当承担的民事责任。格式合同、通知、声明、店堂告示等含有前款所列内容的，其内容无效。

（十）禁止侵犯人格权

经营者不得对消费者进行侮辱、诽谤，不得搜查消费者的身体及其携带的物品，不得侵犯消费者的人身自由。

上述前八项义务是经营者应当积极履行的义务，最后两项义务则是经营者应消极履行

的禁止性义务。我国《消费者权益保护法》只明确规定了经营者须承担的义务，尚未规定经营者的权利，其目的是通过规范经营者行为，从而更好地保障消费者权利的实现。

四、消费者合法权益的保护

（一）国家对消费者合法权益的保护

国家制定有关消费者权益的法律、法规和政策时，应听取消费者的意见和要求。各级人民政府应当加强领导，组织、协调、督促有关行政部门做好保护消费者合法权益的工作。各级人民政府应当加强监督，预防危害消费者人身、财产安全行为的发生，及时制止危害消费者人身、财产安全的行为。各级人民政府工商行政管理部门和其他有关行政部门应当依照法律、法规的规定，在各自的职责范围内，采取措施，保护消费者的合法权益。有关行政部门应当听取消费者及其社会团体对经营者交易行为、商品和服务质量问题的意见，及时调查处理。

有关国家机关应当依照法律、法规的规定，惩处经营者在提供商品和服务中侵害消费者合法权益的违法犯罪行为。人民法院应当采取措施，方便消费者提起诉讼。对符合《民事诉讼法》起诉条件的消费者权益争议，必须受理，及时审理。

（二）消费者组织对消费者合法权益的保护

我国《消费者权益保护法》第五章对消费者组织作了专门的规定。目前，我国消费者组织的主要形式是各地的消费者协会。中国消费者协会于1984年在北京成立，目前，各省、市、县都有消费者协会，不少地区的乡、村、街道也设有消费者协会，形成了遍布全国的消费者权益保护网，为保护消费者权益发挥了重要的作用。消费者协会必须依法履行其职能，各级人民政府对消费者协会履行职能应予以支持。从《消费者权益保护法》的规定来看，消费者组织有以下特征：它是依法成立的社会团体；其任务是对商品和服务进行社会监督；其宗旨和目的是保护消费者的合法权益；不得从事营利性活动或服务，不得以牟利为目的向社会推荐商品和服务。

消费者协会履行下列职能：向消费者提供消费信息和咨询服务；参与有关行政部门对商品和服务的监督、检查；就有关消费者合法权益的问题，向有关行政部门反映、查询，提出建议；受理消费者的投诉，并对投诉事项进行调查、调解；投诉事项涉及商品和服务质量问题的，可以提请鉴定部门鉴定，鉴定部门应当告知鉴定结论；就损害消费者合法权益的行为，支持受损害的消费者提起诉讼；对损害消费者合法权益的行为，通过大众传播媒介予以揭露、批评。各级人民政府对消费者协会履行职能应当予以支持。

五、消费者权益争议的解决

消费者权益争议是指消费者在消费过程中权益受到侵害而与经营者、生产者发生的争议。其解决由于消费者的选择不同而具有不同的途径，但不管途径如何，最终都必须要有人对消费者承担侵权责任。

（一）争议的解决途径

消费者和经营者发生消费者权益争议的，可以通过下列途径解决：与经营者协商和解；请求消费者协会调解；向有关行政部门申诉；根据与经营者达成的仲裁协议提请仲裁机构仲裁；向人民法院提起诉讼。

（二）损害赔偿责任主体的确定

1. 由生产者、销售者、服务者承担的情形

消费者在购买、使用商品时，其合法权益受到损害的，可以向销售者要求赔偿。销售者赔偿后，属于生产者的责任或者属于向销售者提供商品的其他销售者的责任的，销售者有权向生产者或者其他销售者追偿。消费者或者其他受害人因商品缺陷造成人身、财产损害的，可以向销售者要求赔偿，也可以向生产者要求赔偿。属于生产者责任的，销售者赔偿后，有权向生产者追偿。属于销售者责任的，生产者赔偿后，有权向销售者追偿。消费者在接受服务时，其合法权益受到损害的，可以向服务者要求赔偿。

2. 由变更后的企业承担的情形

消费者在购买、使用商品或者接受服务时，其合法权益受到损害，因原企业分立、合并的，可以向变更后承受其权利义务的企业要求赔偿。

3. 由营业执照的使用人或持有人承担的情形

使用他人营业执照的违法经营者提供商品或者服务，损害消费者合法权益的，消费者可以向其要求赔偿，也可以向营业执照的持有人要求赔偿。

4. 由经营者、展销会的举办者、柜台的出租者承担的情形

消费者在展销会、租赁柜台购买商品或者接受服务，其合法权益受到损害的，可以向销售者或者服务者要求赔偿。展销会结束或者柜台租赁期满后，也可以向展销会的举办者、柜台的出租者要求赔偿。展销会的举办者、柜台的出租者赔偿后，有权向销售者或者服务者追偿。

5. 由经营者、广告的经营者承担的情形

消费者因经营者利用虚假广告提供商品或者服务，其合法权益受到损害的，可以向经营者要求赔偿。广告的经营者发布虚假广告的，消费者可以请求行政主管部门予以惩处。广告的经营者不能提供经营者的真实名称、地址的，应当承担赔偿责任。

六、法律责任的确定

侵犯消费者权益的当事人承担责任的形式包括民事责任、行政责任和刑事责任。

（一）承担民事责任的情形

经营者提供商品或者服务有下列情形之一的，除《消费者权益保护法》另有规定外，应当依照《产品质量法》和其他有关法律、法规的规定，承担民事责任：商品存在缺陷的；不具备商品应当具备的使用性能而出售时未作说明的；不符合在商品或者其包装上注明采用的商品标准的；不符合商品说明、实物样品等方式表明的质量状况的；生产国家明令淘汰的商品或者销售失效、变质的商品的；销售的商品数量不足的；服务的内容和费用违反约定的；对消费者提出的修理、重作、更换、退货、补足商品数量、退还货款和服务费用或者赔偿损失的要求，故意拖延或者无理拒绝的；法律、法规规定的其他损害消费者权益的情形。

经营者侵害消费者的人格尊严或者侵犯消费者人身自由的，应当停止侵害、恢复名誉、消除影响、赔礼道歉，并赔偿损失。

经营者提供商品或者服务，造成消费者财产损害的，应当按照消费者的要求，以修理、重作、更换、退货、补足商品数量、退还货款和服务费用或者赔偿损失等方式承担民事责任。消费者与经营者另有约定的，按照约定履行。

对国家规定或者经营者与消费者约定包修、包换、包退的商品，经营者应当负责修理、更换或者退货。在保修期内两次修理仍不能正常使用的，经营者应当负责更换或者退货。对包修、包换、包退的大件商品，消费者要求经营者修理、更换、退货的，经营者应当承担运输等合理费用。

经营者以邮购方式提供商品的，应当按照约定提供。未按照约定提供的，应当按照消费者的要求履行约定或者退回货款；并应当承担消费者必须支付的合理费用。

经营者以预收款方式提供商品或者服务的，应当按照约定提供。未按照约定提供的，应当按照消费者的要求履行约定或者退回预付款；并应当承担预付款的利息、消费者必须支付的合理费用。

依法经有关行政部门认定为不合格的商品，消费者要求退货的，经营者应当负责退货。

经营者提供商品或者服务有欺诈行为的，应当按照消费者的要求增加赔偿其受到的损失，增加赔偿的金额为消费者购买商品的价款或者接受服务的费用的一倍。

（二）承担行政责任的情形

经营者有下列情形之一，《产品质量法》和其他有关法律、法规对处罚机关和处罚方式有规定的，依照法律、法规的规定执行；法律、法规未作规定的，由工商行政管理部门责令改正，可以根据情节单处或者并处警告、没收违法所得、处以违法所得1倍以上5倍以下的罚款，没有违法所得的处以1万元以下的罚款；情节严重的，责令停业整顿、吊销营业执照：生产、销售的商品不符合保障人身、财产安全要求的；在商品中掺杂、掺假，以假充真，以次充好，或者以不合格商品冒充合格商品的；生产国家明令淘汰的商品或者销售失效、变质的商品的；伪造商品的产地，伪造或者冒用他人的厂名、厂址，伪造或者冒用认证标志、名优标志等质量标志的；销售的商品应当检验、检疫而未检验、检疫或者伪造检验、检疫结果的；对商品或者服务作引人误解的虚假宣传的；对消费者提出的修理、重作、更换、退货、补足商品数量、退还货款和服务费用或者赔偿损失的要求，故意拖延或者无理拒绝的；侵害消费者人格尊严或者侵犯消费者人身自由的；法律、法规规定的对损害消费者权益应当予以处罚的其他情形。

经营者对行政处罚决定不服的，可以自收到处罚决定之日起15日内向上一级机关申请复议，对复议决定不服的，可以自收到复议决定书之日起15日内向人民法院提起诉讼；也可以直接向人民法院提起诉讼。

以暴力、威胁等方法阻碍有关行政部门工作人员依法执行职务的，依法追究刑事责任；拒绝、阻碍有关行政部门工作人员依法执行职务，未使用暴力、威胁方法的，由公安机关依照《治安管理处罚法》的规定处罚。

（三）承担刑事责任的情形

经营者提供商品或者服务，造成消费者或者其他受害人人身伤害的，应当支付医疗费、治疗期间的护理费、因误工减少的收入等费用，造成残疾的，还应当支付残疾者生活自助具费、生活补助费、残疾赔偿金以及由其扶养的人所必需的生活费等费用；构成犯罪的，依法追究刑事责任。

经营者提供商品或者服务，造成消费者或者其他受害人死亡的，应当支付丧葬费、死亡赔偿金以及由死者生前扶养的人所必需的生活费等费用；构成犯罪的，依法追究刑事责任。

国家机关工作人员玩忽职守或者包庇经营者侵害消费者合法权益的行为的，由其所在单位或者上级机关给予行政处分；情节严重，构成犯罪的，依法追究刑事责任。

本章小结

自由、规范的竞争是市场发挥基础性资源配置作用的前提。竞争法律制度旨在保护自由、规范的市场竞争秩序。本章阐述了经营者及其他相关主体在市场竞争中必须遵守的反不正当竞争法、反垄断法和产品质量法，同时介绍了针对消费者的消费者权益保护法。

关键术语和概念

不正当竞争　商业贿赂　商业秘密　倾销　商业诋毁　垄断　反垄断调查机构　垄断协议　滥用市场支配地位　经营者集中　产品　消费者　消费者的权利　经营者的义务

案例分析

【案例 1】

甲旅行社欧洲部的副经理李某，在劳动合同未到期时提出辞职，未办移交手续即到了乙旅行社，并将甲社的欧洲合作伙伴情况、旅游路线设计、报价方案和客户资料等信息带到乙社。乙社原无欧洲业务，自李某加入后欧洲业务猛增，成为甲社的有力竞争对手。现甲社向人民法院起诉乙社和李某侵犯商业秘密。

如法院判定乙社和李某侵权成立，确定其赔偿责任，那么可以采用下列何种办法？（　　）

A. 按照甲社在侵权期间的利润损失进行赔偿，乙社和李某承担连带赔偿责任

B. 甲社在侵权期间的利润损失无法计算时，按照乙社所获利润进行赔偿，李某承担连带赔偿责任

C. 对李某按照其在甲社时的工资标准乘以侵权持续时间确定赔偿额，对乙社按其实际所得利润确定赔偿额

D. 按甲社请求的数额确定赔偿额

【答案及解析】

按照甲社在侵权期间的利润损失进行赔偿，乙社和李某承担连带赔偿责任。或者甲社

在侵权期间的利润损失无法计算时，按照乙社所获利润进行赔偿，李某承担连带赔偿责任。《反不正当竞争法》第二十条规定："经营者违反本法规定，给被侵害的经营者造成损害的，应当承担损害赔偿责任，被侵害的经营者的损失难以计算的，赔偿额为侵权人在侵权期间因侵权所获得的利润；并应当承担被侵害的经营者因调查该经营者侵害其合法权益的不正当竞争行为所支付的合理费用……"根据《劳动法》第九十九条规定："用人单位招用尚未解除劳动合同的劳动者，对原用人单位造成经济损失的，该用人单位应当依法承担连带赔偿责任。"

【案例2】

张某到一美容院做美容，美容院使用甲厂生产的"水洁"牌护肤液为其做脸部护理，结果因该护肤液系劣质产品而致张某脸部皮肤严重灼伤，张某为此去医院治疗，花去近5 000元医药费。

根据上述内容，回答下列问题：

如何解决此案件？

【答案及解析】

张某有权要求美容院或甲厂赔偿医药费；张某若向美容院索赔，可同时请求精神损害赔偿；美容院若向张某承担了责任，则其可以向甲厂追偿。根据《产品质量法》第四十三条的规定，因产品存在缺陷造成人身、他人财产损害的，受害人可以向产品的生产者要求赔偿，也可以向产品的销售者要求赔偿。属于产品的生产者的责任，产品的销售者赔偿的，产品的销售者有权向产品的生产者追偿。属于产品的销售者的责任，产品的生产者赔偿的，产品的生产者有权向产品的销售者追偿。第四十四条规定，因产品存在缺陷造成受害人人身伤害的，侵害人应当赔偿医疗费、治疗期间的护理费、因误工减少的收入等费用；造成残疾的，还应当支付残疾者生活自助具费、生活补助费、残疾赔偿金以及由其扶养的人所必需的生活费等费用；造成受害人死亡的，并应当支付丧葬费、死亡赔偿金以及由死者生前扶养的人所必需的生活费等费用。张某可以向甲厂或者美容院要求赔偿医药费，如果张某向美容院请求赔偿，美容院在承担了责任之后，可以向甲厂进行追偿。根据《最高人民法院关于确定民事侵权精神损害赔偿责任若干问题的解释》第一条的规定，自然人因下列人格权利遭受非法侵害，向人民法院起诉请求赔偿精神损害的，人民法院应当依法予以受理：（一）生命权、健康权、身体权；（二）姓名权、肖像权、名誉权、荣誉权；（三）人格尊严权、人身自由权。因为张某的健康权受到了侵害，张某可以向美容院请求精神损害赔偿。

【案例3】

某公司生产销售一款新车，该车在有些新设计上不够成熟，导致部分车辆在驾驶中出现故障，甚至因此造成交通事故。事后，该公司拒绝就故障原因作出说明，也拒绝对受害人提供赔偿。

根据上述内容，回答问题：

该公司的行为侵犯了消费者的哪些权利？

【答案及解析】

该公司的行为侵犯了消费者安全保障权、知悉真情权和获取赔偿权。《消费者权益保护法》明确规定消费者的权利，其中第七条规定了消费者享有的安全保障权，消费者在购买、使用商品和接受服务时享有人身、财产安全不受损害的权利。消费者有权要求经营者提供的商品和服务符合保障人身、财产安全的要求。第八条规定了消费者的知悉真情权，消费者享有知悉其购买、使用的商品或者接受的服务的真实情况的权利。消费者有权根据商品或者服务的不同情况，要求经营者提供商品的价格、产地、生产者、用途、性能、规格、等级、主要成分、生产日期、有效期限、检验合格证明、使用方法说明书、售后服务，或者服务的内容、规格、费用等有关情况。第十条规定了消费者享有公平交易的权利。消费者在购买商品或者接受服务时，有权获得质量保障、价格合理、计量正确等公平交易条件，有权拒绝经营者的强制交易行为。第十一条规定了消费者的获得赔偿权，消费者因购买、使用商品或者接受服务受到人身、财产损害的，享有依法获得赔偿的权利。某公司生产的汽车因为设计上的缺陷导致驾驶故障，造成交通事故，危害了消费者的安全保障权。该公司事后拒绝就故障原因作出说明，侵犯了消费者的知悉真情权。最后该公司拒绝对受害人提供赔偿的行为侵犯了消费者的获得赔偿权。

【案例 4】

某大型商场在商场各醒目处张贴海报：本商场正以 3 折的价格处理一批因火灾而被水浸过的商品。消费者葛某见后，以 488 元购买了一件原价 1 464 元的名牌女皮衣。该皮衣穿后不久，表面出现严重的泛碱现象。葛某要求商场退货。

根据上述内容，回答问题：

商场应如何处理这种情况？

【答案及解析】

商场不承担退货责任；商场可以对该皮衣进行修复处理并收取适当的费用。《消费者权益保护法》第十九条规定，经营者应当向消费者提供有关商品或者服务的真实信息，不得作引人误解的虚假宣传。第二十二条规定，经营者应当保证在正常使用商品或接受服务的情况下其提供的商品或者服务应当具有的质量、性能、用途和有效期限；但消费者在购买商品或接受服务之前已经知道其存在瑕疵的除外。该案例中，商场已经以张贴海报方式明示告知皮衣被水浸过的瑕疵事实，故无须承担退货责任。

参考文献

1. 中国注册会计师协会．经济法．北京：中国财政经济出版社，2012.
2. 财政部会计资格评价中心．经济法．北京：中国财政经济出版社，2012.
3. 潘静成，刘文华．经济法（第三版）．北京：中国人民大学出版社，2007.
4. 张守文．经济法学．北京：北京大学出版社，2008.
5. 杨紫烜．经济法．北京：北京大学出版社，2010.
6. 单飞跃．经济法教程．北京：法律出版社，2006.
7. 李仁玉．经济法概论（财经类）．北京：中国财政经济出版社，2010.
8. 郭守杰．经济法．北京：北京大学出版社，2012.
9.《中华人民共和国民法通则》及其司法解释．
10.《中华人民共和国合同法》及其司法解释．
11.《中华人民共和国担保法》及其司法解释．
12.《中华人民共和国公司法》及其司法解释．
13.《中华人民共和国破产法》及其司法解释．
14. 中华人民共和国物权法．
15. 中华人民共和国合伙企业法．
16. 中华人民共和国中外合资经营企业法．
17. 中华人民共和国个人独资企业法．
18. 中华人民共和国票据法．
19. 中华人民共和国证券法．
20. 中华人民共和国专利法．
21. 中华人民共和国商标法．
22. 中华人民共和国著作权法．
23. 中华人民共和国反不正当竞争法．
24. 中华人民共和国反垄断法．

后　记

作为法学体系中一个独立学科的经济法与财经专业课程的经济法不是同一个概念。前者是指国家从整体经济发展的角度，对具有社会公共性的经济活动进行干预、管理和调控的法律规范的总称。后者则是着眼于财经活动过程中所涉及的法律规范，它不仅局限于法学体系中的经济法，也涉及传统民商法的相关制度。我们编写的这本经济法教材是为财经会计专业的学生所用的，显然是指后者。它包括的范围主要以财政部注册会计师考试委员会发布的经济法考试大纲的内容为依据，与法学中的经济法体系没有必然的关系。

本教材主要介绍我国现有的法律制度，同时为了方便学生学习和掌握教材的内容，我们在每一章列出了该章的学习重点和关键的概念术语。此外，我们针对每章涉及的主要法律规范设计了若干案例，这样学生可以通过分析这些案例更好地理解和运用所学的法律制度。

本教材撰稿人为吕国民、莫万友，具体分工如下：第一、二、七、八章由吕国民负责撰写；第三、四、五、六、九、十章由莫万友负责撰写。吕国民完成了本教材的统稿和定稿工作。

尽管我们为撰写本教材尽了较大的努力，但由于时间的关系和水平的有限，本教材一定存有一些错误和不完善之处，敬请读者批评指正。

吕国民　莫万友

2013 年 1 月